21世纪全国本科院校土木建筑类创新型应用人才培养规划教材

建筑结构抗震分析与设计

裴星洙　编著

内 容 简 介

本书系统地总结和阐述了建筑结构抗震分析与设计的基本理论和方法。全书共分15章，主要内容包括：概述、地震动分析、结构自振特性分析、结构粘性阻尼分析、多元一次联立方程的解法、层振动模型地震反应弹性时程分析、刚度矩阵对地震反应的影响分析、非线性恢复力模型、层振动模型地震反应弹塑性时程分析、杆系振动模型地震反应弹塑性时程分析、隔震结构设计、基于能量原理的结构地震反应预测法、消能减震结构设计、结构静力弹塑性分析方法、基于最佳侧移刚度分布的结构抗震设计方法。全书深入浅出，在强调基本概念和基本理论的基础上，力求理论联系实际。特别是书中介绍的部分电算源程序，为读者提高利用程序解决实际工程问题的能力提供了很好的学习资源。

本书可以作为土木工程专业研究生和高年级本科生的学习参考书，也可供土木工程专业工程技术人员参考使用。

图书在版编目(CIP)数据

建筑结构抗震分析与设计/裴星洙编著. —北京：北京大学出版社，2013.1
(21世纪全国本科院校土木建筑类创新型应用人才培养规划教材)
ISBN 978-7-301-21657-6

Ⅰ.①建… Ⅱ.①裴… Ⅲ.①建筑结构—防震设计—高等学校—教材 Ⅳ.TU352.104

中国版本图书馆CIP数据核字(2012)第281838号

书　　名：建筑结构抗震分析与设计
著作责任者：裴星洙　编著
策 划 编 辑：吴　迪　卢　东
责 任 编 辑：伍大维
标 准 书 号：ISBN 978-7-301-21657-6/TU·0295
出 版 发 行：北京大学出版社
地　　址：北京市海淀区成府路205号　100871
网　　址：http://www.pup.cn　新浪官方微博：@北京大学出版社
电 子 信 箱：pup_6@163.com
电　　话：邮购部62752015　发行部62750672　编辑部62750667　出版部62754962
印 刷 者：三河市博文印刷厂
经 销 者：新华书店
787毫米×1092毫米　16开本　18.25印张　432千字
2013年1月第1版　2013年1月第1次印刷
定　　价：35.00元

前　言

根据中国地震局的预测，目前中国大陆已进入了第五次地震活跃期。地震是威胁人类安全的主要灾害之一，与此相关的抗震工程研究一直是土木工程领域的研究热点之一。

2011年3月11日发生于日本福岛的9.0级大地震，震中位于宫城县以东130千米的太平洋海域，震源深度为20千米，地震引发了海啸，造成2万多人失踪死亡，并造成核辐射，给社会带来重大创伤；2010年2月27日智利发生了8.8级大地震，震源深度为35千米，此次地震造成至少521人死亡，59人失踪，12000多人受伤；2008年5月12日发生在四川汶川的8.0级大地震造成了近十万人伤亡，使我们更加认识到地震无比巨大的破坏力，同时也促使各国有关抗震的设计理论和设计技术的快速发展。

通过多年对结构工程专业研究生建筑"建筑结构抗震分析与设计"课程的讲授，编者逐步认识到研究生层面上需掌握的基本理论和方法。在此基础上，编者结合在结构抗震分析与设计领域中的研究成果编写了本书。

本书的特点是：①全书深入浅出，在强调基本概念和基本理论的基础上，力求理论联系实际；②介绍部分电算源程序，为读者提高利用程序解决实际工程问题的能力提供了很好的学习资源；③理论与应用紧密结合，本书在讲解理论的同时，给出了实用的计算方法，并辅以适当的设计例题作为示范。

在本书编写过程中，编者学习和参考了国内外许多学者的论著，在此谨向原著者致以诚挚的谢意和敬意！编者的研究生王维、王星星、贺方倩、汪玲、王佩、倪慧敏、张映雪、韩露等也为本书的出版做了大量的工作，编者对他们的贡献表示衷心的感谢！

本书部分研究成果得到了江苏省镇江市人民政府和江苏科技大学的基金资助，在此表示衷心的感谢！

由于编者水平有限，编写时间仓促，书中不妥及疏漏之处在所难免，敬请读者批评指正。

裴星洙

2012年8月于江苏科技大学

目　　录

第1章 概 述

教学目标

本章主要讲述地震灾害、建筑结构分析模型、抗震设计与分析方法等内容。通过本章的学习，应达到以下目标：

(1) 重视地震所造成的地表破坏及其给工程结构所造成的破坏；

(2) 了解建筑结构分析模型类型和常用分析模型的适用条件；

(3) 掌握抗震设计要求，了解各种抗震设计方法。

教学要求

知识要点	能力要求	相关知识
地震灾害	加深认识地震是威胁人类安全的主要灾害	地震及其成因；地震活动性
分析模型	理解线材模型、有限元等模型	层模型；杆系模型；层-杆系模型
分析与设计方法	掌握设计要求，了解设计方法	抗震设计发展历史

基本概念

地震、震害、分析模型、分析方法、设计方法。

引言

人物介绍：

大森房吉(1868 年 10 月 30 日—1923 年 11 月 18 日)是日本的地震工程学者。1890 年，他毕业于东京大学物理学科，在硕士研究生阶段攻读气象学和地震学，在东京大学的英国客座教授 John Millu(地震工程学者)的指导下，对 1891 年的浓尾地震的余震进行了研究，1894 年发表与余震次数相关的大森公式，从 1894 年开始利用 3 年时间去欧洲留学，1896 年回国后胜任东京大学地震工程学科教授。后来他指引日本地震工程学科的前沿研究方向，被称为“日本地震学之父”。他于 1898 年开发了世界上第一个能够连续记录地震动的大森式地震仪，1899 年发表了基于初期微小振动持续时间能够判定离震源距离的大森公式。1905 年，为了警告今后 50 年内东京将会发生大地震，大森教授跟东京大学同专业的今村明恒副教授将题目为“城市发生地震时减轻生命和财产损失的简单方法”文章发表在《太阳》杂志上。这一文章被报纸转载之后成为“引人注目”的事件，引起了社会问题。虽然他们的初衷是全社会要重视防灾对策的必要性，但是担心此文章会引起社会混乱，因此，最后他们收回了此文章。1923 年大森教授去澳大利亚出席环太平洋学术会议，在此期间，发生了关东地震。他说："我亲眼看到悉尼天文台的地震仪正在记录某一地震的地震波。"当他知道该地震是发生在日本后，就要求紧急回国，在回国的轮船上发生脑肿瘤病倒，回国以后不久去世。

佐野利器(1880 年 4 月 11 日—1956 年 12 月 5 日)是日本的建筑家、结构学者，抗震结构的创始者，建立了建筑结构基本理论和抗震结构基础理论体系。虽然日本是地震频发国家，但是明治以前对建筑结构几乎没有采取任何抗震措施。佐野利器在 1903 年毕业于东京大学建筑学科，同年攻读硕士课程，毕业后留校。1906 年美国旧金山发生大地震，佐野利器作为日本政府"大地震调查团"的成员，对此进行现场调查。通过调查，形成了"抗震结构"的基本构思。1909 年，他设计了日本第一个钢结构建筑——日本桥丸善书店。1911—1914 年去德国留学。1915 年，他被聘任为东京大学教授。1915 年，他获得工学博士学位，其学位论文为《家屋耐震构造论》。至于地震动的大小，当时许多学者站在物理学的角度利用"加速度"来衡量其大小。为了便于理解和实际工程设计，佐野利器在该论文中引进"设计震度(水平震度)"即质点振动加速度与重力加速度之比来考虑地震动对结构的危害性。这是在世界上提出的第一个抗震设计方法。1928 年，佐野利器辞职离开东京大学，到日本大学设立了以结构工程为主的建筑学科，并担任日本大学理工学部首位理工学部长，1929—1932 年任清水建筑会社副社长。

1.1 地 震 震 害

地震是地球内部缓慢积累的能量突然释放而引起的地球表层的振动，是对人类构成严重威胁的一种突发性自然灾害。据统计，全世界每年约发生 500 万次地震，震级在 2.5 级以上的有感地震达 15 万次以上，绝大多数地震均较小，而能够造成严重破坏的大地震，全世界平均每年亦发生 18 次左右。

自 20 世纪以来发生了一系列的强震，最近的一次大地震是 2011 年 3 月 11 日发生于日本福岛的 9.0 级大地震，震中位于宫城县以东 130 千米以外的太平洋海域，震源深度为 20 千米，并引发了海啸，造成 2 万多人失踪死亡，并造成了重大的经济损失；2010 年 2 月 27 日，智利发生了 8.8 级大地震，震源深度为 35 千米，此次地震造成至少 521 人死亡，59 人失踪，12000 多人受伤；2008 年 5 月 12 日发生在四川汶川的 8.0 级大地震造成了近 10 万人伤亡；2005 年 3 月 28 日，印度尼西亚苏门答腊发生 8.7 级大地震，震中位于印度尼西亚苏门答腊岛北部近海，震源深度为 30 千米，共造成 1313 人死亡；2004 年 12 月 26 日，印度尼西亚苏门答腊发生了 8.9 级大地震，地震引发的海啸席卷斯里兰卡、泰国、印度尼西亚及印度等国，导致约 30 万人失踪或死亡；1999 年 9 月 21 日，台湾发生了 7.6 级大地震，死亡人数超过 2000 人；1976 年 7 月 28 日，河北唐山发生了 7.8 级大地震，地震共造成了 24.2 万人死亡，16.4 万人受伤。

由此可见，地震给人类的生命财产带来了不可估量的损失。地震震害主要包括由于地震产生的地表破坏、地震对建筑结构的破坏以及地震引发的次生灾害。其中地震对建筑结构的破坏是造成人民生命财产损失的主要原因。建筑结构在地震中的破坏主要是由承重结构承载力不足或者变形过大而造成的；由结构丧失整体性而造成的；由地基承载力下降而引起的。因此，为了减轻地震对人类的伤害和损失，有必要对建筑结构的抗震设计方法和技术进行完善，提升建筑结构的抗震水平。

1.2　建筑结构分析模型

结构的分析模型是结构在外部作用(荷载、惯性力、温度等)影响下进行结构作用效应(内力、位移等)计算分析的主体，主要由几何模型、物理模型两部分组成。几何模型主要反映结构分析模型的几何构成；物理模型主要反映材料或构件的力学性能。

振动分析与静力分析有很大区别，会有大量数据输出，而且分析所用的时间较长，因此对于分析模型来说，不一定越详细越好。

图 1.1 所示为结构振动模型的分类。对框架结构进行分析时，根据需要可以选择线材模型或有限元模型，其中线材模型可分为质点系模型与杆系模型。

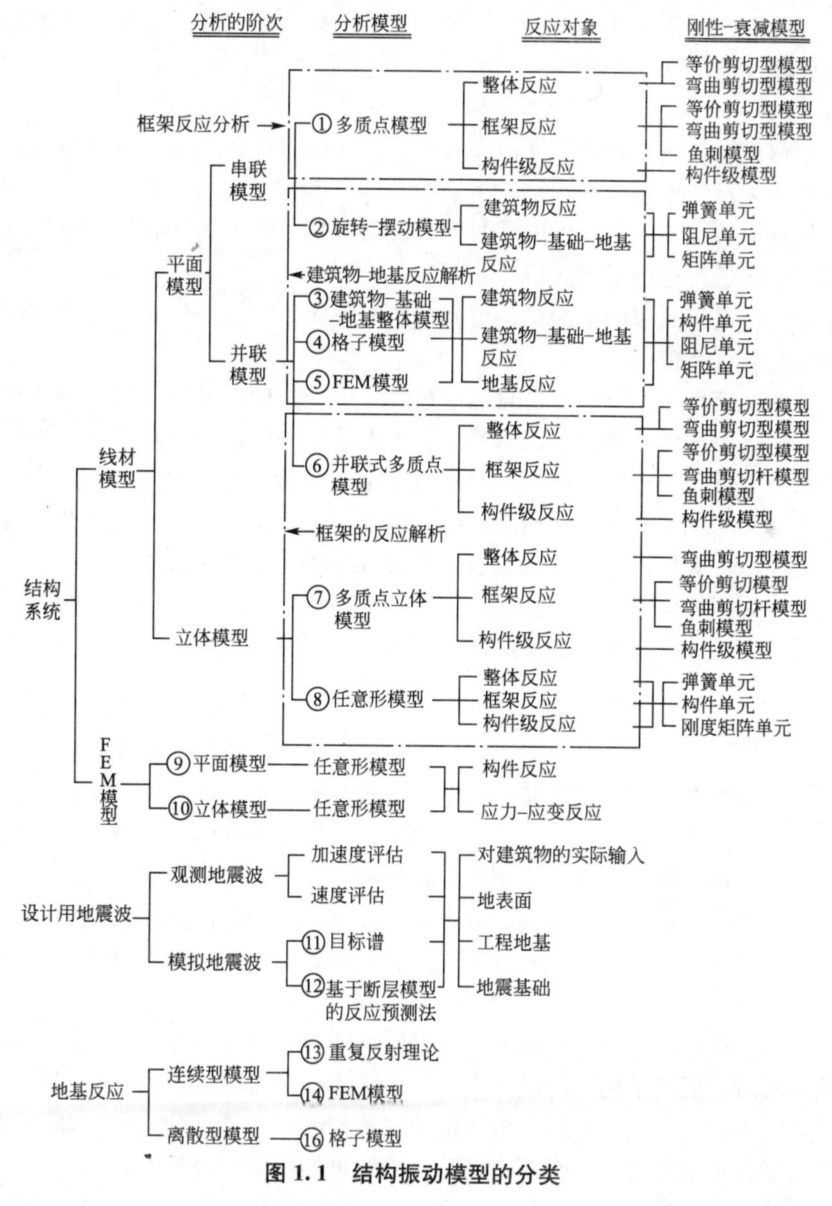

图 1.1　结构振动模型的分类

1. 线材模型

1）质点系模型

每一层的质量集中于第一层地板以上的各层楼板的位置，并用每一层的等价剪切弹簧连接这些质量的模型，称为多质点系模型。此模型是用于结构地震振动分析的基本模型，作为超高层建筑物动态分析的基本模型，现在仍然可以继续使用。此分析模型假设第一层楼板与地基刚性连接，并不考虑建筑物与地基相互作用的影响。

质点系模型其优点为自由度少、恢复力特性容易通过试验研究确定、动力反应计算工作量小、实用简便。但楼盖平面内刚度无限大的假定会导致自振频率、振型的计算误差，特别是对于低频结构其计算精度较低。忽略转动自由度及柱子轴向变形的层间剪切模型，也会导致其振动特性计算的误差。

《建筑抗震设计规范》(GB 50011—2010)规定，规则结构可采用层间弯剪模型进行罕遇烈度下的弹塑性变形计算。

2）杆系模型

杆系模型假定楼板在其自身平面内为绝对刚性，以构件作为基本杆件单元，将梁、柱简化为以中性轴表示的无质量杆，将质量集中于各节点，利用构件连接处的变形协调条件建立各构件的变形关系，利用构件的恢复力特性集成整个结构的弹塑性刚度，而后采用数值积分方法对结构进行地震反应分析。

杆件单元可以是带刚域的平面杆件单元或空间单元，根据杆件单元的不同分别建立平面杆系模型和空间杆系模型。

杆系模型的优点是可用结构构件自然组成几何模型，构件的连接可以是刚性连接，也可以根据实际情况考虑弹性连接，以构件本身的力学性能构成物理模型，构件的非线性力学模型可根据力学试验确定。杆系模型的缺点是对剪力墙、筒体非线性性能的模拟存在一定的局限性，如在构件开裂、受弯屈服以后，构件的实际几何形心发生变化，会影响到结构内力重分配；对于弹性楼板问题或楼盖开洞复杂情况，使用此种模型会造成较大误差。杆系模型一般适用于框架结构。《建筑抗震设计规范》(GB 50011—2010)规定，规则结构可使用平面杆系模型计算罕遇烈度地震作用下结构弹塑性变形，而对不规则结构则应采用空间结构模型。

2. 有限元模型

上述的线材模型都使用了刚性楼板假定，楼盖基本自由度数目大大减小，使问题得以简化，有利于提高计算效率。但是对于必须考虑弹性楼板连接问题、多塔楼问题、柔性楼盖等问题的复杂结构，不能继续沿用刚性楼板假定。

有限元模型的优点是计算精度高，几乎适用于所有工程问题；缺点是计算工作量大，耗费机时。但在计算机技术较为发达的今天，运行可靠、使用方便的结构分析软件已基本适应各项工作要求。

实际的结构分析中，采用合适的分析模型及判断分析结果的精度都是较为困难的，对模型化的验证及对分析结果精度的验证是要对多个模型反应的反应值进行相互比较的。因此，分析计算时经常建立从简单到比较详细的多种模型对地震反应进行分析、研究，以模型的详细程度对分析结果变化的影响来提高分析结果的精度与可靠性。

1.3 抗震设计与分析方法

1. 抗震设计要求

国内外抗震设防目标的发展总趋势是要求建筑物在使用期间对不同频率和强度的地震具有不同的抵抗能力，即“小震不坏、中震可修、大震不倒”。基于这一抗震设防标准，建筑物在使用期间对不同强度的地震应具有不同的抵抗能力，可采用3个地震烈度水准，即多遇烈度、基本烈度与罕遇烈度。

《建筑抗震设计规范》(GB 50011—2010)提出了两阶段设计方法以实现上述3个烈度水准的抗震设防要求。第一阶段设计是在方案布置符合抗震设计原则的前提下，按与基本烈度相对应的众值烈度(相当于小震)的地震动参数，用弹性反应谱法求得结构在弹性状态下的地震作用标准值和相应的地震作用效应，然后与其他荷载效应按一定的组合系数进行组合，并对结构构件截面进行承载力验算，对于较高的建筑物还要进行变形验算，以控制其侧向变形不要过大。这样，既满足了第一水准下必要的承载力可靠度，又可满足第二水准的设防要求(损坏可修)，然后再通过概念设计与构造措施来满足第三水准的设防要求。对于大多数结构，一般可只进行第一阶段的设计，而对于少部分结构，如有特殊要求的建筑和地震时易倒塌的结构，除了应进行第一阶段的设计外，还要进行第二阶段的设计，即按与基本烈度相对应的罕遇烈度(相当于大震)验算结构的弹塑性层间变形是否满足规范要求(不发生倒塌)，如果存在变形过大的薄弱层(或部位)，则应修改设计或采取相应的构造措施，以使其能够满足第三水准的设防要求(大震不倒)。

2. 抗震分析方法

根据计算分析理论的不同，结构地震反应的分析方法可以分为静力法、反应谱法、时程分析法、静力弹塑性分析法、能量法和基于性态的抗震设计方法等。

1) 静力法

日本的大森房吉首次提出了震度法的概念。该方法假定结构物与地震动具有相同的振动，把结构物在地面运动加速度α作用下产生的惯性力视作静力作用于结构物上做抗震计算。惯性力的计算公式为

$$F=\alpha\frac{G}{g}=kG \tag{1.1}$$

式中，α为地震动最大水平加速度；g为重力加速度；G为建筑物的自重；k为地震系数，是地面运动加速度峰值与重力加速度的比值，其值与结构动力特性无关。

此后，日本学者佐野利器倡导震度法，并提出$k=0.1$，据此建立了最早的工程结构抗震分析方法。1926年，日本对地震荷载做了规定，即按不同地区把地震系数大小分为0.15～0.4。

静力法假定整个上部结构随地面做刚体平动，结构各质点上的水平地震作用最大值为该点质量与地面运动最大加速度的乘积，其概念较为简单。但由于静力法忽略了结构的动力特性这一重要因素，把地震动加速度作为结构地震破坏的单一因素，因而具有很大的局限性，常导致对结构抗震能力的错误判断。只有当结构物的基本周期比场地特征周期小很

多时，结构物在地震时才可能几乎不产生变形而可以被视为刚体，此时静力法成立，而超出此范围则不适用。

2）反应谱法

1940年，美国的皮奥特(BIOT)教授提出了弹性反应谱的概念，使结构抗震设计的理论大大地向前迈了一步。反应谱理论考虑了结构动力特性与地震动特性之间的动力关系，通过反应谱来计算结构动力特性(自振周期、振型与阻尼)所对应的共振效应。地震时结构所受到的最大水平基底剪力，即总水平地震作用为

$$F=k\beta(T)G \tag{1.2}$$

式中，k 为地震系数；$\beta(T)$为加速度反应谱与地震动最大加速度的比值，它表示地震时结构振动加速度的放大倍数。

反应谱方法是目前世界各国计算地震作用时普遍使用的方法，其优点是考虑了地震影响的强烈程度——烈度，考虑了地面运动的特性，特别是场地性质的影响，考虑了结构自身的动力特性——周期与阻尼比。通过反应谱值将结构的动力反应转化为作用在结构上的静力，抗震计算时不需要特殊的计算方法，简便易用，并且加速度反应谱值是加速度反应的最大值，用它来进行设计一般来说也是安全的。

但是，由于反应谱实质上的局限性，反应谱分析法仍不免存在不足之处：反应谱只考虑地面运动中的加速度分量，未考虑地面运动中速度和位移的影响；反应谱是通过单自由度体系计算得出的，应用在多自由度体系时，只能将结构分解为许多独立的振型，每个振型作为一个单自由度结构，得到对应的反应谱值和对应的惯性力，而后通过振型组合得到多自由度结构的内力与位移，振型组合法是基于概率统计法得到的，因此所计算内力与位移不够精确；设计反应谱只给出了加速度反应中的最大值，虽然它是惯性力的最大值，但不一定是结构的最危险状态，因为结构的最大剪力、最大倾覆力矩与最大位移都不是发生在同一时刻的；设计反应谱是单自由度弹性结构的反应谱，只能进行弹性计算来考虑地震动持时的影响，未考虑结构可能出现塑性与塑性变形累积的过程。

3）时程分析法

时程分析法是直接通过动力方程求解地震反应，通过直接动力分析可得到结构反应随时间的变化关系，因此又称动力法，时程分析法将地震波按时段进行数值化后，输入结构体系的振动微分方程，采用直接积分法计算出结构在整个强震时域中的振动状态全过程，给出各时刻各杆件的内力与变形。

时程分析法能真实地反映结构地震反应随时间变化的全过程，并可处理强震作用下结构的弹塑性变形，因此已成为结构反应分析的一种重要方法。但是其在应用上尚存在一定局限，尤其是工程设计时的应用，如输入地震波的不确定性、结构性能的近似假定与模拟等，使分析结果的可信度受到限制。该方法需要专门的程序与应用知识，输入、输出数据量大，计算技术复杂，一般需要专业技术人员进行分析。因此，我国规范只要求少数重要、超高或有薄弱部位的结构采用时程分析法进行多遇地震下的补充计算或罕遇地震作用下薄弱层弹塑性变形验算。

4）静力弹塑性分析法

静力弹塑性分析法是于结构上施加一组静力(竖向荷载和水平荷载)，考虑构件从开裂到屈服，刚度逐步改变的弹塑性计算方法。计算时竖向荷载不变(自重和活荷载等)，水平荷载由小到大，逐步加载，每一步会有部分构件屈服，屈服的构件需要改变刚度，并重新

建立刚度矩阵，在增量荷载作用下再进行分析。所得结果逐级累加，直到结构达到其极限承载力或极限位移后倒塌。静力弹塑性分析可得到结构从弹性状态到倒塌的全过程，因此也称为推覆分析。

静力弹塑性分析法分析的概念、所需参数及计算结果都更加明确，得到的结构性能比较丰富和详细，构件设计与配筋是否合理都能很直观地判断，容易为工程设计人员了解与接受。但其也存在一定问题：结构计算时施加的水平荷载形式不确定；构件的弹塑性性能需要在材料非线性性能（应力-应变关系）的基础上进一步深入研究与量化；只能给出结构在某种荷载作用下的性能，对结构某一特定地震作用下的表现并不能直接得到，因此对地震作用下结构状态的判断与评价不如地震反应时程分析直接。

能力谱法是静力弹塑性分析方法之一，是由 Freeman 于 1975 年提出的，该方法经多年研究已渐趋成熟。能力谱方法可用以估算强地震作用下结构的非线性变形行为状态，也可进行满足不同水平目标位移需求的结构抗震设计，概念清晰简单。结构的水平抗震能力用力-位移曲线（可用推力-位移关系分析得到）表示，地震反应需求由反应谱曲线表示。将此两条曲线绘制于同一坐标系下，如图 1.2 所示，其能力与需求之间的关系非常明显。若能力谱曲线位于需求的包络曲线下方时，结构于地震中不会破坏；两条曲线的交点近似地表示了结构在相应地震作用下的反应水平。当某结构的能力曲线确定后，即可比较结构在不同地震作用下的反应。

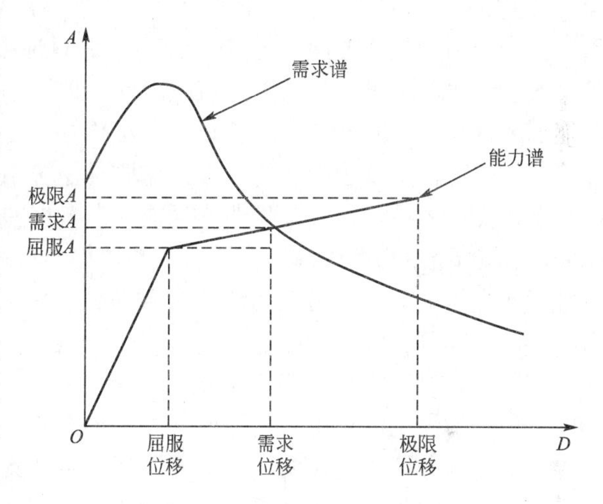

图 1.2　能力谱与需求谱曲线

能力曲线可以是结构近似的力-位移关系，也可以是精确与详细的力-位移关系，相应地，需求曲线可以是简单的理想光滑谱曲线，也可以是按某一地震记录得到的非光滑谱曲线。为了反映结构的非线性行为，非线性变形按能量等效原则转换为等效阻尼比，需求谱曲线即是按不同阻尼比绘制的等效弹性谱曲线族。

能力谱方法的特点是将能力与需求以位移-加速度关系绘出，表征结构性能的 4 个基本参数（强度、位移、延性、弹性刚度）分别由加速度 S_a，位移 S_d，延性系数 μ 与弹性周期 T 表示，能力-需求图可清晰地表示出结构的抗震能力与其地震反应关系，概念明确，设计参数容易控制。当已知周期和目标延性时，用能力谱方法进行的估算就是以力为基础的设计过程；当已知目标位移和延性时，用能力谱方法进行的估算就是以位移为基础的设计过程；说明能力谱方法可以适应以力为基础和以位移为基础的两种抗震设计需要。

5）能量法

能量法是直接通过能量评价结构的抗震性能。自 20 世纪 50 年代 G. Housner 提出基于能量抗震设计的概念以来，该方法的基础工作已趋于完善，相应的设计框架也已基本成熟。

结构抗震能量法，是将地震作用视为结构的能量输入与耗散过程，并认为当结构的耗能能力大于地震能量输入时，结构便能抵御地震作用，不产生倒塌。由于结构在往复地震作用下一旦进入塑性状态，将不可避免地产生累积损伤，以单一承载力或位移指标评价结构抗震性能及进行抗震设计时，均无法考虑地震持时对结构造成的累积损伤效应，因此，基于能量的抗震设计法能更全面地分析与评价结构在强震作用下的性能，充分保证结构的抗震安全性，对实现基于性能结构抗震设计具有重要意义。

水平地震作用下，结构的动力方程为

$$[M]\{\ddot{x}\}+[C]\{\dot{x}\}+\{F(t)\}=-[M]\{\ddot{x}_{g}\} \tag{1.3}$$

式中，$[M]$ 为结构的质量矩阵；$\{\dot{x}\}$、$\{\ddot{x}\}$ 分别为结构的相对速度与加速度反应；$[C]$ 为结构的阻尼矩阵；$\{F(t)\}$ 为结构的恢复力；$\{\ddot{x}_{g}\}$ 为地面运动的加速度。

式(1.3)左右均乘 $\{\dot{x}\}$ dt，并对地震时间从 $0\sim t$ 进行积分，得到

$$E_{K}+E_{D}+E_{F}=E_{I} \tag{1.4}$$

式中，$E_{K}=\int_{0}^{T}\{\dot{x}\}^{T}[M]\{\ddot{x}\}dt$ 为结构的动能；$E_{D}=\int_{0}^{T}\{\dot{x}\}^{T}[C]\{\dot{x}\}dt$ 为结构的阻尼耗能；$E_{F}=\int_{0}^{T}\{\dot{x}\}^{T}\{F(t)\}dt$ 为结构的变形能；$E_{I}=-\int_{0}^{T}\{\dot{x}\}^{T}[M]\{\ddot{x}_{g}\}dt$ 为地震输入能。

其中，结构的变形能 E_{F}包括可恢复的弹性应变能 E_{E}与不可恢复的累积塑性滞回耗能 E_{H}。地震结束后，E_{K}与 E_{E}均为零，因此，地震输入能 E_{I}由阻尼耗能 E_{D}与结构累积滞回耗能 E_{H}耗散。累积滞回耗能 E_{H}反映了结构构件在地震过程中的损伤程度，是结构构件抗震设计的依据，即基于能量抗震设计需要确定各结构构件的滞回耗能 E_{H}。

不同类型的结构，其累积滞回耗能分布特性差异较大。对于规则的普通钢框架，其累积滞回耗能 E_{H}沿高度线性分布；肖明葵等提出可通过静力弹塑性方法确定 E_{H}的分布；史庆轩等研究了地面运动参数与结构参数对钢筋混凝土框架结构 E_{H}层间分布的影响，认为 E_{H}层间分布为下大上小的梯形分布，其薄弱层易在底层形成；程光煜对钢支撑框架结构的研究表明，对于安装了阻尼器的减震机构，E_{H}可满足沿高度线性分布，而对于阻尼较小的一般结构，则需通过静力弹塑性方法确定其 E_{H}的分布；刘哲锋等对高层钢框架-剪力墙混合结构的分析研究表明，累积滞回耗能主要集中于剪力墙底部区域，而钢框架部分则基本不参与滞回耗能，并通过参数分析研究得到底层剪力墙耗能比例与结构自振周期及强震持时影响的关系式。

基于能量的抗震设计方法通过地震输入能量确定结构的耗能需求，通过结构构件的累积塑性变形耗能总和得到结构的耗能能力。在相应的设计阶段，当结构的耗能能力大于结构的耗能需求时，则认为结构满足设计要求。基于能量的抗震设计方法同时考虑了结构的承载能力与变形能力，更全面地反映了结构的抗震能力，因此，其较基于承载力的设计方法与基于位移的设计方法更为全面合理，即基于能量的抗震设计方法是继基于位移设计方法后抗震设计方法的主要发展方向，也是形成未来基于性能抗震设计方法的主要组成部分。

6）基于性态的抗震设计方法

20 世纪 80 年代末、90 年代初，美国科学家与工程师提出了基于性态的抗震设计理论的新概念。基于性态的抗震设计是指根据建筑物的重要性和用途，并考虑建筑物所处场地的地震强度及其所能接受的地震破坏水平、建造费用与震后修复费用及投资者的经济实力，选择合适的结构性态设计目标；并根据不同的性态目标提出不同的抗震设防标准，使设计的建筑在未来地震中具备预期功能。因此，基于性态的抗震设计方法较只强调保障生

命安全的单一设防目标的抗震设计法更为科学、合理，已成为抗震设计理论新的发展方向。

基于性态的抗震设计理论主要包括确定地震设防水准、选择合适的抗震性态目标、研究抗震性态分析方法与研究基于性态的抗震设计方法等。

地震设防水准是指未来可能作用于场地的地震作用的大小。为使结构满足多水准的设防要求，需要根据不同重现期选择所有可能发生的、对应不同等级的用于结构抗震设计的地震动参数。结构抗震性态目标是指针对某一地震设防水准而期望达到的结构抗震性能等级。基于性态的抗震设计既可有效地减轻工程结构的地震破坏，减少经济损失与人员伤亡，又能合理地使用有限的资金，保障结构在地震作用下的使用功能。因此，结构抗震性态目标的确定应综合考虑场地与结构的功能与重要性、投资与效益、震后损失与恢复重建、社会效益及业主承受能力等诸多因素。

本章小结

(1) 地震是地球内部缓慢积累的能量突然释放而引起的地球表层的振动，是对人类构成严重威胁的一种突发性自然灾害。

(2) 结构的分析模型是结构在外部作用(荷载、惯性力、温度等)影响下进行结构作用效应(内力、位移等)计算分析的主体，主要由几何模型、物理模型两部分组成。几何模型主要反映结构分析模型的几何构成，物理模型主要反映材料或构件的力学性能。

(3) 对框架结构进行分析时，根据需要可以选择线材模型或有限元模型，其中线材模型可分为质点系模型与杆系模型。

(4) 工程结构的抗震设防目标是要求建筑物在使用期间，对不同频率和强度的地震，应具有不同的抵御能力，即“小震不坏，中震可修，大震不倒”。为了实现这3个烈度水准的抗震设防要求，《建筑抗震设计规范》(GB 50011—2010)提出了两阶段抗震设计方法。

(5) 结构地震反应的分析方法可分为静力法、反应谱法、时程分析法、静力弹塑性分析法、能量法和基于性态的抗震设计方法等。

习　题

思考题

(1) 地震按其成因分为哪几种类型？

(2) 试写出世界地震的主要活动带。

(3) 试写出我国两个主要地震带和6个地震活动区。

(4) 抗震设防三水准的要求是什么？简述两阶段设计方法。

(5) 简述各种地震反应分析方法。

第2章 地震动分析

教学目标

本章主要讲述周期-频度谱分析、反应谱分析、地震动积分、地震动时间间隔调整等内容。通过本章的学习，应达到以下目标：

(1) 基本理解零点交叉法、顶点法等周期-频度谱概念，掌握利用电算程序分析地震动周期-频度谱的方法；

(2) 基本理解地震动反应谱概念，掌握利用电算程序分析地震动反应谱的方法；

(3) 基本理解积分地震动和调整地震动时间间隔的意义，利用电算程序能够得到相关地震动。

教学要求

知识要点	能力要求	相关知识
周期-频度谱分析	利用零点交叉法和顶点法对给定地震动能够进行周期-频度谱分析	Fortran77 算法语言、谱理论
反应谱分析	对给定地震动能够进行反应谱分析	Fortran77 算法语言、谱理论
地震动积分	对地震动加速度曲线进行积分生成速度曲线峰值为任意值的地震动	加速度曲线记录基线补正方法
时间间隔调整	任意改变地震动时间间隔	线性内插值法

基本概念

周期-频度谱、反应谱、地震动积分、时间间隔调整。

引言

由于地震的作用，建筑物产生位移、速度和加速度。人们把不同周期下建筑物反应值的大小画成曲线，这些曲线称为反应谱。

一般来说，随周期的延长，位移反应谱为上升的曲线，速度反应谱比较恒定，而加速度的反应谱则大体为下降的曲线。一般说来，设计的直接依据是加速度反应谱。加速度反应谱在周期很短时有一个上升段(高层建筑的基本自振周期一般不在这一区段)，当建筑物周期与场地的特征周期接近时，出现峰值，随后逐渐下降。出现峰值时的周期与场地的类型有关：Ⅰ类场地约为 0.1～0.2s；Ⅱ类场地约为 0.3～0.4s；Ⅲ类场地约为 0.5～0.6s；Ⅳ类场地约为 0.7～1.0s。

建筑物受到地震作用的大小并不是固定的，它取决于建筑物的自振周期和场地的特性。一般来说，随建筑物周期延长，地震作用减小。

目前常用地面运动的最大加速度 A_{max} 作为衡量地震作用强烈程度的标志，它就是建筑物抗震设计时的基础输入最大加速度，其单位为重力加速度 g(9.81m/s²)或 Gal(Gal=10mm/s²)，大体上，7 度相当于最大加速度为 100Gal，8 度相当于 200Gal，9 度相当于 400Gal。

在地震时，结构因振动而产生惯性力，使建筑物产生内力，振动建筑物会产生位移、速度和加速度。地震作用大小与建筑物的质量和刚度有关。在同等的烈度和场地条件下，建筑物的质量越大，受到的地震作用也越大，因此减小结构自重不仅可以节省材料，而且有利于抗震。同样，结构刚度越大、周期越短，地震作用也大，因此，在满足位移限值的前提下，结构应有适宜的刚度。适当延长建筑物的周期，从而降低地震作用，能够取得很大的经济效益。

2.1　周期-频度谱

图 2.1 中去除部分波动微段后非常简单而规则的函数 $f(t)$，即为正弦函数曲线。从图中容易看出，这一曲线按照一定的时间间隔，重复出现同样的状态，即相等的振幅重复出现。此种按照一定时间间隔重复出现同样状态的事件，可用下式表示。

$$f(t)=f(t+T) \tag{2.1}$$

其中，T 表示同样状态的事件重复出现的时间间隔，即为周期，其量纲为秒。图 2.1 即表示周期 $T=0.25\text{s}$ 的正弦波。从周期的定义中可以看出，曲线上设定的某一点与其附近寻找到的具有相同性质的另一点，其间的时间间隔即是周期。而无论在曲线上设定某点，其结果均相同。但是，举曲线中的零点，即跟横轴相交的点进行讨论，其结果比较简单。图 2.1 中点 c_1 和 c_3 的时间间隔即表示周期，其大小 $T=0.25\text{s}$。当然，此处，点 c_1 和 c_2、c_2 和 c_3、c_3 和 c_4……其间的时间间隔为 $T/2$。待测定 $T/2$ 后，乘 2，即可得到周期 T。测定曲线通过横轴相邻两点间的时间间隔再乘 2 来计算曲线周期的方法称之为零点交叉法。若曲线为正弦或余弦函数，则利用零点交叉法可得到精度较高的解。时程分析中采用的实际地震波，看似波形杂乱无序，没有周期性，但因地震波本身是简单的正弦波或余弦波的合成，所以利用零点交叉法，也可得到具有统计意义的地震波的频度特性。

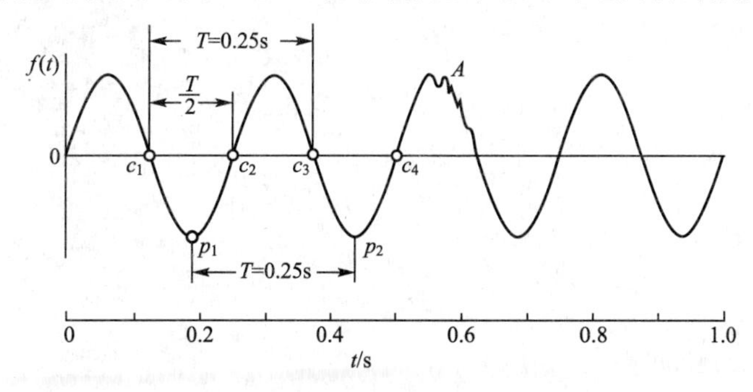

图 2.1　正弦曲线

从图 2.1 中可以看出，利用点 p_1 和 p_2（即波谷和波谷或波峰和波峰）之间的时间间隔同样也可表示曲线的周期，利用这一时间间隔来表示周期的方法称之为顶点法。在较长的波形杂乱无序的地震波中周期与具有相等周期的波段的数目关系，称之为周期-频度谱。子程序 PERD(Period Distribution)即为利用零点交叉法或顶点法绘制周期-频度分布的子程序。

【使用方法】

(1) 调用方法。

CALL PERD(N，X，ND，DT，IND，T，NFREQ，RFREQ，EPS)

(2) 参数说明(表 2-1)。

表 2-1　参数说明

参数	类型	调用程序时的内容	返回值内容
N	I	数据总数	不变
X	R	数据	不变
ND	I	数据 X 的次元	不变
DT	R	地震动时间间隔(单位：s)	不变
IND	I	0：零点交叉法；1：顶点法	不变
T	R		周期级别代表值
NFREQ	I		各级别周期的频度
RFREQ	R		各级别周期的相对频度(%)
EPS	R		不规则指数

【源程序】

```
      subroutine perd(n,x,nd,nd1,dt,ind,t,nfreq,rfreq,eps)
      dimension x(nd),t(nd1),nfreq(nd1),rfreq(nd1),bound(nd1)
      do 10 i=1,201
      bound(i)=0.05+0.02*i
10    continue
      do 110 i=1,200
      t(i)=(bound(i)+bound(i+1))/2.0
      nfreq(i)=0
110   continue
      xmin=99999.
      do 120 m=1,n
      if(x(m).eq.0.0) go to 120
      xmin=amin1(xmin,abs(x(m)))
120   continue
      zero=xmin/1000.
      if(x(1).eq.0.0)x(2)=x(2)+zero
      do 130 m=2,n-1
```

```
      if(abs(x(m)-x(m+1)).gt.zero)go to 130
      x(m+1)=x(m)+sign(zero,x(m)-x(m-1))
130   continue
      n0=0
      do 140m=1,n-1
      if(x(m).eq.0.0.or.x(m)*x(m+1).lt.0.0)go to 150
140   continue
150   tz1=(real(m-1)+abs(x(m)/(x(m)-x(m+1))))*dt
      nz=1
      if(x(m+1).gt.0.0)n0=n0+1
      mz1=m+1
      do 160m=2,n-1
      if(x(m)-x(m-1).lt.0.0.or.x(m+1)-x(m).gt.0.0)go to 160
      go to 170
160   continue
170   tpp1=real(m-1)*dt
      np=1
      mpp1=m+1
      if(ind.eq.0)go to 200
      do 180m=2,n-1
      if(x(m)-x(m-1).gt.0.0.or.x(m+1)-x(m).lt.0.0)go to 180
      go to 190
180   continue
190   tpm1=real(m-1)*dt
      mpm1=m+1
200   do 260m=mz1,n
      if(m.eq.n)go to 210
      if(x(m)*x(m+1).gt.0.0)go to 260
      if(x(m).eq.0.0.and.x(m-1)*x(m+1).gt.0.0.or.x(m+1).eq.0.0)goto 260
      tz2=(real(m-1)+abs(x(m)/(x(m)-x(m+1))))*dt
      go to 220
210   if(x(n).ne.0.0)go to 260
      tz2=real(n-1)*dt
220   tt=(tz2-tz1)*2.0
      tz1=tz2
      if(tt.le.bound(1).or.tt.gt.bound(201))go to 260
      if(ind.eq.1)go to 250
      do 230 i=1,200
      if(tt.gt.bound(i+1))go to 230
      nfreq(i)=nfreq(i)+1
      go to 240
230   continue
240   nz=nz+1
250   if(x(m-1).lt.0.0)n0=n0+1
```

```
260    continue
       total=real(nz-1)
       grad=1.0
       mp1=mpp1
       tp1=tpp1
270    do 300m=mp1,n-1
       if((x(m)-x(m-1))*grad.lt.0.0.or.(x(m+1)-x(m))*grad.gt.0.0)  go to 300
       tp2=real(m-1)*dt
       tt=tp2-tp1
       tp1=tp2
       if(tt.le.bound(1).or.tt.gt.bound(201))go to 300
       if(ind.eq.0)go to 290
       do 280 i=1,201
       if(tt.gt.bound(i+1))go to 280
       nfreq(i)=nfreq(i)+1
       go to 290
280    continue
290    np=np+1
300    continue
       if(grad.gt.0.0)nm=np
       if(ind.eq.0)go to 310
       grad=grad-2.0
       mp1=mpm1
       tp1=tpm1
       if(grad.gt.-2.0)go to 270
       total=real(np-1)
310    do 320 i=1,201
       rfreq(i)=real(nfreq(i))/total*100.0
320    continue
       if(nm.le.n0)go to 330
       eps=sqrt(1.0-(real(n0)/real(nm))**2)
       return
330    eps=0.0
       return
       end
```

【例 2.1】 绘制埃尔森特罗地震波南北分量加速度时程曲线周期-频度谱。

解：主程序如下。

```
parameter(n=5300,nd=n+10,dt=0.01,nd1=220,ind=0)
dimension x(nd),t(nd1),nfreq(nd1),rfreq(nd1)
open(1,file='埃尔森特罗地震波南北分量加速度.dat',status='old')
read(1,*)(x(i),i=1,n)
open(3file='perd-结果',status='unknown')
call perd(n,x,nd,nd1,dt,ind,t,nfreq,rfreq,eps)
```

```
      do 10 i=1,200
      write(3,30)t(i),nfreq(i),rfreq(i)
10    continue
30    format(1x,e10.4,2x,i4,2x,e10.4)
      close(1,status='keep')
      stop
      end
```

图2.2表示其计算结果。虽然两种分析方法计算结果并不完全相同，但是均表示此条地震动成分中周期为0.12～0.24s的波形最多，故该地震动场地特征周期可确定为0.14s。通过周期-频度分析可知，埃尔森特罗地震波南北分量加速度地震动属于“短周期地震波”。

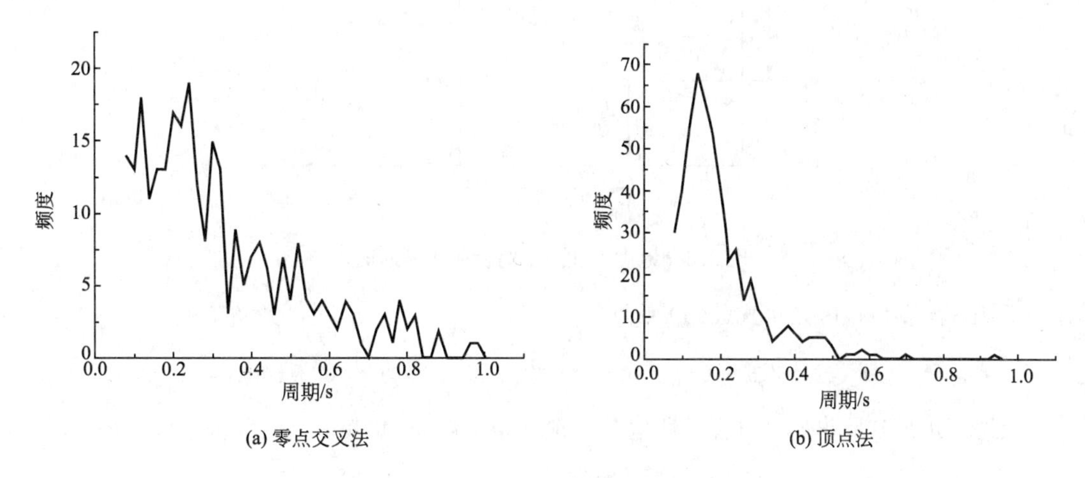

图2.2　周期-频度分布

2.2　反　应　谱

1. 有阻尼单质点体系地震反应分析

有阻尼单质点体系运动方程的表达式为

$$\ddot{x}+2\zeta\omega\dot{x}+\omega^2x=-\ddot{x}_g \tag{2.2}$$

其中，等式右边$\ddot{x}_g$是以离散数据给出的地震动加速度。

直接积分法在微分方程解题方法之中，属于初始值问题，其计算步骤如下：

(1) 得到t时刻的单质点反应值$x(t)$、$\dot{x}(t)$、$\ddot{x}(t)$；

(2) 基于t时刻的反应值$x(t)$、$\dot{x}(t)$、$\ddot{x}(t)$、$\ddot{x}_g(t)$和$t+\Delta t$时刻的地震动加速度$\ddot{x}_g(t+\Delta t)$，可计算$t+\Delta t$时刻的反应值$x(t+\Delta t)$、$\dot{x}(t+\Delta t)$、$\ddot{x}(t+\Delta t)$；

(3) 按(1)、(2)步骤反复进行运算，得到对应整个输入地震动加速度的反应值。

设t时刻的位移和速度反应为x_t和$\dot{x}_t$，地震动加速度为$\ddot{x}_{g(t)}$；$t+\Delta t$时刻的位移和速度反应为$x_{t+\Delta t}$和$\dot{x}_{t+\Delta t}$，地震动加速度为$\ddot{x}_{g(t+\Delta t)}$，则

$$\left.\begin{aligned}x_{t+\Delta t}&=A_{11}x_t+A_{12}\dot{x}_t+B_{11}\ddot{x}_{g(t)}+B_{12}\ddot{x}_{g(t+\Delta t)}\\\dot{x}_{t+\Delta t}&=A_{21}x_t+A_{22}\dot{x}_t+B_{21}\ddot{x}_{g(t)}+B_{22}\ddot{x}_{g(t+\Delta t)}\end{aligned}\right\}\tag{2.3}$$

得到 $x_{t+\Delta t}$和$\dot{x}_{t+\Delta t}$后，再利用方程(2.1)即可求出加速度反应$\ddot{x}_{t+\Delta t}$。

直接积分中，利用解析法求出式(2.3)中系数的计算方法称为 Nigam 法。如图 2.3 所示，假定地震动在$\ddot{x}_g(t)$和$\ddot{x}_g(t+\Delta t)$之间线性变化，Δt 表示地震动加速度$\ddot{x}_g(t)$的时间间隔，τ 表示以 t 时刻为基点的相对时间。由于 $\Delta\ddot{x}_g=\ddot{x}_{g(t+\Delta t)}-\ddot{x}_{g(t)}$，则

$$\ddot{x}_g(\tau)=\frac{\Delta\ddot{x}_g}{\Delta t}\tau+\ddot{x}_{g(t)}\quad(0\leqslant\tau\leqslant\Delta t)\tag{2.4}$$

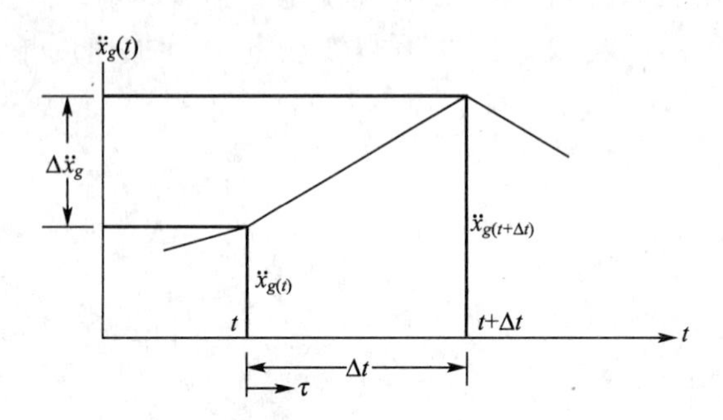

图 2.3 地震动加速度时程曲线线形插入

利用式(2.4)，可以将式(2.1)写为

$$\ddot{x}(\tau)+2\zeta\omega\dot{x}(\tau)+\omega^2x(\tau)=-\frac{\Delta\ddot{x}_g}{\Delta t}\tau-\ddot{x}_{g(t)}\quad(0\leqslant\tau\leqslant\Delta t)\tag{2.5}$$

因方程(2.5)是非齐次方程，所以其一般解由通解 x_c和特解 x_p两部分组成，即

$$x(t)=x_c+x_p$$

利用有阻尼固有圆频率 ω_d，则通解可表示为

$$x_c=e^{-\zeta\omega t}(A\cos\omega_d\tau+B\sin\omega_d\tau)$$

特解为

$$x_p=-\frac{\ddot{x}_{g(t)}}{\omega^2}+\frac{2\zeta\Delta\ddot{x}_g}{\omega^3\Delta t}-\frac{\Delta\ddot{x}_g}{\omega^2\Delta t}\tau$$

利用通解 x_c和特解 x_p，方程(2.4)的一般解可表示为

$$\begin{aligned}x(t)&=x_c+x_p\\&=e^{-\zeta\omega t}(A\cos\omega_d\tau+B\sin\omega_d\tau)-\frac{\ddot{x}_{g(t)}}{\omega^2}+\frac{2\zeta\Delta\ddot{x}_g}{\omega^3\Delta t}-\frac{\Delta\ddot{x}_g}{\omega^2\Delta t}\tau\end{aligned}\tag{a}$$

$$\dot{x}=e^{-\zeta\omega t}(-A\omega_d\sin\omega_d\tau+B\omega_d\cos\omega_d\tau-A\zeta\omega\cos\omega_d\tau-B\zeta\omega\sin\omega_d\tau)-\frac{\Delta\ddot{x}_g}{\omega^2\Delta t}\tag{b}$$

式(a)和式(b)中的 A 与 B 是积分常数，$\tau=0$(t 时刻)的初始条件为

$$\tau=0:\quad x=x_t,\quad \dot{x}=\dot{x}_t$$

将初始条件代入式(a)和式(b)，可得

$$x_t=A-\frac{\ddot{x}_{g(t)}}{\omega^2}+\frac{2\zeta\Delta\ddot{x}_g}{\omega^3\Delta t}$$

$$\dot{x}_t=B\omega_d-A\zeta\omega-\frac{\Delta\ddot{x}_g}{\omega^2\Delta t}$$

求解此联立方程，可得到积分常数 A 和 B 为

$$\left.\begin{aligned}A&=x_t+\frac{1}{\omega^2}\ddot{x}_{g(t)}-\frac{2\zeta}{\omega^3}\frac{\Delta\ddot{x}_g}{\Delta t}\\B&=\frac{1}{\omega_d}\left(\zeta\omega x_t+\dot{x}_t-\frac{2\zeta^2-1}{\omega^2}\frac{\Delta\ddot{x}_g}{\Delta t}+\frac{\zeta}{\omega}\ddot{x}_{g(t)}\right)\end{aligned}\right\}\tag{c}$$

将式(c)代入式(a)与式(b)，以 Δt 代替 τ，则经过 Δt 时间后，$t+\Delta t$ 时刻的相对位移和相对速度可以利用如下系数表示。

$$\left.\begin{aligned}A_{11}&=\mathrm{e}^{-\zeta\omega\Delta t}\left(\cos\omega_d\Delta t+\frac{\zeta\omega}{\omega_d}\sin\omega_d\Delta t\right)\\A_{12}&=\mathrm{e}^{-\zeta\omega\Delta t}\frac{1}{\omega_d}\sin\omega_d\Delta t\\A_{21}&=-\mathrm{e}^{-\zeta\omega\Delta t}\frac{\omega^2}{\omega_d}\sin\omega_d\Delta t\\A_{22}&=\mathrm{e}^{-\zeta\omega\Delta t}\left(\cos\omega_d\Delta t-\frac{\zeta\omega}{\omega_d}\sin\omega_d\Delta t\right)\\B_{11}&=\mathrm{e}^{-\zeta\omega\Delta t}\left[\left(\frac{1}{\omega^2}+\frac{2\zeta}{\omega^3\Delta t}\right)\cos\omega_d\Delta t+\left(\frac{\zeta}{\omega\omega_d}-\frac{1-2\zeta^2}{\omega^2\omega_d\Delta t}\right)\sin\omega_d\Delta t\right]-\frac{2\zeta}{\omega^3\Delta t}\\B_{12}&=\mathrm{e}^{-\zeta\omega\Delta t}\left[-\frac{2\zeta}{\omega^3\Delta t}\cos\omega_d\Delta t+\frac{1-2\zeta^2}{\omega^2\omega_d\Delta t}\sin\omega_d\Delta t\right]-\frac{1}{\omega^2}+\frac{2\zeta}{\omega^3\Delta t}\\B_{21}&=\mathrm{e}^{-\zeta\omega\Delta t}\left[-\frac{1}{\omega^2\Delta t}\cos\omega_d\Delta t-\left(\frac{\zeta}{\omega\omega_d\Delta t}+\frac{1}{\omega_d}\right)\sin\omega_d\Delta t\right]+\frac{1}{\omega^2\Delta t}\\B_{22}&=\mathrm{e}^{-\zeta\omega\Delta t}\left[\frac{1}{\omega^2\Delta t}\cos\omega_d\Delta t+\frac{\zeta}{\omega\omega_d\Delta t}\sin\omega_d\Delta t\right]-\frac{1}{\omega^2\Delta t}\end{aligned}\right\}\tag{2.6}$$

设 $t=0$ 时刻的初始条件为

$$\left.\begin{aligned}x_0&=0\\\dot{x}_0&=-\ddot{x}_{g0}\Delta t\\(\ddot{x}+\ddot{x}_g)_0&=2\zeta\omega\ddot{x}_{g0}\Delta t\end{aligned}\right\}\tag{2.7}$$

如上所解，从式(2.7)开始，对式(2.3)和式(2.2)进行反复循环计算，就可得到其加速度、速度及位移反应时程曲线。

下面介绍单质点体系地震反应分析子程序 SDOF(Response of Single - Degree - of - Freedom System)。已知地震动加速度时程数据、单质点体系固有圆频率及阻尼比，则利用该程序就可得到其单质点相对(或绝对)加速度、速度、位移并计算其峰值。程序中，为便于书写，特引入如下变量：

$$e=\mathrm{e}^{-\zeta\omega\Delta t};$$

$$\left.\begin{aligned}ss&=-\zeta\omega\sin\omega_d\Delta t-\omega_d\cos\omega_d\Delta t\\cc&=-\zeta\omega\cos\omega_d\Delta t+\omega_d\sin\omega_d\Delta t\end{aligned}\right\};$$

$$\left.\begin{aligned}s1&=(e\cdot ss+\omega_d)/\omega^2\\c1&=(e\cdot cc+\zeta\omega_d)/\omega^2\end{aligned}\right\};$$

$$\left.\begin{aligned}s2&=(e\Delta t\cdot ss+h\omega\cdot s1+\omega_d\cdot c1)/\omega^2\\c2&=(e\Delta t\cdot cc+h\omega\cdot c1-\omega_d\cdot s1)/\omega^2\end{aligned}\right\};$$

$$\left.\begin{aligned}s3&=\Delta t\cdot s1-s2\\c3&=\Delta t\cdot c1-c2\end{aligned}\right\}$$

【使用方法】

(1) 调用方法。

CALL SDOF (H, W, DT, NN, DDY, ACC, VEL, DIS, ND, SA, SV, SD)

(2) 参数说明(表2-2)。

表2-2　参数说明

参数	类型	调用程序时内容	返回值内容
H	R	阻尼比	不变
W	R	固有圆频率(单位：rad/s)	不变
DT	R	地震动加速度时程的时间间隔(单位：s)	不变
NN	I	地震动加速度时程数据总数	不变
DDY	R(ND)	地震动加速度(单位：Gal)	不变
ACC	R(ND)	可以不输入	相对加速度反应(单位：Gal)
VEL	R(ND)	可以不输入	相对速度反应(单位：cm/s)
DIS	R(ND)	可以不输入	相对位移反应(单位：cm)
ND	I	主程序中DDY，ACC，VEL，DIS的维数	不变
SA	R	可以不输入	最大相对加速度反应(单位：Gal)
SV	R	可以不输入	最大相对速度反应(单位：cm/s)
SD	R	可以不输入	最大相对位移反应(单位：cm)

【源程序】

```
SUBROUTINE SDOF(H,W,DT,NN,DDY,ACC,VEL,DIS,ND,SA,SV,SD,TIM)
DIMENSION DDY(ND),ACC(ND),VEL(ND),DIS(ND),TIM(ND)
W2=W*W
HW=H*W
WD=W*SQRT(1.-H*H)
WDT=WD*DT
E=EXP(-HW*DT)
CWDT=COS(WDT)
SWDT=SIN(WDT)
A11=E*(CWDT+HW*SWDT/WD)
A12=E*SWDT/WD
A21=-E*W2*SWDT/WD
A22=E*(CWDT-HW*SWDT/WD)
SS=-HW*SWDT-WD*CWDT
CC=-HW*CWDT+WD*SWDT
S1=(E*SS+WD)/W2
C1=(E*CC+HW)/W2
S2=(E*DT*SS+HW*S1+WD*C1)/W2
C2=(E*DT*CC+HW*C1-WD*S1)/W2
```

```
      S3=DT*S1-S2
      C3=DT*C1-C2
      B11=-S2/WDT
      B12=-S3/WDT
      B21=(HW*S2-WD*C2)/WDT
      B22=(HW*S3-WD*C3)/WDT
      ACC(1)=2.*HW*DDY(1)*DT
      VEL(1)=-DDY(1)*DT
      DIS(1)=0.0
      DX=VEL(1)
      X=0.0
      SA=0.0
      SV=0.0
      SD=0.0
      DO 110M=2,NN
      TIM(M)=M*DT
      DXF=DX
      XF=X
      DDYM=DDY(M)
      DDYF=DDY(M-1)
      X=A12*DXF+A11*XF+B12*DDYM+B11*DDYF
      DX=A22*DXF+A21*XF+B22*DDYM+B21*DDYF
      DDX=-2.*HW*DX-W2*X
      ACC(M)=DDX
      VEL(M)=DX
      DIS(M)=X
      SA=AMAX1(SA,ABS(DDX))
      SV=AMAX1(SV,ABS(DX))
      SD=AMAX1(SD,ABS(X))
110   CONTINUE
      RETURN
      END
```

【例 2.2】 已知单质点体系固有周期为 $T=1.0\text{s}$，阻尼比为 $\zeta=0.05$，讨论其地震反应。设地震动为埃尔森特罗地震波南北分量，其加速度峰值为 341.7Gal，作用时间间隔为 $\Delta t=0.01\text{s}$。

解： 主程序如下。

```
PARAMETER(T=1.0,H=0.05,DT=0.01,NN=5380,ND=NN+10)
DIMENSION DDY(ND),ACC(ND),VEL(ND),DIS(ND),TIM(ND)
OPEN(1,FILE='埃尔森特罗地震波南北分量.DAT',STATUS='OLD')
READ(1,*)(DDY(I),I=1,N)
OPEN(3,FILE='结果.DAT',ACTION='WRITE')
CLOSE(1,STATUS='KEEP')
W=6.283185/T
```

```
      CALL SDOF(H,W,DT,NN,DDY,ACC,VEL,DIS,ND,SA,SV,SD,TIM)
      DO 20M=1,NN
      WRITE(3,8)TIM(M),ACC(M),VEL(M),DIS(M)
20    CONTINUE
      WRITE(6,*)'SA=',SA,'SV=',SV,'SD=',SD
8     FORMAT (1X,E10.4,2X,E10.4,2X,E10.4,2X,E10.4,2X)
      STOP
      END
```

其计算结果如图 2.4～图 2.6 所示。

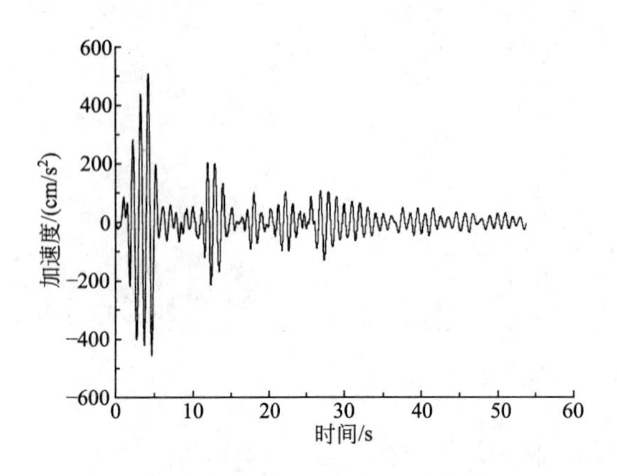

图 2.4　相对加速度

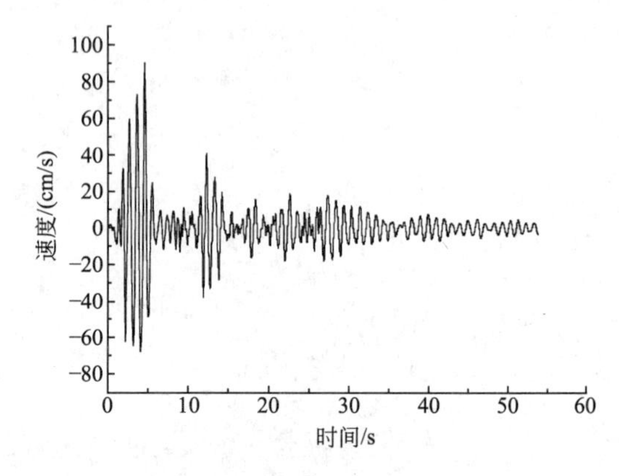

图 2.5　相对速度

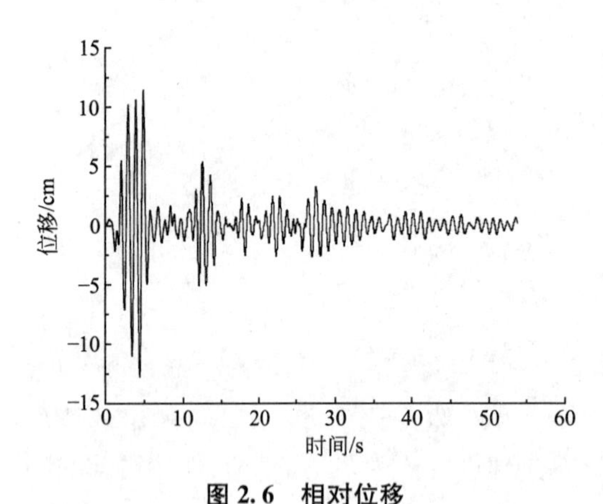

图 2.6　相对位移

加速度峰值 $ACC_{max}=509.00\text{cm/s}^2$，速度峰值 $VEL_{max}=90.64\text{cm/s}$，位移峰值 $DIS_{max}=12.8\text{cm}$。

2. 反应谱分析

通过上述单质点体系地震反应分析可知，地震动作用下体系的地震反应是与阻尼比 ζ 和无阻尼固有周期 T 有关的函数，其结果随结构的周期和阻尼比不同而发生变化。从结构抗震设计的角度考虑，地震反应的峰值具有重要的工程意义。将单质点体系相对位移、相对速度和相对加速度的峰值反应设为 $s_d(\zeta,T)$、$s_v(\zeta,T)$ 和 $s_a(\zeta,T)$，其与体系无阻尼固有周期 T 的关系则可分别定义为位移反应谱、速度反应谱和加速度反应谱，总称为地震反应谱。如下利用图 2.7 说明地震反应谱的概念。图 2.7(b)中，将阻尼比 ζ_1 相同，而无阻尼固有周期 T 不同的单质点有阻尼体系，固定于一块刚体平板上，此图中有三个单质点体系，其无阻尼固有周期值设为 $T_1<T_2<T_3$。如图 2.7(a)所示的地震动作用于刚体，使三个体系发生振动，可以得到每一个单质点体系的地震反应。图 2.7(c)给出了其中的地震加速度反应时程曲线。显然，因周期 T 不同，其加速度反应时程曲线也存在差异。于每条加速度反应时程曲线中寻找其峰值，分别设为 $(s_a)_1$、$(s_a)_2$、$(s_a)_3$。图 2.7(d)中横轴表示周期 T，纵轴即表示加速度反应

峰值。在此坐标系上，可绘出与 T_1、T_2、T_3 相对应的加速度峰值 $(s_a)_1$、$(s_a)_2$、$(s_a)_3$，连接此 3 点，即可得到一条曲线段。如果刚体平板上有很多与周期 T 相差不大的单质点体系，则能够得到如图 2.7(d)所示的粗黑曲线。这就是阻尼比为 ζ_1 的加速度地震反应谱。同理，对于其他阻尼比不同的单质点体系，情况亦然。另按此方法也可得到其速度和位移地震反应谱。

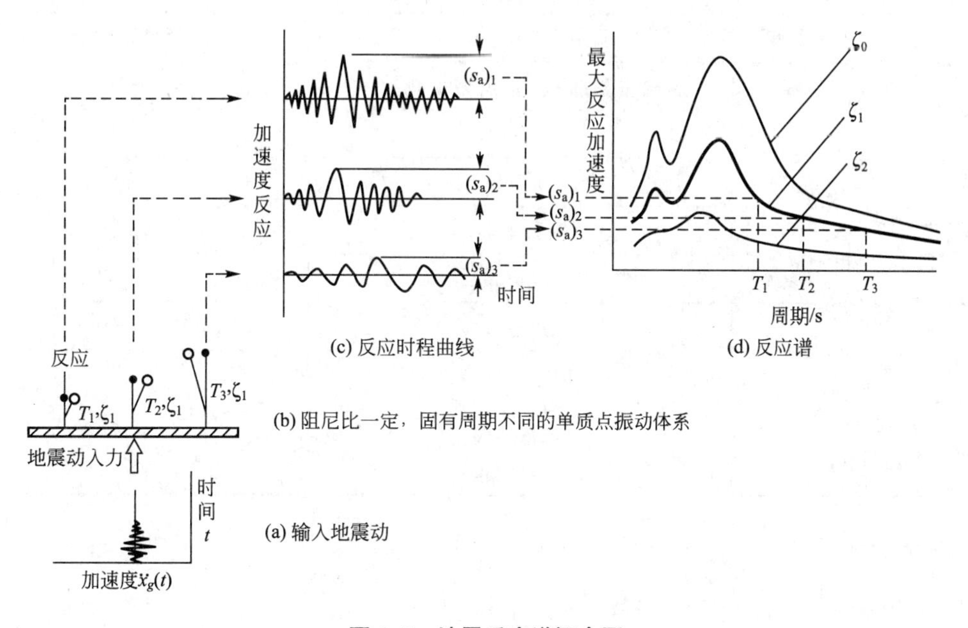

图 2.7　地震反应谱概念图

3. 能量谱分析

有阻尼的单质点体系振动微分方程可表示为

$$M\ddot{x}+C\dot{x}+F(x)=-M\ddot{x}_g \tag{2.8}$$

式中，M 表示质点质量；C 表示阻尼系数；$F(x)$表示体系恢复力；$\ddot{x}_g$表示地震动加速度。

于式(2.9)两边同乘 $\mathrm{d}x$(或$\dot{y}\,\mathrm{d}t$)，且在地震持续时间 t_0 内进行积分，则可得到如下能量平衡方程。

$$W_\mathrm{e}+W_\mathrm{p}+W_\mathrm{h}=E \tag{2.9}$$

式中，W_e表示弹性振动能；W_p表示累积塑性能；W_h表示阻尼消耗能；E 表示地震动输入于结构的总能量。

Housner 提出、秋山宏验证了“地震波输入建筑结构的总能量，主要依赖于结构物的总质量和第一固有周期，是一个相对稳定的量”这一事实。他们借用物理学中的动能公式，采用式(2.10)表示了参数“输入能量速度换算值”，并将单自由度体系周期和输入能量速度换算值的关系定义为能量谱。

$$V_\mathrm{E}=\sqrt{\frac{2E}{M}} \tag{2.10}$$

利用子程序 ERES 在已知阻尼比的条件下，输入加速度时程后，即可求解其加速度、速度、位移及能量反应谱。

【使用方法】

(1) 调用方法。

CALL ERES(NH, H, ND1, NT, T, ND2, DT, NN, DDY, ND3, IND, QMAX, RES)

(2) 主要参数说明(表 2-3)。

表 2-3 主要参数说明

参数	类型	调用程序时的内容	返回值内容
N	I	地震动加速度时程数据总数	不变
ND	I	周期总数	不变
T	R	周期	不变
DT	R	加速度时程的时间间隔	不变
DDY	R	地震动加速度(单位：Gal)	不变
H	R'	阻尼比	不变
X_Y(4, ND)	I	1：加速度反应谱 2：速度反应谱 3：位移反应谱 4：能量谱	不变

【源程序】

```
subroutine eres(n,nd,ddy,dt,h,x_y)
dimension ddy(n),x_y(4,nd),t(nd)
ek=400000000.0
do 10 k=1,3995
em=100000.0+100.0*k
ek=ek-100000.0
w=sqrt(ek/em)
t(k)=6.28/w
w2=w*w
hw=h*w
wd=w*sqrt(1.-h**2)
wdt=wd*dt
e=exp(-hw*dt)
cwdt=cos(wdt)
swdt=sin(wdt)
a11=e*(cwdt+hw*swdt/wd)
a12=e*swdt/wd
a21=-e*w2*swdt/wd
a22=e*(cwdt-hw*swdt/wd)
ss=-hw*swdt-wd*cwdt
cc=-hw*cwdt+wd*swdt
s1=(e*ss+wd)/w2
c1=(e*cc+hw)/w2
```

```
      s2=(e*dt*ss+hw*s1+wd*c1)/w2
      c2=(e*dt*cc+hw*c1-wd*s1)/w2
      s3=dt*s1-s2
      c3=dt*c1-c2
      b11=-s2/wdt
      b12=-s3/wdt
      b21=(hw*s2-wd*c2)/wdt
      b22=(hw*s3-wd*c3)/wdt
      x_y(1,1)=2.*hw*abs(ddy(1))*dt
      x_y(2,1)=abs(ddy(1))*dt
      x_y(3,1)=0.0
      x_y(4,1)=0.0
      dxf=-ddy(1)*dt
      xf=0.0
      e=0.0
      do 20m=2,n
      ddym=ddy(m)
      ddyf=ddy(m-1)
      x=a12*dxf+a11*xf+b12*ddym+b11*ddyf
      dx=a22*dxf+a21*xf+b22*ddym+b21*ddyf
      ddx=-2.*hw*dx-w2*x
      e=e-em*(ddy(m)+ddy(m-1))/2.0*(x-xf)
      ve=sqrt(2.0*abs(e)/em)
      x_y(1,k)=amax1(x_y(1,k),abs(ddx))
      x_y(2,k)=amax1(x_y(2,k),abs(dx))
      x_y(3,k)=amax1(x_y(3,k),abs(x))
      x_y(4,k)=amax1(x_y(4,k),abs(ve))
      dxf=dx
      xf=x
20    continue
      write(3,30)t(k),(x_y(i,k),i=1,4)
30    format(1x,e10.4,2x,e10.4,2x,e10.4,2x,e10.4,2x,e10.4)
10    continue
      return
      end
```

【例 2.3】 绘制埃尔森特罗地震波南北分量地震波(时间间隔为 0.01s)的加速度、速度、位移和能量反应谱。设其阻尼比分别为 ζ=0.0，0.05，0.1。

解： 主程序如下。

```
      parameter(dt=0.01,h=0.00,n=5300,nd=4000)
      dimension ddy(n),x_y(4,nd)
      open(1,file='el-01.dat',status='old')
      read(1,*)(ddy(i),i=1,n)
      ddymax=0.0
```

```
      do 8 i=1,n
      ddy(i)=ddy(i)*0.01
      ddymax=amax1(ddymax,abs(ddy(i)))
8     continue
      write(6,*)'ddymax=',ddymax,'m/s^2'
      close(1,STATUS='keep')
      open(3,file='结果.dat',status='unknown')
      call eres(n,nd,ddy,dt,h,x_y)
      stop
      end
```

其计算结果如图 2.8～图 2.9 所示。

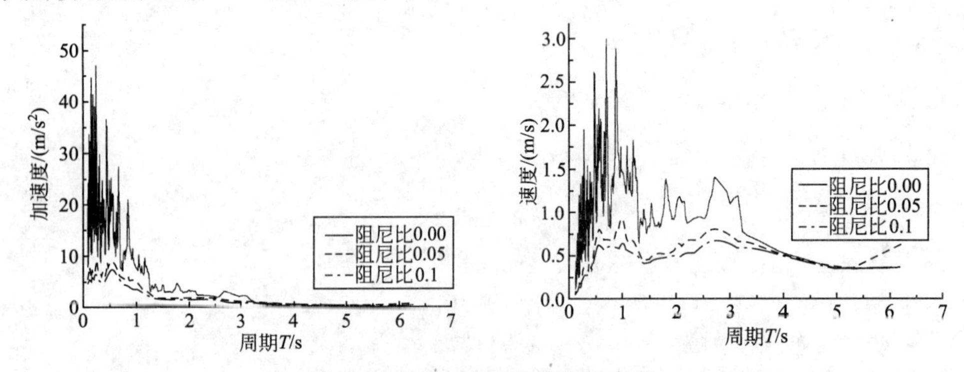

图 2.8　地震加速度和速度反应谱

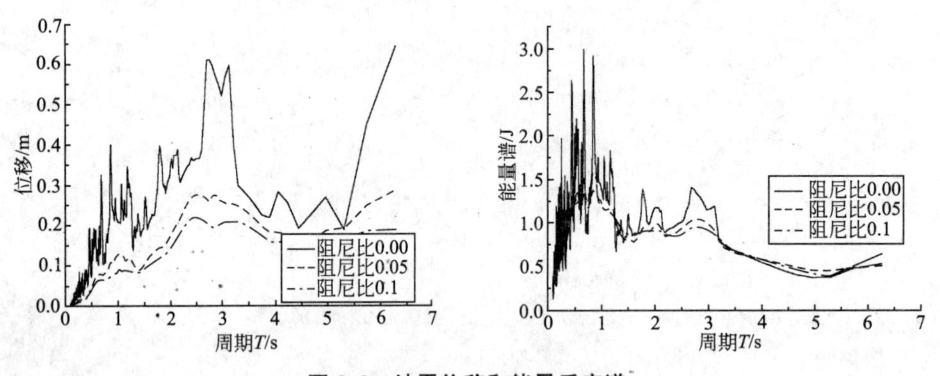

图 2.9　地震位移和能量反应谱

4. 设计用反应谱分析

一般的建筑结构物阻尼比 ζ 远小于 1，因此，可近似地认为 $\zeta^2 \cong 0$，此时即存在关系 $\omega_d \cong \omega = 2\pi/T$。基于这一基础，则可得到如下公式。

$$\omega s_{pd} = s_{pv} = \frac{1}{\omega} s_{pa} \tag{2.11}$$

或

$$\frac{2\pi}{T} s_{pd} = s_{pv} = \frac{T}{2\pi} s_{pa} \tag{2.12}$$

利用程序 SFP(设计用反应谱)可以一目了然地把握与设计用反应谱相关的信息，

图 2.10(a)为我国多遇地震、设防烈度为 8 度、Ⅱ类场地、地震设计分组为第一组地区的设计用加速度谱，而图 2.10(b)和图 2.10(c)则表示利用式(2.11)计算所得的速度和位移谱。与国外速度反应谱比较，速度谱曲线在 $5T_g$处开始大幅增加是我国反应谱的特点。在程序中 $t(n)$表示周期，$S_a(nd)$表示加速度谱，$S_v(nd)$表示速度谱，$S_d(nd)$表示位移谱。

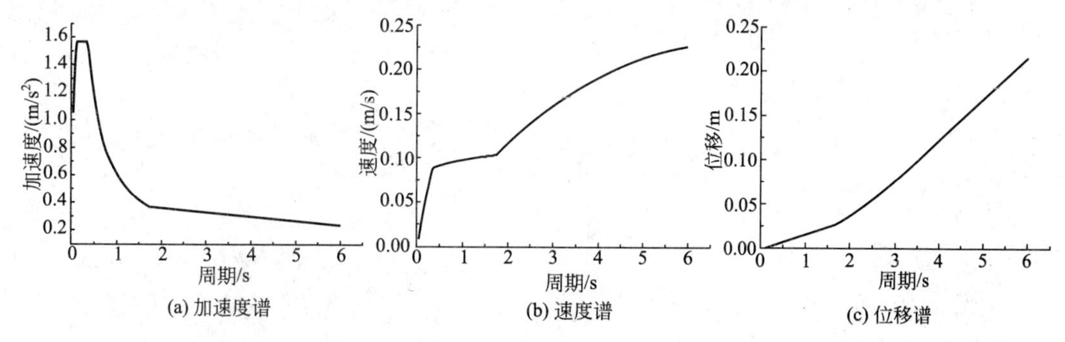

(a) 加速度谱　(b) 速度谱　(c) 位移谱

图 2.10　抗震设计用谱

【源程序】

```
      parameter(a_max=0.16,tg=0.35,zn_b=0.05,nd=650)
      dimension t(nd),sa(nd),sv(nd),sd(nd)
      open(3,file='设计用加速度、速度谱和位移谱.dat',status='unknown')
      g_m=0.9+((0.05-zn_b)/(0.3+6*zn_b))
      yita1=0.02+((0.05-zn_b)/(4.0+32*zn_b))
      yita2=1.0+((0.05-zn_b)/(0.08+1.6*zn_b))
      do 30 i=1,150
      t(i)=0.0+0.04*i
      if(t(i).gt.tg)go to 100
      if(t(i).le.0.1)then
      sa(i)=(0.45-10.0*(0.45-yita2)*t(i))*a_max*9.801
      sv(i)=sa(i)*(t(i)/(6.28))
      sd(i)=sa(i)*((t(i)/(6.28))**2)
      else
      sa(i)=yita2*a_max*9.801
      sv(i)=sa(i)*(t(i)/(6.28))
      sd(i)=sa(i)*((t(i)/(6.28))**2)
      end if
      go to 200
100   tg5=5.0*tg
      if(t(i).gt.tg.and.t(i).lt.tg5)then
      sa(i)=((tg/t(i))**g_m)*yita2*a_max*9.801
      sv(i)=sa(i)*(t(i)/(6.28))
      sd(i)=sa(i)*((t(i)/(6.28))**2)
      else
      sa(i)=(yita2*0.2**g_m-yita1*(t(i)-tg5))*a_max*9.801
      sv(i)=sa(i)*(t(i)/(6.28))
```

```
      sd(i)=sa(i)*((t(i)/(6.28))**2)
200   end if
30    continue
      write(3,7)(t(i),sa(i),sv(i),sd(i),i= 1,150)
7     format (1x,e10.4,2x,e10.4,2x,e10.4,2x,e10.4)
      stop
      end
```

2.3　地震动积分

我国《建筑抗震设计规范》(GB 50011—2010)规定采用地面峰值加速度(PGA)作为衡量地震动强度的尺度，并如表 2-4 规定了时程分析所用地震动加速度时程的最大值。

表 2-4　时程分析所用地震动加速度时程的最大值　　单位：cm/s^2

地震影响	6 度	7 度	8 度	9 度
多遇地震	18	35(55)	70(110)	140
罕遇地震	125	220(310)	400(510)	620

注：括号内数值分别用于设计基本地震加速度为 0.15g 和 0.30g 的地区。

与我国不同，日本等国家采用地面峰值速度(*PGV*)作为地震动的强度指标，并规定第一阶段设计，*PGV*=25cm/s；第二阶段设计，*PGV*=50cm/s。

在工程中，利用于地震反应弹塑性时程分析中的地震动基本均是以加速度时程数据提供的。当采用地面峰值速度作为地震动强度指标时，应对以加速度时程数据提供的地震动进行积分，而后确定其地面峰值速度。程序 IACC(Integration of Acceleration Time History)是对已给出的地震动加速度进行积分得到其速度、位移时程曲线及速度和位移峰值的子程序，其计算方法如下。假设 t 时刻的地震动加速度$\ddot{x}_{gt}$和 $t+\Delta t$ 时刻的加速度$\ddot{x}_{g(t+\Delta t)}$之间的加速度曲线满足线性关系。在区间(t，$t+\Delta t$)内的时间变量设定为 τ，则这一区间内的加速度可以表示为

$$\ddot{x}_g(\tau)=\frac{\ddot{x}_{g(t+\Delta t)}-\ddot{x}_{gt}}{\Delta t}\tau+\ddot{x}_{gt}\qquad 0\leqslant\tau\leqslant\Delta t \tag{2.13}$$

利用 $\tau=0$ 时刻的初始条件$\dot{x}_g(0)=\dot{x}_{gt}$和 $x_g(0)=x_{gt}$及 $\tau=\Delta t$，如下式表示 $t+\Delta t$ 时刻的速度和位移

$$\left.\begin{aligned}\dot{x}_{g(t+\Delta t)}&=\dot{x}_{gt}+(\ddot{x}_{gt}+\ddot{x}_{g(t+\Delta t)})\frac{\Delta t}{2}\\ x_{g(t+\Delta t)}&=x_{gt}+\dot{x}_{gt}\Delta t+\left(\frac{\ddot{x}_{gt}}{3}+\frac{\ddot{x}_{g(t+\Delta t)}}{6}\right)(\Delta t)^2\end{aligned}\right\} \tag{2.14}$$

程序中初始条件设定为$\dot{x}_{gt=0}=0$和 $x_{gt=0}=0$。

【使用方法】

(1) 调用方法。

CALL　IACC(DT，NN，DY，Y，ND，DYMAX，YMAX)

(2) 参数说明(表 2-5)。

表 2-5　参数说明

参数	类型	调用程序时的内容	返回值内容
DT	R	时程曲线时间间隔(单位：s)	不变
NN	I	时程曲线数据总数目	不变
DDY	R	加速度时程曲线(单位：Gal)	不变
DY	R		速度时程曲线(单位：cm/s)
Y	R		位移时程曲线(单位：cm)
ND	I	加速度、速度和位移时程曲线数目总设定量	
DYMAX	R		速度最大值(单位：cm/s)
YMAX	R		位移最大值(单位：cm)

【源程序】

```
      subroutine iacc(ik,dt,n,nd,ddy,dy,y,dymax,ymax)
      dimension ddy(nd),dy(nd),y(nd)
      dymax=0.0
      ymax=0.0
      dy(1)=0.0
      y(1)=0.0
      do 110m=2,n
      dy(m)=dy(m-1)+(ddy(m-1)+ddy(m))*dt/2.0
      y(m)=y(m-1)+dy(m-1)*dt+(ddy(m-1)/3.+ddy(m)/6.)*dt**2
      dymax=amax1(dymax,abs(dy(m)))
      ymax=amax1(ymax,abs(y(m)))
110   continue
      return
      end
```

利用程序 IACC 求解的速度和位移时程曲线，往往会出现速度和位移随时间越来越大的现象，即地震结束后应该等于零的速度不为零，其对应的位移值也较大，显然不满足实际情况。而程序 CRAC(Base-Line Correction of Accelerogram)则是对地震动加速度的基线进行补正，以此达到地震结束时速度为零，残留位移适当，并避免速度和位移值过大的目的。

首先，设定位移$\hat{x}_g(t)$、速度$\hat{\dot{x}}_g(t)$和加速度$\hat{\ddot{x}}_g(t)$的修正值如下式所示：

$$
\begin{aligned}
\hat{x}_g(t)&=x_g(t)-\left(\frac{1}{2}a_0t^2+\frac{1}{6}a_1t^3\right)\\
\hat{\dot{x}}_g(t)&=\dot{x}_g(t)-\left(a_0t+\frac{1}{2}a_1t^2\right)\\
\hat{\ddot{x}}_g(t)&=\ddot{x}_g(t)-(a_0+a_1t)
\end{aligned}
\tag{a}
$$

其中，$x_g(t)$、$\dot{x}_g(t)$和$\ddot{x}_g(t)$是利用子程序 IACC 所求解的地震动位移、速度和加速度，a_0和a_1是待定的补正系数，可利用最小二乘法求解。

地震持续时间设为 T，(a)式中第二项$\hat{\dot{x}}_g(T)=0$ 的条件为

$$a_0=\frac{\hat{\dot{x}}_g(T)}{T}-\frac{a_1T}{2} \tag{b}$$

并得到如下关系。

$$\frac{da_0}{da_1}=-\frac{T}{2} \tag{c}$$

当 $t=T$ 时，残留位移设为$\hat{x}_g(t)$，将残留位移利用最小二乘法设定为

$$\zeta=\int_0^T\left[x_g(t)-\left(\frac{1}{2}a_0t^2+\frac{1}{6}a_1t^3\right)\right]^2dt$$

$$\frac{d\zeta}{da_1}=0 \tag{d}$$

则由式(b)、式(c)、式(d)可得系数 a_1 为

$$a_1=\frac{28}{13T^2}\left[2\dot{x}_g(T)-\frac{15}{T^5}\int_0^T\hat{x}_g(t)(3Tt^2-2t^3)dt\right] \tag{e}$$

a_1确定后，则可利用式(b)求解 a_0。

【使用方法】

(1) 调用方法。

CALL　CRAC(DT，NN，DDYMAX，DDY，ND，UW1，UW2)

(2) 参数说明(表 2-6)。

表 2-6　参数说明

参数	类型	调用程序时的内容	返回值内容
DT	R	时程曲线时间间隔(单位：s)	不变
NN	I	时程曲线数据总数目	不变
DDYMAX	R	最大加速度(单位：Gal)	不变
DDY	R	加速度时程曲线(单位：Gal)	得到补正以后的加速度时程曲线(单位：Gal)
ND	I	加速度、速度和位移时程曲线数目总设定量	不变
UW1	R	工作数组	
UW2	R	工作数组	

【源程序】

```
subroutine crac(ik,dt,n,nd,ddymax1,ddy,uw1,uw2)
dimension ddy(nd),uw1(nd),uw2(nd)
call iacc(ik,dt,N,nd,ddy,uw1,uw2,vmax,smax)
tt=real(n-1)*nd
t=0.0
do 110m=1,n
uw2(m)=uw2(m)*(3.0*tt-2.0*t)*t**2
```

```
      t=t+dt
110   continue
      sum=(uw2(1)+uw2(n))/2.0
      do 120m=2,n-1
      sum=sum+uw2(m)
120   continue
      sum=sum*dt
      a1=28.0/13.0/tt**2*(2.0*uw1(n)-15./tt**5*sum)
      a0=uw1(n)/tt-a1/2.0*tt
      t=0.0
      acmax=0.0
      do 130m=1,n
      ddy(m)=ddy(m)-a0-a1*t
      acmax=amax1(acmax,abs(ddy(m)))
      t=t+dt
130   continue
      ddymaxhou=0.0
      coef=ddymax1/acmax
      do 140m=1,n
      ddy(m)=ddy(m)*coef
      ddymaxhou=amax1(ddymaxhou,abs(ddy(m)))
140   continue
      write(6,*)  '最终结果'
      write(6,*)'ddymax=',ddymaxhou
      return
      end
```

【例 2.4】 对埃尔森特罗地震动南北分量加速度时程曲线进行积分，求解 $PGV=25\text{cm/s}$ 与 $PGV=50\text{cm/s}$ 时的地震动加速度峰值，并绘制 $PGV=50\text{cm/s}$ 时的地震动加速度、速度和位移时程曲线。

解： 主程序如下。

```
      parameter(dt=0.01,n=5300,nd=10000)
      dimension ddy(nd),dy(nd),y(nd),uw1(nd),uw2(nd)
      open(1,file='el-01.dat',status='old')
      read(1,*)(ddy(i),i=1,n)
      open(3,FILE='结果.dat',status='unknown')
      close(1,status='keep')
      ddymax=0.0
      do 10 i=1,n
      ddymax=amax1(ddymax,abs(ddy(i)))
10    continue
      write(6,*)  '调整以前'
      write(6,*)'ddymax=',ddymax
      coef=330.0/ddymax
```

```
      do 20 i=1,n
      ddy(I)=coef*ddy(i)
      ddymax1=amax1(ddymax1,abs(ddy(i)))
20    continue
      write(6,*)  '调整以后'
      write(6,*)'ddymax1=',ddymax1
      ik=0
      call crac(ik,dt,n,nd,ddymax1,ddy,uw1,uw2)
      ik=1
      call iacc(ik,dt,N,nd,ddydy,y,dymax,ymax)
      write(6,*)'dymax=',dymax
      write(6,*)'ymax=',ymax
      do 30 i=1,n
      tim=i*dt
      write(3,300)tim,ddy(i),dy(i),y(i)
300   format(1x,e10.4,2x,e10.4,2x,e10.4,2x,e10.4,1x)
30    continue
      stop
      end
```

图 2.11 表示当 PGV=50cm/s 时的地震动加速度、速度和位移时程曲线，此时地震动加速度峰值为 453.3cm/s^2，位移峰值为 55.0cm。利用程序可知，当 PGV=25cm/s 时的加速度峰值为 226.0cm/s^2。

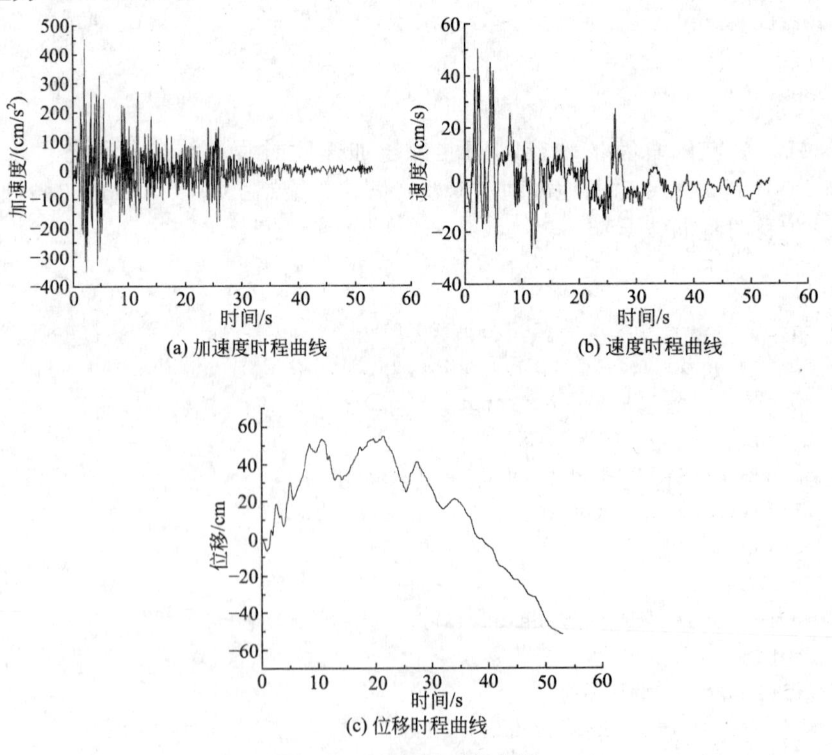

(a) 加速度时程曲线

(b) 速度时程曲线

(c) 位移时程曲线

图 2.11 地震动时程曲线

2.4　地震动时间间隔调整

数值分析中，往往利用 Wilson－θ 法进行地震反应弹塑性时程分析。Wilson－θ 法的特征是，若 θ 大于 1.37，则无论地震动时间间隔 Δt 如何，可无条件地得到其稳定解。此处所讲的稳定解，不一定是精度较高的解，而是指得到精度较好的解，其中有效的方法即是将时间间隔 Δt 取为小于结构基本周期 1% 的值。现在在网上能够下载的地震动时间间隔基本上为 0.01s 或 0.02s。如若结构基本周期为 0.5s，则需要的地震动时间间隔为 0.005s。因此，要得到精度较高的结果，首先要缩小地震动时间间隔。sjt 程序就是基于线性插值方法，利用 t 和 $t+\Delta t$ 时刻的地震动加速度值来确定 $(t+t+\Delta t)/2$ 时刻的地震动加速度值。

【例 2.5】 将时间间隔为 0.01s 的埃尔森特罗地震波南北分量地震动改为时间间隔为 0.005s 的地震动。

解： 其程序如下：

```
      parameter(d_t=0.01,n=5300,nn=2*n)
      dimension ddy(nn),tim(nn)
      open(2,file='el-01.dat',status='old')
      openN(3,file='el-005.dat',status='unknown')
      do 10 i=2,nn,2
      read(2,*)ddy(i)
10    continue
      close(1,status='keep')
      do 20 i=1,nn-1,2
      ddy(i)=(ddy(i-1)+ddy(i+1))/2
20    continue
      do 30 i=1,nn
      k=i-1
      tim(i)=(d_t/2.0)*k
      write(3,601)tim(i),ddy(i)
601   format(1x,e10.4,2x,e10.4)
30    continue
      stop
      end
```

时间间隔为 0.01s 的埃尔森特罗地震波南北分量地震动时程曲线和间间隔为 0.005s 的地震动时程曲线基本耦合，这里不再表示。

本 章 小 结

(1) 在较长的波形杂乱无序的地震波中周期与具有相等周期的波段的数目之间的关

系，称之为周期-频度谱。通过周期-频度谱分析可以把握地震动的场地特征周期。

(2) 地震动作用下体系的地震反应是与阻尼比 ζ 和无阻尼固有周期 T 有关的函数，其结果随结构的周期和阻尼比不同而发生变化。从结构抗震设计的角度考虑，地震反应的峰值具有重要的工程意义。将单质点体系相对位移、相对速度和相对加速度的峰值反应设为 $s_d(\zeta, T)$、$s_v(\zeta, T)$和 $s_a(\zeta, T)$，其与体系无阻尼固有周期 T 的关系则可分别定义为位移反应谱、速度反应谱和加速度反应谱，总称为地震反应谱。

(3) 单自由度体系的周期与输入能量速度换算值之间的关系定义为能量谱。

(4) 通过设计用反应谱的分析，能够把握设防烈度、场地类别、结构周期、阻尼对结构的地震作用影响。

(5) 与我国不同，日本等国家采用地面峰值速度(PGV)作为地震动的强度指标，并规定第一阶段设计时取 PGV=25cm/s；第二阶段设计时取 PGV=50cm/s。利用程序 IACC 可以得到与给定的 PGV 相对应的地震动。

(6) 在地震反应弹塑性分析过程中，要得到精度较高的解析结果，其中有效的方法之一是将地震动时间间隔 Δt 取为小于结构基本周期 1%的值。

习　　题

1. 思考题

(1) 什么是周期-频度谱曲线？

(2) 什么是反应谱曲线？

(3) 什么是能量谱曲线？

(4) 我国设计用反应谱曲线具有哪些特征？

(5) 日本等国家采用地面峰值速度(PGV)作为地震动的强度指标，其意义何在？

(6) 为什么有时候有必要调整地震动时间间隔？

(7) 简述利用 Nigam 法进行单质点地震反应弹性分析的基本原理和步骤。

(8) 简述绘制反应谱(包括能量谱)的基本原理和步骤。

2. 计算题

(1) 已知 HACHINOHE EW 地震波加速度时程记录(时间间隔为 0.01s)，利用子程序 PERD 绘制周期-频度谱曲线。

(2) 已知单质点体系固有周期为 T=0.5s，阻尼比为 ζ=0.03。讨论该体系在 HACHINOHE EW 地震波(时间间隔为 0.01s)作用下的地震反应。

(3) 绘制 HACHINOHE EW 地震波的加速度、速度、位移和能量反应谱。设其阻尼比分别为 ζ=0.0，0.05，0.1。

(4) 利用程序 SFP(设计用反应谱)绘制我国罕遇地震、设防烈度为 7 度、Ⅰ类场地、地震设计分组为第二组地区的设计用加速度、速度和位移谱。

(5) 利用子程序 IACC 生成地面速度峰值为 PGV=50cm/s 的 HACHINOHE EW 地震波。

(6) 利用程序 sjt 将时间间隔为 0.01s 的 HACHINOHE EW 地震动改为时间间隔 0.005s 的地震动。

第3章 结构自振特性分析

教学目标

本章主要讲述结构自振特性及其计算方法。通过本章的学习，应达到以下目标：

(1) 理解计算结构自振特性——自振频率和振型的过程；

(2) 理解振型矩阵和振型参与系数的概念，掌握利用电算程序分析结构自振特性的方法。

教学要求

知识要点	能力要求	相关知识
自振特性	能够计算自振频率、绘制主振型，并理解主振型的正交性	(1) 结构动力计算基础 (2) 特征值与特征向量
雅克比法	理解利用雅克比法求解 n 阶实对称矩阵的 n 个特征值和相应的特征向量过程	(1) 实对称矩阵 (2) 矩阵相似变换

基本概念

自振频率、振型、频率方程、实对称矩阵、矩阵相似变换、雅克比法。

引言

雅可比法的基本思想是通过一系列的由平面旋转矩阵构成的正交变换将实对称矩阵逐步化为对角阵，从而得到 A 的全部特征值及其相应的特征向量。雅可比法的理论基础如下。

(1) 如果 n 阶方阵 A 满足 $A^{T}A=I$，则称 A 为正交阵；

(2) 设 A 是 n 阶实对称矩阵，则 A 的特征值都是实数，并且有互相正交的 n 个特征向量；

(3) 相似矩阵具有相同的特征值；

(4) 设 A 是 n 阶实对称矩阵，P 为 n 阶正交阵，则 $B=P^{T}AP$ 也是对称矩阵；

(5) n 阶正交矩阵的乘积是正交矩阵；

(6) 设 A 是 n 阶实对称矩阵，则必有正交矩阵 P，使

$$P^{T}AP=\begin{bmatrix}\lambda_1 & & & \\ & \lambda_2 & & \\ & & \ddots & \\ & & & \lambda_n\end{bmatrix}=\Lambda$$

式中，Λ 的对角线元素是 A 的 n 个特征值；正交阵 P 的第 i 列是 A 的对应于特征值 λ_i 的特征向量。

由上式可知，对于任意的 n 阶实对称矩阵 A，只要能求得一个正交阵 P，使 $P^{T}AP=\Lambda$（Λ 为对角阵），则可得到 A 的全部特征值及其相应的特征向量。

3.1 自振特性分析方法

计算弹性体系自振频率和振型的过程称为自振特性分析。由于体系的固有频率和振型均仅取决于体系自身的性质，与时间无关，因此，自振特性分析的基本手段即是变量分离法，即将时间因素与结构位置因素分离后，利用特征方程具有非零解的充分必要条件确定其自振频率及振型。

体系质点位移 $\{\delta\}$ 和作用在质点上的力 $\{p\}$，应该满足 $\{p\}=[k]\{\delta\}$。其中，$[k]$ 为刚度矩阵，即体系的静态平衡方程形式为

$$\{p\}-[k]\{\delta\}=\{0\} \tag{3.1}$$

假设体系正处于运动状态，且质点的速度 $\{\dot{\delta}\}$ 和加速度 $\{\ddot{\delta}\}$ 均为正方向。由于阻尼器的作用而产生的阻尼力 $\{p_{D}\}=[c]\{\dot{\delta}\}$，即相当于对每个质点施加 $-[c]\{\dot{\delta}\}$ 的作用力。另外，质点加速度 $\{\ddot{\delta}\}$ 的存在相当于对每一质点作用的惯性力为 $-[m]\{\ddot{\delta}\}$。根据达朗贝尔原理，这些力作用以后，体系应该满足平衡状态。因此，其振动方程为

$$[m]\{\ddot{\delta}\}+[c]\{\dot{\delta}\}+[k]\{\delta\}=\{p\} \tag{3.2}$$

式中，$[m]$ 为质量矩阵；$[c]$ 为阻尼矩阵；$[k]$ 为刚度矩阵；$\{\ddot{\delta}\}$ 为加速度向量；$\{\dot{\delta}\}$ 为速度向量；$\{\delta\}$ 为位移向量；$\{p\}$ 为激振向量。

一个质点具有 6 个自由度，则 n 个质点的体系共有 $6\times n$ 个自由度。下面假设质点的 6 个可能的运动方向中，除了 x 方向(水平方向)以外全部被约束，即每个质点仅具有 x 方向一个自由度，则每个矩阵和向量的次数均为 n 次。

在式(3.2)中，设 $[c]=[0]$，$\{p\}=\{0\}$，则无阻尼自由振动方程为

$$[m]\{\ddot{\delta}\}+[k]\{\delta\}=\{0\} \tag{3.3}$$

质点的位移是时间函数，设为 $\{\delta(t)\}$，其振幅为 $\{u\}$，则利用简谐函数 $e^{i\lambda t}$ 表示其位移

$$\{\delta(t)\}=\{u\}e^{i\lambda t} \tag{3.4}$$

式中，$\lambda(>0)$表示圆频率；向量 $\{u\}$ 和标量 λ 为未知量。

将式(3.4)代入式(3.3)，则

$$[m]\{u\}(-\lambda^{2}e^{i\lambda t})+[k]\{u\}e^{i\lambda t}=\{0\}$$

经简化，得

$$[k]\{u\}=\lambda^{2}[m]\{u\} \tag{3.5}$$

计算所得到的满足这个方程的 $\{u\}$ 与 λ 的问题叫做特征值问题，而方程(3.5)则称为特征值方程。

方程(3.5)又可以表示为

$$([k]-\lambda^{2}[m])\{u\}=\{0\} \tag{3.6}$$

式(3.6)即是与向量 $\{u\}$ 的 n 个分量 u_1，u_2，…，u_n 相关的 n 元联立线性齐次方程组。当满足

$$\det([k]-\lambda^2[m])=\{0\} \tag{3.7}$$

时，方程的解是有意义的。

式(3.7)是关于 λ^2 的 n 次代数方程，又称为频率方程。它具有 n 个正的实数根 λ^2(特征值)。这些特征值的平方根为

$$\lambda=\omega^{(1)},\ \omega^{(2)},\ \cdots,\ \omega^{(j)},\ \cdots,\ \omega^{(n)}$$

即表示体系的固有圆频率。将体系固有频率按照从小到大的顺序排列，其上标 j 称为振型阶数或固有频率阶数。另外，可将此 n 个固有圆频率按照振型阶数的顺序排列在矩阵的对角线上，即

$$[Q]=\begin{bmatrix} \omega^{(1)} & 0 & \cdots & 0 \\ 0 & \omega^{(2)} & \cdots & 0 \\ \vdots & \vdots & \ddots & \vdots \\ 0 & 0 & \cdots & \omega^{(n)} \end{bmatrix} \tag{3.8}$$

称为频率矩阵。

固有圆频率 $\omega^{(j)}$、固有频率 $\nu^{(j)}$、固有周期 $T^{(j)}$ $(j=1,\ 2,\ \cdots,\ n)$之间存在如下关系

$$\left.\begin{aligned} \nu^{(j)}&=\omega^{(j)}/2\pi \\ T^{(j)}&=1/\nu^{(j)} \end{aligned}\right\} \tag{3.9}$$

将利用频率方程［即式(3.7)］得到的 n 个特征值(固有圆频率)分别代入式(3.6)，即可得到对应于每一个振型的特征向量

$$\{u^{(j)}\}=\begin{Bmatrix} u_1{}^{(j)} \\ u_2{}^{(j)} \\ \vdots \\ u_n{}^{(j)} \end{Bmatrix}\quad (j=1,\ 2,\ \cdots,\ n) \tag{3.10}$$

这些特征向量表示与每一个振型对应的各质点的位移振幅，即表示体系的振动形态。汇集全部的特征向量，可排列为一个矩阵

$$[u]=\begin{bmatrix} u_1{}^{(1)} & u_1{}^{(2)} & \cdots & u_1{}^{(n)} \\ u_2{}^{(1)} & u_2{}^{(2)} & \cdots & u_2{}^{(n)} \\ \vdots & \vdots & \ddots & \vdots \\ u_n{}^{(1)} & u_n{}^{(2)} & \cdots & u_n{}^{(n)} \end{bmatrix} \tag{3.11}$$

称为振型矩阵。

方程(3.6)是一个齐次方程，因此其解 $\{u\}$ 仅为各质点位移振幅的比例关系，无法表示出各质点位移振幅的实际大小。而如给出振动的初始条件，则可确定向量 $\{u\}$ 的真实值。有时，只要表示振型而不需考虑初始条件，则只需进行振型规范化。进行振型规范化有多种方法，其中最常用的方法是使向量 $\{u\}$ 的每一个元素平方之和再开方等于 1。

此处要介绍的是在工程中较为常用的利用振型参与函数来进行规范化的方法。

将 n 个系数 $\beta^{(1)}$，$\beta^{(2)}$，…，$\beta^{(n)}$ 作为分量，则可得到一个向量

$$\{\beta\}=\{\beta^{(1)},\ \beta^{(2)},\ \cdots,\ \beta^{(n)}\}^{\mathrm{T}}$$

且总可以找到与振型矩阵相乘以后满足

$$[u]\{\beta\}=\{1\}$$

的向量 $\{\beta\}$，因此，可利用下面公式计算

$$\{\beta\}=([u]^{\mathrm{T}}[m][u])^{-1}[u]^{\mathrm{T}}[m]\{1\} \tag{3.12}$$

或

$$\beta^{(j)}=\frac{\{u^{(j)}\}^{\mathrm{T}}[m]\{1\}}{\{u^{(j)}\}^{\mathrm{T}}[m]\{u^{(j)}\}}=\frac{\sum_{i=1}^{n}m_i u_i^{(j)}}{\sum_{i=1}^{n}m_i(u_i^{(j)})^2} \tag{3.13}$$

将其定义为振型参与系数 $\beta^{(j)}$。

利用振型参与系数 β，振型矩阵可表示为

$$[\beta u]=\begin{bmatrix}\beta^{(1)}u_1{}^{(1)} & \beta^{(2)}u_1{}^{(2)} & \cdots & \beta^{(n)}u_1{}^{(n)}\\ \beta^{(1)}u_2{}^{(1)} & \beta^{(2)}u_2{}^{(2)} & \cdots & \beta^{(n)}u_2{}^{(n)}\\ \vdots & \vdots & \ddots & \vdots\\ \beta^{(1)}u_n{}^{(1)} & \beta^{(2)}u_n{}^{(2)} & \cdots & \beta^{(n)}u_n{}^{(n)}\end{bmatrix} \tag{3.14}$$

其中，

$$\{\beta^{(j)}u^{(j)}\}=\begin{Bmatrix}\beta^{(j)}u_1{}^{(j)}\\ \beta^{(j)}u_2{}^{(j)}\\ \vdots\\ \beta^{(j)}u_n{}^{(j)}\end{Bmatrix} \tag{3.15}$$

称为振型参与函数向量。

振型向量具有正交性，利用此正交性，可得

$$[m^{(j)}]=[u]^{\mathrm{T}}[m][u]=\begin{bmatrix}m^{(1)} & & & \\ & m^{(2)} & & \\ & & \ddots & \\ & & & m^{(n)}\end{bmatrix}$$

$$[k^{(j)}]=[u]^{\mathrm{T}}[k][u]=\begin{bmatrix}k^{(1)} & & & \\ & k^{(2)} & & \\ & & \ddots & \\ & & & k^{(n)}\end{bmatrix}$$

定义为广义质量矩阵和广义刚度矩阵。

式中，$m^{(j)}=\{u^{(j)}\}^{\mathrm{T}}[m]\{u^{(j)}\}$ 和 $k^{(j)}=\{u^{(j)}\}^{\mathrm{T}}[k]\{u^{(j)}\}$ 分别称为第 j 阶振型的广义质量和广义刚度。

3.2　自振特性分析程序设计

程序 MOCH 为基于质量矩阵和刚度矩阵计算无阻尼多质点体系振型及广义质量与广

义刚度的子程序。

【使用方法】

(1) 调用方法。

CALL MOCH(N，EM，EK，W，U，IND，ND1，VW1，VW2)

(2) 参数说明(表3-1)。

表3-1　参数说明

参数	类型	调用程序时的内容	返回值内容
N	I	自由度	不变
EM	R二维数组(ND1，ND1)	质量矩阵	不变
EK	R二维数组(ND1，ND1)	刚度矩阵	不变
W	R一维数组(ND1)		圆频率
U	R二维数组(ND1，ND1)		振型
IND	I	Ind=0 计算没有规范化的振型 Ind≠0 计算以 {βu} 规范化的振型	不变
ND1	I	矩阵EM，EK，W，U，VW1，VW2的次元	不变
VW1	R二维数组(ND1，ND1)	不输入也可以	(工作区域)
VW2	R二维数组(ND1，ND1)	不输入也可以	(工作区域)

(3) 必要的子程序。

子程序EIGR如下。

【源程序】

```
      subroutine MOCH(n,em,ek,w,u,ind,nd1,vw1,vw2)
      dimension em(nd1,nd1),ek(nd1,nd1),u(nd1,nd1),
     &        vw1(nd1,nd1),vw2(nd1,nd1),t(nd1),w(nd1)
      do 120  i=1,n
      do 110  j=1,n
      vw1(i,j)=ek(i,j)
      vw2(i,j)=em(i,j)
110   continue
120   continue
      call EIGR(n,vw1,vw2,w,u,nd1)
      do 140  j=1,n
      w(j)=sqrt(w(j))
      vw1(1,j)=real(j)+0.1
      do 130 i=1,n
      vw2(i,j)=u(i,j)
130   continue
140   continue
```

```
      do 160  k=1,n-1
      do 150  j=1,n-k
      if(w(j).LT.w(j+1))  go to 150
      temp=w(j)
      w(j)=w(j+1)
      w(j+1)=temp
      temp=vw1(1,j)
      vw1(1,j)=vw1(1,j+1)
      vw1(1,j+1)=temp
150   continue
160   continue
      do 180  j=1,n
      j1=int(vw1(1,j))
      do 170  i=1,n
      u(i,j)=vw2(i,j1)
170   continue
180   continue
      if(ind.eq.0)return
      do 220 j=1,n
      utmu=0.0
      utm1=0.0
      do 200 k=1,n
      utm=0.0
      do 190 l=1,n
      utm=utm+u(l,j)*em(l,k)
190   continue
      utmu=utmu+utm*u(k,j)
      utm1=utm1+utm
200   continue
      beta=utm1/utmu
      do 210 i=1,n
      u(i,j)=beta*u(i,j)
210   continue
220   continue
      return
      end
```

程序 EIGR 为利用雅克比法求解特征值方程 $[A]\{u\}=\lambda[B]\{u\}$ 无阻尼多质点体系自振圆频率的子程序。

【使用方法】

调用方法。

CALL EIGR(N，VW1，VW2，W，U，ND1)

【源程序】

```
      subroutine EIGR(n,vw1,vw2,w,s,nd1)
      dimension em(nd1,nd1),ek(nd1,nd1),u(nd1,nd1),a(nd1,nd1),
     &     s(nd1,nd1),vw1(nd1,nd1),vw2(nd1,nd1)
      dimension t(nd1),w(nd1),r(nd1)
      eps=1.0e-6
      do 270 i=1,n
      r(i)=sqrt(vw2(i,i))
270   continue
      do 21 i=1,n
      do 22 j=1,n
      a(i,j)=0.0
22    continue
21    continue
      do 520 i=1,n
      a(i,i)=vw1(i,i)/vw2(i,i)
520   continue
      do 51 i=1,n
      j=i+1
      a(i,j)=vw1(i,j)/r(i)/r(i+1)
      a(j,i)=a(i,j)
51    continue
      do 190 i=1,n
      do 190 j=1,n
      s(i,j)=0.0
190   s(i,i)=1.0
      g=0.0
      do 20 i=2,n
      do 20 j=1,i-1
      g=g+2.0*a(i,j)*a(i,j)
20    continue
      t1=sqrt(g)
      t2=eps*t1/n
      t3=t1
      l=0
30    t3=t3/n
40    do 80 q=2,n
      do 80 p=1,q-1
      if (abs(a(p,q)).ge.t3)then
      l=1
      v1=a(p,p)
      v2=a(p,q)
      v3=a(q,q)
      ut=0.5*(v1-v3)
      if(ut.eq.0.0)  g=1.0
```

```
      if(abs(ut).ge.1.0e-10)g=-sign(1.0,ut)*v2/(sqrt(v2*v2+ut*ut))
      st=g/sqrt(2.0*(1.0+sqrt(1.0-g*g)))
      ct=sqrt(1.0-st*st)
      do 90 i=1,n
      g=a(i,p)*ct-a(i,q)*st
      a(i,q)=a(i,p)*st+a(i,q)*ct
      a(i,p)=g
      g=s(i,p)*ct-s(i,q)*st
      s(i,q)=s(i,p)*st+s(i,q)*ct
      s(i,p)=g
90    continue
      do 100 i=1,n
      a(p,i)=a(i,p)
      a(q,i)=a(i,q)
100   continue
      a(p,p)=v1*ct*ct+v3*st*st-2.0*v2*st*ct
      a(q,q)=v1*st*st+v3*ct*ct+2.0*v2*st*ct
      a(p,q)=0.0
      a(q,p)=0.0
      end if
80    continue
      if(l.eq.1)then
      l=0
      go to 40
      else if(t3.gt.t2)then
      go to 30
      end if
      do 10 i=1,n
      w(i)=A(i,i)
      do 10 j=1,n
      s(i,j)=s(i,j)/r(i)
10    continue
      return
      end
```

【例 3.1】 三层框架结构质点系模型其各质点的质量分别为 $m_1=2\times10^6$ kg，$m_2=2\times10^6$ kg，$m_3=1.5\times10^6$ kg，各层的抗侧刚度分别为 $k_1=7.6\times10^5$ kN/m，$k_2=9.1\times10^5$ kN/m，$k_3=8.5\times10^5$ kN/m。分析其自振特性。

解：本计算采用“上层上位制”，即总楼层数为 $n=3$ 的结构中，$i=1$ 表示顶层，$i=3$ 表示底层。主程序如下。

```
      PARAMETER (n=3,nd1=n+5)
      dimension  em(nd1,nd1),ek(nd1,nd1),a_m(nd1),a_k(nd1)
      dimension  t(nd1),w(nd1),vw1(nd1,nd1),vw2(nd1,nd1)
      dimension  u(nd1,nd1),emj(nd1,nd1),ekj(nd1,nd1)
```

```
      open(1,file='2-texing.dat',status='old')
      read(1,*)(a_m(i),i=1,n)
      read (1,*)(a_k(i),i=1,n)
      open (3, file='结果.dat',status='unknown')
      close(1, status=keep')
      do 100 i=1,n
      do 110 j=1,n
      em(i,j)=0.0
      ek(i,j)=0.0
110   continue
100   continue
c     组装质量矩阵
      do 112 i=1,n
      em(i,i)=a_m(i)
112   continue
c     组装刚度矩阵
      a_k(0)=0.0
      do 113 i=1,n
      ek(i,i)=a_k(i-1)+a_K(i)
113   continue
      do 114 i=1,n
      j=i+1
      ek(i,j)=-a_K(i)
      ek(j,i)=ek(i,j)
114   continue
c     计算周期
      ind=1
      call  moch(n,em,ek,w,u,ind,nd1,vw1,vw2)
      write(3,*)'w(i):'
      write(3,*)(w(i),i=1,n)
      do 13 j=1,n
      t(j)=2.0*3.14/w(j)
13    continue
      write(3,*)'T(i):'
      write(3,*)  (t(i),i=1,n)
c     计算振型
      call cong(n,em,u,emj,nd1)
      call cong(n,ek,u,ekj,nd1)
      write(3,601)(j,w(j),emj(j,j),ekj(j,j),ekj(j,j)/emj(j,j),j=1,n)
      write(3,602)(j,j=1,n),(n+1-i,(u(i,j),j=1,n),i=1,n)
601   format('modal characteristics: '//t3,'mode',tr4,'w(j)',tr5,'m(j)',
     *       tr7,'k(j)',tr4,'k(j)/m(j)'//(i5,2x,e10.4,2x,e10.4,2x,e10.4
     *       ,2x,e10.4))
602   format(//'participation functions:'//t3,'mode',3(i7,tr2)/
```

```
*        t3,'mass'/(i5,2x,e10.4,2x,e10.4,2x,e10.4))
      stop
      end
```

2-texing.dat 文件：

```
1500000.0,  2000000.0,  2000000.0
850000000.0,910000000.0,750000000.0
```

结果.dat 文件：

```
w(i)(自振圆频率)
     9.593894      26.73160      38.34117
T(i):(自振周期)
     0.6545830     0.2349280     0.1637926
modal characteristics:
  mode      w(j)         m(j)(广义质量)     k(j)(广义刚度)     k(j)/m(j)
    1    0.9594E+01     0.5153E+07        0.4743E+09        0.9204E+02
    2    0.2673E+02     0.3107E+06        0.2220E+09        0.7146E+03
    3    0.3834E+02     0.3653E+05        0.5370E+08        0.1470E+04
participation functions:
  mode        1             2             3
  mass
    3    0.1225E+01   -0.2877E+00    0.6318E-01
    2    0.1026E+01    0.7510E-01   -0.1007E+00
    1    0.6324E+00    0.2960E+00    0.7160E-01
```

其中，CONG 为计算 $[c]=[b]^{T}[u][b]$ 的子程序。其调用方法为 CALL EIGR(N，VW1，VW2，W，U，ND1)。

【源程序】

```
      subroutine CONG(n,a,b,c,nd1)
      dimension a(nd1,nd1),b(nd1,nd1),c(nd1,nd1)
      do 140  i=1,n
      do 130  j=1,n
      ss=0.0
      do 120  k=1,n
      s=0.0
      do 110  l=1,n
      s=s+b(l,i)*a(l,k)
110   continue
      ss=ss+s*b(k,j)
120   continue
      c(i,j)=ss
      c(j,i)=ss
130   continue
140   continue
      return
      end
```

本章小结

(1) 计算弹性体系自振频率和振型的过程称为自振特性分析。由于体系的固有频率和振型均仅取决于体系自身的性质，与时间无关，因此，自振特性分析的基本手段即是变量分离法，即将时间因素与结构位置因素分离后，利用特征方程具有非零解的充分必要条件确定其自振频率及振型。

(2) $\det([k]-\lambda^2[m])=\{0\}$ 是关于 λ^2 的 n 次代数方程，又称为频率方程。它具有 n 个正的实数根 λ^2(特征值)。这些特征值的平方根 $\lambda=\omega^{(1)}$，$\omega^{(2)}$，…，$\omega^{(j)}$，…，$\omega^{(n)}$ 即表示体系的固有圆频率。

(3) 固有圆频率 $\omega^{(j)}$、固有频率 $\nu^{(j)}$、固有周期 $T^{(j)}$ $(j=1, 2, \cdots, n)$之间存在如下关系：$\nu^{(j)}=\omega^{(j)}/2\pi$，$T^{(j)}=1\nu^{(j)}$。

(4) 将 n 个特征值(固有圆频率)分别代入式$([k]-\lambda^2[m])\{u\}=\{0\}$，即可得到对应于每一个振型的特征向量 $\{u\}$。

(5) 计算振型参与系数公式为 $\{\beta\}=([u]^{\mathrm{T}}[m][u])^{-1}[u]^{\mathrm{T}}[m]\{1\}$。

(6) $m^{(j)}=\{u^{(j)}\}^{\mathrm{T}}[m]\{u^{(j)}\}$ 和 $k^{(j)}=\{u^{(j)}\}^{\mathrm{T}}[k]\{u^{(j)}\}$ 分别称为第 j 阶振型的广义质量和广义刚度。

(7) 本章利用雅克比法求解 n 阶实对称矩阵的 n 个特征值和相应的特征向量。

习　　题

1. 思考题

(1) 什么是自振频率？什么是振型？

(2) 什么是频率方程？

(3) 什么是振型参与系数？

(4) 试写出计算单自由度和两个自由度体系求解自振频率的基本公式。

(5) 简述利用雅克比法求解多自由度体系自振特性的基本原理和步骤。

2. 计算题

(1) 某单层钢筋混凝土框架结构，假定其横梁的刚度无限大(图 3.1)，集中在屋盖处的重力荷载代表值 $G=1200$kN，柱的截面尺寸 $b\times h=350$mm×350mm，采用 C20 的混凝土。试手算自振频率和周期。

(2) 某二层钢筋混凝土框架结构(图 3.2)，集中于楼盖和屋盖处的重力荷载代表值 $G_1=G_2=1200$kN，柱的截面尺寸 $b\times h=350$mm×350mm，采用 C20 的混凝土。试手算框架的自振圆频率和主振型，并验算主振型的正交性。

(3) 某三层框架结构，假定其横梁的刚度无限大。各层质量分别为 $m_3=2561$t，$m_2=2545$t，$m_1=559$t。各层刚度分别为 $k_3=5.43\times10^5$kN/m，$k_2=9.03\times10^5$kN/m，$k_1=8.23\times10^5$kN/m。试利用程序 MOCH 分析其自振特性。

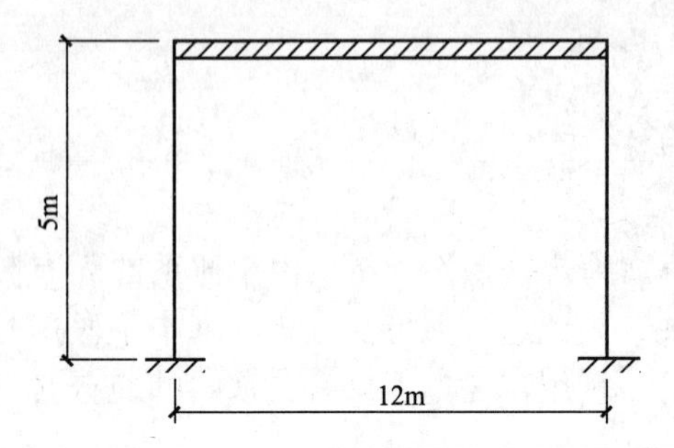

图 3.1 单层钢筋混凝土框架

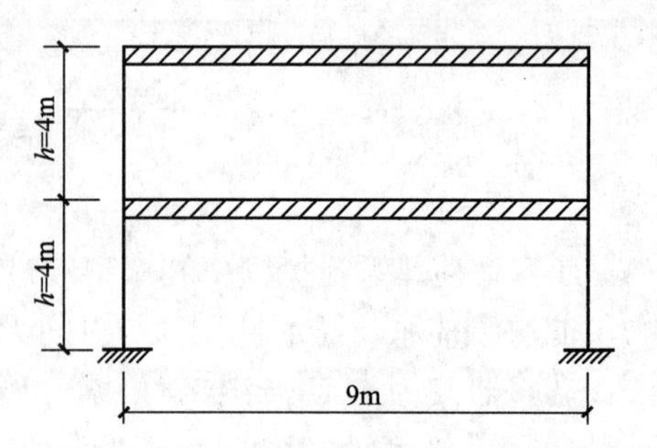

图 3.2 两层钢筋混凝土框架

第4章 结构粘性阻尼分析

教学目标

本章主要讲述结构粘性阻尼的"无耦合假设"及其计算方法。通过本章的学习，应达到以下目标：

(1) 理解"无耦合假设"的数学意义；

(2) 理解常用的质量比例型阻尼、刚度比例型阻尼、瑞雷型阻尼概念，掌握利用电算程序计算三种粘性阻尼的方法。

教学要求

知识要点	能力要求	相关知识
耦合	从数学角度理解质量耦合、刚度耦合、速度耦合的含义	物理学上指两个或两个以上的体系或两种运动形式之间通过各种相互作用而彼此影响以致联合起来的现象称为耦合
质量比例型阻尼、刚度比例型阻尼、瑞雷型阻尼	掌握三种阻尼的计算方法	阻尼成因和类型

基本概念

位移耦合、速度耦合、无耦合假设、质量比例型阻尼、刚度比例型阻尼、瑞雷型阻尼。

引言

粘性阻尼是振动系统的运动受大小与运动速度成正比而方向相反的阻力所引起的能量损耗。粘性阻尼发生在物体内振动而产生形变的过程中。物体振动时，部分振动能量损耗在材料内部的粘性内摩擦作用上，并被转换为热能。在实际的振动系统中，除粘性阻尼外，还有干阻尼(如轴承内或零件接合处的摩擦作用)等其他能量损耗。但在振动很大的情况，粘性阻尼引起的损耗占优势，这时振动振幅按时间的几何级数规律衰减。

4.1 速度无耦合假设

若无外部能量输入，任何处于振动的物理系统都会随时间的增长而趋于静止，这是由于系统的能量因某些原因而耗散。引起振动系统能量产生耗散的原因称为阻尼。目前，已提出了多种阻尼的数学模型，其中，每一种阻尼都有其相应的适应范围和局限性。由于结构的阻尼机制十分复杂，限于篇幅，本书只介绍土木工程中常用的几种较为简单的阻尼模型。

有阻尼的多质点体系运动微分方程为

$$[m]\{\ddot{\delta}\}+[c]\{\dot{\delta}\}+[k]\{\delta\}=\{p\} \tag{4.1}$$

一般的情况下，利用此方程所表示的各质点间的运动，存在基于刚度矩阵非对角线元素 $k_{ij}(i\neq j)$而产生的“位移耦合”。如若没有阻尼，即$[c]=[0]$，那么采用一般化坐标，总可以将运动方程转化为无耦合的形式。

但是，常规情况下，体系总是有阻尼的，所以也同样存在基于阻尼矩阵非对角线元素 $c_{ij}(i\neq j)$而产生的“速度耦合”。因此，若不采用某些特殊方法，则不能得到无耦合形式的运动方程。

工程中，从实际角度出发，可基于某些假设条件推导出形式上没有耦合的运动方程。

设振型矩阵 $[u]$ 是无阻尼多质点体系运动方程 $[m]\{\ddot{\delta}\}+[k]\{\delta\}=\{0\}$ 的解。利用此振型矩阵 $[u]$，进行如下坐标变换

$$\{\delta\}=[u]\{q\} \tag{4.2}$$

$$\{q\}=([u]^{\mathrm{T}}[m][u])^{-1}[u]^{\mathrm{T}}[m]\{\delta\} \tag{4.3}$$

将式(4.2)代入式(4.1)，得

$$[m]u\{\ddot{q}\}+[c][u]\{\dot{q}\}+[k][u]\{q\}=\{p\} \tag{4.4}$$

公式两边均左乘 $[u]^{\mathrm{T}}$，得到

$$[u]^{\mathrm{T}}[m][u]\{\ddot{q}\}+[u]^{\mathrm{T}}[c][u]\{\dot{q}\}+[u]^{\mathrm{T}}[k][u]\{q\}=[u]^{\mathrm{T}}\{p\} \tag{4.5}$$

式中，$[u]^{\mathrm{T}}[m][u]$ 和 $[u]^{\mathrm{T}}[k][u]$ 是于第 3 章中定义的广义质量矩阵和广义刚度矩阵，其均为对角矩阵；$[u]^{\mathrm{T}}[c][u]$ 则不为对角矩阵。

若无特殊条件，$[u]^{\mathrm{T}}[c][u]$ 不能转化为对角矩阵。因此，式(4.5)中虽然不存在“质量耦合”和“位移耦合”，但“速度耦合”仍然存在，即并没有得到完全的坐标无耦合形式。在此意义上，一旦体系存在阻尼，则利用式(4.3)定义的坐标 $\{q^{(j)}\}(j=1, 2, \cdots, n)$不为标准坐标。

为便于讨论，常于分析中忽略式(4.5)中的速度耦合现象，假定 $[u]^{\mathrm{T}}[c][u]$ 为对角矩阵，此种假设称为关于阻尼的无耦合假设。基于此假设，$[u]^{\mathrm{T}}[c][u]$ 可表示为

$$[c^{(j)}]=[u]^{\mathrm{T}}[c][u]=\begin{bmatrix} c^{(1)} & 0 & \cdots & 0 \\ 0 & c^{(2)} & \cdots & 0 \\ \vdots & \vdots & \ddots & \vdots \\ 0 & 0 & \cdots & c^{(n)} \end{bmatrix} \tag{4.6}$$

其主对角线元素

$$c^{(j)}=\{u^{(j)}\}^{\mathrm{T}}[c]\{u^{(j)}\} \quad (j=1,2,\cdots,n) \tag{4.7}$$

称为第 j 阶振型广义阻尼系数。

根据阻尼无耦合假定，有阻尼多质点体系运动方程可表示为

$$m^{(j)}\ddot{q}^{(j)}+c^{(j)}\dot{q}^{(j)}+k^{(j)}q^{(j)}=p^{(j)} \quad (j=1,2,\cdots,n) \tag{4.8}$$

式中，$m^{(j)}$ 为广义质量；$c^{(j)}$ 为广义阻尼系数；$k^{(j)}$ 为广义刚度；$p^{(j)}=\{u^{(j)}\}^{\mathrm{T}}\{p\}$ 为广义激振力。

如此，可将方程(4.1)按其振型分解为 n 个独立的二次线性常微分方程，且此中的任意一方程，其形式均与有阻尼的单质点体系运动方程完全相同。

假设第 j 阶振型($j=1,2,\cdots,n$)的固有圆频率为 $\omega^{(j)}$，则第 j 阶广义质量和第 j 阶广义刚度之间的关系为 $\omega^{(j)}=\sqrt{k^{(j)}/m^{(j)}}$。

利用 $\omega^{(j)}$ 可将式(4.8)表示为

$$\ddot{q}^{(j)}+2\zeta^{(j)}\omega^{(j)}\dot{q}^{(j)}+(\omega^{(j)})^2q^{(j)}=p^{(j)}/m^{(j)} \quad (j=1,2,\cdots,n) \tag{4.9}$$

将式(4.8)与式(4.9)比较，得到

$$c^{(j)}=2\zeta^{(j)}\omega^{(j)}m^{(j)} \quad (j=1,2,\cdots,n)$$

式中，$\zeta^{(j)}$ 为第 j 阶振型阻尼比。

利用 $\zeta^{(j)}$，式(4.6)可表示为

$$[u]^{\mathrm{T}}[c][u]=\begin{bmatrix} m^{(1)} & 0 & \cdots & 0 \\ 0 & m^{(2)} & \cdots & 0 \\ \vdots & \vdots & \ddots & \vdots \\ 0 & 0 & \cdots & m^{(n)} \end{bmatrix}\begin{bmatrix} 2\zeta^{(1)}\omega^{(1)} & 0 & \cdots & 0 \\ 0 & 2\zeta^{(2)}\omega^{(2)} & \cdots & 0 \\ \vdots & \vdots & \ddots & \vdots \\ 0 & 0 & \cdots & 2\zeta^{(n)}\omega^{(n)} \end{bmatrix} \tag{4.10}$$

此项即是为实现“速度无偶合”，而对 $[u]^{\mathrm{T}}[c][u]$ 提出假设的基本实质，即若阻尼矩阵满足式(4.10)的假设，则方程(4.5)中不存在“位移耦合”和“速度耦合”。

4.2　阻尼矩阵的形成

振动微分方程(4.1)中质量矩阵 $[m]$ 和刚度矩阵 $[k]$ 可以直接取决于体系的特性。而于阻尼矩阵 $[c]$ 在速度无耦合的假设下，可认为式(4.10)是成立的。因此，为便于研究，设

$$[m^{(j)}]=\begin{bmatrix} m^{(1)} & & & \\ & m^{(2)} & & \\ & & \ddots & \\ & & & m^{(n)} \end{bmatrix} \tag{4.11}$$

$$[d]=\begin{bmatrix} 2\zeta^{(1)}\omega^{(1)} & & & \\ & 2\zeta^{(2)}\omega^{(2)} & & \\ & & \ddots & \\ & & & 2\zeta^{(n)}\omega^{(n)} \end{bmatrix} \tag{4.12}$$

则式(4.10)可转化为

$$[u]^{\mathrm{T}}[c][u]=[m^{(j)}][d] \tag{4.13}$$

式中

$$[m^{(j)}]=[u]^{\mathrm{T}}[m][u] \tag{4.14}$$

式(4.13)两边均左乘$([u]^{\mathrm{T}})^{-1}$，右乘$[u]^{-1}$，可得

$$([u]^{\mathrm{T}})^{-1}[u]^{\mathrm{T}}[c][u][u]^{-1}=([u]^{\mathrm{T}})^{-1}[m^{(j)}][d][u]^{-1} \tag{4.15}$$

式(4.14)两边左乘$([u]^{\mathrm{T}})^{-1}$，得到

$$([u]^{\mathrm{T}})^{-1}[m^{(j)}]=[m][u] \tag{4.16}$$

将式(4.16)代入式(4.15)等号右边，得

$$([u]^{\mathrm{T}})^{-1}[u]^{\mathrm{T}}[c][u][u]^{-1}=[m][u][d][u]^{-1}$$

即

$$[c]=[m][u][d][u]^{-1} \tag{4.17}$$

要利用式(4.17)计算阻尼矩阵$[c]$，必须计算逆矩阵$[u]^{-1}$。为避免此项计算，可对式(4.14)右乘$[u]^{-1}$，即

$$[m^{(j)}][u]^{-1}=[u]^{\mathrm{T}}[m]$$

因此

$$[u]^{-1}=[m^{(j)}]^{-1}[u]^{\mathrm{T}}[m] \tag{4.18}$$

将式(4.18)代入式(4.17)，得

$$[c]=[m][u][d][m^{(j)}]^{-1}[u]^{\mathrm{T}}[m] \tag{4.19}$$

因广义质量矩阵$[m^{(j)}]$是对角矩阵，所以其逆矩阵求解相对简单。

如果能够得到恰当的阻尼比$\zeta^{(j)}$，则振动微分方程(4.1)中的阻尼矩阵可以确定。因此，一旦以时程形式给出激振力$\{p\}$，则基于初始条件(如$\{\delta\}_{t=0}=\{0\}$，$\{\dot{\delta}\}_{t=0}=\{0\}$)，利用直接积分法或振型叠加法，可以求解运动微分方程(4.1)。此处需强调，利用式(4.19)计算的阻尼矩阵，不过是满足“速度无耦合”假设的阻尼矩阵，并没有明确的物理意义。

4.3　几种无耦合阻尼模型

下面介绍在建筑结构抗震设计中常用的几个无耦合阻尼形式。

1. 质量比例型阻尼

假定阻尼矩阵与质量矩阵成正比，即

$$[c]=a_0[m]\quad(a_0\text{为常数}) \tag{4.20}$$

将式(4.20)代入式(4.6)，得

$$[c^{(j)}]=[u]^{\mathrm{T}}[c][u]=[u]^{\mathrm{T}}(a_0[m])[u]=a_0[u]^{\mathrm{T}}[m][u]=a_0[m^{(j)}]$$

因$a_0[m^{(j)}]$为对角矩阵，显然式(4.20)表示阻尼无耦合。故利用此式表示的阻尼即定义为质量比例型阻尼。

根据式$c^{(j)}=2\zeta^{(j)}\omega^{(j)}m^{(j)}$，阻尼比为

$$\zeta^{(j)}=\frac{a_0}{2\omega^{(j)}} \tag{4.21}$$

考虑a_0为常数，则

$$\zeta^{(j)}=\frac{\omega^{(i)}}{\omega^{(j)}}\zeta^{(i)} \tag{4.22}$$

即已知全部圆频率和某阶振型阻尼比 $\zeta^{(i)}$，则可确定其余任意振型阻尼比 $\zeta^{(j)}$。

从式(4.22)中可以看出，阻尼比 $\zeta^{(j)}$ 与固有圆频率 $\omega^{(j)}$ 成反比，即振型阶次越高，其阻尼比越小。将所有阻尼比 $\zeta^{(j)}$ 确定以后，利用式(4.12)和式(4.19)即可计算其阻尼矩阵 $[c]$。

2. 刚度比例型阻尼

假定阻尼矩阵与刚度矩阵成正比，即

$$[c]=a_1[k]\quad (a_1=\text{常数}) \tag{4.23}$$

将式(4.23)代入式(4.6)，并经计算，得

$$[c^{(j)}]=[u]^{\mathrm{T}}[c][u]=[u]^{\mathrm{T}}(a_1[k])[u]=a_1[u]^{\mathrm{T}}[k][u]=a_1[m^{(j)}][(\omega^{(j)})^2]$$

式中，$a_1\ [m^{(j)}]\ [(\omega^{(j)})^2]$ 为对角矩阵，而式(4.23)为阻尼无耦合，故利用此式表示的阻尼，将其定义为刚度比例型阻尼。

根据式 $c^{(j)}=2\zeta^{(j)}\omega^{(j)}m^{(j)}$，阻尼比

$$\zeta^{(j)}=\frac{a_1\omega^{(j)}}{2} \tag{4.24}$$

考虑 a_1 为常数，则

$$\zeta^{(j)}=\frac{\omega^{(j)}}{\omega^{(i)}}\zeta^{(i)} \tag{4.25}$$

即已知某一振型的阻尼比，则利用式(4.25)可以确定其余各振型的阻尼比。从式(4.25)中可以看出，阻尼比 $\zeta^{(j)}$ 与固有圆频率 $\omega^{(j)}$ 成正比，即振型阶数越高，其阻尼比越大。将所有阻尼比 $\zeta^{(j)}$ 确定以后，利用式(4.12)和式(4.19)即可计算其阻尼矩阵 $[c]$。

3. 瑞雷型阻尼

假定阻尼矩阵是质量矩阵和刚度矩阵的一次线性组合，即

$$[c]=a_0[m]+a_1[k]\quad (a_0\text{、}a_1\text{为常数}) \tag{4.26}$$

将式(4.26)代入式(4.6)，并经计算得

$$[c^{(j)}]=u^{\mathrm{T}}[c][u]=a_0[m^{(j)}]+a_1[m^{(j)}][(\omega^{(j)})^2]$$

式(4.26)为阻尼无耦合，故可将利用此式表示的阻尼定义为瑞雷型阻尼。

根据式 $c^{(j)}=2\zeta^{(j)}\omega^{(j)}m^{(j)}$，阻尼比

$$\zeta^{(j)}=\frac{1}{2}\left(\frac{a_0}{\omega^{(j)}}+a_1\omega^{(j)}\right) \tag{4.27}$$

即已知两个特定圆频率的阻尼比，利用式(4.27)可确定其常数 a_0 和 a_1。例如，设对应于第一阶固有圆频率 $\omega^{(1)}$ 和第二阶固有圆频率 $\omega^{(2)}$ 的阻尼比为 $\zeta^{(1)}$ 和 $\zeta^{(2)}$，则

$$a_0=\frac{2\omega^{(1)}\omega^{(2)}(\zeta^{(1)}\omega^{(2)}-\zeta^{(2)}\omega^{(1)})}{(\omega^{(2)})^2-(\omega^{(1)})^2}$$

$$a_1=\frac{2(\zeta^{(2)}\omega^{(2)}-\zeta^{(1)}\omega^{(1)})}{(\omega^{(2)})^2-(\omega^{(1)})^2} \tag{4.28}$$

确定常数 a_0 和 a_1 后，根据式(4.27)计算对应于每个振型的阻尼比 $\zeta^{(j)}$，而后利用式(4.12)和式(4.19)计算其阻尼矩阵 $[c]$。

4.4　速度无耦合阻尼分析程序设计

程序 DAMP 为分析多质点体系粘性阻尼矩阵分析子程序，在已知质量矩阵、刚度矩阵、固有圆频率和阻尼比的条件下，可以讨论上述 3 种模型的阻尼矩阵。

【使用方法】

(1) 调用方法。

CALL　DAMP(N，EM，EK，H，W，U，IND，EC，ND，VW1，VW2)

(2) 参数说明(表 4-1)。

表 4-1　参数说明

参数	类型	调用程序时的内容	返回值内容
N	I	自由度(质点数)	不变
EM	R 二维数组(ND，ND)	质量矩阵	不变
EK	R 二维数组(ND，ND)	刚度矩阵	不变
H	R 一维数组(ND)	阻尼比	不变
W	R 一维数组(ND2)	固有圆频率(单位：rad/s)	不变
U	R 二维数组(ND，ND)	振型矩阵	不变
IND	I	指定阻尼类型 (1) 质量比例型 (2) 刚度比例型 (3) 瑞雷型	不变
EC	R 二维数组(ND，ND)	可以不输入	阻尼矩阵
ND	I	主程序中 EM，EK，H，W，U，EC，VW1，VW2 的次元	不变
VW1	R 二维数组(ND，ND)	可以不输入	工作区域
VW2	R 二维数组(ND，ND)	可以不输入	工作区域

(3) 注意事项。

在调用 DAMP 程序之前，首先必须利用子程序 MOCH，确定好固有圆频率 $\omega^{(j)}$。

【源程序】

```
      subroutine  DAMP(n,em,ek,h,w,ind,ec,nd,vw1,vw2)
      dimension em(nd,nd),ek(nd,nd),h(nd),w(nd),ec(nd,nd),
      &         vw1(nd,nd),vw2(nd,nd)
      go to (110,140,170)ind
c     质量比例型阻尼
110   a0=h(1)*2.0*w(1)
      do  130 i=1,n
```

```
      do  120 j=1,n
      ec(i,j)=a0*em(i,j)
120   continue
130   continue
      return
c     刚度比例型阻尼
140   a1=h(1)*2.0/w(1)
      do  160 i=1,n
      do  150 j=1,n
      ec(i,j)=a1*ek(i,j)
150   continue
160   continue
      return
c     瑞雷型阻尼
170   denom=w(2)**2-w(1)**2
      a0=2.0*w(1)*w(2)*(h(1)*w(2)-h(2)*w(1))/denom
      a1=2.0*(h(2)*w(2)-h(1)*w(1))/denom
      do  190 i=1,n
      do  180 j=1,n
      ec(i,j)=a0*em(i,j)+a1*ek(i,j)
180   continue
190   continue
      return
      end
```

【例 4.1】 某三层框架结构，各质点的质量分别为 $m_1=2\times10^6$ kg，$m_2=2\times10^6$ kg，$m_3=1.5\times10^6$ kg。各层的层间抗侧刚度分别为 $k_1=7.6\times10^5$ kN/m，$k_2=9.1\times10^5$ kN/m，$k_3=8.5\times10^5$ kN/m。阻尼比为 0.05，圆频率 $\omega^{(1)}=9.59$，$\omega^{(2)}=26.73$。计算质量比例型、刚度比例型和瑞雷型阻尼。

解：主程序如下。

```
      papameter (n=3,nd1=n+5,ind=1)
      dimension  em(nd1,nd1),ek(nd1,nd1),ec(nd1,nd1),a_m(nd1),a_k(nd1)
      dimension  vw1(nd1,nd1),vw2(nd1,nd1),h(nd1),w(nd1)
      open(1,file='3-zuni.dat', status='old')
      read(1,*)(a_m(i),i=1,n)
      read(1,*)(a_k(i),i=1,n)
      read(1,*)(h(i),i=1,2)
      read(1,*)(w(i),i=1,2)
      open(3,file='结果.dat',status='unknown')
      close(1,status='keep')
      do 100 i=1,n
      do 110 j=1,n
      em(i,j)=0.0
```

```
      ek(i,j)=0.0
      ec(i,j)=0.0
110   continue
100   continue
c     组装质量矩阵
      do 112 i=1,n
      em(i,i)=a_m(i)
112   continue
c     组装刚度矩阵
      a_k(0)=0.0
      do 113 i=1,n
      ek(i,i)=a_k(i-1)+a_K(i)
113   continue
      do 114 i=1,n
      j=i+1
      ek(i,j)=-a_K(i)
      ek(j,i)=ek(i,j)
114   continue
c     计算阻尼
      call  damp(n,em,ek,h,w,ind,ec,nd1,vw1,vw2)
      do 500 i=1,n
      do 600 j=1,n
      write(3,*)'ec(',i,',',j,')=',ec(i,j)
600   continue
500   continue
      stop
      end
```

3-zuni.dat 文件：

```
      1500000.00,       2000000.00,      2000000.00
    850000000.00,     910000000.00,    750000000.00
            0.05,             0.05
            9.59,            26.73
```

结果. dat 文件：

ind=1(质量比例型阻尼)：

```
ec(          1,           1)=1438500.
ec(          1,           2)=0.0000000E+00
ec(          1,           3)=0.0000000E+00
ec(          2,           1)=0.0000000E+00
ec(          2,           2)=1918000.
ec(          2,           3)=0.0000000E+00
ec(          3,           1)=0.0000000E+00
ec(          3,           2)=0.0000000E+00
ec(          3,           3)=1918000.
```

```
ind=2(刚度比例型阻尼):
ec(         1,          1)=8863400.
ec(         1,          2)=-8863400.
ec(         1,          3)=0.0000000E+00
ec(         2,          1)=-8863400.
ec(         2,          2)=1.8352452E+07
ec(         2,          3)=-9489051.
ec(         3,          1)=0.0000000E+00
ec(         3,          2)=-9489051.
ec(         3,          3)=1.7309698E+07
ind=3(瑞雷型阻尼):
ec(         1,          1)=3398984.
ec(         1,          2)=-2340309.
ec(         1,          3)=0.0000000E+00
ec(         2,          1)=-2340309.
ec(         2,          2)=6257383.
ec(         2,          3)=- 2505507.
ec(         3,          1)=0.0000000E+00
ec(         3,          2)=-2505507.
ec(         3,          3)=5982053.
```

本 章 小 结

(1) 有阻尼的多质点体系运动微分方程存在基于刚度矩阵非对角线元素 $k_{ij}(i \neq j)$ 而产生的“位移耦合”。如没有阻尼，即 $[c]=[0]$，那么采用一般化坐标总可以将运动方程转化为无耦合的形式。但是，常规情况下，体系总是有阻尼的，所以也同样存在基于阻尼矩阵非对角线元素 $c_{ij}(i \neq j)$ 而产生的“速度耦合”。因此，若不采用某些特殊方法，就不能得到无耦合形式的运动方程。工程中，从实际角度出发，可基于某些假设条件推导出形式上没有耦合的运动方程。

(2) $[u]^{\mathrm{T}}[m][u]\{\ddot{q}\}+[u]^{\mathrm{T}}[c][u]\{\dot{q}\}+[u]^{\mathrm{T}}[k][u]\{q\}=[u]^{\mathrm{T}}\{p\}$

式中，$[u]^{\mathrm{T}}[m][u]$ 和 $[u]^{\mathrm{T}}[k][u]$ 是广义质量和刚度矩阵，其均为对角矩阵；而 $[u]^{\mathrm{T}}[c][u]$ 不为对角矩阵。为便于讨论，常在分析中忽略式中的速度耦合现象，假定 $[u]^{\mathrm{T}}[c][u]$ 为对角矩阵。

(3) 质量比例型阻尼：假定阻尼矩阵与质量矩阵成正比，即 $[c]=a_0[m]$，a_0 为常数。

(4) 刚度比例型阻尼：假定阻尼矩阵与刚度矩阵成正比，即 $[c]=a_1[k]$，a_1 为常数。

(5) 瑞雷型阻尼：假定阻尼矩阵是质量矩阵和刚度矩阵的一次线性组合，即

$$[c]=a_0[m]+a_1[k] \ (a_0、a_1 \text{ 为常数})$$

习　题

1. 思考题

(1) 阻尼按其成因分为哪几种类型?

(2) 什么是位移耦合? 什么是速度耦合?

(3) "速度无偶合"假设的基本实质是什么?

(4) 简述计算质量比例型阻尼的步骤。

(5) 简述计算刚度比例型阻尼的步骤。

(6) 简述计算瑞雷型阻尼的步骤。

2. 计算题

某三层框架结构，假定其横梁的刚度无限大。各层质量分别为 $m_3=2561\text{t}$，$m_2=2545\text{t}$，$m_1=559\text{t}$。各层刚度分别为 $k_3=5.43\times10^5\text{kN/m}$，$k_2=9.03\times10^5\text{kN/m}$，$k_1=8.23\times10^5\text{kN/m}$。利用程序 MOCH 求得体系自振圆频率后，再利用程序 DAMP 计算质量比例型、刚度比例型和瑞雷型阻尼。

第5章 多元一次联立方程的解法

教学目标

本章主要讲述利用LU三角分解法求解多元一次联立方程的方法。通过本章的学习，应达到以下目标：

(1) 理解利用LU三角分解法求解多元一次联立方程的基本原理；

(2) 掌握利用电算程序求解多元一次联立方程的方法。

教学要求

知识要点	能力要求	相关知识
LU三角分解法	(1) 理解下三角矩阵概念 (2) 理解上三角矩阵概念	全选主元高斯消去法、全选主元高斯-约当法、追赶法
求解多元一次联立方程	掌握利用LU三角分解法求解多元一次联立方程的方法	常用求解多元一次联立方程算法程序

基本概念

下三角矩阵、上三角矩阵、LU三角分解法、多元一次联立方程。

引言

关于矩阵的LU分解说明

1. LU分解

将系数矩阵A转变成等价的两个矩阵L和U的乘积，其中L和U分别是下三角和上三角矩阵。当A的所有顺序主子式都不为0时，矩阵A可以分解为$A=LU$，但不唯一。其中L是单位下三角矩阵，U是上三角矩阵。

2. LU分解的算法

LU分解在本质上是高斯消元法的一种表达形式。实质上是将A通过初等行变换变成一个上三角矩阵，其变换矩阵就是一个单位下三角矩阵。这正是所谓的杜尔里特算法(Doolittle Algorithm)，从下至上地对矩阵A做初等行变换，将对角线左下方的元素变成零，然后再证明这些行变换的效果等同于左乘一系列单位下三角矩阵，这一系列单位下三角矩阵的乘积的逆就是L矩阵，它也是一个单位下三角矩阵。

1) Doolittle 分解

对于非奇异矩阵(任 n 阶顺序主子式不全为 0)的方阵 A，都可以进行 Doolittle 分解，得到 $A=LU$，其中 L 为单位下三角矩阵，U 为上三角矩阵。这里的 Doolittle 分解实际就是 Gauss 变换。

2) Crout 分解

对于非奇异矩阵(任 n 阶顺序主子式不全为 0)的方阵 A，都可以进行 Crout 分解，得到 $A=LU$，其中 L 为下三角矩阵，U 为单位上三角矩阵。

3) 列主元三角分解

对于非奇异矩阵的方阵 A，采用列主元三角分解，得到 $PA=LU$，其中 P 为一个置换矩阵，L、U 与 Doolittle 分解的规定相同。

4) 全主元三角分解

对于非奇异矩阵的方阵 A，采用全主元三角分解，得到 $PAQ=LU$，其中 P、Q 为置换矩阵，L、U 与 Doolittle 分解的规定相同。

5) 直接三角分解

对于非奇异矩阵的方阵 A，利用直接三角分解推导得到的公式(Doolittle 分解公式或者 Crout 分解公式)，可以进行递归操作，以便于计算机编程实现。

6) “追赶法”

追赶法是针对带状矩阵(尤其是三对角矩阵)这一大稀疏矩阵的特殊结构，得出的一种保带性分解的公式推导，实质结果也是 LU 分解；因为大稀疏矩阵在工程领域应用较多，所以这部分内容需要特别掌握。

7) Cholesky 分解法(平方根法)和改进的平方根法

Cholesky 分解法是针对正定矩阵的分解，其结果是 $A=LDLT=LD(1/2)D(1/2)LT=L_1L_1T$。如何得到 L_1，实际也是给出了递归公式。

改进的平方根法是 Cholesky 分解的一种改进。为避免公式中开平方，得到的结果是 $A=LDLT=TLT$，同样给出了求 T、L 的公式。

小结：

(1) 从 1)～4)是用手工计算的基础方法，5)～7)是用计算机辅助计算的算法公式指导。

(2) 这些方法产生的目的是为了得到线性方程组的解，本质上还是高斯 Gauss 消元法。

5.1 LU 三角分解法的基本思想

1959 年，Newmark 提出了一种通用的逐步积分数值解法。其基本假设如下：地震动作用下质点的加速度反应，在任意微段 Δt 内，均呈线性变化，故其称为线性加速度法。于此假设下，有阻尼多质点体系运动微分方程

$$[m]\{\ddot{\delta}\}+[c]\{\dot{\delta}\}+[k]\{\delta\}=\{p\} \tag{5.1}$$

经一定的数学运算后，可变换为

$$[\bar{k}]\{\Delta\delta\}=\{\bar{p}\} \tag{5.2}$$

式中，$[\bar{k}]$ 为广义刚度；$\{\bar{p}\}$ 为广义激振力；$\{\Delta\delta\}$ 为质点的位移增量。

此方程是一个多元一次联立方程组。要利用时程分析法得到结构的地震反应，首先必须求解该方程。多元一次联立方程组其解法有高斯消去法、高斯-约当消去法、LU 三角分解法、LDL^T 分解法、平方根法以及追赶法等。因多质点体系建筑结构振动模型可简化为

等效剪切型模型，故本章主要讨论 LU 三角分解法。

多元一次联立方程组其矩阵形式为

$$[A]\{x\}=\{b\} \tag{5.3}$$

式中，$[A]$ 为对称正定矩阵；$\{b\}$ 为已知向量；$\{x\}$ 为所需讨论未知量 x_1，x_2，…，x_n。

引入两个矩阵 $[L]$ 和 $[U]$，其表达式为

$$[L]=\begin{bmatrix} a_{11} & 0 & 0 & \cdots & 0 \\ a_{21} & a_{22} & 0 & \cdots & 0 \\ a_{31} & a_{32} & a_{33} & \cdots & 0 \\ \vdots & \vdots & \vdots & \ddots & \vdots \\ a_{n1} & a_{n2} & a_{n3} & \cdots & a_{nn} \end{bmatrix} \tag{5.4}$$

$$[U]=\begin{bmatrix} a_{11} & a_{12} & a_{13} & \cdots & a_{1n} \\ 0 & a_{22} & a_{23} & \cdots & a_{2n} \\ 0 & 0 & a_{33} & \cdots & a_{3n} \\ \vdots & \vdots & \vdots & \ddots & \vdots \\ 0 & 0 & 0 & \cdots & a_{nn} \end{bmatrix} \tag{5.5}$$

与矩阵 $[L]$ 和 $[U]$ 类似，主对角线以下或以上元素均为零的矩阵称为三角矩阵。如式(5.4)中，主对角线以下元素不为零的矩阵称为下三角矩阵；式(5.5)中，主对角线以上元素不为零的矩阵则称为上三角矩阵。可用 $[L]$ 表示下三角矩阵，$[U]$ 表示上三角矩阵。$[L]$ 和 $[U]$ 的转置矩阵 $[L]^{\mathrm{T}}$和 $[U]^{\mathrm{T}}$则分别为上三角矩阵和下三角矩阵。

式(5.3)中，若左边系数矩阵$[A]$为三角矩阵

$$[L]\{x\}=\{b\} \tag{5.6}$$

或

$$[U]\{x\}=\{b\} \tag{5.7}$$

时，线性方程组的求解过程非常简单。

下面讨论式(5.6)，经矩阵运算方程组可变为如下形式：

$$\left.\begin{aligned} &a_{11}x_1 &&=b_1 \\ &a_{21}x_1+a_{22}x_2 &&=b_2 \\ &a_{31}x_1+a_{32}x_2+a_{33}x_3 &&=b_3 \\ & &&\ \ \vdots \\ &a_{n1}x_1+a_{n2}x_2+a_{n3}x_3+\cdots+a_{nn}x_n &&=b_n \end{aligned}\right\} \tag{5.8}$$

从式(5.8)中第 1 个方程式开始，存在

$$\left.\begin{aligned} x_1 &= b_1/a_{11} \\ x_2 &= (b_2-a_{21}x_1)/a_{22} \\ x_3 &= (b_3-a_{31}x_1-a_{32}x_2)/a_{33} \\ &\vdots \\ x_n &= \left(b_n-\sum_{k=1}^{n-1}a_{nk}x_k\right)/a_{nn} \end{aligned}\right\} \tag{5.9}$$

因此，x 的值可从 x_1开始依次确定。

此外，若讨论式(5.7)，则方程组可变为

$$
\left.\begin{array}{l}
a_{11}x_1+a_{12}x_2+a_{13}x_3+\cdots+a_{1n}x_n=b_1\\
a_{22}x_2+a_{23}x_3+\cdots+a_{2n}x_n=b_2\\
a_{33}x_3+\cdots+a_{3n}x_n=b_3\\
\vdots\\
a_{nn}x_n=b_n
\end{array}\right\}\tag{5.10}
$$

即 x 的值可从第 n 式开始依次逆向来确定。

$$
\left.\begin{array}{l}
x_n=b_n/a_{nn}\\
x_i=\left(b_i-\sum\limits_{k=i+1}^{n}a_{ik}x_k\right)/a_{ii}\ (i=n-1,n-2,\cdots,2,1)
\end{array}\right\}\tag{5.11}
$$

如此，全部未知量 x_1，x_2，…，x_n均可确定。

由上述分析可以看出，当系数矩阵为三角矩阵时，联立方程组的求解过程相对容易。且不难理解，对式(5.3)左边的矩阵［A］进行三角化即是LU分解法的基本思想。

5.2　LU三角分解

一般情况下，任意一个对称正定矩阵［A］，均可分解为下三角矩阵［L］与其转置［L］^{T}的积，即

$$
[A]=[L][L]^{\mathrm{T}}\tag{5.12}
$$

此种分解方法称为LU三角分解法，又称乔列斯基分解。

为便于讨论，可采用3×3的矩阵来说明其分解方法。

将式(5.12)转化为

$$
\begin{bmatrix}a_{11}&a_{12}&a_{13}\\a_{21}&a_{22}&a_{23}\\a_{31}&a_{32}&a_{33}\end{bmatrix}=\begin{bmatrix}l_{11}&&\\l_{21}&l_{22}&\\l_{31}&l_{32}&l_{33}\end{bmatrix}\begin{bmatrix}l_{11}&l_{12}&l_{13}\\&l_{22}&l_{23}\\&&l_{33}\end{bmatrix}.\tag{5.13}
$$

展开式（5.13)，有

$$
\left.\begin{array}{lll}
a_{11}=l_{11}^2, & a_{12}=l_{11}l_{12}, & a_{13}=l_{11}l_{13}\\
 & a_{22}=l_{12}^2+l_{22}^2, & a_{23}=l_{12}l_{13}+l_{22}l_{23}\\
 & & a_{33}=l_{13}^2+l_{23}^2+l_{33}^2
\end{array}\right\}\tag{5.14}
$$

因此，从式(5.14)开始，依次求解［L］的元素 l_{ij}（$i\leqslant j$），可得到

$$
\left.\begin{array}{lll}
l_{11}=\sqrt{a_{11}}, & l_{12}=a_{12}/l_{11}, & l_{13}=a_{13}/l_{11}\\
 & l_{22}=\sqrt{a_{22}-l_{12}^2}, & l_{23}=(a_{23}-l_{12}l_{13})/l_{22}\\
 & & l_{33}=\sqrt{a_{33}-(l_{13}^2+l_{23}^2)}
\end{array}\right\}\tag{5.15}
$$

当矩阵阶数为 n 时，式(5.14)可表达为

$$
\left.\begin{array}{l}
a_{ii}=\sum\limits_{k=1}^{i}l_{ki}^2\quad(i=1,2,\cdots,n)\\
a_{ij}=\sum\limits_{k=1}^{i}l_{ki}l_{kj}\quad(i<j)
\end{array}\right\}\tag{5.16}
$$

将式(5.16)转化为与(5.15)类似的表达式，则

$$
\left.\begin{aligned}
l_{11} &= \sqrt{a_{11}} \\
l_{1j} &= a_{1j}/l_{11} \\
l_{ii} &= \sqrt{a_{ii} - \sum_{k=1}^{i-1} l_{ki}^2} \quad (i=1,2,\cdots,n) \\
l_{ij} &= (a_{ij} - \sum_{k=1}^{i-1} l_{ki} l_{kj})/l_{ii} \quad (i<j)
\end{aligned}\right\} \tag{5.17}
$$

式(5.17)中，当根号内的值为负时，l_{ii}不为实数。$l_{ii}=0$ 时，无法确定 l_{ij} 的值。但当矩阵 $[A]$ 为对称正定矩阵时，已有理论证明下式成立：

$$
a_{ii} - \sum_{k=1}^{i-1} l_{ki}^2 > 0
$$

式中，$l_{ii} \neq 0$。

故矩阵 $[L]$ 各元素均被确定为实数。因此当矩阵 $[A]$ 为对称正定矩阵时，式(5.12)成立。

已知矩阵 $[A]$ 时，可根据式(5.17)计算得到 l，并将其值转化为下三角矩阵 $[L]$ 的运算过程，称为对称正定矩阵的三角化。

5.3　一次联立方程的解

已知多元一次联立方程组

$$
[A]\{x\}=\{b\}
$$

式中，$[A]$ 为对称正定矩阵。

将矩阵 $[A]$ 按式(5.12) 进行 LU 分解，得

$$
[L][L]^{\mathrm{T}}\{x\}=\{b\} \tag{5.18}
$$

式(5.18)又可表示为

$$
[L]([L]^{\mathrm{T}}\{x\})=\{b\}
$$

式中，$[L]^{\mathrm{T}}\{x\}$ 为矩阵与向量之积，表示为一个向量。此处假设 $[L]^{\mathrm{T}}\{x\}=\{y\}$，其中向量 $\{y\}$ 未知，则式(5.18)与如下方程组

$$
[L]\{y\}=\{b\} \tag{5.19}
$$

$$
[L]^{\mathrm{T}}\{x\}=\{y\} \tag{5.20}
$$

等价。因式(5.19)与式(5.6)、式(5.20)与式(5.7)形式相同，所以利用式(5.17)将矩阵 $[A]$ 三角化后，容易求解两联立方程组，即首先通过式(5.19)求解 $\{y\}$，并将 $\{y\}$ 代入式(5.20)得到 $\{x\}$，如此便可求解式(5.3)。此种方法即是根据 LU 三角分解法求解多元一次联立方程的过程。

此方法的特点是不必通过迭代计算便可接近其收敛值。结构静力学中刚度矩阵 $[K]$ 或者结构动力学中质量矩阵 $[M]$ 等在力学特性上均为对称正定矩阵，其矩阵的一次结合同样为对称正定矩阵。因此，结构动力学中也能有效地利用 LU 三角分解法。

5.4 计算机程序设计

程序 CHOLE(Cholesky's Solution of Linear Equation)是利用 LU 三角分解法求解线性方程组 $[A]\{x\}=\{b\}$ 的子程序。为便于理解程序内容，需要对下面几个问题加以说明。

(1) 矩阵下半部：在子程序 CHOLE 中，因不使用已知矩阵 $[A]$ 主对角线下半部的非对角元素(与上半部非对角元素对称)，所以调用此子程序时，矩阵 $[A]$ 的下半部不需要输入任何元素。

(2) 下三角矩阵：在程序中，利用子程序前半部 FORMATION OF TRIANGULAR MATRIX 模块，根据式(5.17)将系数矩阵 $[A]$ 三角化。经三角化后，将 $[L]^{T}$ 存放于矩阵 $[A]$ 的主对角线上半部，若有必要则可取出此部分单独使用。

(3) 引用的变换：当式(5.3)中系数矩阵 $[A]$ 始终不变，而右侧向量 $\{b\}$ 改变时，可求出方程组的解。此子程序调用初期，可设 ind=0，将矩阵 $[A]$ 三角化，且于下次计算时，可利用 ind=0 时的结果，省略其三角化运算。当然，要达到省略三角化运算，下次计算时必须设定 ind≠0。

(4) 逆矩阵：子程序 CHOLE 可用于求解对称正定矩阵 $[A]$ 的逆矩阵 $[A]^{-1}$。设对称矩阵 $[A]$ 其逆矩阵为 $[B]$，则满足

$$[A][B]=[I]$$

式中，$[I]$ 为单位矩阵。

也可以写成

$$\begin{bmatrix} a_{11} & a_{12} & \cdots & a_{1n} \\ a_{12} & a_{22} & \cdots & a_{2n} \\ \vdots & \vdots & \ddots & \vdots \\ a_{1n} & a_{2n} & \cdots & a_{nn} \end{bmatrix} \begin{bmatrix} b_{11} & b_{12} & \cdots & b_{1n} \\ b_{12} & b_{22} & \cdots & b_{2n} \\ \vdots & \vdots & \ddots & \vdots \\ b_{1n} & b_{2n} & \cdots & b_{nn} \end{bmatrix} = \begin{bmatrix} 1 & 0 & \cdots & 0 \\ 0 & 1 & \cdots & 0 \\ \vdots & \vdots & \ddots & \vdots \\ 0 & 0 & \cdots & 1 \end{bmatrix} \tag{5.21}$$

如式(5.21)中纵向虚线所示，将矩阵 $[B]$ 和 $[I]$ 进行分解，并将各列作为一个向量考虑。

$$\{x\}_1=\begin{Bmatrix} b_{11} \\ b_{12} \\ \vdots \\ b_{1n} \end{Bmatrix} \quad \{x\}_2=\begin{Bmatrix} b_{12} \\ b_{22} \\ \vdots \\ b_{2n} \end{Bmatrix} \quad \cdots \quad \{x\}_n=\begin{Bmatrix} b_{1n} \\ b_{2n} \\ \vdots \\ b_{nn} \end{Bmatrix}$$

$$\{e\}_1=\begin{Bmatrix} 1 \\ 0 \\ \vdots \\ 0 \end{Bmatrix} \quad \{e\}_2=\begin{Bmatrix} 0 \\ 1 \\ \vdots \\ 0 \end{Bmatrix} \quad \cdots \quad \{e\}_n=\begin{Bmatrix} 0 \\ 0 \\ \vdots \\ 1 \end{Bmatrix}$$

其中，$\{e\}_j$是只有第 j 个元素为 1，其他元素均为零的向量。

从此结果中可以看出，式(5.21)相当于如下 n 个联立一次方程组。

$$[A]\{x\}_j=\{e\}_j \quad (j=1,\ 2,\ \cdots,\ n) \tag{5.22}$$

因此，利用 LU 三角分解法求解式(5.22)的 n 个解 $\{x\}_j(j=1,\ 2,\ \cdots,\ n)$，并将其作为

列向量构成方阵，所得到的结果即为矩阵 [A] 的逆矩阵 [B]=[A]$^{-1}$。此处矩阵 [A] 的三角化只需进行一次即可反复使用。

(5) 行列式的值：利用子程序 CHOLE，可以计算对称正定矩阵 [A] 行列式的值det [A]。

[A] 经三角化后，得到的下三角矩阵设为 [L]^{T}，根据式(5.12)，可表示为

$$[A]=[L][L]^{T}$$

然而，因 [L] 和 [L]^{T} 均可采用式(5.13)右侧形式表示，所以矩阵行列式的值 det [L]和 det[L]^{T} 总可以用其主对角元素之积 $l_{11}\times l_{22}\times\cdots\times l_{nn}$ 表示，即其行列式的值表示为下式

$$\det[A]=\prod_{i=1}^{n} l_{ii}^{2} \tag{5.23}$$

如上所述，从子程序返回时，因矩阵 [A] 的主对角线上半部存放有 [L]^{T} 的元素，所以，可将其用于式(5.13)的计算之中。

【使用方法】

(1) 调用方法。

CALL CHOLE(N，A，B，X，ND，IND)

(2) 参数说明(表 5-1)。

表 5-1　参数说明

参数	类型	调用程序时的内容	返回值内容
N	I	联立方程组的次数	不变
A	R 二维数组(ND，ND)	方程组左边系数矩阵(主对角线下半部可不输入)	被破坏(主对角线上半部放入三角化后的下三角转置矩阵，下半部不变)
B	R 一维数组(ND)	方程式右边向量	被破坏
X	R 一维数组(ND)		联立方程的解
ND	I	主程序中的 A，B，X 的次元	不变
IND	I	IND=0：有必要三角化矩阵计算 IND≠0：三角化矩阵已经存在	不变

【源程序】

```
      subroutine CHOLE(n,a,b,x,nd,ind)
      dimension  a(nd,nd),b(nd),x(nd)
      if(ind.NE.0)  go to 160
      a(1,1)=sqrt(a(1,1))
      if(n.eq.1)  go to 160
      do 110  j=2,n
      a(1,j)=a(1,j)/a(1,1)
110   continue
      do 150  i=2,n
      im1=i-1
```

```
      ip1=i+1
      s=a(i,i)
      do 120  k=1,im1
      s=s-a(k,i)**2
120   continue
      a(i,i)=sqrt(s)
      if(i.eq.n)  go to 160
      do 140  j=ip1,n
      s=a(i,j)
      do 130  k=1,im1
      s=s-a(k,i)*a(k,j)
130   continue
      a(i,j)=s/a(i,i)
140   continue
150   continue
160   b(1)=b(1)/a(1,1)
      if(n.eq.1)  go to 190
      do 180 i=2,n
      im1=i-1
      s=b(i)
      do 170 k=1,im1
      s=s-a(k,i)*b(k)
170   continue
      b(i)=s/a(i,i)
180   continue
190   x(n)=b(n)/a(n,n)
      if(n.eq.1)return
      nm1=n-1
      do 210 i=1,nm1
      nmi=n-i
      s=b(nmi)
      nmip1=nmi+1
      do 200 k=nmip1,n
      s=s-a(nmi,k)*x(k)
200   continue
      x(nmi)=s/a(nmi,nmi)
210   continue
      return
      end
```

【例 5.1】 求解 4 元 1 次联立方程组。

$$\begin{cases} 4.00x_1+2.40x_2 = 8.400 \\ 2.40x_1+5.44x_2+4.00x_3 = 17.840 \\ 4.00x_2+6.25x_3+4.95x_4 = 26.525 \\ 4.95x_3+19.89x_4 = 48.195 \end{cases}$$

解：主程序如下。

```
      DIMENSION A(10,10),B(10),X(10)
      N=4
      IND=0
      OPEN(1,FILE='4-CHOLE.DAT',STATUS='OLD')
      READ(1,*)((A(I,J),J=1,N),I=1,N)
      READ(1,*)(B(I),I=1,N)
      CLOSE(1,STATUS='KEEP')
      OPEN(3,FILE='结果.DAT',STATUS='UNKNOWN')
      CALL CHOL(N,A,B,X,10,IND)
      WRITE(3,*)'X(I):'
      WRITE(3,15)(X(I),I=1,N)
15    FOrMAT(F5.2)
      STOP
      END
```

CHOLE.DAT 文件：

```
4.00,2.40,0.0,0.0
2.40,5.44,4.00,0.0
0.0,4.0,6.25,4.95
0.0,0.0,4.95,19.89
8.4,17.84,26.525,48.195
```

计算结果：

```
X(I):
1.20
1.50
1.70
2.00
```

【例 5.2】 对例 5.1 中系数矩阵进行三角化，并输出[L]矩阵。

解：主程序如下。

```
      DIMENSION A(10,10),B(10),X(10)
      N=4
      IND=0
      OPEN(1,FILE='4-CHOLE.DAT',STATUS='OLD')
      READ(1,*)((A(I,J),J=1,N),I=1,N)
      READ(1,*)(B(I),I=1,N)
      CLOSE(1,STATUS='KEEP')
      OPEN(3,FILE='结果.DAT',STATUS='UNKNOWN')
      CALL CHOL(N,A,B,X,10,IND)
      WRITE(3,15)((A(I,J),I=1,J),J=1,N)
15    FORMAT(F8.2//2F8.2//3F8.2//4F8.2)
```

```
      STOP
      END
```

计算结果：

```
 2.00
 1.20    2.00
 0.00    2.00    1.50
 0.00    0.00    3.30    3.00
```

【例 5.3】 求例 5.1 中系数矩阵的逆矩阵$[A]^{-1}$。

解： 主程序如下。

```
      DIMENSION A(10,10),B(10,10),X(10),E(10)
      N=4
      OPEN(1,FILE='4-CHOLE.DAT',STATUS='OLD')
      READ(1,*)((A(I,J),J=1,N),I=1,N)
      CLOSE(1,STATUS='KEEP')
      OPEN(3,FILE='结果.DAT',STATUS='UNKNOWN')
      DO 130 J=1,N
      DO 110 I=1,N
      E(I)=0.0
110   CONTINUE
      E(J)=1.0
      IND=J-1
      CALL CHOL(N,A,E,X,10,IND)
      DO 120 I=1,N
      B(I,J)=X(I)
120   CONTINUE
130   CONTINUE
      WRITE(3,15)((B(I,J),J=1,N),I=1,N)
15    FOrMAT(4F8.3/)
      STOP
      END
```

CHOL. DAT 文件：

```
4.00,2.40,0.0,0.0
2.40,5.44,4.00,0.0
0.0,4.0,6.25,4.95
0.0,0.0,4.95,19.89
```

计算结果：

```
  0.694  -0.739   0.589  -0.147
 -0.739   1.232  -0.982   0.244
  0.589  -0.982   0.982  -0.244
 -0.147   0.244  -0.244   0.111
```

【例 5.4】 求矩阵$[A]$的行列式值 $\det[A]$。

$$[A]=\begin{bmatrix}4.00 & 2.40 & 2.00 & 3.00\\ 2.40 & 5.44 & 4.00 & 5.80\\ 2.00 & 4.00 & 5.21 & 7.45\\ 3.00 & 5.80 & 7.45 & 19.66\end{bmatrix}$$

解： 主程序如下。

```
      DIMENSION A(10,10),B(10),X(10)
      N=4
      OPEN(1,FILE='4-CHOLE.DAT',STATUS='OLD')
      READ(1,*)((A(I,J),J=1,N),I=1,N)
      CLOSE(1,STATUS='KEEP')
      OPEN(3,FILE='结果.DAT',STATUS='UNKNOWN')
      CALL CHOL(N,A,B,X,10,0)
      DET=1.0
      DO 110 I=1,N
      DET=DET*A(I,I)**2
110   CONTINUE
      WRITE(3,15)DET
15    FORMAT('DET=',F6.1/)
      STOP
      END
```

计算结果：

```
      DET=324.0
```

本 章 小 结

(1) 基于 Newmark 逐步积分数值解法，可将运动微分方程 $[m]\{\ddot{\delta}\}+[c]\{\dot{\delta}\}+[k]\{\delta\}=\{p\}$ 变换为 $[\bar{k}]\{\Delta\delta\}=\{\bar{p}\}$，$\bar{k}$为广义刚度；$\{\bar{p}\}$ 为广义激振力；$\{\Delta\delta\}$ 为质点的位移增量。实质上，此方程是多元一次联立方程组。

(2) 本章介绍利用 Cholesky LU 三角分解法求解多元一次联立方程的方法。

习　　题

思考题

(1) 什么是上三角矩阵？

(2) 什么是下三角矩阵？

(3) 简述 LU 三角分解法的基本思想。

第6章 层振动模型地震反应弹性时程分析

教学目标

本章主要讲述层振动模型地震反应弹性时程分析方法。通过本章的学习，应达到以下目标：

(1) 掌握 Wilson－θ 法地震反应弹性时程分析方法；

(2) 掌握振型叠加法地震反应弹性时程分析方法；

(3) 了解纯剪切和弯剪层振动模型微分方程的异同和变形特征。

教学要求

知识要点	能力要求	相关知识
Wilson－θ 法时程分析	熟练运用电算程序	线性加速度法、Newmark－β
振型叠加法时程分析	熟练运用电算程序	线性加速度法、Newmark－β
纯剪切和弯剪层振动模型	理解纯剪切、纯弯曲和弯剪层振动模型之间的关系	层振动模型、杆系振动模型

基本概念

剪切层模型、弯剪层模型、Wilson－θ 法、振型叠加法、地震反应弹性时程分析。

引言

数值分析(Numerical Analysis)是研究分析利用计算机求解数学计算问题的数值计算方法及其理论的学科，是数学的一个分支，它以数字计算机求解数学问题的理论和方法为研究对象，是计算数学的主体部分。数百年前，人类已经将数学应用在建筑、战争、会计以及许多领域之上，最早的数学大约是西元前1800年巴比伦人泥板(Babylonian Tablet)上的计算式子。例如所谓的勾股数(毕氏三元数)，如(3，4，5)，是直角三角形的三边长比，在巴比伦人泥板上已经发现了开根号的近似值。

数值分析在传统上一直不断地在改进，因为这就像巴比伦人的近似值，至今仍然是近似值，即使使用计算机计算也找不到最精确的值。

运用数值分析解决问题的过程是实际问题→数学模型→数值计算方法→程序设计→上机计算求出结果。

数值分析这门学科有如下特点：

(1) 面向计算机；

(2) 有可靠的理论分析；

(3) 要有好的计算复杂性；

(4) 要有数值实验；

(5) 要对算法进行误差分析。

其主要内容为插值法，函数逼近，曲线拟合，数值积分，数值微分，解线性方程组的直接方法，解线性方程组的迭代法，非线性方程求根，常微分方程的数值解法等。本章要讨论的“时程分析”是属于“数值积分”问题。

6.1　层　模　型

对于包含大量基本构件的框架结构体系［图 6.1(a)］，通常采用简化的杆件非线性单元进行非线性分析，并考虑其结构形式及构造特点、分析精度要求、计算机容量等情况选取合适的结构整体分析模型。目前较为成熟、常用的框架结构非线性地震反应分析其力学模型主要有层模型、杆系模型、杆系-层间模型，平面应力元模型则应用较少。

以一个楼层为基本单元，将整个结构各竖杆合并为一个竖杆，将各楼层质量分别集中于各楼盖作为质点，形成如图 6.1(b)所示的“串联质点系”振动模型称为层模型。该模型采用如下假定。

① 楼盖在自身平面内刚度无穷大，同一层各竖向杆件无相对变形。

② 房屋质量中心与刚度中心重合。水平地震作用下结构不产生绕竖轴的扭转振动。

该模型在应用中具有以下特点。

① 仅需计算每层各构件的综合刚度、屈服剪力、开裂剪力。

② 自由度数目等于结构楼层数。

③ 仅能分析各层层间位移、层间剪力，无法计算各杆件的变形和内力。

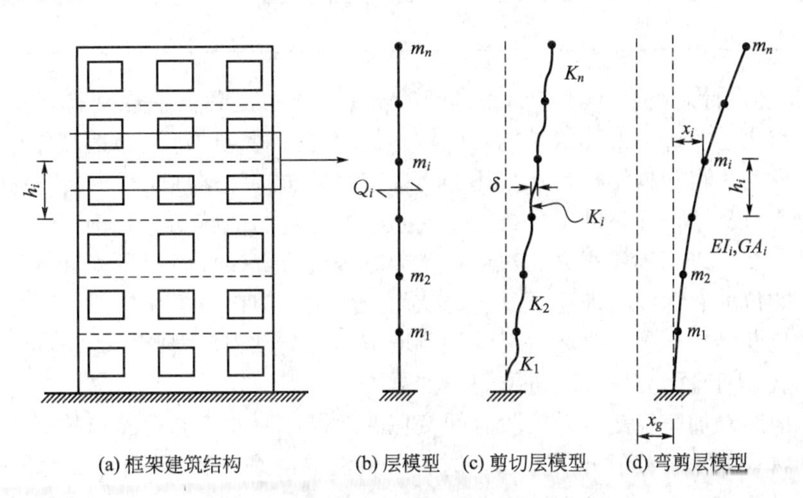

图 6.1　层模型

大震作用下，采用该模型进行结构弹塑性分析，可确定结构的薄弱层位置，并得到结构的弹塑性层间侧移及层间剪力。该模型的形式有剪切层模型［图 6.1(c)］与弯剪层模型［图 6.1(d)］两种。

剪切层模型：当结构侧移以层间剪切变形为主，则模型层刚度取决于各竖向构件的弯曲、剪切刚度，而忽略各构件的轴向变形。水平荷载作用下的多层框架结构，其层间侧移主要为剪切型。

弯剪层模型：地震作用下，高层建筑结构由于高度较大，各竖向构件轴向变形对结构侧移的影响不能忽略，其层间侧移既含层间剪切变形，又含层间弯曲变形，因此，该模型层刚度应同时考虑两者的影响。其刚度矩阵形成一般有下列三种方法：①柔度矩阵求逆法；②矩阵求逆法；③静力聚缩法。

本章主要讨论层振动模型地震反应弹性时程分析，至于弹塑性时程分析则在后续章节中进行讨论。

6.2 时程分析法定位

我国《建筑抗震设计规范》(GB 50011—2010)5.1.2 条提到，各类建筑结构的抗震计算，应采用下列方法：①高度不超过 40m、以剪切变形为主且质量和刚度沿高度分布比较均匀的结构，以及近似于单质点体系的结构，可采用底部剪力法等简化方法。②除 1 款外的建筑结构，宜采用振型分解反应谱法。③特别不规则的建筑、甲类建筑和表 5.1.2-1(即表 6-1)所列高度范围的高层建筑，应采用时程分析法进行多遇地震下的补充计算。

表 6-1 采用时程分析的房屋高度范围

烈度、场地类别	房屋高度范围/m
8 度Ⅰ、Ⅱ类场地和 7 度	>100
8 度Ⅲ、Ⅳ类场地	>80
9 度	>60

《建筑抗震设计规范》(GB 50011—2010)3.6.2 条中提到，不规则且具有明显薄弱部位可能导致重大地震破坏的建筑结构，应按本规范有关规定进行罕遇地震作用下的弹塑性变形分析。此时，可根据结构特点采用静力弹塑性分析或弹塑性时程分析方法。

所谓时程分析法，亦称动态分析法，它是根据选定的地震动与结构振动模型以及构件恢复力特性曲线，采用逐步积分法对运动微分方程进行直接数值积分来计算地震过程中每一瞬时结构的位移、速度与加速度反应，从而观察到结构在强震作用时，弹性与非弹性阶段的内力变化及结构开裂、损坏直至结构倒塌破坏的全过程。因此，此法亦用于结构在地震作用下的破坏机理研究以及改进抗震设计方法等。

地震地面运动加速度是一系列随时间变化的随机脉冲，不能用简单的函数表达，因此运动方程的解只能采用数值分析方法。时程分析法的解题过程即为由 t_n 时刻的质点位移、速度、加速度反应以及地震动加速度(x_n、$\dot{x}_n$、$\ddot{x}_n$、$\ddot{x}_g$)，推算 $t_{n+\Delta t}$ 时刻的位移、速度及加速度(x_{n+1}、$\dot{x}_{n+1}$ 及 $\ddot{x}_{n+1}$)反应值。因此，亦称逐步积分法。

逐步积分运动微分方程的方法很多，本章主要讨论地震反应弹性时程分析中的 Wilson－θ 法和振型叠加法。

6.3　Wilson－θ 法

1. 原理

为了克服线性加速度法的有条件稳定问题，Wilson 对线性加速度法进行了修正，称之为 Wilson－θ 法。

如图 6.2 所示，假设时刻 t 和 $t+\theta\Delta t$ 之间，每一个质点的相对反应加速度与地震动加速度均为线形变化，在以 t 为原点的区间内，τ 满足 $0\leqslant\tau\leqslant\theta\Delta t$，则 τ 时刻反应加速度可表示为

$$\{\ddot{x}(\tau)\}=\frac{\{\ddot{x}\}_{t+\theta\Delta t}-\{\ddot{x}\}_t}{\theta\Delta t}\cdot\tau+\{\ddot{x}\}_t \tag{6.1}$$

而在 t 与 $t+\theta\Delta t$ 时刻，振动微分方程可写为

$$[m]\{\ddot{x}\}_t+[c]\{\dot{x}\}_t+[k]\{x\}_t=-\ddot{x}_g[m]\{1\} \tag{6.2}$$

$$[m]\{\ddot{x}\}_{t+\theta\Delta t}+[c]\{\dot{x}\}_{t+\theta\Delta t}+[k]\{x\}_{t+\theta\Delta t}=-\ddot{x}_{g(t+\theta\Delta t)}[m]\{1\} \tag{6.3}$$

式(6.1)中，设 $\tau=\Delta t$，可得到

$$\{\ddot{x}\}_{t+\theta\Delta t}=(1-\theta)\{\ddot{x}\}_t+\theta\{\ddot{x}\}_{t+\Delta t} \tag{6.4}$$

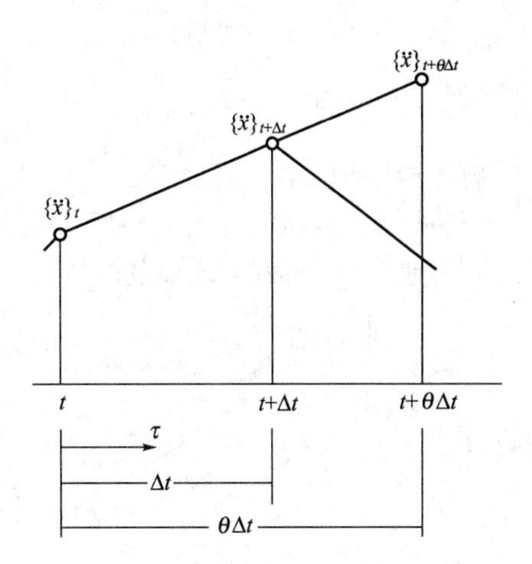

图 6.2　Wilson－θ 法(多质点体系)

同理，地震加速度也可表示为

$$\ddot{x}_{g(t+\theta\Delta t)}=(1-\theta)\ddot{x}_{gt}+\theta\ddot{x}_{g(t+\Delta t)} \tag{6.5}$$

将式(6.4)改写为

$$\{\ddot{x}\}_{t+\Delta t}=\frac{1}{\theta}\{\ddot{x}\}_{t+\theta\Delta t}+\left(1-\frac{1}{\theta}\right)\{\ddot{x}\}_t \tag{6.6}$$

对式(6.1)进行积分，得到

$$\{\dot{x}(\tau)\}=\{\dot{x}\}_t+\{\ddot{x}\}_t\tau+(\{\ddot{x}\}_{t+\theta\Delta t}-\{\ddot{x}\}_t)\frac{\tau^2}{2\theta\Delta t}$$

$$\{x(\tau)\}=\{x\}_t+\{\dot{x}\}_t\tau+\{\ddot{x}\}_t\frac{\tau^2}{2}+(\{\ddot{x}\}_{t+\theta\Delta t}-\{\ddot{x}\}_t)\frac{\tau^3}{6\theta\Delta t} \tag{6.7}$$

设 $\tau=\theta\Delta t$，则

$$\{\dot{x}\}_{t+\theta\Delta t}=\{\dot{x}\}_t+(\{\ddot{x}\}_t+\{\ddot{x}\}_{t+\theta\Delta t})\frac{\theta\Delta t}{2}$$

$$\{x\}_{t+\theta\Delta t}=\{x\}_t+\{\dot{x}\}_t(\theta\Delta t)+(2\{\ddot{x}\}_t+\{\ddot{x}\}_{t+\theta\Delta t})\frac{(\theta\Delta t)^2}{6} \tag{6.8}$$

此外，设 $\tau=\Delta t$，则

$$\{\dot{x}\}_{t+\Delta t}=\{\dot{x}\}_t+\left[\frac{1}{2\theta}\{\ddot{x}\}_{t+\theta\Delta t}+\left(1-\frac{1}{2\theta}\right)\{\ddot{x}\}_t\right]\Delta t$$

$$\{x\}_{t+\Delta t}=\{x\}_t+\{\dot{x}\}_t\Delta t+\left[\frac{1}{3\theta}\{\ddot{x}\}_{t+\theta\Delta t}+\left(1-\frac{1}{3\theta}\right)\{\ddot{x}\}_t\right]\frac{(\Delta t)^2}{2} \tag{6.9}$$

式(6.8)中，以 $\{x\}_{t+\theta\Delta t}$ 为变量表示 $\{\ddot{x}\}_{t+\theta\Delta t}$ 与 $\{\dot{x}\}_{t+\theta\Delta t}$，则可得到

$$\{\ddot{x}\}_{t+\theta\Delta t}=\frac{6}{(\theta\Delta t)^2}(\{x\}_{t+\theta\Delta t}-\{x\}_t)-\frac{6}{\theta\Delta t}\{\dot{x}\}_t-2\{\ddot{x}\}_t \tag{6.10a}$$

$$\{\dot{x}\}_{t+\theta\Delta t}=\frac{3}{\theta\Delta t}(\{x\}_{t+\theta\Delta t}-\{x\}_t)-2\{\dot{x}\}_t-\frac{\theta\Delta t}{2}\{\dot{x}\}_t \tag{6.10b}$$

将式(6.10)与式(6.5)代入式(6.3)，则可得到有关未知变量 $\{x\}_{t+\theta\Delta t}$ 的方程

$$\begin{aligned}&\left(\frac{6}{(\theta\Delta t)^2}[m]+\frac{3}{\theta\Delta t}[c]+[k]\right)\cdot\{x\}_{t+\theta\Delta t}=\\&-[(1-\theta)\ddot{x}_g+\theta\ddot{x}_{g(t+\Delta t)}][m]\{1\}+[m]\cdot\left[\frac{6}{(\theta\Delta t)^2}\{x\}_t+\frac{6}{\theta\Delta t}\{\dot{x}\}_t+2\{\ddot{x}\}_t\right]+\\&[c]\cdot\left(\frac{3}{\theta\Delta t}\{x\}_t+2\{\dot{x}\}_t+\frac{\theta\Delta t}{2}\{\ddot{x}\}_t\right)\end{aligned} \tag{6.11}$$

求解此方程即可得到 $\{x\}_{t+\theta\Delta t}$。

将式(6.10a)代入式(6.6)后，可利用 $\{x\}_{t+\theta\Delta t}$ 表示 $\{x\}_{t+\Delta t}$，并将此结果代入式(6.9)，则可得到 $t+\Delta t$ 时刻各质点的相对反应加速度、相对反应速度和相对反应位移，即

$$\begin{aligned}\{\ddot{x}\}_{t+\Delta t}&=\frac{6}{\theta(\theta\Delta t)^2}(\{x\}_{t+\Delta t}-\{x\}_t)-\frac{6}{\theta^2\Delta t}\{\dot{x}\}_t+\left(1-\frac{3}{\theta}\right)\{\ddot{x}\}_t\\\{\dot{x}\}_{t+\Delta t}&=\{\dot{x}\}_t+(\{\ddot{x}\}_{t+\Delta t}+\{\ddot{x}\}_t)\frac{\Delta t}{2}\\\{x\}_{t+\Delta t}&=\{x\}_t+\{\dot{x}\}_t\Delta t+(\{\ddot{x}\}_{t+\Delta t}+2\{\ddot{x}\}_t)\frac{(\Delta t)^2}{6}\end{aligned} \tag{6.12}$$

其绝对反应加速度为

$$\{\ddot{x}+\ddot{x}_g\}_{t+\Delta t}=\{\ddot{x}\}_{t+\Delta t}+\ddot{x}_{g\,t+\Delta t}\{1\} \tag{6.13}$$

式(6.12)中 $\{\ddot{x}\}_t$、$\{\dot{x}\}_t$ 及 $\{x\}_t$ 为前一个循环中已算出的结果，为已知量。

如此，采用逐次循环的方法，已知初始值，总可计算得出每一个质点每一时刻的反应值。

2. 计算机程序设计

程序 MDOW(Response of Multi - Degrees of Freedom System by Wilson - θ Method)为根据 Wilson - θ 法，在已知地震动加速度时程时，计算多质点体系各质点绝对加速度、相对速度与相对位移反应的子程序。

为使计算方便，程序中系数可采用如下记号表示。

$$A0=\frac{6}{(\theta\Delta t)^2},\ A1=\frac{3}{\theta\Delta t},\ A2=2A1,\ A3=\frac{\theta\Delta t}{2},\ A4=\frac{A0}{\theta}$$

$$A5=-\frac{A2}{\theta},\ A6=1-\frac{3}{\theta},\ A7=\frac{\Delta t}{2},\ A8=(\Delta t)^2/6,\ A9=1-\theta$$

【使用方法】

(1) 调用方法。

CALL MDOW (N, EM, EC, EK, NN, DT, DDY, ACC, VEL, DIS, ND1, ND2, VW1, VW2, VW3)

(2) 参数说明(表 6 - 2)。

表 6-2　参数说明

参数	类型	调用程序时的内容	返回值内容
N	I	自由度	不变
EM	R 二维数组(ND1，ND1)	质量矩阵	不变
EC	R 二维数组(ND1，ND1)	阻尼矩阵	不变
EK	R 二维数组(ND1，D1)	刚度矩阵	不变
NN	I	地震动加速度时程数据总数	不变
DT	R	地震动加速度时程时间间隔	不变
DDY	R 一维数组(D2)	地震动加速度时程数据	不变
ACC	R 二维数组(ND1，D2)	不输入也可以	加速度反应
VEL	R 二维数组(ND1，ND2)	不输入也可以	速度反应
DIS	R 二维数组(ND1，D2)	不输入也可以	位移反应
ND1	I	主程序中 EM，EC，EK，ACC，VEL，DIS，VW1，VW2，VW3 的次元	不变
ND2	I	主程序中 DDY，ACC，VEL，DIS 的次元	不变
VW1	R 二维数组(ND1，ND1)	不输入也可以	(工作区域)
VW2	R 一维数组(ND1)	不输入也可以	(工作区域)
VW3	R 一维数组(ND1)	不输入也可以	(工作区域)

(3) 必要的子程序。

CHOL 为利用 LU 三角分解法求解线性方程组 $[A]\{x\}=\{b\}$ 的子程序。

【源程序】

```
      SUBROUTINE MDOW(N,EM,EC,EK,NN,DT,DDY,ACC,VEL,DIS,
     &          ND1,ND2,VW1,VV2,VV3)
      DIMENSION EM(ND1,ND1),EC(ND1,ND1),EK(ND1,ND1),DDY(ND2), ACC(ND1,ND2),
     &       VEL(ND1,ND2),DIS(ND1,ND2),VW1(ND1,ND1),VW2(ND1),VW3(ND2)
      THETA=1.4
      DO 110 I=1,N
      ACC(I,1)=-DDY(1)
      VEL(I,1)=0.0
      DIS(I,1)=0.0
110   CONTINUE
      THDT=THETA*DT
      A0=6.0/THDT**2
      A1=3.0/THDT
      A2=2.0*A1
      A3=THDT/2.0
      A4=A0/THETA
```

```
      A5=-A2/THETA
      A6=1.0-3.0/THETA
      A7=DT/2.0
      A8=DT*DT/6.0
      A9=1.0-THETA
      DO 130 I=1,N
      DO 120 J=1,N
      VW1(I,J)=EK(I,J)
      VW1(I,J)=VW1(I,J)+A0*EM(I,J)+A1*EC(I,J)
120   CONTINUE
130   CONTINUE
      DO 180 M=2,NN
      DO 140 I=1,N
      VW2(I)=A1*DIS(I,M-1)+2.0*VEL(I,M-1)+A3*ACC(I,M-1)
      VW3(I)=(-A9*DDY(M-1)-THETA*DDY(M)+A0*DIS(I,M-1)+
     &    A2*VEL(I,M-1)+2.0*ACC(I,M-1))*EM(I,I)
140   CONTINUE
      DO 160 I=1,N
      S=0.0
      DO 150 J=1,N
      S=S+EC(I,J)*VW2(J)
150   CONTINUE
      VW3(I)=VW3(I)+S
160   CONTINUE
      CALL CHOL(N,VW1,VW3,VW2,ND1,M-2)
      DO 170 I=1,N
      ACC(I,M)=A4*(VW2(I)-DIS(I,M-1))+A5*VEL(I,M-1)+A6*ACC(I,M-1)
      VEL(I,M)=VEL(I,M-1)+A7*(ACC(I,M)+ACC(I,M-1))
      DIS(I,M)=DIS(I,M-1)+DT*VEL(I,M-1)+A8*(ACC(I,M)+2.0*ACC(I,M-1))
170   CONTINUE
      TAM=M*DT
      WRITE(3,528)TAM,(DIS(I,M),I=1,N)
      WRITE(4,528)TAM,(VEL(I,M),I=1,N)
180   CONTINUE
      DO 200 M=1,NN
      DDYM=DDY(M)
      DO 190 I=1,N
      ACC(I,M)=ACC(I,M)+DDYM
190   CONTINUE
      WRITE(5,528)TAM,(ACC(I,M),I=1,N)
200   CONTINUE
528   FORMAT(1X,E10.4,2X,E10.4,2X,E10.4,2X,E10.4,2X,E10.4)
      RETURN
      END
```

【例 6.1】 某三层框架结构层振动模型，其各质点质量分别为 $m_1=2\times10^6$kg、$m_2=2\times10^6$kg、$m_3=1.5\times10^6$kg，各层抗侧刚度分别为 $k_1=7.6\times10^5$kN/m、$k_2=9.1\times10^5$kN/m、$k_3=8.5\times10^5$kN/m。利用 Wilson－θ 法分析此结构在 EL CENTRO NS 加速度波作用下的弹性时程反应，此波加速度峰值为 341.7cm/s^2，时间间隔为 0.01s，采用瑞雷型阻尼，设第一阶和第二阶振型阻尼比均为 0.05。

解：主程序如下。

```
      PARAMETER (N=3,ND1=N+5,NN=5380,ND2=NN+5,DT=0.01,IP=3)
      DIMENSION EM(ND1,ND1),EC(ND1,ND1),EK(ND1,ND1),DDY(ND2),A_M(ND1),
     &      A_K(ND1),ACC(ND1,ND2),VEL(ND1,ND2),DIS(ND1,ND2),
     &      VW1(ND1,ND1),VW2(ND1,ND1),VV2(ND1),VV3(ND1),W(ND1),
     &      H(ND1),U(ND1,ND1),A(ND1,ND1), S(ND1,ND1),R(ND1)
      OPEN(1,FILE='MDOW.DAT',STATUS='OLD')
      READ(1,*)(A_M(I),I=1,N)
      READ(1,*)(A_K(I),I=1,N)
      READ(1,*)(H(I),I=1,N)
      OPEN(2,FILE='EL-01.DAT',STATUS='OLD')
      READ(2,*)(DDY(I),I=1,NN)
      DO 8 I=1,NN
      DDY(I)=DDY(I)*0.01
8     CONTINUE
      OPEN(3,FILE='3-DIS.DAT',ACTION='WRITE')
      OPEN(4,FILE='4-VEL.DAT',ACTION='WRITE')
      OPEN(5,FILE='5-ACC.DAT',ACTION='WRITE')
      CLOSE(1,STATUS='KEEP')
      CLOSE(2,STATUS='KEEP')
      DO 5  I=1,N
      DO 10 J=1,N
      EM(I,J)=0.0
      EK(I,J)=0.0
10    CONTINUE
5     CONTINUE
      DO 15 I=1,N
      EM(I,I)=A_M(I)
15    CONTINUE
      EK(1,1)=A_K(1)
      DO 20 I=2,N
      EK(I,I)=A_K(I-1)+A_K(I)
20    CONTINUE
      DO 25 I=1,N
      J=I+1
      EK(I,J)=-A_K(I)
      EK(J,I)=EK(I,J)
25    CONTINUE
```

```
CALL MOCH(N,EM,EK,W,U,ND1,1,VW1,VW2)
CALL DAMP(N,EM,EK,H,W,IP,EC,ND1,VW1,VW2)
CALL MDOW(N,EM,EC,EK,NN,DT,DDY,ACC,VEL,DIS,ND1,ND2,VW1,VV2,VV3)
STOP
END
```

输入的 MDOW. DAT 文件：

```
1500000.0,  2000000.0,  2000000.0
850000000.0, 910000000.0,  750000000.0
0.05,       0.05,       0.05
```

其结果参见图 6.3。

6.4 振型叠加法

1. *原理*

众所周知，多质点体系地震波作用下的运动微分方程为

$$[m]\{\ddot{x}\}+[c]\{\dot{x}\}+[k]\{x\}=-\ddot{x}_g[m]\{1\}$$

进行变量变换

$$\{x\}=[U]\{q\} \tag{6.14}$$

式中，$[U]$ 为振型矩阵；$\{q\}$ 为广义坐标。

将式(6.14)代入运动微分方程，并左乘 $[U]^{\mathrm{T}}$，得到

$$[U]^{\mathrm{T}}[m][U]\{\ddot{q}\}+[U]^{\mathrm{T}}[c][U]\{\dot{q}\}+[U]^{\mathrm{T}}[k][U]\{q\}=-\ddot{x}_g[U]^{\mathrm{T}}[m]\{1\} \tag{6.15}$$

式中，$[m^{(j)}]=[U]^{\mathrm{T}}[m][U]$ 为广义质量；$[k^{(j)}]=[U]^{\mathrm{T}}[k][U]$ 为广义刚度；$[c^{(j)}]=[U]^{\mathrm{T}}[c][U]$ 为广义阻尼。

设

$$[p^{(j)}]=-\ddot{x}_g[U]^{\mathrm{T}}[m]\{1\}\quad (j=1,\ 2,\ \cdots,\ n)$$

定义为广义激振力。将广义质量、广义刚度、广义阻尼和广义激振力代入式(6.15)，得到

$$[m^{(j)}]\{\ddot{q}\}+[c^{(j)}]\{\dot{q}\}+[k^{(j)}]\{q\}=[p^{(j)}] \tag{6.16}$$

基于振型矩阵对质量矩阵与刚度矩阵的正交性及其在运动方程中阻尼项无耦合的假设，可知广义质量、广义刚度、广义阻尼与广义激振力均为对角线矩阵，因此，式(6.16)可表示为

$$m^{(j)}\ddot{q}^{(j)}+c^{(j)}\dot{q}^{(j)}+k^{(j)}q^{(j)}=p^{(j)}\quad (j=1,\ 2,\ \cdots,\ n)$$

方程两端同除以 $m^{(j)}$，得

$$\ddot{q}^{(j)}+2\zeta^{(j)}\omega^{(j)}\dot{q}^{(j)}+(\omega^{(j)})^2q^{(j)}=\frac{p^{(j)}}{m^{(j)}}\quad (j=1,\ 2,\ \cdots,\ n)$$

式中，$\omega^{(j)}=\sqrt{k^{(j)}/m^{(j)}}$，$c^{(j)}=2\zeta^{(j)}\omega^{(j)}m^{(j)}$。

因

$$\frac{p^{(j)}}{m^{(j)}}=-\ddot{x}_g\frac{\{u^{(j)}\}^{\mathrm{T}}[m]\{1\}}{\{u^{(j)}\}^{\mathrm{T}}[m]\{u^{(j)}\}}=\beta^{(j)}\ddot{x}_g$$

则

$$\ddot{q}^{(j)}+2\zeta^{(j)}\omega^{(j)}\dot{q}^{(j)}+(\omega^{(j)})^2q^{(j)}=-\beta^{(j)}\ddot{x}_g(j=1,\ 2,\ \cdots,\ n) \tag{6.17}$$

式中，$\beta^{(j)}$为振型参与系数。

当j取 1 到n时，式(6.17)即表示n个独立的方程。由此可见，上述推导实际即是将关于体系位移$x^{(j)}(t)$的n元运动方程组(6.2)经变换分解为n个独立的关于广义坐标$q^{(j)}(t)$的微分方程组。

可以看出，式(6.17)中，每一个微分方程仅含一个未知量$q^{(j)}(t)$，且其与单质点体系地震作用下的运动微分方程形式上相同，差别仅在于等式右边多出一项系数$\beta^{(j)}$。

众所周知，单质点运动微分方程

$$\ddot{x}(t)+2\zeta\omega\dot{x}(t)+\omega^2x=-\ddot{x}_g(t)$$

其解为

$$x(t)=-\frac{1}{\omega_{\mathrm{d}}}\int_0^t\ddot{x}_g(\tau)\mathrm{e}^{-\zeta\omega(t-\tau)}\sin\omega_{\mathrm{d}}(t-\tau)\mathrm{d}\tau$$

同理，式(6.17)的解也可表示为

$$q^{(j)}=-\frac{\beta^{(j)}}{\omega_{\mathrm{d}}^{(j)}}\int_0^t\ddot{x}_g(\tau)\mathrm{e}^{-\zeta^{(j)}\omega^{(j)}(t-\tau)}\sin\omega_{\mathrm{d}}^{(j)}(t-\tau)\mathrm{d}\tau \tag{6.18}$$

从式(6.18)中去掉振型参与系数$\beta^{(j)}$，可写为

$$q_0^{(j)}=-\frac{1}{\omega_{\mathrm{d}}^{(j)}}\int_0^t\ddot{y}(\tau)\mathrm{e}^{-\zeta^{(j)}\omega^{(j)}(t-\tau)}\sin\omega_{\mathrm{d}}^{(j)}(t-\tau)\mathrm{d}\tau \tag{6.19}$$

式中，$q_0^{(j)}$相当于阻尼比为$\zeta^{(j)}$、圆频率为$\omega^{(j)}$的单质点弹性体系地震作用下的位移反应，称为振型基本解。显然，此振型基本解满足如下微分方程

$$\ddot{q}_0^{(j)}+2\zeta^{(j)}\omega^{(j)}\dot{q}_0^{(j)}+(\omega^{(j)})^2q_0^{(j)}=-\ddot{x}_g\quad(j=1,\ 2,\ \cdots,\ n) \tag{6.20}$$

求解方程组(6.20)，确定体系的全部振型基本解后，结合式(6.18)，得到

$$q^{(j)}(t)=\beta^{(j)}q_0^{(j)}(t) \tag{6.21}$$

并根据式(6.14)，求解体系位移反应

$$\{x\}=[U]\{q\}=[U]\{\beta^{(j)}q_0^{(j)}\}$$

即

$$\{x(t)\}=\sum_{j=1}^{n}\{\beta^{(j)}u^{(j)}\}q_0^j(t) \tag{6.22}$$

式(6.22)即为利用振型叠加法分析时，多质点弹性体系在地震作用下任一质点m_i的位移计算公式。从中可以看出，位移是振型参与系数向量$\beta^{(j)}u^{(j)}$与振型基本解$q_0^{(j)}$的乘积，是按每一阶振型的叠加表示的，因此，此方法命名为振型叠加法。

根据式(6.14)，质点的相对速度和相对加速度可表示为

$$\{\dot{x}\}=[U]\{\dot{q}\},\quad\{\ddot{x}\}=[U]\{\ddot{q}\} \tag{6.23}$$

2. 计算机程序设计

程序 MDOS(Response of Multi - Degrees - of - Freedom System by Modal Superposition)为根据振型分解法，已知地震动加速度时程时，计算多质点体系各质点的绝对加速度、相对速度与相对位移反应的子程序。本程序在求解振型基本解 $q_0^{(j)}(t)$的过程中，使用了单质点有阻尼体系地震反应的子程序 SDOF。

【使用方法】

(1) 调用方法。

CALL MDOS(N, EM, EK, H, DDY, DT, NN, W, U, ND1, ND2, NMODE, ACC, VEL, DIS, SA, SV, SD, VW1, VW2, VW3, VW4, VW5)

(2) 参数说明(表 6-3)。

表 6-3 参数说明

参数	类型	调用程序时的内容	返回值内容
N	I	自由度	不变
EM	R 二维数组(ND1, ND1)	质量矩阵	不变
EK	R 二维数组(ND1, ND1)	刚度矩阵	不变
H	R 一维数组(ND1)	阻尼比	不变
DDY	R 一维数组(ND2)	地面运动加速度时程	不变
DT	R	地震动时程时间间隔	不变
NN	I	地震动数目总数	不变
W	R 一维数组(ND1)	空	固有圆频率
U	R 二维数组(ND1, ND1)	空	振型矩阵
ND1	I	主程序中 EM, EK, H, ACC, VEL, DIS, SV, SD, VW1, VW2 的次元	不变
ND2	I	主程序中 DDY, ACC, VEL, DIS, VW3, VW4, VW5 的次元	不变
NMODE	I	叠加最高阶数 NMODE≤N	不变
ACC	R 二维数组(ND1, ND2)	空	绝对加速度反应矩阵
VEL	R 二维数组(ND1, ND2)	空	相对速度反应矩阵
DIS	R 二维数组(ND1, ND2)	空	相对位移反应矩阵
SA	R 一维数组(ND1)	空	最大绝对加速度反应
SV	R 一维数组(ND1)	空	最大相对速度反应
SD	R 一维数组(ND1)	空	最大相对位移反应
VW1	R 二维数组(ND1, ND1)	空	(工作区域)
VW2	R 二维数组(ND1. ND1)	空	(工作区域)
VW3	R 一维数组(ND2)	空	(工作区域)
VW4	R 一维数组(ND2)	空	(工作区域)
VW5	R 一维数组(ND2)	空	(工作区域)

(3) 必要的子程序和函数子程序。

MOCH 为计算体系自振特性的子程序。

SDOF 为利用 Nigam 方法计算单质点体系地震反应的子程序。

【源程序】

```
      SUBROUTINE  MDOS(N,EM,EK,H,DDY,DT,NN,W,U,ND1,ND2,NMODE,
     &     ACC,VEL,DIS,SA,SV,SD,VW1,VW2,VW3,VW4,VW5)
      DIMENSION EM(nd1,nd1),EK(ND1,ND1),H(ND1),W(ND1),U(ND1,ND1),
     & DDY(ND2),ACC(ND1,ND2), VEL(ND1,ND2),DIS(ND1,ND2), SA(ND1),
     & SV(ND1),SD(ND1),VW1(ND1,ND1), VW2(ND1,ND1),VW3(ND2),VW4(ND2),VW5(ND2)
      DO 120 I=1,N
      ACC(I,1)=-DDY(1)
      VEL(I,1)=0.0
      DIS(I,1)=0.0
      DO 110 M=2,NN
      ACC(I,M)=0.0
      VEL(I,M)=0.0
      DIS(I,M)=0.0
110   CONTINUE
120   CONTINUE
      CALL MOCH(N,EM,EK,W,U,ND1,1,VW1,VW2)
      DO 150 J=1,NMODE
      CALL SDOF(H(J),W(J),DT,NN,DDY,VW3,VW4,VW5,ND2,DUMMY,DUMMY,DUMMY)
      DO 140 I=1,N
      DO 130 M=1,nn
      ACC(I,M)=ACC(I,M)+U(I,J)*VW3(M)
      VEL(I,M)=VEL(I,M)+U(I,J)*VW4(M)
      DIS(I,M)=DIS(I,M)+U(I,J)*VW5(M)
130   CONTINUE
140   CONTINUE
150   CONTINUE
      DO 170 I=1,N
      SA(I)=0.0
      SV(I)=0.0
      SD(I)=0.0
      DO 160 M=1,nn
      SA(I)=AMAX1(SA(I),ABS(ACC(I,M)))
      SV(I)=AMAX1(SV(I),ABS(VEL(I,M)))
      SD(I)=AMAX1(SD(I),ABS(DIS(I,M)))
160   CONTINUE
170   CONTINUE
      RETURN
      END
```

【例 6.2】 利用振型叠加法讨论例 6.1。

解：主程序如下。

```
      PARAMETER(N=3,ND1=N+5,NN=5380,ND2=NN+5,DT=0.01,NMODE=3)
      DIMENSION DDY(ND2),EM(ND1,ND1),EK(ND1,ND1),H(ND1),W(ND1),
   &  ACC(ND1,ND2),VEL(ND1,ND2),DIS(ND1,ND2),SA(ND1),SV(ND1),SD(ND1),
   &  VW1(ND1,ND1),VW2(ND1,ND1),VW3(ND2),VW4(ND2),VW5(ND2),
   &  A_M(ND1),A_K(ND1),U(ND1,ND1)
      OPEN(1,FILE='MDOS.DAT',STATUS='OLD')
      READ(1,*)(A_M(I),I=1,N)
      READ(1,*)(A_K(I),I=1,N)
      READ(1,*)(H(I),I=1,N)
      OPEN(2,FILE='EL-01.DAT',STATUS='OLD')
      READ(2,*)(DDY(I),I=1,NN)
      DO 8 I=1,NN
      DDY(I)=DDY(I)*0.01
8     CONTINUE
      OPEN(3,FILE='3-DIS.DAT',ACTION='WRITE')
      OPEN(4,FILE='4-VEL.DAT',ACTION='WRITE')
      OPEN(5,FILE='5-ACC.DAT',ACTION='WRITE')
      CLOSE(1,STATUS='KEEP')
      CLOSE(2,STATUS='KEEP')
      DO 5  I=1,N
      DO 10 J=1,N
      EM(I,J)=0.0
      EK(I,J)=0.0
10    CONTINUE
5     CONTINUE
      DO 15 I=1,N
      EM(I,I)=A_M(I)
15    CONTINUE
      EK(1,1)=A_K(1)
      DO 20 I=2,N
      EK(I,I)=A_K(I-1)+A_K(I)
20    CONTINUE
      DO 25 I=1,N
      J=I+1
      EK(I,J)=-A_K(I)
      EK(J,I)=EK(I,J)
25    CONTINUE
      CALL MDOS(N,EM,EK,H,DDY,DT,NN,W,U,ND1,ND2,NMODE,
   &  ACC,VEL,DIS,SA,SV,SD,VW1,VW2,VW3,VW4,VW5)
      DO 99 MM=1,NN
      TAM=MM*DT
```

```
      WRITE(3,528)TAM,(DIS(I,MM),I=1,N)
      WRITE(4,528)TAM,(VEL(I,MM),I=1,N)
      WRITE(5,528)TAM,(ACC(I,MM),I=1,N)
99    CONTINUE
528   FORMAT (1X,E10.4,2X,E10.4,2X,E10.4,2X,E10.4,2X,E10.4)
      STOP
      END
```

输入的 MDOS. DAT 文件：

```
1500000.0,    2000000.0,    2000000.0
850000000.0, 910000000.0,   750000000.0
0.05,         0.05,           0.05
```

图 6.3 表示利用 Wilson－θ 法与振型叠加法分析所得的前 10s 的结果。图中，mdos 表示利用振型叠加法得到的地震反应值，mdow 表示利用 Wilson－θ 法得到的地震反应值。图 6.3(c)中，mdos 表示相对加速度，mdow 表示绝对加速度，由于结构体系自由度数目较少，所以其差异并不明显。从结果中可以看出，自由度数不多(质点数少)时，利用两种方法计算的结果基本一致。

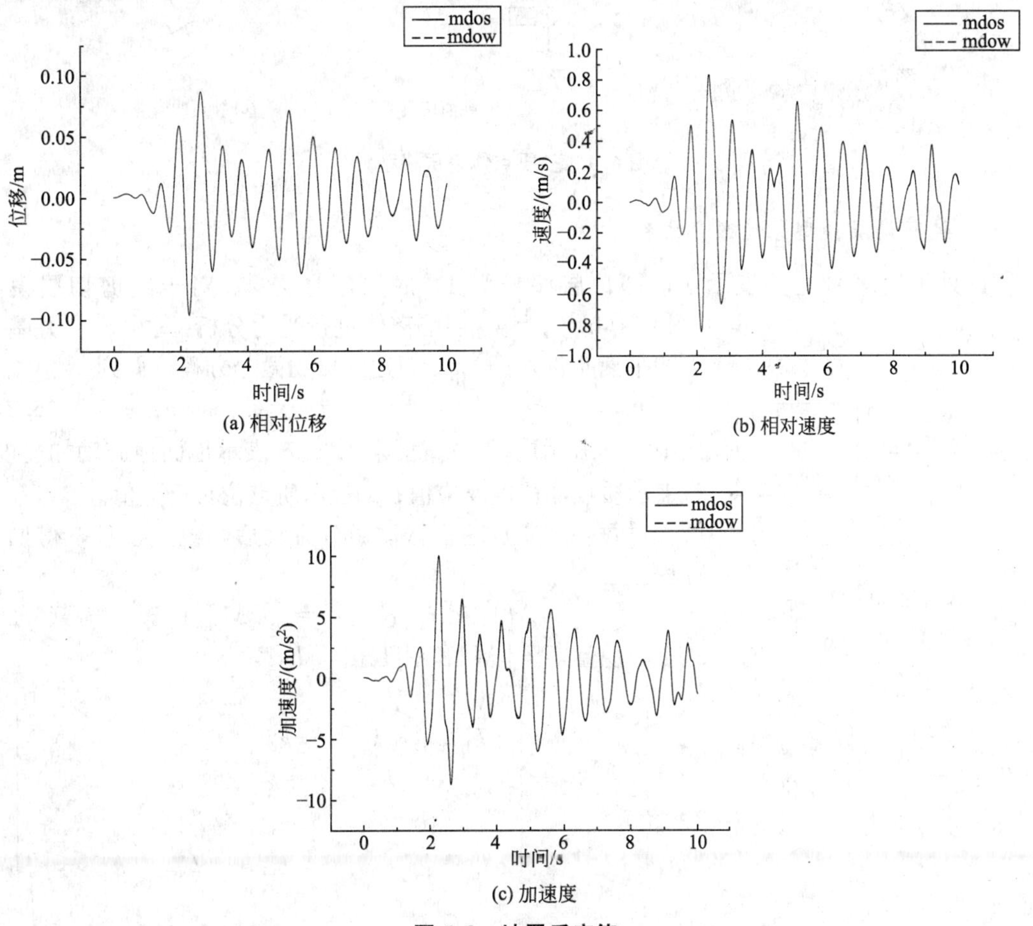

(a) 相对位移　(b) 相对速度

(c) 加速度

图 6.3　地震反应值

6.5 纯剪切和弯剪层模型的差异

各层质量为 m_i 的多质点体系层模型在水平荷载作用下发生弯剪变形［图 6.4(a)］，其变形可以理解为如图 6.4(b)所示纯剪切变形和如图 6.4(c)所示纯弯曲变形的叠加。设第 i 层质量为 m_i，柱子截面抗弯刚度为 $(EI)_i$，层高为 h_i。

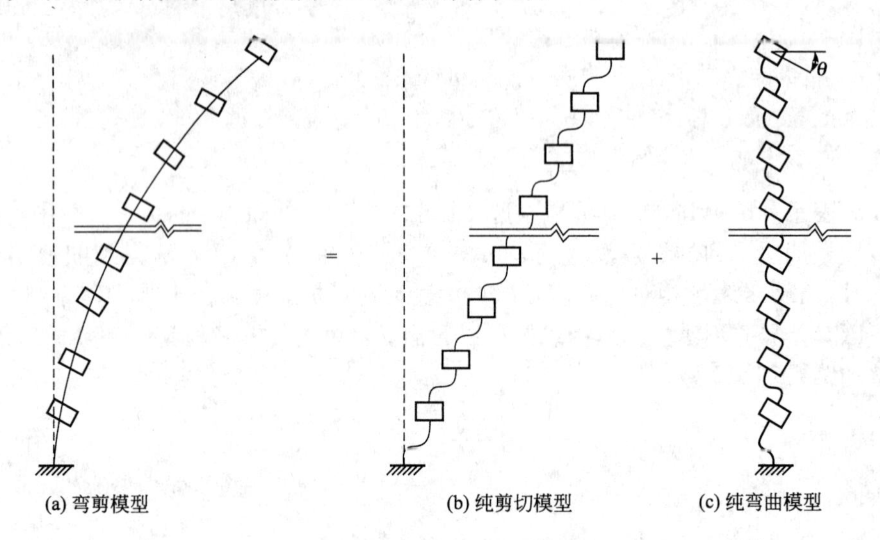

图 6.4 多质点体系层模型

1. 纯剪切层模型振动微分方程

此处采用序号上位表示法，即顶层序号为 1，底层序号为 n。对于纯剪切层模型［图 6.4(b)］对第 i 层隔离体进行受力分析(图 6.5)，并基于力的平衡条件，即 $\sum x=0$ 建立振动微分方程，得到

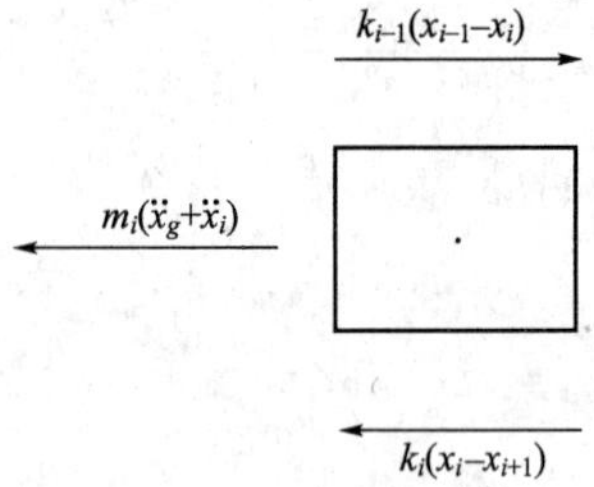

$$m_i(\ddot{x}_g+\ddot{x}_i)+k_i(x_i-x_{i+1})-k_{i-1}(x_{i-1}-x_i)=0 \quad (6.24)$$

$k_{i-1}(x_{i-1}-x_i)$

$m_i(\ddot{x}_g+\ddot{x}_i)$

$k_i(x_i-x_{i+1})$

图 6.5 受力分析

式中，m_i 表示质量；k_i 表示刚度；$\ddot{x}_g$ 表示地面地震动加速度；$\ddot{x}_i$ 表示质点加速度反应值；x_i 表示质点位移反应值。

对每一个质点建立振动微分方程后，经过整理，得如下方程。

$$[M]\{\ddot{x}\}+[K]\{x\}=-[M]\{1\}\ddot{x}_g \quad (6.25)$$

式中，质量矩阵 $[M]$ 和刚度矩阵 $[K]$ 为

$$[M]=\begin{bmatrix} m_1 & & & & \\ & m_2 & & & \\ & & m_3 & & \\ & & & \ddots & \\ & & & & m_n \end{bmatrix}，\quad [K]=\begin{bmatrix} k_1 & -k_1 & & & \\ -k_1 & k_1+k_2 & -k_2 & & \\ & -k_2 & k_2+k_3 & -k_3 & \\ & & -k_3 & \ddots & -k_{n-1} \\ & & & -k_{n-1} & k_{n-1}+k_n \end{bmatrix}$$

2. 弯剪层模型振动微分方程

对于弯剪层模型［图6.4(a)］第i层隔离体进行受力分析(图6.6)，并基于结构各层力与力偶矩平衡条件，即$\sum x=0$与$\sum M_0=0$，建立振动微分方程，得到

$$m_i(\ddot{x}_g+\ddot{x}_i)+k_i(x_i-x_{i+1})-k_{i-1}(x_{i-1}-x_i)+Q_{i,下}-Q_{i,上}=0$$
$$J_i\ddot{\theta}_i+M_{i,上}+M_{i,下}+M'_{i,上}+M'_{i,下}=0 \tag{6.26}$$

式中，J_i表示第i层转动惯量；$\ddot{\theta}_i$表示质点角加速度反应值；θ_i表示质点角位移反应值。

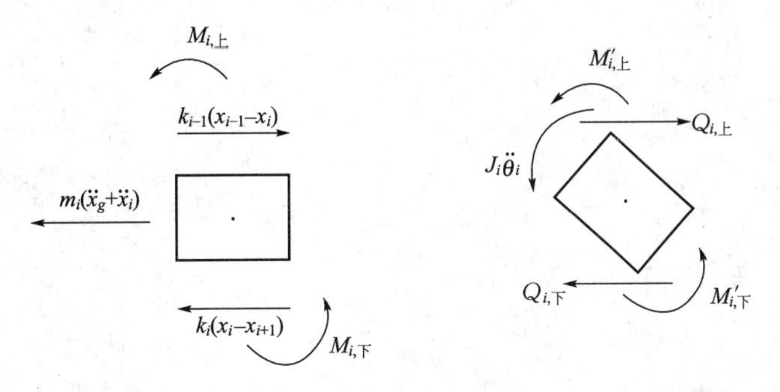

图6.6　受力分析

$$k_i=12(EI)_i/h_i^3 \tag{6.27}$$

$$Q_{i,上}=-\frac{6EI_{i-1}}{h_{i-1}^2}\theta_{i-1}-\frac{6EI_{i-1}}{h_{i-1}^2}\theta_i \tag{6.28}$$

$$Q_{i,下}=-\frac{6EI_i}{h_i^2}\theta_i-\frac{6EI_i}{h_i^2}\theta_{i+1} \tag{6.29}$$

$$M'_{i,上}+M_{i,下}=\frac{4EI_{i-1}}{h_{i-1}}\theta_i+\frac{2EI_{i-1}}{h_{i-1}}\theta_{i-1}-\frac{6EI_{i-1}}{h_{i-1}^2}(x_{i-1}-x_i) \tag{6.30}$$

$$M'_{i,下}+M_{i,下}=\frac{4EI_i}{h_i}\theta_i+\frac{2EI_i}{h_i}\theta_{i+1}-\frac{6EI_i}{h_i^2}(x_i-x_{i+1}) \tag{6.31}$$

将式(6.27)～式(6.31)代入式(6.26)，得到

$$m_i(\ddot{x}_g+\ddot{x}_i)+\frac{12EI_i}{h_i^3}(x_i-x_{i+1})-\frac{12EI_{i-1}}{h_{i-1}^3}(x_{i-1}-x_i)+\frac{6EI_{i-1}}{h_{i-1}^2}\theta_{i-1}+$$
$$\frac{6EI_{i-1}}{h_{i-1}^2}\theta_i-\frac{6EI_i}{h_i^2}\theta_i-\frac{6EI_i}{h_i^2}\theta_{i+1}=0 \tag{6.32}$$

$$J_i\ddot{\theta}_i-\frac{6EI_{i-1}}{h_{i-1}^2}(x_{i-1}-x_i)-\frac{6EI_i}{h_i^2}(x_i-x_{i+1})+\frac{4EI_{i-1}}{h_{i-1}}\theta_i+\frac{2EI_{i-1}}{h_{i-1}}\theta_{i-1}+\frac{4EI_i}{h_i}\theta_i+\frac{2EI_i}{h_i}\theta_{i+1}=0 \tag{6.33}$$

对每一个质点建立振动微分方程后，经过整理，得如下方程。

$$\begin{bmatrix} M & 0 \\ 0 & J \end{bmatrix}\begin{Bmatrix} \ddot{x} \\ \ddot{\theta} \end{Bmatrix}+\begin{bmatrix} K^{xx} & K^{x\theta} \\ K^{\theta x} & K^{\theta\theta} \end{bmatrix}\begin{Bmatrix} x \\ \theta \end{Bmatrix}=-\ddot{x}_g\begin{bmatrix} M & 0 \\ 0 & J \end{bmatrix}\begin{Bmatrix} 1 \\ 0 \end{Bmatrix} \tag{6.34}$$

式中，刚度矩阵$[K]$其具体形式为

$$
[K]=\left[\begin{array}{ccccc|ccccc}
\frac{12EI_1}{h_1^3} & \frac{-12EI_1}{h_1^3} & & & & \frac{-6EI_1}{h_1^2} & \frac{-6EI_1}{h_1^2} & & & \\
\frac{-12EI_1}{h_1^3} & \frac{12EI_1}{h_1^3}+\frac{12EI_2}{h_2^3} & \frac{-12EI_2}{h_2^3} & & & \frac{6EI_1}{h_1^2} & \frac{6EI_1}{h_1^2}-\frac{6EI_2}{h_2^2} & \frac{-6EI_2}{h_2^2} & & \\
 & \frac{-12EI_2}{h_2^3} & \frac{12EI_2}{h_2^3}+\frac{12EI_3}{h_3^3} & \frac{-12EI_3}{h_3^3} & & & \frac{6EI_2}{h_2^2} & \frac{6EI_2}{h_2^2}-\frac{6EI_3}{h_3^2} & \frac{-6EI_3}{h_3^2} & \\
 & & \frac{-12EI_3}{h_3^3} & \ddots & \frac{-12EI_{n-1}}{h_{n-1}^3} & & & \frac{6EI_3}{h_3^2} & \ddots & \frac{-6EI_{n-1}}{h_{n-1}^2} \\
 & & & \frac{-12EI_{n-1}}{h_{n-1}^3} & \frac{12EI_{n-1}}{h_{n-1}^3}+\frac{12EI_n}{h_n^3} & & & & \frac{6EI_{n-1}}{h_{n-1}^2} & \frac{6EI_{n-1}}{h_{n-1}^2}-\frac{6EI_n}{h_n^2} \\
\hline
\frac{-6EI_1}{h_1^2} & \frac{6EI_1}{h_1^2} & & & & \frac{4EI_1}{h_1} & \frac{2EI_1}{h_1} & & & \\
\frac{-6EI_1}{h_1^2} & \frac{6EI_1}{h_1^2}-\frac{6EI_2}{h_2^2} & \frac{6EI_2}{h_2^2} & & & \frac{2EI_1}{h_1} & \frac{4EI_1}{h_1}+\frac{4EI_2}{h_2} & \frac{2EI_2}{h_2} & & \\
 & \frac{-6EI_2}{h_2^2} & \frac{6EI_2}{h_2^2}-\frac{6EI_3}{h_3^2} & \frac{6EI_3}{h_3^2} & & & \frac{2EI_2}{h_2} & \frac{4EI_2}{h_2}+\frac{4EI_3}{h_3} & \frac{2EI_3}{h_3} & \\
 & & \frac{-6EI_3}{h_3^2} & \ddots & \frac{6EI_{n-1}}{h_{n-1}^2} & & & \frac{2EI_3}{h_3} & \ddots & \frac{2EI_{n-1}}{h_{n-1}} \\
 & & & \frac{-6EI_{n-1}}{h_{n-1}^2} & \frac{6EI_{n-1}}{h_{n-1}^2}-\frac{6EI_n}{h_n^2} & & & & \frac{2EI_{n-1}}{h_{n-1}} & \frac{4EI_{n-1}}{h_{n-1}}+\frac{4EI_n}{h_n}
\end{array}\right]
$$

式(6.34)中，M 与 J 不为同一数量级，故计算周期等振动特征值时，可能出现不收敛现象。因此，对结点力矩平衡方程等式两边同除以结构总高度 H^2，使其数量级保持基本一致。此时结构振动微分方程可改写为

$$
\left[\begin{array}{c|c} M & \\ \hline & \frac{J}{H^2}\end{array}\right]\left\{\begin{array}{c}\ddot{x} \\ \hline H\ddot{\theta}\end{array}\right\}+\left[\begin{array}{c|c} K^{xx} & \frac{K^{x\theta}}{H} \\ \hline \frac{K^{\theta x}}{H} & \frac{K^{\theta\theta}}{H^2}\end{array}\right]\left\{\begin{array}{c}x \\ \hline H\theta\end{array}\right\}=-\ddot{x}_g\left[\begin{array}{c|c} M & \\ \hline & \frac{J}{H^2}\end{array}\right]\left\{\begin{array}{c}1 \\ \hline 0\end{array}\right\} \tag{6.35}
$$

为便于讨论，常采用“静力聚缩法”，减少振动自由度数目，且只考虑水平地震作用，即 $\{J/H^2\}=0$，将式(6.35)分解为

$$
[M]\{\ddot{x}\}+[K^{xx}]\{x\}+\left[\frac{K^{x\theta}}{H}\right]\{H\theta\}=-\ddot{x}_g[M]\{1\} \tag{6.36}
$$

$$
\left[\frac{K^{\theta x}}{H}\right]\{x\}+\left[\frac{K^{\theta\theta}}{H^2}\right]\{H\theta\}=\{0\} \tag{6.37}
$$

由式(6.37)，得

$$
\{H\theta\}=-\left[\frac{K^{\theta\theta}}{H^2}\right]^{-1}\left[\frac{K^{\theta x}}{H}\right]\{x\} \tag{6.38}
$$

将式(6.38)代入式(6.36)，其振动微分方程可改写为

$$
[M]\{\ddot{x}\}+[K^{xx}]^*\{x\}=-\ddot{x}_g[M]\{1\} \tag{6.39}
$$

式中，

$$
[K^{xx}]^*=[K^{xx}]-\left[\frac{K^{x\theta}}{H}\right]\left[\frac{K^{\theta\theta}}{H^2}\right]^{-1}\left[\frac{K^{\theta x}}{H}\right] \tag{6.40}
$$

图 6.7 表示对三层结构采用纯剪切型与弯剪型振动模型分析所得的地震反应。其层高均为 3.6m，物理质量为 0.001kg，每层抗弯刚度 EI 均为 $100\text{N}\cdot\text{m}^2$。所采用地震动为 EL CENTRO NS，时间间隔为 0.01s。纯剪切型振动模型其基本周期为 0.9s，弯剪型振动模型基本周期为 4.9s。

分析结果表明，纯剪切型振动模型其位移变形呈现“结构下半部层间位移大，上半部

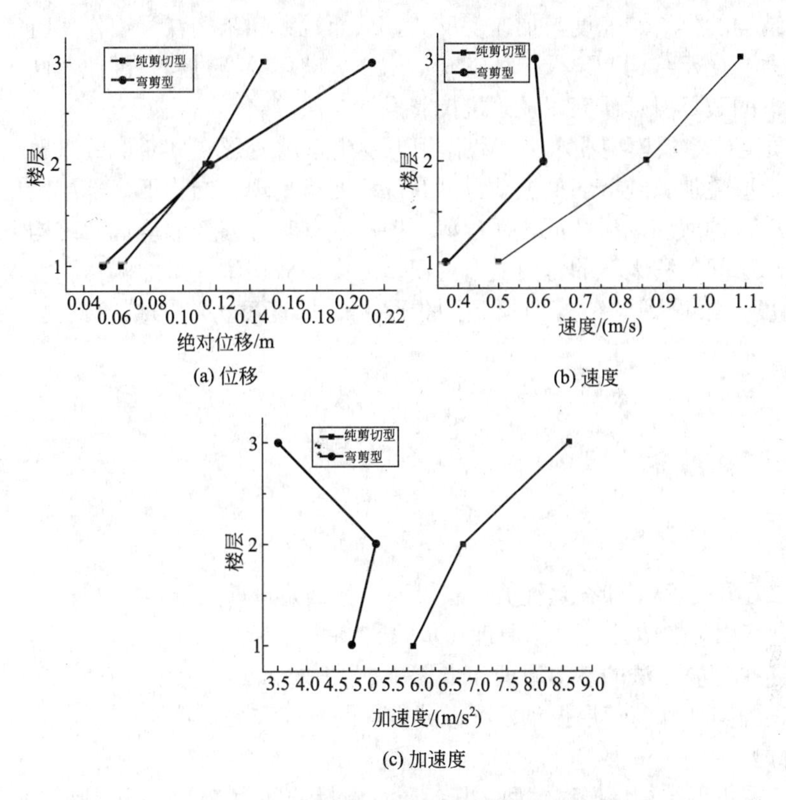

图 6.7 剪切型和弯剪型振动模型比较

层间位移小”的剪切变形特征，而弯剪型振动模型其位移变形呈现“结构下半部层间位移小，上半部层间位移大”的弯曲变形模样特征，有力地验证了“振动模型”与“变形模样”的一致性。还有，因为纯剪切型模型的侧移刚度大于弯剪型模型的侧移刚度，故得到“纯剪切模型的位移小、加速度大”的结论，这一结论不违背常理。

本 章 小 结

(1) 以一个楼层为基本单元，将整个结构各竖杆合并为一个竖杆，将各楼层质量分别集中于各楼盖作为质点的“串联质点系”振动模型称之为层模型。

(2) 剪切层模型：当结构侧移以层间剪切变形为主，则模型层刚度取决于各竖向构件的弯曲、剪切刚度，而忽略各构件的轴向变形。水平荷载作用下的多层框架结构，其层间侧移主要为剪切型。

(3) 弯剪层模型：地震作用下，高层建筑结构由于高度较大，各竖向构件轴向变形对结构侧移的影响不能忽略，其层间侧移既含层间剪切变形，又含层间弯曲变形，因此，该模型层刚度应同时考虑两者的影响。其刚度矩阵形成一般有下列三种方法：①柔度矩阵求逆法，②矩阵求逆法，③静力聚缩法。

(4) 所谓时程分析法，亦称动态分析法，它是根据选定的地震动与结构振动模型以及构件恢复力特性曲线，采用逐步积分法对运动微分方程进行直接数值积分来计算地震过程中每一瞬时结构的位移、速度与加速度反应，从而观察到结构在强震作用时，弹性与非弹性阶段的内力变化及结构开裂、损坏直至结构倒塌破坏的全过程。因此，此法亦用于结构在地震作用下的破坏机理研究以及改进抗震设计方法等。

(5) 多质点体系层模型在水平荷载作用下发生弯剪变形，其变形可以理解为纯剪切变形和纯弯曲变形叠加。纯剪切型振动模型其位移变形呈现“结构下半部层间位移大，上半部层间位移小”的剪切变形特征，而弯剪型振动模型其位移变形呈现“结构下半部层间位移小，上半部层间位移大”的弯曲变形特征。因为纯剪切型模型的侧移刚度大于弯剪型模型的侧移刚度，故得到“纯剪切模型的位移小、加速度大”的结论，这一结论不违背常理。

习　题

1. 思考题

(1) 什么是层模型？什么是纯剪切层模型？什么是弯剪层模型？

(2) 简述 Wilson - θ 法的基本原理和步骤。

(3) 简述振型叠加法的基本原理和步骤。

(4) 简述纯剪切和弯剪层振动模型微分方程的异同和变形特征。

2. 计算题

(1) 某三层框架结构层振动模型，其各质点质量分别为 $m_1=2\times10^6$ kg、$m_2=2\times10^6$ kg、$m_3=1.5\times10^6$ kg，各层抗侧刚度分别为 $k_1=7.6\times10^5$ kN/m、$k_2=9.1\times10^5$ kN/m、$k_3=8.5\times10^5$ kN/m。利用程序 MDOW 分析此结构在 HACHINOHE EW 地震波(PGV=50cm/s、时间间隔 0.005s)作用下的弹性时程反应，采用瑞雷型阻尼，设第一阶和第二阶振型阻尼比均为 0.05。

(2) 某三层框架结构层振动模型，其各质点质量分别为 $m_1=2\times10^6$ kg、$m_2=2\times10^6$ kg、$m_3=1.5\times10^6$ kg，各层抗侧刚度分别为 $k_1=7.6\times10^5$ kN/m、$k_2=9.1\times10^5$ kN/m、$k_3=8.5\times10^5$ kN/m。利用程序 MDOS 分析此结构在 HACHINOHE EW 地震波(PGV=50cm/s、时间间隔 0.005s)作用下的弹性时程反应，采用瑞雷型阻尼，设第一阶和第二阶振型阻尼比均为 0.05。

第7章　刚度矩阵对地震反应的影响分析

教学目标

本章主要讨论刚度矩阵对地震反应的影响。通过本章的学习，应达到以下目标：

(1) 理解框架结构多种形式侧移刚度计算方法；

(2) 能够运用电算程序计算框架结构多种侧移刚度；

(3) 了解刚度矩阵对地震反应的影响。

教学要求

知识要点	能力要求	相关知识
反弯点法 D值法	手算侧移刚度	框架结构的内力与位移计算
弹塑性静力分析法 柔度法 矩阵位移法	熟练掌握电算方法	框架极限荷载 刚度与柔度之间的关系 有限元基础知识

基本概念

反弯点法、D值法、弹塑性静力分析法、鱼刺法、柔度法、矩阵位移法。

引言

刚度是受外力作用的材料、构件或结构抵抗变形的能力。

材料的刚度由使其产生单位变形所需的外力值来度量。各向同性材料的刚度取决于它的弹性模量E和剪切模量G。

结构的刚度除取决于组成材料的弹性模量外，还同其几何形状、边界条件等因素以及外力的作用形式有关。

分析材料和结构的刚度是工程设计中的一项重要工作。对于一些须严格限制变形的结构(如机翼、高精度的装配件等)，须通过刚度分析来控制变形。许多结构(如建筑物、机械等)也要通过控制刚度以防止发生振动、颤振或失稳。

侧移刚度是指抵抗侧向变形的能力，为施加于结构上的水平力与其引起的水平位移的比值。它的大小不仅与材料本身的性质有关，而且与构件或结构的截面和形状有关。但是这个侧移比较复杂，对于框架结构，主要是指弯曲变形引起的侧移，通常忽略剪切变形的贡献。其物理意义是表示柱端产生相对单位位移时，在柱内产生的剪力。往往将利用反弯点法和D值法计算得到的刚度称为侧移刚度，利用弹塑性静力分析法计算得到的刚度称为等效侧移刚度，利用柔度法和矩阵位移法计算得到的刚度称为满秩侧移刚度。

7.1　概　　述

建筑结构在地震作用下的振动微分方程(弹性变形范围内)为

$$[M]\{\ddot{x}\}_t+[C]\{\dot{x}\}_t+[K]\{x\}_t=-[M]\{1\}\ddot{x}_g$$

式中，$[M]$、$[C]$、$[K]$ 表示质量、阻尼和刚度矩阵；$[\ddot{x}]$、$[\dot{x}]$、$[x]$ 表示结构加速度、速度和位移反应；$\ddot{x}_g$表示地震动加速度离散值。

本章要讨论刚度矩阵对地震反应的影响。讨论地震反应时常采用如下方法来确定与式中 $[K]$ 相对应的建筑结构刚度矩阵。

1. 反弯点法

若满足：①规则框架或近似于规则框架(即各层层高、跨度、梁和柱线刚度变化不大)；②同一框架结点处相连梁、柱线刚度之比 $i_b/i_c\geqslant3$；③房屋高宽比 $H/B<4$，则可采用反弯点法确定其各层抗侧刚度，即

$$d_{ij}=\frac{12EI_{ij}}{h_{ij}^3},\quad k_i=\sum_{j=1}^{n}d_{ij}$$

2. D 值法

若满足：①将风荷载与地震作用简化为作用于框架楼层结点上的水平集中力进行计算；②同层各结点转角相等，横梁在水平荷载作用下的反弯点在跨中而无竖向位移，各柱顶水平位移均相等；③各柱剪力按该层所有柱的刚度大小成比例分配，则可以采用D值法确定其各层抗侧刚度，即

$$d_{ij}=\alpha\frac{12EI_{ij}}{h_{ij}^3},\quad k_i=\sum_{j=1}^{n}d_{ij}$$

式中，d_{ij}表示第i层第j根柱的抗侧刚度；n表示第i层柱总数；k_i表示第i层的总抗侧刚度；α为小于1的修正系数，其计算方法随一般柱或底层柱、边柱或中柱的不同而不同。

3. 弹塑性静力分析法

采用弹塑性静力分析法计算平面框架层模型等效侧移刚度的步骤如下：

(1) 将某规定分布的侧向力沿结构高度依静态、单调作用于结构计算模型上，并逐级加载［图7.1(a)］，直至结构产生的位移超过容许限值，或者结构杆端弯矩达到极限弯矩而出现足够的塑性铰，即认为结构倒塌。

(2) 通过弹塑性静力分析得到层间剪力与层间位移关系(曲线)以后，按照“得(A、C)失(B)的平衡”原则采用折线段表示其恢复力特性骨架曲线，从中确定层等效剪切弹性刚度、弹塑性刚度及屈服位移等参数［图7.1(b)］。

此处介绍确定平面框架层模型等效侧移刚度的弹塑性静力分析(tsjf)源程序及其使用方法。

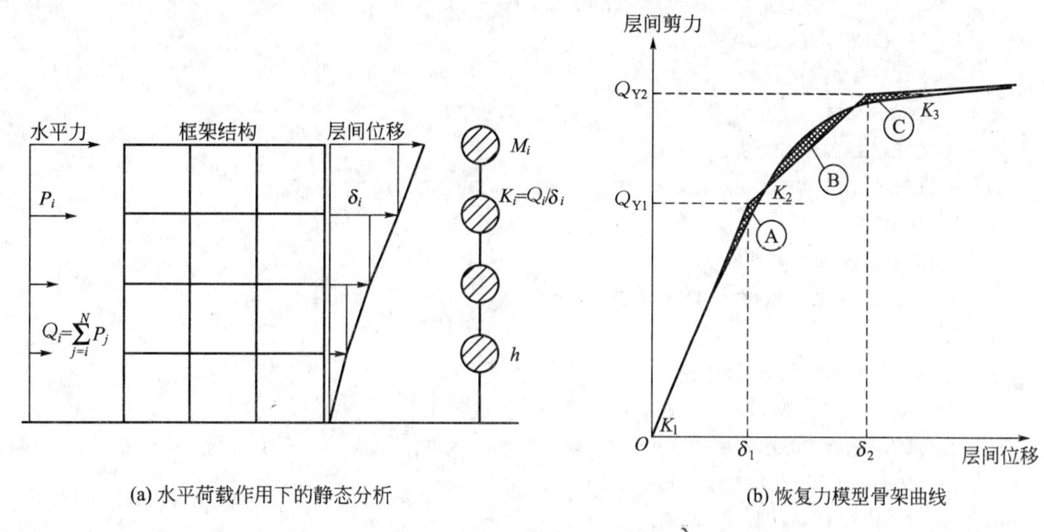

(a) 水平荷载作用下的静态分析

(b) 恢复力模型骨架曲线

图 7.1 计算等效侧移刚度示意图

【源程序】

```
C       ELASTIC-PLASTIC ANALYSIS OF PLANE FRAMES BY EQUILIBRIUM METHOD.
C       THIS PROGRAM CONTAINS PROCEDURES TO CONSIDER ROLLER SUPPORT IN
C       OBLIQUE DIRECTION,RIGID ZONES AND SHEAR DEFORMATION.
C       THE EXTERNAL LOADS ACT AT THE NODES ONLY.
        COMMON/AB/NNODE,NMEMB,AMAX,BETA,RSTIF,NNODE3
        COMMON/BC/ISUP(100),XNODE(100),YNODE(100),ROLSN(100)
        COMMON/CD/N1(100),N2(100),IPIN(100),E(100),A(100),AI(100),
     *  RGD1(100),RGD2(100),AQ(100),ULTM(4,100)
        COMMON/DE/AL(100),CS(100),SN(100),EAL(100),EI(100),GAMMA(100),
     *  ALN(100)
        DIMENSION P(200),PP(200),D(200),DD(200),PO(6,100),PM(6,100),
     *  FKO(200)
        DIMENSION SKK(200,200)
        DIMENSION ICNE(100),IHNG(100),LPHG(100),ICH(100)
        CALL INPUT(P,PP,D,DD,PO,PM,FKO,MPRINT)
        CALL CALCNE(ICNE)
        IC=1
10      CONTINUE
        CALL CLEAR(200,200,SKK)
        CALL MATRIX(SKK)
        CALL BOUND(P,SKK)
        CALL INVERT(ICOLP,SKK)
        IF (MPRINT.EQ.0.AND.ICOLP.EQ.1)GO TO 9925
        IF (ICOLP.EQ.1)GO TO 15
        CALL DISP(SKK,P,D)
        CALL COLAP(IC,ICPS,P,D,II,JJ,FKO,FKY)
```

```
      IF (MPRINT. EQ. 0. AND. ICPS. EQ. 1)GO TO 9920
      IF (ICPS. EQ. 1)GO TO 15
      CALL STRESS(D,PO)
15    CONTINUE
      CALL RIPIC(LPHG,ICH,IC)
      IF (ICOLP. NE. 1. AND. ICPS. NE. 1. AND. NOCOV. NE. 1)GO TO 20
      IC=IC-1
      WRITE(10,2)
2     FORMAT(1H,19H***FINAL STEP***)
      GO TO 25
20    CONTINUE
      CALL INCRE(ALPHA,PO,PM)
      IF(ALPHA. EQ. AMAX)GO TO 9930
      CALL MODIFY(ALPHA,P,PP,D,DD,PO,PM)
      IF(MPRINT. EQ. 1)GO TO 30
25    CONTINUE
      WRITE(10,1)IC
1     FORMAT(1H,5H***,I3,9H STEP***)
      CALL TYPIST(IC,ALPHA,PP,DD,PM)
      IF (ICOLP. EQ. 1)GO TO 9925
      IF(ICPS. EQ. 1)GO TO 9920
      IF (NOCOV. EQ. 1)GO TO 9900
30    CONTINUE
      CALL IPIC(ICNE,IHNG,LPHG,ICH)
      IF(IC. GT. 2*NMEMB)NOCOV=1
      IF(NOCOV. EQ. 1. AND. MPRINT. EQ. 0)GO TO 9900
      IF(NOCOV. EQ. 1)GO TO 15
      IC=IC+1
      GO TO 10
9900  WRITE(10,90)IC
90    FORMAT(1H,71H*****NO CONVERGENCE BEFORE GIVEN NUMBERS OF REPEAT
   *  ED PROCEDURE.*****/1H,10H        IC=,I5)
      GO TO 9999
9920  WRITE(10,91)II,JJ,FKO(3*(II-1)+JJ),FKY
91    FORMAT(1H'*****PLANE FRAME IS UNSTABLE.*****'/1H,
   *  'LARGE DEFORMATION',2X,'INODE=',I2,2X,'J=',I2,2X,'KO=',E10.3,
   *  2X,'KY=',E10.3)
      GO TO 9999
9925  WRITE(10,92)
92    FORMAT(1H 37H*****PLANE FRAME IS UNSTABLE.*****
   *  /1H,57H  (INVERSION OF STIFFNESS MATRIX CAN NOT BE CALCULATED.))
      GO TO 9999
9930  WRITE(10,93)
93    FORMAT(1H,65H*****MECHANISM CAN NOT BE REACHED UNDER GIVEN NODA
```

```
     *   L LOADS*****)
9999     STOP
         END
C  **************************************************
         SUBROUTINE INPUT(P,PP,D,DD,PO,PM,FKO,MPRINT)
         COMMON/AB/NNODE,NMEMB,AMAX,BETA,RSTIF,NNODE3
         COMMON/BC/ISUP(100),XNODE(100),YNODE(100),ROLSN(100)
         COMMON/CD/N1(100),N2(100),IPIN(100),E(100),A(100),AI(100),
     *   RGD1(100),RGD2(100),AQ(100),ULTM(4,100)
         COMMON/DE/AL(100),CS(100),SN(100),EAL(100),EI(100),GAMMA(100),
     *   ALN(100)
         DIMENSION P(200),PP(200),D(200),DD(200),PO(6,100),PM(6,100),
     *   FKO(200)
         DIMENSION PDATA(3),AS(4),AP(4,2),AA(100,2)
         DATA AS/4H    ,4H FIX,4H PIN,4H ROL/
         DATA AP/4H FIX,4H PIN,4H FIX,4H PIN,4H FIX,
     *   4H FIX,4H PIN,4H PIN/
         CALL CLEAR(200,1,P)
         CALL CLEAR(200,1,PP)
         CALL CLEAR(200,1,D)
         CALL CLEAR(200,1,DD)
         CALL CLEAR(6,100,PO)
         CALL CLEAR(6,100,PM)
         CALL CLEAR(200,1,FKO)
C  ***********INPUT***********
         OPEN(5,FILE='beida.dat')
         OPEN(10,FILE='结果.dat')
         READ(5,*)NNODE,NMEMB,AMAX,BETA,RSTIF,MPRINT
         IF(NNODE.GT.100.OR.NMEMB.GT.100)GO TO 9900
         NNODE3=3*NNODE
         DO 10 IN=1,NNODE
         READ(5,*)I,ISUP(IN),XNODE(IN),YNODE(IN),ROLSN(IN)
         IF(I.NE.IN)GO TO 9950
10       CONTINUE
         DO 15 IM=1,NMEMB
         READ(5,*)I,N1(IM),N2(IM),IPIN(IM),E(IM),A(IM),AI(IM),
     *   RGD1(IM),RGD2(IM),AQ(IM)
         IF(I.NE.IM)GO TO 9950
15       CONTINUE
         DO 20 IM=1,NMEMB
         READ(5,*)I,(ULTM(II,IM),II=1,4)
         IF(I.NE.IM)GO TO 9950
20       CONTINUE
25       READ(5,*)IN,(PDATA(I),I=1,3)
```

```
      IF(IN.EQ.1000)GO TO 30
      DO 35 I=1,3
      II=(IN-1)*3+I
35    P(II)=PDATA(I)
      GO TO 25
C    ********* OUTPUT OF DATA ***********
30    WRITE(10,13)NNODE,NMEMB,AMAX,BETA,RSTIF,MPRINT
      DO 40 IN=1,NNODE
      ISUP1=ISUP(IN)+1
40    AA(IN,1)=AS(ISUP1)
      WRITE(10,17)(IN,AA(IN,1),XNODE(IN),YNODE(IN),IN=1,NNODE)
      DO 45 IN=1,NNODE
      IF(ISUP(IN).NE.3)GO TO 45
      WRITE(10,19)IN,ROLSN(IN)
45    CONTINUE
      DO 50 IM=1,NMEMB
      IPIN1=IPIN(IM)+1
      AA(IM,1)=AP(IPIN1,1)
      AA(IM,2)=AP(IPIN1,2)
      NL=N1(IM)
      NR=N2(IM)
      DELX=XNODE(NR)-XNODE(NL)
      DELY=YNODE(NR)-YNODE(NL)
      AL(IM)=SQRT(DELX**2+DELY**2)
      CS(IM)=DELX/AL(IM)
      SN(IM)=DELY/AL(IM)
      ALN(IM)=AL(IM)-RGD1(IM)-RGD2(IM)
      EAL(IM)=E(IM)*A(IM)/ALN(IM)
      EI(IM)=E(IM)*AI(IM)
      IF(AQ(IM).EQ.0.0)GO TO 55
      GAMMA(IM)=6.0*AI(IM)/(AQ(IM)*ALN(IM)*ALN(IM))
      GO TO 50
55    GAMMA(IM)=0.0
50    CONTINUE
      WRITE(10,21)(IM,N1(IM),N2(IM),AA(IM,1),AA(IM,2),E(IM),A(IM),
   *  AI(IM),AL(IM),CS(IM),SN(IM),RGD1(IM),RGD2(IM),AQ(IM),IM=1,NMEMB)
      WRITE(10,23)(IM,ULTM(1,IM),ULTM(2,IM),ULTM(3,IM),ULTM(4,IM),IM=1,
   *  NMEMB)
      WRITE(10,27)(IN,P(3*IN-2),P(3*IN-1),P(3*IN),IN=1,NNODE)
11    FORMAT(1H1////1H,20X,20A4//)
13    FORMAT(23H ***** INPUT DATA *****//10X,6HNODE=,I3,5X,8HMEMBER=,
   *  I3,5X,6HAMAX=,E10.3,5X,6HBETA=E10.3,5X,7HRSTIF=,E10.3,5X,
   *  7HMPRINT=,I3)
17    FORMAT(1x,3(1X,4HNODE,3X,7HSUPPORT,5X,5HX-POS,5X,5HY-POS)/(1H,3
```

```
      *  (I5,6X,A4,2E10.3)))
19       FORMAT(1x,1X,4HNODE,I3,2X,16HROLLER DIRECTION,4X,5HSIN=,E10.3)
21       FORMAT(1x,1X,4HMEMB,3X,2HN1,3X,2HN2,3X,7HCONNECT,9X,1HE,9X,1HA,9X
      *  ,1HI,9X,1HL,7X,3HCOS,7X,3HSIN,4X,6HRIGID1,4X,6HRIGID2,8X,2HAQ/(1x,
      *  3I5,2(1X,A4),4E10.2,2E10.4,3E10.2))
23       FORMAT(1x,2(1X,4HMEMB,3X,10HULTM(1,IM),3X,10HULTM(2,IM),3X,10HULT
      *  M(3,IM),3X,10HULTM(4,IM),5X)/(1H,2(I5,4(3X,E10.2),5X)))
27       FORMAT(1x,3(1X,4HNODE,8X,2HPX,8X,2HPY,9X,1HM,4X)/(1H,3(I5,3E10.2,
      *  4X)/))
         RETURN
9900     WRITE(10,90)NNODE,NMEMB
90       FORMAT(1x,50H ***** EXCESSIVE PROBLEM SIZE.PROCESS INTERRUPTED//
      *  10X,6HNODE=,I5,7X,8HMEMBER=,I5)
         GO TO 9990
9950     WRITE(10,95)
95       FORMAT(1x,50H ***** DATA DECK NOT IN ORDER,PROCESS INTERRUPTED)
9990     STOP
         END
C   **********************************************************
         SUBROUTINE CALCNE(ICNE)
         COMMON/AB/NNODE,NMEMB,AMAX,BETA,RSTIF,NNODE3
         COMMON/BC/ISUP(100),XNODE(100),YNODE(100),ROLSN(100)
         COMMON/CD/N1(100),N2(100),IPIN(100),E(100),A(100),AI(100),
      *  RGD1(100),RGD2(100),AQ(100),ULTM(4,100)
         DIMENSION ICNE(100)
         CALL CLEAR(100,1,ICNE)
         DO 10 IM=1,NMEMB
         IN1=N1(IM)
         IN2=N2(IM)
         ICNE(IN1)=ICNE(IN1)+1
         ICNE(IN2)=ICNE(IN2)+1
10       CONTINUE
         RETURN
         END
C   **********************************************************
         SUBROUTINE MATRIX(SKK)
         COMMON/AB/NNODE,NMEMB,AMAX,BETA,RSTIF,NNODE3
         COMMON/CD/N1(100),N2(100),IPIN(100),E(100),A(100),AI(100),
      *  RGD1(100),RGD2(100),AQ(100),ULTM(4,100)
         COMMON/DE/AL(100),CS(100),SN(100),EAL(100),EI(100),GAMMA(100),
      *  ALN(100)
         DIMENSION SKK(200,200)
         DIMENSION SK(3,3),CT(3,6),C(6,3),CSK(6,3),SKP(6,6)
         DO 10 IM=1,NMEMB
```

```
      CALL STIFF(SK,EAL(IM),EI(IM),GAMMA(IM),ALN(IM),IPIN(IM))
      ACL=AL(IM)-RGD2(IM)
      CALL CNECT(CT,ACL,RGD2(IM),CS(IM),SN(IM))
      CALL TRANS(3,6,CT,C)
      CALL MLTPLY(6,3,3,C,SK,CSK)
      CALL MLTPLY(6,3,6,CSK,CT,SKP)
      DO 15 I=1,6
      II=(N1(IM)-1)*3+I
      IF(I.GE.4)II=(N2(IM)-2)*3+I
      DO 20 J=1,6
      JJ=(N1(IM)-1)*3+J
      IF(J.GE.4)JJ=(N2(IM)-2)*3+J
20    SKK(II,JJ)=SKK(II,JJ)+SKP(I,J)
15    CONTINUE
10    CONTINUE
      RETURN
      END
C ***************************************************************
      SUBROUTINE STIFF(SK,EAL,EI,GAMMA,ALN,IPIN)
      DIMENSION SK(3,3)
      CALL CLEAR(3,3,SK)
      SK(1,1)=EAL
      IPIN1=IPIN+1
      GO TO(10,15,20,25)IPIN1
10    SK(3,3)=2.0*EI*(2.0+GAMMA)/(ALN*(1.0+2.0*GAMMA))
      SK(2,3)=-3.0*SK(3,3)/(ALN*(2.0+GAMMA))
      SK(3,2)=SK(2,3)
      SK(2,2)=-2.0*SK(2,3)/ALN
      GO TO 25
15    SK(3,3)=6.0*EI/(ALN*(2.0+GAMMA))
      SK(2,3)=-SK(3,3)/ALN
      SK(3,2)=SK(2,3)
      SK(2,2)=-SK(2,3)/ALN
      GO TO 25
20    SK(2,2)=6.0*EI/(ALN*ALN*ALN*(2.0+GAMMA))
25    RETURN
      END
C ***************************************************************
      SUBROUTINE CNECT(CT,ACL,CDL,CS,SN)
      DIMENSION CT(3,6)
      CT(1,4)=CS
      CT(1,5)=SN
      CT(1,6)=0.0
      CT(2,4)=-SN
```

```
      CT(2,5)=CS
      CT(2,6)=-CDL
      CT(3,4)=0.0
      CT(3,5)=0.0
      CT(3,6)=1.0
      DO 10 J=1,3
      DO 10 I=1,3
10    CT(I,J)=-CT(I,J+3)
      CT(2,3)=-ACL
      RETURN
      END
C ********************************************************
      SUBROUTINE BOUND(P,SKK)
      COMMON/AB/NNODE,NMEMB,AMAX,BETA,RSTIF,NNODE3
      COMMON/BC/ISUP(100),XNODE(100),YNODE(100),ROLSN(100)
      DIMENSION P(200),SKK(200,200)
      DO 10 IN=1,NNODE
      IS=ISUP(IN)
      IF(IS.EQ.0)GO TO 10
      IF(IS.EQ.3.AND.ROLSN(IN).NE.1.0)GO TO 15
      NI=1
      NF=4-IS
      GO TO 20
15    IF(ROLSN(IN).EQ.0.0)GO TO 25
      CALL OBLIQ(IN,P,SKK)
25    NI=2
      NF=2
20    DO 30 I=NI,NF
      II=(IN-1)*3+I
      DO 35 J=1,NNODE3
      SKK(II,J)=0.0
35    SKK(J,II)=0.0
      P(II)=0.0
30    SKK(II,II)=1.0
10    CONTINUE
      RETURN
      END
C ********************************************************
      SUBROUTINE OBLIQ(IN,P,SKK)
      COMMON/AB/NNODE,NMEMB,AMAX,BETA,RSTIF,NNODE3
      COMMON/BC/ISUP(100),XNODE(100),YNODE(100),ROLSN(100)
      DIMENSION P(200),SKK(200,200),BK(3,3)
      RSN=ROLSN(IN)
      RCS=SQRT(1.0-RSN**2)
```

```
      DO 10 II=1,NNODE
      DO 15 J=1,2
      DO 15 I=1,3
      BK(I,J)=SKK(3*(II-1)+I,3*(IN-1)+J)
15    CONTINUE
      DO 20 IJ=1,3
      SKK(3*(II-1)+IJ,3*(IN-1)+1)=BK(IJ,1)*RCS+BK(IJ,2)*RSN
      SKK(3*(II-1)+IJ,3*(IN-1)+2)=BK(IJ,1)*RSN+BK(IJ,2)*RCS
20    CONTINUE
10    CONTINUE
      DO 25 LII=1,NNODE
      DO 30 LJ=1,3
      DO 30 LI=1,2
      BK(LI,LJ)=SKK(3*(IN-1)+LI,3*(LII-1)+LJ)
30    CONTINUE
      DO 35 LIJ=1,3
      SKK(3*(IN-1)+1,3*(LII-1)+LIJ)=BK(1,LIJ)*RCS+BK(2,LIJ)*RSN
      SKK(3*(IN-1)+2,3*(LII-1)+LIJ)=-BK(1,LIJ)*RSN+BK(2,LIJ)*RCS
35    CONTINUE
25    CONTINUE
      P1=P(3*(IN-1)+1)*RCS+P(3*(IN-1)+2)*RSN
      P2=-P(3*(IN-1)+1)*RSN+P(3*(IN-1)+2)*RCS
      P(3*(IN-1)+1)=P1
      P(3*(IN-1)+2)=P2
      RETURN
      END
C     ***********************************************************
      SUBROUTINE INVERT(ICOLP,SKK)
      COMMON/AB/NNODE,NMEMB,AMAX,BETA,RSTIF,NNODE3
      DIMENSION SKK(200,200)
      ICOLP=0
      DO 10 I=1,NNODE3
      IM1=I-1
      DO 10 J=1,NNODE3
      SUM=SKK(I,J)
      IF(I.EQ.1)GO TO 1
      DO 15 K=1,IM1
15    SUM=SUM-SKK(K,I)*SKK(K,J)
1     IF(J.NE.I)GO TO 3
      IF(SUM.LE.0.0)GO TO 5
      TEMP=1.0/SQRT(SUM)
      SKK(I,J)=TEMP
      GO TO 10
3     SKK(I,J)=SUM*TEMP
```

```
10      CONTINUE
        NM1=NNODE3-1
        DO 20 I= 1,NM1
        IP1=I+1
        DO 20 J=IP1,NNODE3
        SUM=0.0
        JM1=J-1
        DO 25 K=1,JM1
25      SUM=SUM-SKK(K,I)*SKK(K,J)
20      SKK(J,I)=SUM*SKK(J,J)
        DO 30  I=1,NNODE3
        DO 30  J=I,NNODE3
        SUM=0.0
        DO 35 K=J,NNODE3
35      SUM=SUM+SKK(K,I)*SKK(K,J)
        SKK(J,I)=SUM
        SKK(I,J)=SUM
30      CONTINUE
        RETURN
5       ICOLP=1
        RETURN
        END
C    ******************************************************
        SUBROUTINE DISP(SKK,P,D)
        COMMON/AB/NNODE,NMEMB,AMAX,BETA,RSTIF,NNODE3
        COMMON/BC/ISUP(100),XNODE(100),YNODE(100),ROLSN(100)
        DIMENSION SKK(200,200),P(200),D(200)
        DO 10 I=1,NNODE3
        CC=0.0
        DO 15 K=1,NNODE3
15      CC=CC+SKK(I,K)*P(K)
10      D(I)=CC
        DO 20 IN=1,NNODE
        IF(ISUP(IN).NE.3)GO TO 20
        IF(ROLSN(IN).EQ.1.0.OR.ROLSN(IN).EQ.0.0)GO TO 20
        RSN=ROLSN(IN)
        RCS=SQRT(1.0-RSN**2)
        DCS=D(3*IN-2)
        D1=DCS*RCS
        D2=DCS*RSN
        D(3*(IN-1)+1)=D1
        D(3*(IN-1)+2)=D2
20      CONTINUE
        RETURN
```

```
      END
C  ******************************************************
      SUBROUTINE COLAP(IC,ICPS,P,D,II,JJ,FKO,FKY)
      COMMON/AB/NNODE,NMEMB,AMAX,BETA,RSTIF,NNODE3
      DIMENSION P(200),D(200),FKO(200)
      ICPS=0
      DO 10 I=1,NNODE
      DO 15 J=1,3
      IF(P(3*(I-1)+J).EQ.0.0.OR.D(3*(I-1)+J).EQ.0.0)GO TO 15
      FKY=ABS(P(3*(I-1)+J)/D(3*(I-1)+J))
      IF(IC.NE.1)GO TO 20
      FKO(3*(I-1)+J)=FKY
      GO TO 15
20    IF(FKY.LE.(FKO(3*(I-1)+J)*RSTIF))GO TO 25
15    CONTINUE
10    CONTINUE
      RETURN
25    ICPS=1
      II=I
      JJ=J
      RETURN
      END
C  ******************************************************
      SUBROUTINE STRESS(D,PO)
      COMMON/AB/NNODE,NMEMB,AMAX,BETA,RSTIF,NNODE3
      COMMON/CD/N1(100),N2(100),IPIN(100),E(100),A(100),AI(100),
     *  RGD1(100),RGD2(100),AQ(100),ULTM(4,100)
      COMMON/DE/AL(100),CS(100),SN(100),EAL(100),EI(100),GAMMA(100),
     *  ALN(100)
      DIMENSION D(200),PO(6,100)
      DIMENSION DMO(6),C(6,3),SK(3,3),CSK(6,3),CT(3,6),SKP(6,6),PMO(6)
      DO 10 IM=1,NMEMB
      DO 15 I=1,6
      II=(N1(IM)-1)*3+I
      IF(I.GE.4)II=(N2(IM)-2)*3+I
15    DMO(I)=D(II)
      CALL STIFF(SK,EAL(IM),EI(IM),GAMMA(IM),ALN(IM),IPIN(IM))
      ACL=AL(IM)-RGD2(IM)
      CALL CNECT(CT,ALN(IM),0.0,1.0,0.0)
      CALL TRANS(3,6,CT,C)
      CALL CNECT(CT,ACL,RGD2(IM),CS(IM),SN(IM))
      CALL MLTPLY(6,3,3,C,SK,CSK)
      CALL MLTPLY(6,3,6,CSK,CT,SKP)
      CALL MLTPLY(6,6,1,SKP,DMO,PMO)
```

```
      DO 20 IL=1,6
20    PO(IL,IM)=PMO(IL)
10    CONTINUE
      RETURN
      END
C *******************************************************
      SUBROUTINE RIPIC(LPHG,ICH,IC)
      COMMON/AB/NNODE,NMEMB,AMAX,BETA,RSTIF,NNODE3
      COMMON/CD/N1(100),N2(100),IPIN(100),E(100),A(100),AI(100),
     * RGD1(100),RGD2(100),AQ(100),ULTM(4,100)
      DIMENSION LPHG(100),ICH(100)
      IF(IC.EQ.1)RETURN
      DO 10 II=1,NNODE
      IF(LPHG(II).EQ.0)GO TO 10
      I=ICH(II)
      IF(II.NE.N1(I))GO TO 15
      IPIN(I)=IPIN(I)+1
      GO TO 10
15    IPIN(I)=IPIN(I)+2
10    CONTINUE
      RETURN
      END
C *******************************************************
      SUBROUTINE INCRE(ALPHA,PO,PM)
      COMMON/AB/NNODE,NMEMB,AMAX,BETA,RSTIF,NNODE3
      COMMON/CD/N1(100),N2(100),IPIN(100),E(100),A(100),AI(100),
     * RGD1(100),RGD2(100),AQ(100),ULTM(4,100)
      DIMENSION PO(6,100),PM(6,100)
      ALPHA=1000.0
      DO 10 I=1,NMEMB
      IF(IPIN(I).EQ.0.OR.IPIN(I).EQ.2)GO TO 20
      IF(IPIN(I).EQ.1)GO TO 30
      GO TO 10
20    IF(PO(3,I).LT.0.0)GO TO 25
      IF(PO(3,I).LE.(0.001* ULTM(1,I)))GO TO 15
      AZ=(ULTM(1,I)-PM(3,I))/PO(3,I)
      GO TO 35
25    IF(ABS(PO(3,I)).LE.(0.001*ULTM(2,I)))GO TO 15
      AZ=(-ULTM(2,I)-PM(3,I))/PO(3,I)
35    CALL MIN(AZ,ALPHA)
15    IF(IPIN(I).EQ.0)GO TO 30
      GO TO 10
30    IF(PO(6,I).LT.0.0)GO TO 45
      IF(PO(6,I).LE.(0.001*ULTM(3,I)))GO TO 10
```

```
      AZ=(ULTM(3,I)-PM(6,I))/PO(6,I)
      GO TO 40
45    IF(ABS(PO(6,I)).LE.(0.001*ULTM(4,I)))GO TO 10
      AZ=(-ULTM(4,I)-PM(6,I))/PO(6,I)
40    CALL MIN(AZ,ALPHA)
10    CONTINUE
      IF(ALPHA.GE.AMAX)ALPHA=AMAX
      RETURN
      END
C  ********************************************************
      SUBROUTINE MODIFY(ALPHA,P,PP,D,DD,PO,PM)
      COMMON/AB/NNODE,NMEMB,AMAX,BETA,RSTIF,NNODE3
      COMMON/CD/N1(100),N2(100),IPIN(100),E(100),A(100),AI(100),
     *  RGD1(100),RGD2(100),AQ(100),ULTM(4,100)
      DIMENSION P(200),PP(200),D(200),DD(200),PM(6,100),PO(6,100)
      DO 10 I=1,NNODE3
      PP(I)=PP(I)+ALPHA*P(I)
      DD(I)=DD(I)+ALPHA*D(I)
10    CONTINUE
      DO 15 IM=1,NMEMB
      DO 20 IL=1,6
      PM(IL,IM)=PM(IL,IM)+ALPHA*PO(IL,IM)
20    CONTINUE
15    CONTINUE
      DO 50 I=1,NMEMB
      IF(IPIN(I).EQ.0.OR.IPIN(I).EQ.2)GO TO 25
45    IF(IPIN(I).EQ.0.OR.IPIN(I).EQ.1)GO TO 35
      GO TO 50
25    IF(PM(3,I).LE.0.0)GO TO 30
      IF(PM(3,I).GE.BETA*ULTM(1,I))IPIN(I)=IPIN(I)+1
      GO TO 45
30    IF(PM(3,I).LE.-BETA*ULTM(2,I))IPIN(I)=IPIN(I)+1
      GO TO 45
35    IF(PM(6,I).LE.0.0)GO TO 40
      IF(PM(6,I).GE.BETA*ULTM(3,I))IPIN(I)=IPIN(I)+2
      GO TO 50
40    IF(PM(6,I).LE.-BETA*ULTM(4,I))IPIN(I)=IPIN(I)+2
50    CONTINUE
      RETURN
      END
C  ********************************************************
      SUBROUTINE TYPIST(IC,ALPHA,PP,DD,PM)
      COMMON/AB/NNODE,NMEMB,AMAX,BETA,RSTIF,NNODE3
      COMMON/CD/N1(100),N2(100),IPIN(100),E(100),A(100),AI(100),
```

```
     *  RGD1(100),RGD2(100),AQ(100),ULTM(4,100)
        DIMENSION PP(200),DD(200),PM(6,100)
        WRITE(23,11)(IN,PP(3*IN-2),IN=1,NNODE)
11      FORMAT(1H, 1(I5,4X,E10.2,2X))
        WRITE(10,10)(IN,PP(3*IN-2),PP(3*IN-1),PP(3*IN),IN=1,NNODE)
10      FORMAT(1x,13H NODAL LOAD :/1x,3(1X,4HNODE,8X,2HPX,8X,2HPY,9X,
     *  1HM,4X)/(1H,3(I5,3E10.2,4X)/))
        WRITE(24,12)(IN,DD(3*IN-2),IN=1,NNODE)
12      FORMAT(1H, 1(I5,4X,E10.3,2X))
        WRITE(10,15)(IN,DD(3*IN-2),DD(3*IN-1),DD(3*IN),IN=1,NNODE)
15      FORMAT(1x,22H NODAL DISPLACEMENTS:/1x,3(4X,4HNODE,4X,6HDELTAX,
     *  4X,6HDELTAY,4X,5HTHETA)/(1H,3(I5,2X,3E10.3,4X)/))
        WRITE(10,20)
20      FORMAT(1x,41H MEMBER FORCES AT THE ENDS OF RIGID ZONES/1H,20H
     *  AND END CONDITION :/1x,5H MEMB,5H IPIN,7X,3HPX1,7X,3HPY1,8X,
     *  2HM1,7X,3HPX2,7X,3HPY2,8X,2HM2)
        DO 25 IM=1,NMEMB
25      WRITE(10,30)IM,IPIN(IM),(PM(I,IM),I=1,6)
30      FORMAT(1H,2I5,6E10.2)
        RETURN
        END
C    ********************************************************
        SUBROUTINE IPIC(ICNE,IHNG,LPHG,ICH)
        COMMON/AB/NNODE,NMEMB,AMAX,BETA,RSTIF,NNODE3
        COMMON/CD/N1(100),N2(100),IPIN(100),E(100),A(100),AI(100),
     *  RGD1(100),RGD2(100),AQ(100),ULTM(4,100)
        DIMENSION ICNE(100),IHNG(100),LPHG(100),ICH(100)
        CALL CLEAR(100,1,IHNG)
        DO 10 IM=1,NMEMB
        IN1=N1(IM)
        IN2=N2(IM)
        IF(IPIN(IM).EQ.0.OR.IPIN(IM).EQ.2)GO TO 15
        IF(RGD1(IM).EQ.0.0)IHNG(IN1)=IHNG(IN1)+1
15      IF(IPIN(IM).EQ.0.OR.IPIN(IM).EQ.1)GO TO 10
        IF(RGD2(IM).EQ.0.0)IHNG(IN2)=IHNG(IN2)+1
10      CONTINUE
        DO 20 IN=1,NNODE
        LPHG(IN)=0
        IF(ICNE(IN).EQ.1)GO TO 20
        IF(ICNE(IN).NE.IHNG(IN))GO TO 20
        LPHG(IN)=1
        DO 25 IM=1,NMEMB
        IN1=N1(IM)
        IN2=N2(IM)
```

```
      IF(IN.NE.IN1)GOTO 30
      ICH(IN)=IM
      IPIN(IM)=IPIN(IM)-1
      GO TO 20
30    IF(IN.NE.IN2)GO TO 25
      ICH(IN)=IM
      IPIN(IM)=IPIN(IM)-2
      GO TO 20
25    CONTINUE
20    CONTINUE
      RETURN
      END
C  ********************************************************
      SUBROUTINE MLTPLY(N1,N2,N3,A,B,C)
      DIMENSION A(N1,N2),B(N2,N3),C(N1,N3)
      DO 10 I=1,N1
      DO 10 J=1,N3
      CC=0.0
      DO 15 K=1,N2
15    CC=CC+A(I,K)*B(K,J)
10    C(I,J)=CC
      RETURN
      END
C  ********************************************************
      SUBROUTINE MIN(AZ,ALPHA)
      IF(AZ.GE.ALPHA)GO TO 10
      ALPHA=AZ
10    RETURN
      END
C  ********************************************************
      SUBROUTINE CLEAR(N1,N2,A)
      DIMENSION A(N1,N2)
      DO 10 I=1,N1
      DO 10 J=1,N2
10    A(I,J)=0.0
      RETURN
      END
C  ********************************************************
      SUBROUTINE TRANS(N1,N2,A,B)
      DIMENSION A(N1,N2),B(N2,N1)
      DO 10 I=1,N1
      DO 10 J=1,N2
10    B(J,I)=A(I,J)
      RETURN
      END
```

现将程序中主要子程序的功能说明如下。

(1) INPUT：输入与输出解析所需数据的子程序。

(2) CALCNE：计算与结构各节点相连杆件数目的子程序。

(3) MATRIX：不考虑结构边界条件(支座约束条件)下，形成结构整体刚度矩阵的子程序。

(4) BOUND：考虑结构边界条件，修正结构整体刚度矩阵与荷载向量的子程序。

(5) DISP：各次循环比例荷载作用下，计算结构各节点位移的子程序。

(6) COLAP：判断结构是否已倒塌的子程序。

(7) STRESS：计算局部坐标系下刚域杆端截面内力的子程序。

(8) RIPIC：经过子程序 IPIC 后，节点上可能出现无刚域且与该节点相连的杆端均变为塑性铰的状态。利用该程序可将刚性约束连接的杆件转换为塑性铰连接的杆件。

(9) INCRE：计算各次比例荷载增量系数的子程序。

(10) MODIFY：计算节点累计荷载大小、位移及杆端弯矩，并判断杆端是否出现塑性铰的子程序。

(11) TYPIST：输出出现塑性铰时的节点外力、位移等信息的子程序。

(12) IPIC：当围绕一个节点的各杆端都出现塑性铰时，将其中一根杆端设定为刚性连接的子程序。

(13) MIN：将记忆系数 AZ 的最小值作为 ALPHA 系数的子程序。

(14) CLEAR：将矩阵 A 的全部元素赋值于零的子程序。

(15) TRANS：求转置矩阵的子程序。

(16) STIFF：局部坐标系下形成杆件刚度矩阵的子程序。

(17) CNECT：整体坐标系下形成杆件刚度矩阵的子程序。

(18) OBLIQ：处理支座条件的子程序。

(19) MLTPLY：矩阵相乘的子程序。

(20) INVERT：求逆的子程序。

输入原始数据说明如下。

(1) 相关结构形状、判断结构倒塌系数、确定结果输出方式等数据。

① NNODE：结构节点数。

② NMEMB：结构单元数。

③ AMAX：用于判断施加荷载适应度的系数，通常设为 1000 左右。

④ BETA：用于判断形成塑性铰的系数，当满足 BETA≤刚域端弯矩/极限弯矩≤1 条件时，程序即认为形成塑性铰，通常可将 BETA 设定为 0.95 左右。

⑤ RSTIF：用于判断结构是否倒塌的系数，当满足倒塌过程刚度/弹性刚度≤RSTIF 时，程序认为结构发生倒塌，通常 RSTIF 可设定为 0.005 左右。

⑥ MPRINT：设定结构倒塌过程输出方式。当 MPRINT＝0 时，输出结构倒塌全部过程。当 MPRINT＝1 时，只输出结构最终倒塌状态。

(2) 相关节点信息。

① I：节点号。

② ISUP(*)：节点的支座状态。

ISUP＝0：不是支座。

ISUP=1：固定支座。

ISUP=2：铰支座。

ISUP=3：可动铰支座。

③ XNODE(*)：节点 X 坐标。

④ YNODE(*)：节点 Y 坐标。

⑤ ROLSN(*)：可动铰支座方向与 X 轴之间夹角的正弦值。

(3) 相关杆件信息。

① I：单元号。

② N1(*)，N2(*)：单元始端与终端节点号。

③ IPIN(*)：单元端部结合状态。

IPIN=0：单元两端为刚性连接。

IPIN=1：单元始端铰接，终端刚接。

IPIN=2：单元始端刚接，终端铰接。

IPIN=3：两端均为铰接。

④ E(*)，A(*)：各单元弹性模量与截面面积。

⑤ AI(*)：各单元截面惯性矩。

⑥ RGD1(*)：单元始端刚域长度。

⑦ RGD2(*)：单元终端刚域长度。

⑧ AQ(*)：考虑剪切变形的等效截面面积，若 AQ(*)=0，则不考虑剪切变形。

(4) 杆端极限弯矩。

① I：单元号。

② ULTM(1， *)：单元始端正值极限弯矩。

③ ULTM(2， *)：单元始端负值极限弯矩。

④ ULTM(3， *)：单元终端正值极限弯矩。

⑤ ULTM(4， *)：单元终端负值极限弯矩。

(5) 相关荷载信息。

① IN：荷载作用的节点号。

② PDATA(*)：作用于 IN 节点上 X 方向、Y 方向的荷载及力矩大小。

(6) 其他。

最后需输入‘1000　　***　***　***’。

【例 7.1】 利用弹塑性静力分析源程序，确定如图 7.2 所示框架结构等效侧移刚度。

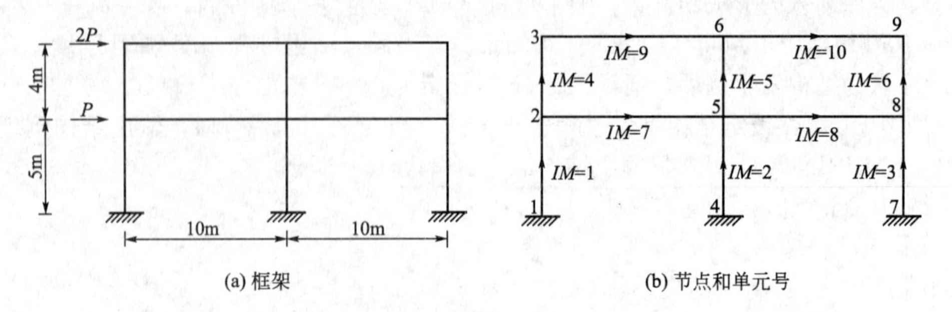

图 7.2　两层两跨框架结构

解：梁采用 H－500×200×10×16 截面，柱采用 H－390×300×10×16 截面，材料均为 Q235 钢材，其屈服强度 σ_y 为 2.35×10^8Pa（弹性模量 $E=2.1\times10^{11}$Pa）。梁截面面积 A 为 0.01142m²，截面惯性矩 I 为 0.000478m⁴。计算极限弯矩公式为

$$M_p=Z_p\sigma_y$$

式中，Z_p 为截面系数，其值为

$$Z_p=2bt_f(d-t_f)+\frac{1}{4}(d-2t_f)^2t_w$$

故梁截面系数为 $Z_p=0.002115\text{m}^3$，极限弯矩 $M_p=497025\text{N}\cdot\text{m}$。柱截面面积 A 为 0.0136m²，截面惯性矩 I 为 0.000387 m⁴，截面系数为 $Z_p=0.002130\text{m}^3$，极限弯矩 $M_p=500550\text{N}\cdot\text{m}$。则其原始数据（beida.dat）为

```
9，10，1000.0，0.95，0.005，0
1，1，0.0，0.0，0.0
2，0，0.0，5.0，0.0
3，0，0.0，9.0，0.0
4，1，10.0，0.0，0.0
5，0，10.0，5.0，0.0
6，0，10.0，9.0，0.0
7，1，20.0，0.0，0.0
8，0，20.0，5.0，0.0
9，0，20.0，9.0，0.0
1，1，2，0，210000000000.0，0.0136，0.000387，0.0，0.25，0.0
2，4，5，0，210000000000.0，0.0136，0.000387，0.0，0.25，0.0
3，7，8，0，210000000000.0，0.0136，0.000387，0.0，0.25，0.0
4，2，3，0，210000000000.0，0.0136，0.000387，0.25，0.25，0.0
5，5，6，0，210000000000.0，0.0136，0.000387，0.25，0.25，0.0
6，8，9，0，210000000000.0，0.0136，0.000387，0.25，0.25，0.0
7，2，5，0，210000000000.0，0.01142，0.000478，0.195，0.195，0.0
8，5，8，0，210000000000.0，0.01142，0.000478，0.195，0.195，0.0
9，3，6，0，210000000000.0，0.01142，0.000478，0.195，0.195，0.0
10，6，9，0，210000000000.0，0.01142，0.000478，0.195，0.195，0.0
1，500550.0，500550.0，500550.0，500550.0
2，500550.0，500550.0，500550.0，500550.0
3，500550.0，500550.0，500550.0，500550.0
4，500550.0，500550.0，500550.0，500550.0
5，500550.0，500550.0，500550.0，500550.0
6，500550.0，500550.0，500550.0，500550.0
7，497025.0，497025.0，497025.0，497025.0
8，497025.0，497025.0，497025.0，497025.0
9，497025.0，497025.0，497025.0，497025.0
10，497025.0，497025.0，497025.0，497025.0
```

2，1000000.0，0.0，0.0

3，2000000.0，0.0，0.0

1000，0.0，0.0，0.0

比例荷载作用第6步以后，结构变成机构。经整理得到表7-1所示层间剪力与层间位移的相关数据。

表7-1　层剪力和层间位移

步骤	第1层相对位移	第1层剪力	第2层相对位移	第2层剪力
0	0	0	0	0
1	3.18E-02	4.70E+05	2.20E-02	3.10E+05
2	3.53E-02	5.10E+05	2.39E-02	3.40E+05
3	5.38E-02	5.80E+05	2.91E-02	3.90E+05
4	7.00E-02	6.00E+05	3.40E-02	4.00E+05
5	8.03E-02	6.10E+05	3.87E-02	4.10E+05
6	1.04E-01	6.30E+05	5.10E-02	4.20E+05

基于表7-1中所得的数据，可得到如图7.3、图7.4所示各层层间剪力与层间位移关系曲线。其中，虚线表示按照“得失平衡”原则采用三折线所表示的恢复力特性骨架曲线，从中可确定第一层等效弹性刚度为$k_1=1.44\times10^7$N/m，等效弹塑性刚度$k_2=3.78\times10^6$N/m、$k_3=9.96\times10^5$N/m，第一屈服位移$\delta_{u_1}=3.53\times10^{-2}$m，第二屈服位移$\delta_{u_2}=5.38\times10^{-2}$m；第二层等效弹性刚度为$k_1=1.42\times10^7$N/m，等效弹塑性刚度$k_2=1.06\times10^7$N/m、$k_3=1.14\times10^6$N/m，第一屈服位移$\delta_{u_1}=2.39\times10^{-2}$m，第二屈服位移$\delta_{u_2}=2.91\times10^{-2}$m。

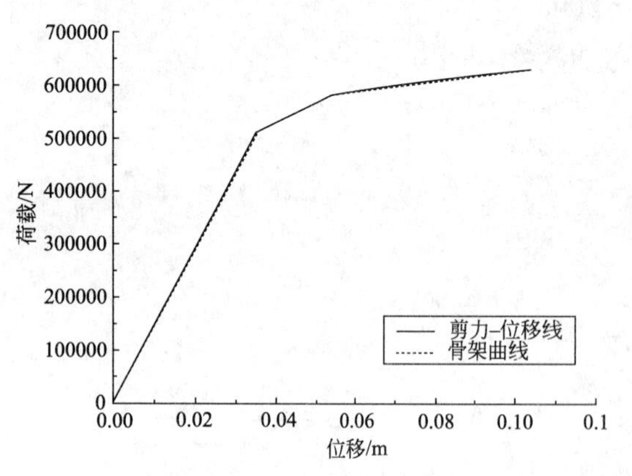

图7.3　荷载-位移和骨架曲线

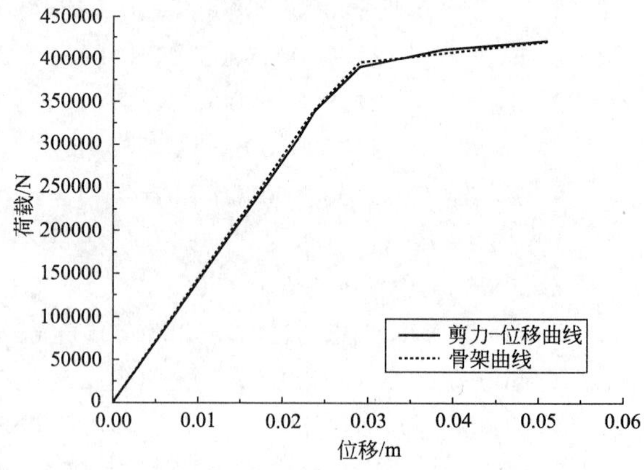

图7.4　荷载-位移和骨架曲线

4. 鱼刺法

对结构进行地震反应时程分析时首先需确定结构的振动模型。目前，讨论多高层钢框架结构地震反应分析时，较多使用的模型为质点系剪切型振动模型。而如何确定其模

型刚度矩阵 $[K]$，一般可采用反弯点法及 D 值法。反弯点法应用于强梁弱柱假设情况，利用 $k_i=\sum(12EI_{cj}/h_i^3)$ 计算其第 i 层的结构侧移刚度，但不能确定层屈服位移；D 值法利用 $k_i=\alpha\sum(12EI_{cj}/h_i^3)$ 计算第 i 层的结构侧移刚度，其中，α 为考虑结点转动影响而对侧移刚度的修正系数，由此可得到精度较高的侧移刚度，但其计算烦琐且仅限于弹性范围。

此外，现今对于钢框架结构一般采用强柱弱梁，且多高层钢框架结构柱的轴向变形对于计算结果有较大影响，因此对多高层钢框架结构进行地震反应分析时采用剪切型振动模型显然不合适。相对而言，较为精确的计算模型为杆系振动模型，但由于此种模型以杆件为基本计算单元，计算较为烦琐，因此不适宜作为结构设计人员与工程技术人员的常用解析手段。为解决上述问题，工程界已提出了鱼刺振动模型，但将实际平面框架简化为鱼刺模型时，如何确定其线刚度，目前国内外对此问题尚少研究。裴星洙、周晓松提出一种既可对结构进行有效简化又能够考虑其横梁线刚度对结构整体刚度影响的振动模型——双翼鱼刺型振动模型，并研究讨论了其简化方法与计算精度。

基于实际结构图 7.5(a)说明如图 7.5(b)所示结构双翼鱼刺型振动模型(以两层三跨结构为例)的简化方法。其简化步骤为：①第一跨与第三跨横梁中央刚性连接改为铰接，并附加竖向的链杆约束，设定铰接外侧部分构件截面尺寸不变；②将杆系模型其他部分(即除两边外侧部分以外其余部分)简化为中间鱼刺部分，即 T 字形部分。图 7.6 表示杆系模型简化为双翼鱼刺模型的示意图，该示意图中采用上层上位表示法。采用上层上位表示法时，第一脚标表示梁或柱(b 表示梁；c 表示柱)，第二脚标表示当前层数，第三脚标表示鱼刺梁(或鱼刺柱)与翼梁(或翼柱)的标号。其中，i_{b1}(i_{b2})与 i_{c1}(i_{c2})分别表示杆件模型梁与柱的线刚度；i_{b11} 与 i_{b21} 表示双翼鱼刺型振动模型第 2 层与第 1 层鱼刺梁的线刚度；i_{c11} 和 i_{c21} 表示第 2 层与第 1 层鱼刺柱的线刚度；i_{b12}(i_{b13})与 i_{c12}(i_{c13})表示第 2 层翼梁与翼柱的线刚度，i_{b22}(i_{b23})与 i_{c22}(i_{c23})表示第 1 层翼梁与翼柱的线刚度。

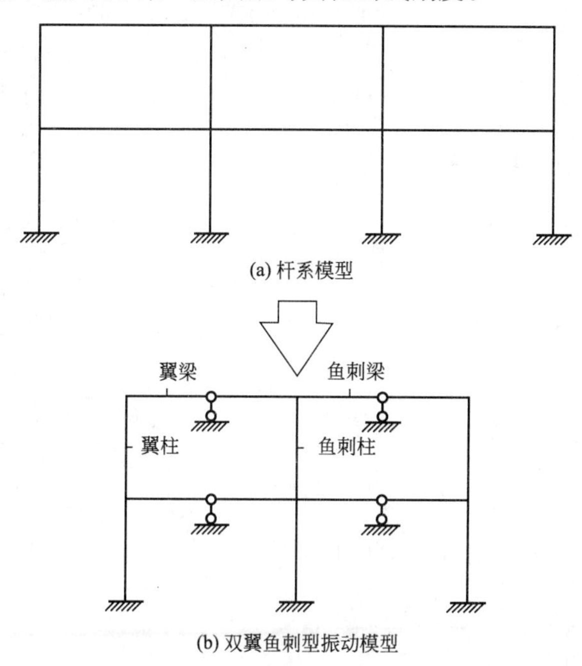

(a) 杆系模型

(b) 双翼鱼刺型振动模型

图 7.5　两种结构模型

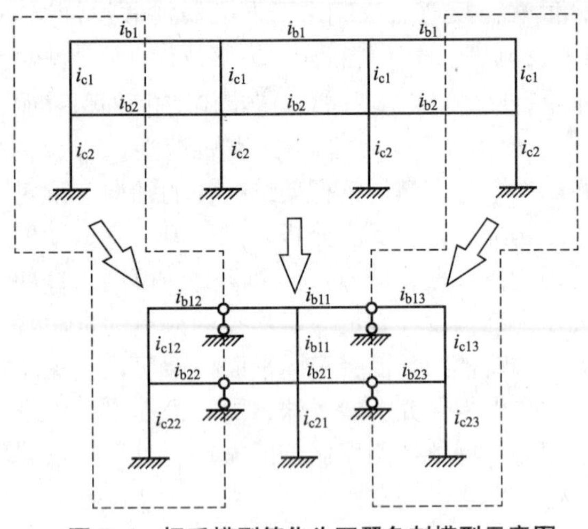

图 7.6 杆系模型简化为双翼鱼刺模型示意图

基于上述取代过程与标记法，该模型的翼梁与翼柱线刚度设为 $i_{bn2}=i_{bn3}=2i_{bn}$ 与 $i_{cn2}=i_{cn3}=i_{cn}$。讨论鱼刺部分时，可认为梁与柱对结构总刚度贡献比例不变，其增值系数为 λ。设鱼刺柱的线刚度为 $i_{cn1}=\lambda i_{cn}$，则鱼刺梁的线刚度为 $i_{bn1}=2\lambda i_{bn}$。由上述简化方式，可得到双翼鱼刺型振动模型。

众所周知，弹塑性静力分析法由于同时考虑了柱与梁的线刚度，故其解析结果与杆系模型解析结果较为接近。因此，为得到与杆系模型解析结果相对一致的结果，本节将利用弹塑性静力分析法确定增值系数 λ，其具体方法如下：将原杆系模型与按上述方法简化的双翼鱼刺模型均进行弹塑性静力分析，分别得到两种模型的层间剪力-层间位移曲线。通过试算，总可找到能够满足与此两条曲线比较接近的增值系数 λ，并找出其两种模型的线刚度转换规律。

图 7.7(a)与(b)各表示 4 跨 5 层与 4 跨 10 层结构两种模型的层间剪力-层间位移曲线，其增值系数分别为 $\lambda_{n=5}(m=4)=2.964$、$\lambda_{n=10}(m=4)=2.984$。图中，$K_{gi-4k}$(即虚线)表示 4 跨杆系模型的荷载-位移曲线，$K_{yi-4k}$(即实线)表示双翼鱼刺模型的荷载-位移曲线。随结构楼层数 n 与跨数 m 的变化，$\lambda_n(m)$也发生变化，其变化规律表示如下：

$\lambda_1(m)=(1.37\text{E}-6)m^6-(8.52\text{E}-5)m^5+(2.00\text{E}-3)m^4-(2.02\text{E}-2)m^3+(3.29\text{E}-2)m^2+0.96m-0.94$

$\lambda_2(m)=(1.57\text{E}-6)m^6-(1.66\text{E}-5)m^5-(1.05\text{E}-4)m^4+(7.12\text{E}-4)m^3-(2.03\text{E}-2)m^2+1.05m-1.03$

$\lambda_3(m)=(9.63\text{E}-6)m^6-(3.66\text{E}-4)m^5+(5.62\text{E}-3)m^4-(4.48\text{E}-2)m^3+0.17m^2+0.66m-0.73$

$\lambda_4(m)=-(1.30\text{E}-6)m^6+(4.22\text{E}-5)m^5-(4.27\text{E}-4)m^4+(6.75\text{E}-4)m^3-(3.90\text{E}-4)m^2+0.99m-1.00$

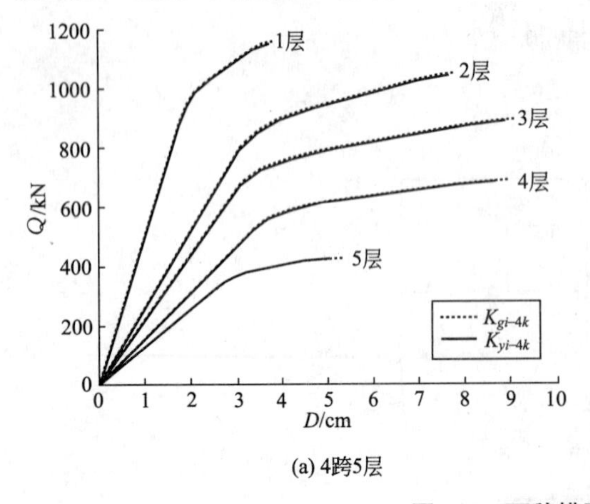

(a) 4跨5层

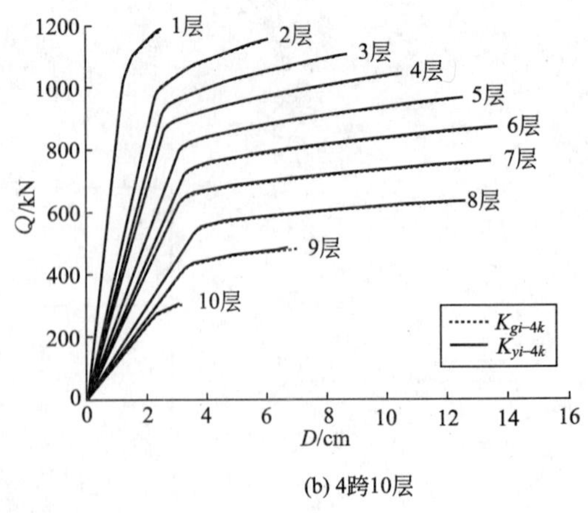

(b) 4跨10层

图 7.7 两种模型荷载-位移曲线

$\lambda_5(m)=(4.66E-5)m^6-(1.63E-3)m^5+(2.26E-2)m^4-(1.59E-1)m^3+0.59m^2-(8.25E-2)m-0.22$

$\lambda_6(m)=-(1.42E-5)m^6+(5.10E-4)m^5-(7.18E-3)m^4+(5.02E-2)m^3-0.19m^2+1.35m-1.24$

$\lambda_{7\sim10}(m)=(3.60E-5)m^6-(1.30E-3)m^5+(1.86E-2)m^4-(1.34E-1)m^3+0.50m^2+(6.09E-2)m-0.32$

得到如图 7.6 所示的双翼鱼刺模型后可利用弹塑性静力分析法确定结构的侧移刚度。

5. 柔度法

将算例模型简化为杆系振动模型以后，对杆系模型各层横梁处分别施加单位水平力，即可得到该单位力作用下所产生的各层横梁的水平位移。由该水平位移形成的矩阵即为柔度矩阵 $[\delta]$。通过柔度矩阵与刚度矩阵的逆关系，计算得出结构的刚度矩阵 $[k]$

$$[\delta]=\begin{bmatrix}\delta_{1,1} & \delta_{2,1} & \cdots & \delta_{n-1,1} & \delta_{n,1}\\ \delta_{1,2} & \delta_{2,2} & \cdots & \delta_{n-1,2} & \delta_{n,2}\\ \vdots & \vdots & \ddots & \vdots & \vdots\\ \delta_{1,n-1} & \delta_{2,n-1} & \cdots & \delta_{n-1,n-1} & \delta_{n,n-1}\\ \delta_{1,n} & \delta_{2,n} & \cdots & \delta_{n-1,n} & \delta_{n,n}\end{bmatrix}$$

$$[\delta]^{-1}=[k]=\begin{bmatrix}k_{1,1} & k_{2,1} & \cdots & k_{n-1,1} & k_{n,1}\\ k_{1,2} & k_{2,2} & \cdots & k_{n-1,2} & k_{n,2}\\ \vdots & \vdots & \ddots & \vdots & \vdots\\ k_{1,n-1} & k_{2,n-1} & \cdots & k_{n-1,n-1} & k_{n,n-1}\\ k_{1,n} & k_{2,n} & \cdots & k_{n-1,n} & k_{n,n}\end{bmatrix}$$

6. 矩阵位移法

将算例模型简化为杆系振动模型后，利用矩阵位移法也可计算得到结构的刚度矩阵，其具体过程不再赘述。

7.2 结果分析

为分析刚度矩阵对地震反应的影响，选取平面钢框架结构作为算例模型，其共 3 跨 10 层，各跨跨度为 6m，底层层高为 3.6m，其余各层层高为 3.3m。柱截面为箱形，梁截面为 H 形，梁与柱截面如图 7.8 所示。

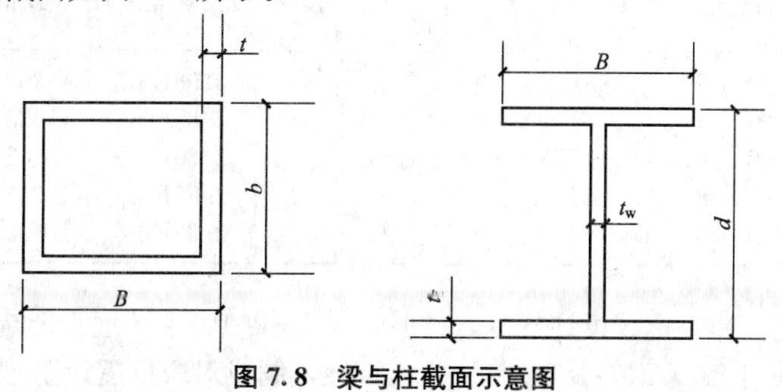

图 7.8　梁与柱截面示意图

为讨论梁与柱线刚度比值对地震反应的影响，可采用两个算例模型进行分析，分别称为算例模型-1与算例模型-2，其中，梁与柱截面尺寸见表7-2。算例模型-1属“强梁弱柱”型结构，算例模型-2属“强柱弱梁”型结构。

表7-2　算例模型梁柱截面尺寸　　单位：mm

构件	层数	算例模型-1截面尺寸	算例模型-2截面尺寸
柱子 $B\times b\times t$	1～3层 4～6层 7～10层	550×550×19 500×500×19 450×450×19	550×550×19 500×500×19 450×450×19
梁 $d\times B\times t_w\times t_f$	1～3层 4～6层 7～10层	1600×250×12×25 1600×250×12×22 1600×200×12×19	700×250×12×25 700×250×12×22 700×250×12×19

将此3跨10层平面钢框架结构简化为如图7.9所示的多质点系层模型、双翼鱼刺振动模型与杆系模型，并对其进行地震反应时程分析。表7-3即为利用反弯点法、D值法及弹塑性静力分析法计算得到的算例模型-1(强梁弱柱)的层侧移刚度。此处对鱼刺法、柔度法与矩阵位移法计算侧移刚度的具体过程不做讲解。采用同样的方法亦可计算算例模型-2(强柱弱梁)的侧移刚度。

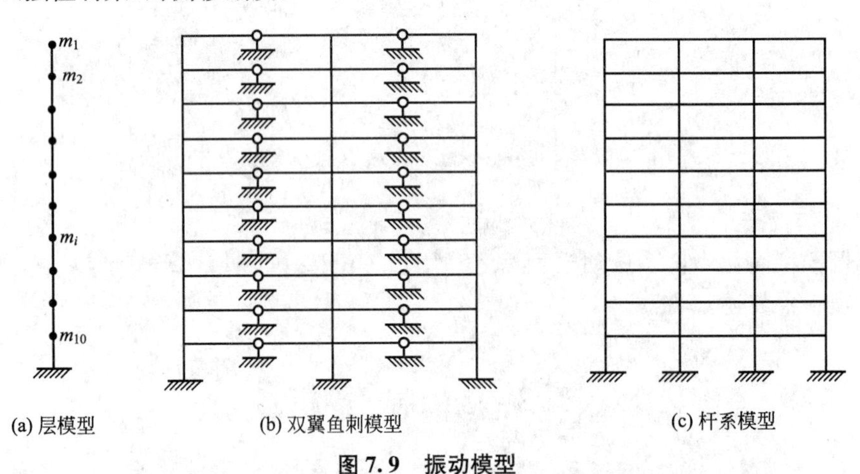

(a) 层模型　(b) 双翼鱼刺模型　(c) 杆系模型

图7.9　振动模型

表7-3　利用反弯点法、D值法、弹塑性静力分析法计算层侧移刚度　单位：N/m

层数＼计算方法	反弯点法	D值法	弹塑性静力分析法	层数	反弯点法	D值法	弹塑性静力分析法
1	4.10E+8	1.888E+8	1.97 E+8	6	3.96E+8	1.202 E+8	1.07 E+8
2	5.33E+8	1.404 E+8	1.40 E+8	7	2.85E+8	1.038 E+8	8.83 E+7
3	5.33E+8	1.404 E+8	1.33 E+8	8	2.85E+8	1.002 E+8	7.99 E+7
4	3.96E+8	1.242 E+8	1.16 E+8	9	2.85E+8	1.002 E+8	7.47 E+7
5	3.96E+8	1.202 E+8	1.11 E+8	10	2.85E+8	1.002 E+8	6.19 E+7

本研究将我国《建筑抗震设计规范》(GB 50011—2010)中“地震影响系数曲线”作为目标加速度谱，采用EL CENTRO NS波位相特性，制成对应抗震设防烈度为8度、设计

地震分组为第一组、场地类别为Ⅱ类区域的多遇人工地震波，并使所做人工波加速度谱与目标谱相拟合。采用 EL CENTRO 天然地震波及上述所做人工波进行地震反应时程分析，其地震波时间间隔为 0.00125s，作用时间为 30s，加速度峰值为 0.7m/s^2。

采用 Wilson－θ 法，利用自编程序对算例模型－1(强梁弱柱)与算例模型－2(强柱弱梁)进行地震反应时程分析。

图 7.10 表示算例模型－1 的楼层最大位移，图 7.11 表示算例模型－2 的楼层最大位移。图中，fan、Dzf、jts、syc、rou、gan 分别为利用反弯点法、D 值法、弹塑性静力分析法、鱼刺法、柔度法、矩阵位移法确定算例模型刚度矩阵后进行地震反应时程分析的结果。

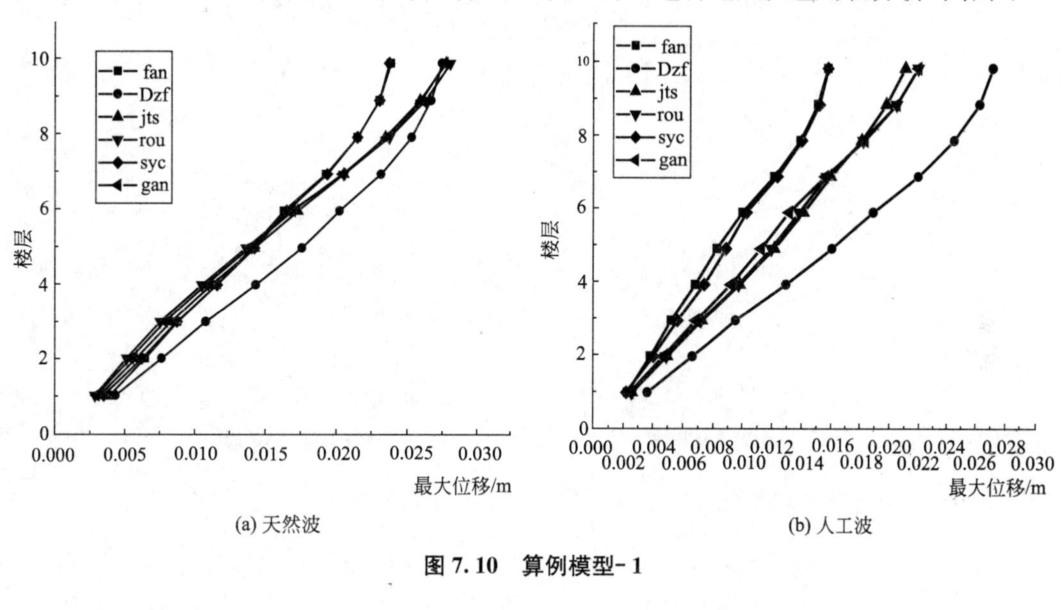

图 7.10　算例模型－1

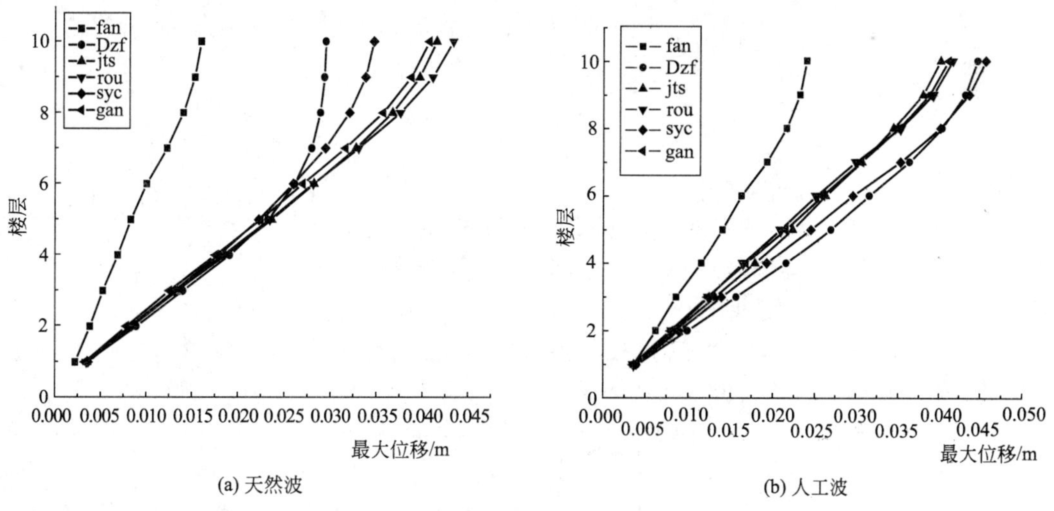

图 7.11　算例模型－2

到目前为止，行业内一致认为杆系模型是最精确、可信度最高的振动模型，其计算结果最接近于准确值。因此，由图 7.10、图 7.11 中可以看出：①jts、rou、gan 所得结果几乎一致，即利用弹塑性静力分析法与柔度分析法所得到的刚度矩阵能够准确地反映算例模型结构的真实刚度；②若结构为“强梁弱柱”，则无论采用何种方法，皆可得到较为相近的刚度矩阵及地震反应值(其位移最大差距约5mm)；③若结构为“强柱弱梁”，则利用反弯点法计算所得位移偏差较为明显。

通过上述分析，可以得出如下结论。

(1) 验证反弯点法的适用条件，即其适用于“强梁弱柱”的结构，若体系为“强柱弱梁”，则需慎重选择。

(2) 从图7.10和图7.11中可知，利用矩阵位移法(对应振动模型为杆系模型)、柔度法与弹塑性静力分析法(对应振动模型为质点系层模型)计算所得地震反应较其他方法更为合理。

(3) 利用D值法所得结构侧移刚度及地震反应较弹塑性静力分析法、柔度法及矩阵位移法，其结果稍有逊色。

本章小结

(1) 建筑结构在地震作用下的振动微分方程为$[M]\{\ddot{x}\}_t+[C]\{\dot{x}\}_t+[K]\{x\}_t=-[M]\{1\}\ddot{x}_g$，其中$[K]$为刚度矩阵。讨论地震反应时常采用如下方法来确定建筑结构刚度矩阵。

① 反弯点法：若满足规则框架或近似于规则框架(即各层层高、跨度、梁和柱线刚度变化不大)；同一框架节点处相连梁、柱线刚度之比$i_b/i_c \geqslant 3$；房屋高宽比$H/B<4$，则可采用反弯点法确定其各层抗侧刚度，即$d_{ij}=13EI_{ij}/h_{ij}^3, k_i=\sum_{j=1}^{n}d_{ij}$。

② D值法：若满足将风荷载与地震作用简化为作用于框架楼层节点上的水平集中力进行计算；同层各节点转角相等，横梁于水平荷载作用下反弯点在跨中而无竖向位移，各柱顶水平位移均相等；各柱剪力按该层所有柱的刚度大小成比例分配，则可以采用D值法确定其各层抗侧刚度，即$d_{ij}=13EI_{ij}\alpha/h_{ij}^3, k_i=\sum_{j=1}^{n}d_{ij}$。

③ 弹塑性静力分析法：采用弹塑性静力分析法计算平面框架层模型等效侧移刚度，往往利用电算程序计算等效侧移刚度。

④ 鱼刺法：将原杆系模型简化的双翼鱼刺型模型进行弹塑性静力分析，分别得到两种模型的层间剪力-层间位移曲线。通过试算，找到能够满足与此两条曲线比较接近的增值系数λ，并找出这两种模型的线刚度转换规律。

⑤ 柔度法：将算例模型简化为杆系振动模型以后，对杆系模型各层横梁处分别施加单位水平力，即可得到该单位力作用下所产生的各层横梁的水平位移。由该水平位移形成的矩阵即为柔度矩阵$[\delta]$。通过柔度矩阵与刚度矩阵的逆关系，计算得出结构的刚度矩阵$[k]$。

⑥ 矩阵位移法：将算例模型简化为杆系振动模型后，利用矩阵位移法计算得到结构的刚度矩阵。

(2) 通过分析得到如下结论。

① 验证了反弯点法的适用条件，即其适用于“强梁弱柱”结构，若体系为“强柱弱梁”，则需慎重选择。

② 利用矩阵位移法(对应振动模型为杆系模型)、柔度法与弹塑性静力分析法(对应振动模型为质点系层模型)计算所得地震反应较其他方法更为合理。

③ 利用 D 值法所得结构侧移刚度及地震反应较弹塑性静力分析法、柔度法及矩阵位移法，其结果稍有逊色。

习　　题

1. 思考题

(1) 反弯点法和 D 值法的侧移刚度物理意义是什么？分别在什么情况下使用？

(2) 简述利用弹塑性静力分析法计算振动层模型等效侧移刚度的基本步骤。

(3) 简述利用鱼刺法计算振动层模型等效侧移刚度的基本步骤。

(4) 简述利用柔度法计算振动层模型等效侧移刚度的基本步骤。

(5) 简述利用矩阵位移法计算振动层模型等效侧移刚度的基本步骤。

2. 计算题

某二层钢筋混凝土框架结构(图 7.12)，集中于楼盖和屋盖处的重力荷载代表值 $G_1=G_2=1200\text{kN}$，柱的截面尺寸 $b\times h=350\text{mm}\times 350\text{mm}$，梁的截面尺寸 $b\times h=250\text{mm}\times 500\text{mm}$，采用 C20 的混凝土。

要求：

① 利用反弯点法计算侧移刚度后，采用程序 MDOW 分析此结构在 HACHINOHE EW 地震波($PGV=50$cm/s、时间间隔为 0.005s)作用下的弹性时程反应，采用瑞雷型阻尼，设第一阶和第二阶振型阻尼比均为 0.05。

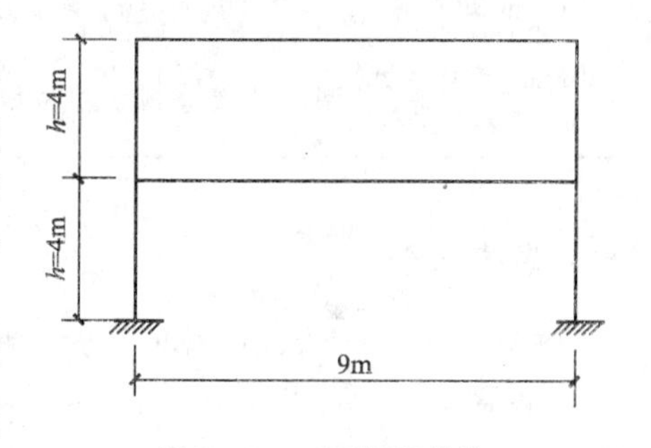

图 7.12　二层框架结构

② 利用 D 值法计算侧移刚度后，采用程序 MDOW 分析此结构在 HACHINOHE EW 地震波($PGV=25$cm/s、时间间隔为 0.01s)作用下的弹性时程反应，采用瑞雷型阻尼，设第一阶和第二阶振型阻尼比均为 0.05。

③ 利用弹塑性静力分析法计算侧移刚度后，采用程序 MDOW 分析此结构在 HACHINOHE EW 地震波($PGV=50$cm/s、时间间隔为 0.005s)作用下的弹性时程反应，采用质量型阻尼，设第一阶和第二阶振型阻尼比均为 0.05。

④ 利用柔度法计算侧移刚度后，采用程序 MDOS 分析此结构在 HACHINOHE EW 地震波($PGV=50$cm/s、时间间隔为 0.005s)作用下的弹性时程反应，采用刚度比例型阻尼，设第一阶和第二阶振型阻尼比均为 0.05。

⑤ 利用矩阵位移法计算侧移刚度后，采用程序 MDOS 分析此结构在埃尔森特罗地震波($PGV=50$cm/s、时间间隔为 0.005s)作用下的弹性时程反应，采用瑞雷型阻尼，设第一阶和第二阶振型阻尼比均为 0.05。

第 8 章 非线性恢复力模型

教学目标

本章主要阐述非线性恢复力模型。通过本章的学习，应达到以下目标：

(1) 理解 Masing 恢复力模型概念；

(2) 理解 Masing 型非线性恢复力模型程序流程图。

教学要求

知识要点	能力要求	相关知识
Masing 规则	理解 Masing 恢复力模型概念	Masing 型、Slip 型、Degrading 型
Masing 型非线性恢复力模型程序流程图	熟练掌握电算方法	恢复力模型的状态判别条件和恢复力计算公式

基本概念

恢复力模型、Masing 规则、骨架曲线、履历曲线。

引言

“线性”与“非线性”，常用于区别函数 $y=f(x)$ 对自变量 x 的依赖关系。线性函数即一次函数，其图像为一条直线。其他函数则为非线性函数，其图像不是直线。非线性即 non - linear，是指输出输入不是正比例的情形。自变量与变量之间不成线性关系，成曲线或抛物线关系或不能定量，这种关系叫非线性关系。

非线性问题数学上的实质是刚度矩阵在求解过程中不断变化。即 $[K]\times\{D\}=\{F\}$ 中的刚度矩阵是一个变量，而不是常量，简单说不是线性函数(比如一次函数、正比例函数)，而是非线性函数。工程上，几何非线性问题在刚度矩阵上的变化主要体现在组成刚度矩阵的结构位移型相关参数(比如构件的宏观尺度等)在变化。而单纯的材料非线性则体现在和材料相关的参数，如弹性模量以及应力应变非线性带来的如有效截面削弱(截面刚度变化)等。需要注意的是，材料非线性问题往往和几何非线性伴随。简单地说，几何非线性表示结构有大变形发生，荷载和位移不服从线性关系，材料非线性就是应力应变不服从线性关系。本章要讨论的“非线性恢复力模型”是属于材料非线性问题。

8.1　恢复力模型

非线性振动体系中，决定体系振动性质的因素通常是变化的，如体系的质量、阻尼等。为使所讨论问题简单明了，本章假设体系的质量及表示结构构件固有阻尼特性的阻尼系数不变，只存在恢复力变化，依此所建立的数学模型只与质点的位移反应 $x(t)$ 和速度反应 $\dot{x}(t)$ 相关。

设恢复力为 Q，则单质点体系的运动微分方程为

$$m\ddot{x}+c\dot{x}+Q(x,\ \dot{x})=p(t)\text{（}m\text{、}c\text{ 为常数）} \tag{8.1}$$

多质点体系的运动微分方程为

$$[m]\{\ddot{x}\}+[c]\{\dot{x}\}+\{Q(\{x\},\ \{\dot{x}\})\}=\{p(t)\} \tag{8.2}$$

图 8.1 表示恢复力 Q 和质点位移 δ 之间的关系。其中，图 8.1(a)表示弹性体系的(Elastic System)恢复力特性，其用通过原点的直线 $Q-\delta$ 表示。直线斜率 k 为常数，即恢复力是位移的单调函数，与位移的履历没有关系。

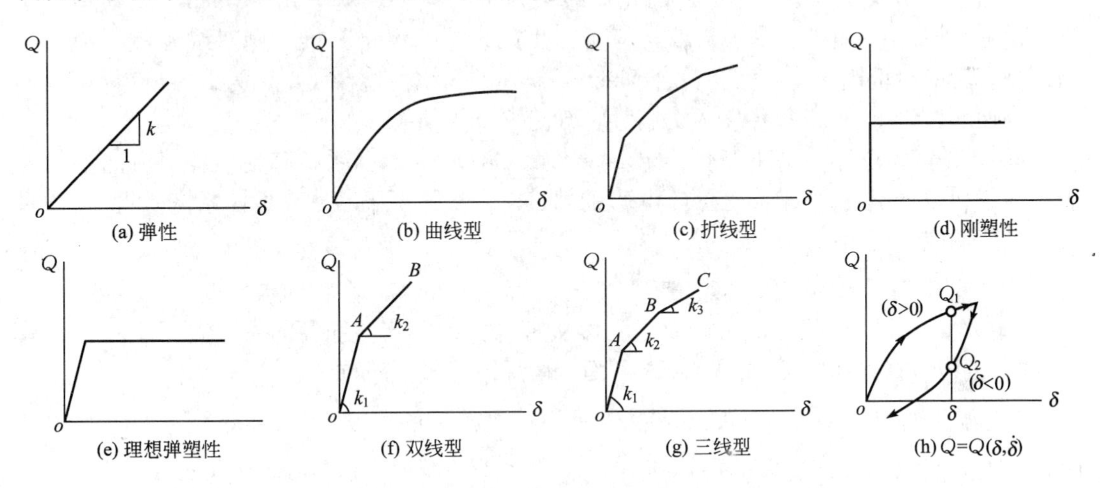

图 8.1　构件恢复力模型

关于结构构件的非线性恢复力模型，已存在不少基于试验结果的形式。于数值计算中，通常将 $Q-\delta$ 关系分为曲线型［图 8.1(b)］和折线型［图 8.1(c)］两大类。位移越大，曲线或折线斜率越小的模型称为软化型(Softening Type)。与此相反，位移越大，曲线或折线斜率越大的模型称为硬化型(Hardening Type)。其中，结构构件中，硬化型材料较少。在折线型模型中，存在刚塑性模型(Rigid - plastic System)［图 8.1(d)］和理想弹塑性模型(Elasto - plastic System)［图 8.1(e)］，其均为具有非线性特性的模型。讨论杆系结构水平极限荷载时，常采用刚塑性模型，而理想弹塑性模型则较多适用于钢结构构件中。

图 8.1(f)为考虑硬化的双线型模型(Bilinear System)，由两条线段表示其非线性特征：表示弹性区域的 oA 区，为第 1 分支；表示进入塑性区域的 AB 区，为第 2 分支。各线段斜率采用第一刚度 k_1 和第二刚度 k_2 表示，$\gamma=k_2/k_1$ 称为塑性刚度系数。实际上，通常可根据静态非线性结构分析结果，将塑性刚度系数取 $\gamma=1/10\sim1/20$。而理论上，则取与第 1

分支顶点相对应的荷载为屈服极限。此种模型可适用于钢结构构件，近似地应用于钢筋混凝土结构构件。

图 8.1(g)表示三线型模型(Tri - linear System)，其常应用于钢筋混凝土结构、钢结构及钢筋混凝土混合结构的动态分析中。理论上，与 A 点对应的力为混凝土出现裂纹时的荷载，与 B 点对应的力为钢筋或钢骨架的屈服荷载。一般情况下，塑性刚度系数可取为 $k_2/k_1=1/5\sim1/2$，$k_3/k_1=1/100\sim1/20$。

非线性 Q-δ 曲线，通常加载(Loading)与卸载(Unloading)路径不同，为一环形曲线。即荷载大小发生变化时，对于相同的位移 δ，存在加载($\dot{\delta}>0$)时的 Q_1 与卸载($\dot{\delta}<0$)时的 Q_2，两者大小不同［图 8.1(h)］。即 Q 不仅为 δ 的单调函数，而且其受到速度 $\dot{\delta}$ 正负号的影响。

8.2　Masing 规则

从数值分析角度考虑，应尽量简化非线性恢复力模型。基于此，Masing 规则具有相当的优点。Masing 规则为基于金属材料所提出的理论，但将其推广到双线型模型和三线型模型，则应用范围甚为广泛。符合 Masing 规则的非线性材料模型称为 Masing 模型。

为便于讨论 Masing 模型恢复力特性，现定义如下概念。

(1) 恢复力-位移曲线(Force - displacement Curve)：将体系位移与位移对应的恢复力表示为 δ 和 Q 时，Q-δ 平面上点(Q，δ)的轨迹。一般情况下，非线性体系恢复力-位移曲线由骨架曲线和履历曲线形成。

(2) 折回点(Turning Point)：速度 $\dot{\delta}$ 符号发生变化的点，在折回点上速度为零。

(3) 骨架曲线(Skeleton Curve)：位移从零开始，不产生折回而一直单调增加(或减小)的恢复力-位移曲线。通常在 Q-δ 平面上的原点形成点对称。

(4) 履历曲线(Hysteretic Curve)：折回点出现以后的恢复力-位移曲线，当速度 $\dot{\delta}>0$ 时称为上升曲线(Loading Curve)，速度 $\dot{\delta}<0$ 时称为下降曲线(Unloading Curve)。

(5) 始点(Initial Point)：一条履历曲线开始形成的折回点。骨架曲线的始点为原点。

(6) 终点(Terminal Point)：如果不出现新的始点，则履历曲线与骨架曲线或自身始点出现的前一个履历曲线相交的点称为终点(图 8.2)。

(7) 有效分支(Effective Branch)：骨架曲线的原点与最初折回点之间的曲线部分及履历曲线的始点与始点和终点间新折回点之间的曲线部分，均属于有效分支。

Masing 规则由如下四部分内容组成。

1) 骨架曲线

利用方程

$$Q=f(\delta) \tag{8.3}$$

表示其骨架曲线。根据骨架曲线定义，可知 $f(0)=0$。

假设材料对两个相反方向作用荷载的变形相同，则函数 $f(\delta)$ 为奇函数，其对原点形成点对称，故

$$f(-\delta)=-f(\delta) \tag{8.4}$$

此处，假设函数 $f(\delta)$ 为软化型函数。即对任何不同的 δ_1 和 δ_2，不等式

$$\frac{\mathrm{d}f(\delta_1)}{\mathrm{d}\delta}>\frac{\mathrm{d}f(\delta_2)}{\mathrm{d}\delta},\quad |\delta_1|<|\delta_2| \tag{8.5}$$

始终成立。于此情况，曲线的斜率

$$\frac{\mathrm{d}Q}{\mathrm{d}\delta}=\frac{\mathrm{d}f(\delta)}{\mathrm{d}\delta} \tag{8.6}$$

将随位移的增加而减小。图 8.2 即表示满足 Masing 规则的骨架曲线。

2) 履历曲线

将始点位于 $(\delta_0,\ Q_0)$ 点的履历曲线，用下列方程

$$\frac{Q-Q_0}{2}=f\left(\frac{\delta-\delta_0}{2}\right) \tag{8.7}$$

表示。此处，函数 f 与利用式(8.3)表示骨架曲线的函数 f 为同一函数。此种利用相同函数表示其骨架曲线和履历曲线的方法是 Masing 规则的基本点。式(8.7)的几何意义为，将骨架曲线放大两倍得到其履历曲线(图 8.3)。

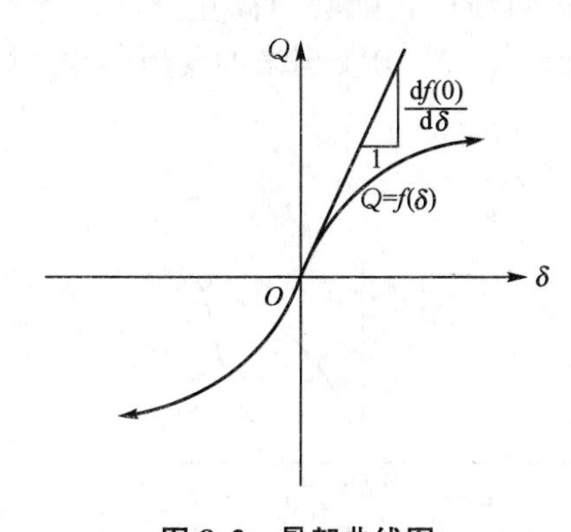

图 8.2　骨架曲线图

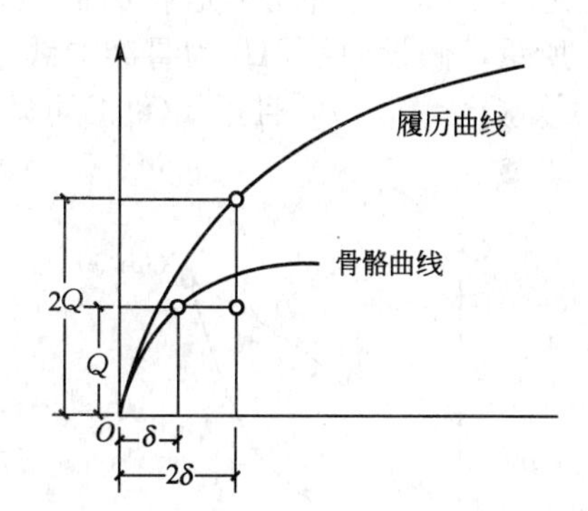

图 8.3　履历曲线和骨架曲线的关系

根据式(8.7)，得

$$Q=Q_0+2f\left(\frac{\delta-\delta_0}{2}\right)$$

所以，其一阶导数为

$$\frac{\mathrm{d}Q}{\mathrm{d}\delta}=\frac{\mathrm{d}}{\mathrm{d}\delta}f\left(\frac{\delta-\delta_0}{2}\right) \tag{8.8}$$

履历曲线始点斜率表示为

$$\left(\frac{\mathrm{d}Q}{\mathrm{d}\delta}\right)_{\delta=\delta_0}=\frac{\mathrm{d}f(0)}{\mathrm{d}\delta}$$

与式(8.6)比较，可知此斜率与骨架曲线原点斜率相同。

如图 8.4 所示，若曲线 AB 始点为 $A(\delta_0,\ Q_0)$，则利用式(8.7)即可表示此条曲线。假设此曲线上某点 $C(\delta_1,\ Q_1)$ 出现折回点，形成另一条新的履历曲线 CD。由于 C 点位于曲线 AB 之上，故满足

$$\frac{Q_1-Q_0}{2}=f\left(\frac{\delta_1-\delta_0}{2}\right) \tag{8.9}$$

另外，根据 Masing 规则，新的履历曲线由以下方程表示

$$\frac{Q-Q_1}{2}=f\left(\frac{\delta-\delta_1}{2}\right) \tag{8.10}$$

式(8.10)中，设$\delta=\delta_0$，则有

$$\frac{Q-Q_1}{2}=f\left(\frac{\delta_0-\delta_1}{2}\right) \tag{8.11}$$

由于函数$f(\delta)$为奇函数，所以式(8.11)可表示为

$$\frac{Q-Q_1}{2}=-f\left(\frac{\delta_0-\delta_1}{2}\right) \tag{8.12}$$

比较式(8.12)与式(8.9)，得

$$\frac{Q-Q_1}{2}=-\frac{Q_1-Q_0}{2}$$

即得到$Q=Q_0$。

如图8.4所示，曲线CD通过A点形成封闭环形线。即履历曲线的终点为其前一个履历曲线的始点。

但是，若前一个曲线不是履历曲线而是骨架曲线时，则必须修正此种关系。即如图8.5所示，假设曲线AB为骨架曲线上的点$A(\delta_0, Q_0)$分支出来的履历曲线。则由式(8.3)可知$Q_0=f(\delta_0)$，且据式(8.4)可知

$$-Q_0=-f(\delta_0) \tag{8.13}$$

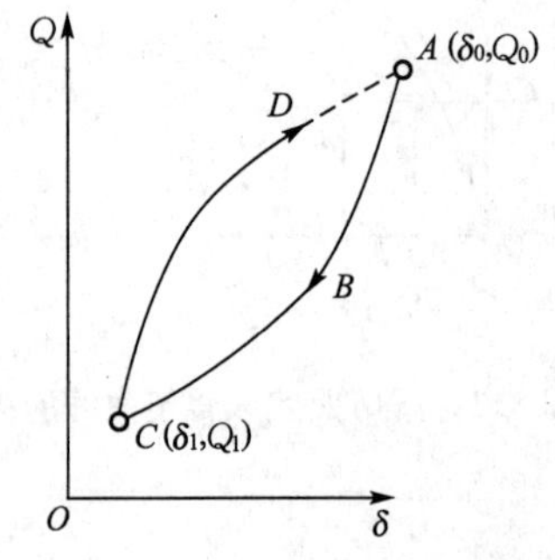

图8.4　依靠履历曲线形成环形线

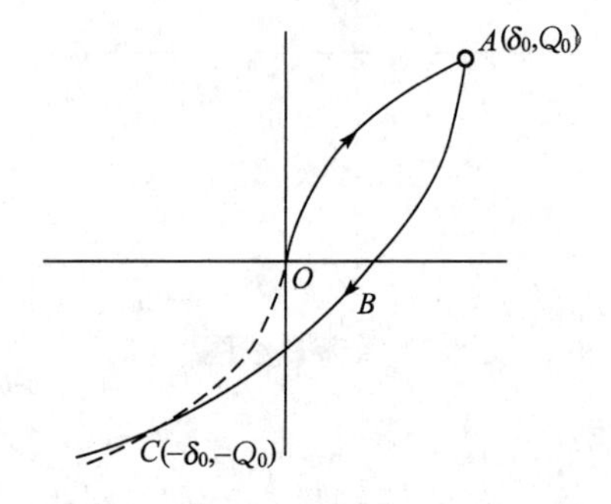

图8.5　从骨架曲线分支的履历曲线

基于式(8.7)，履历曲线AB的方程可表示为

$$\frac{Q-Q_0}{2}=f\left(\frac{\delta-\delta_0}{2}\right) \tag{8.14}$$

此处，将$\delta=-\delta_0$代入式(8.12)，并结合式(8.11)，可得

$$\frac{Q-Q_0}{2}=-f(\delta_0)=-Q_0$$

即$Q=-Q_0$。

结果表示，履历曲线AB通过骨架曲线上的点$C(-\delta_0, -Q_0)$。即始点(A点)与骨架曲线上履历曲线(曲线ABC)的终点(C点)位于相对原点对称的骨架曲线上。A点与C点相对原点对称。即履历曲线和骨架曲线共有C点。

另外，通过观察C点及C点附近的骨架和履历曲线斜率，结合式(8.5)所提出的软化型假设，容易看出：

(1) C点为两条曲线的接点；

(2) 除 C 点外，骨架曲线较履历曲线处于离水平轴更近的位置，两条曲线相接但不互相交叉。

3) 履历环形线所包围的面积

假设位移大小在 $\pm\delta_0$ 之间来回往返，则 $(Q，\delta)$ 轨迹如图 8.6 所示形成封闭的履历环形图。如图 8.6 所示，因加载曲线和卸载曲线其始点各为 $(-\delta_0，-Q_0)$ 与 $(\delta_0，Q_0)$，则此两条曲线的方程分别为

$$\frac{Q_1+Q_0}{2}=f\left(\frac{\delta+\delta_0}{2}\right)$$

及

$$\frac{Q_2-Q_0}{2}=f\left(\frac{\delta-\delta_0}{2}\right)$$

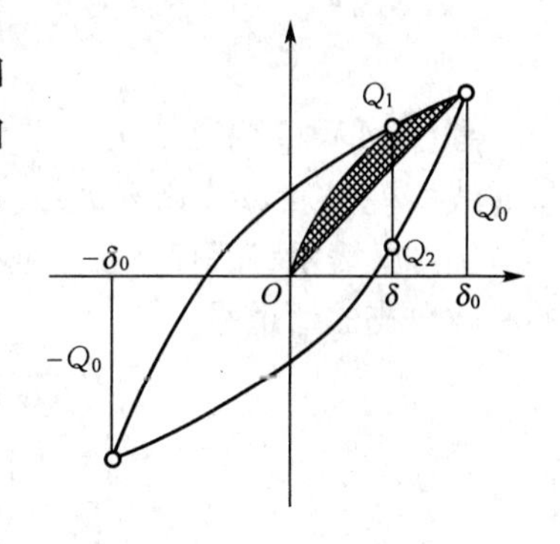

图 8.6　履历环形线

环形线所包围的面积为

$$\begin{aligned}A&=\int_{-\delta_0}^{\delta_0}(Q_1-Q_2)\,\mathrm{d}\delta\\&=2\left[\int_{-\delta_0}^{\delta_0}f\left(\frac{\delta+\delta_0}{2}\right)\mathrm{d}\delta-\int_{-\delta_0}^{\delta_0}f\left(\frac{\delta-\delta_0}{2}\right)\mathrm{d}\delta-2\delta_0Q_0\right]\end{aligned}\tag{8.15}$$

式(8.15)第一积分中，将变量写为 $u=(\delta+\delta_0)/2$，第二积分中将变量写为 $-u=(\delta-\delta_0)/2$，结合式(8.4)，可得其面积为

$$A=8\left[\int_0^{\delta_0}f(u)\,\mathrm{d}u-\frac{1}{2}\delta_0Q_0\right]\tag{8.16}$$

图 8.6 中，阴影部分为骨架曲线与其弦所包围的面积。由式(8.15)表示，履历环形线所包围的面积 A 为阴影区域面积的 8 倍。此也为 Masing 模型的一个特点。

4) 非线性反应的规则

非线性体系的反应，其恢复力-位移曲线路径，可设定如下 3 种基本规则。

规则 1：最初折回点出现之前，恢复力-位移轨迹沿骨架曲线移动。

规则 2：折回点出现之后的恢复力-位移曲线满足 Masing 规则的履历曲线。

规则 3：履历曲线通过终点后，其恢复力-位移曲线回复到前两次的履历曲线。

(1) 规则 1 规定对最初荷载的体系反应。

设第 i 时刻质点速度为 $\dot{\delta}$，若 $\dot{\delta}_{i-1}\dot{\delta}<0$，则位移 δ_{i-1} 与 δ_i 之间出现折回点。此时折回点位移 δ_{tn} 利用线形插值法确定为

$$\delta_{\mathrm{tn}}=\frac{\dot{\delta}_i\delta_{i-1}-\dot{\delta}_{i-1}\delta_i}{\dot{\delta}_i-\dot{\delta}_{i-1}}\tag{8.17}$$

若已知折回点位移 δ_{tn}，则利用式 $Q=f(\delta)$，可确定对应的力。

(2) 由规则 2 可知，利用式(8.7)可确定符合 Masing 规则的履历曲线方程。

(3) 规则 3 规定履历曲线超过终点后力与位移作用下的体系举动。设终点位移为 δ_{end}，若

$$(\delta_{\mathrm{end}}-\delta_i)\cdot\mathrm{sign}(\dot{\delta}_i)<0\tag{8.18}$$

即履历曲线超过终点。

遵循上述 3 条规则，即可合理地表示任意荷载作用下的非线性反应。

8.3　计算机程序设计

程序 MASG 为已知第 m 步与 $m-1$ 步的位移 δ_m、δ_{m-1} 及速度 $\dot{\delta}_m$、$\dot{\delta}_{m-1}$，计算 Masing 型非线性模型第 m 步恢复力 Q_m 的程序。

图 8.7 表示该程序的流程图。其中，u 和 v 表示位移和恢复力。K 为从 1 开始被利用的有效分支的通道号。

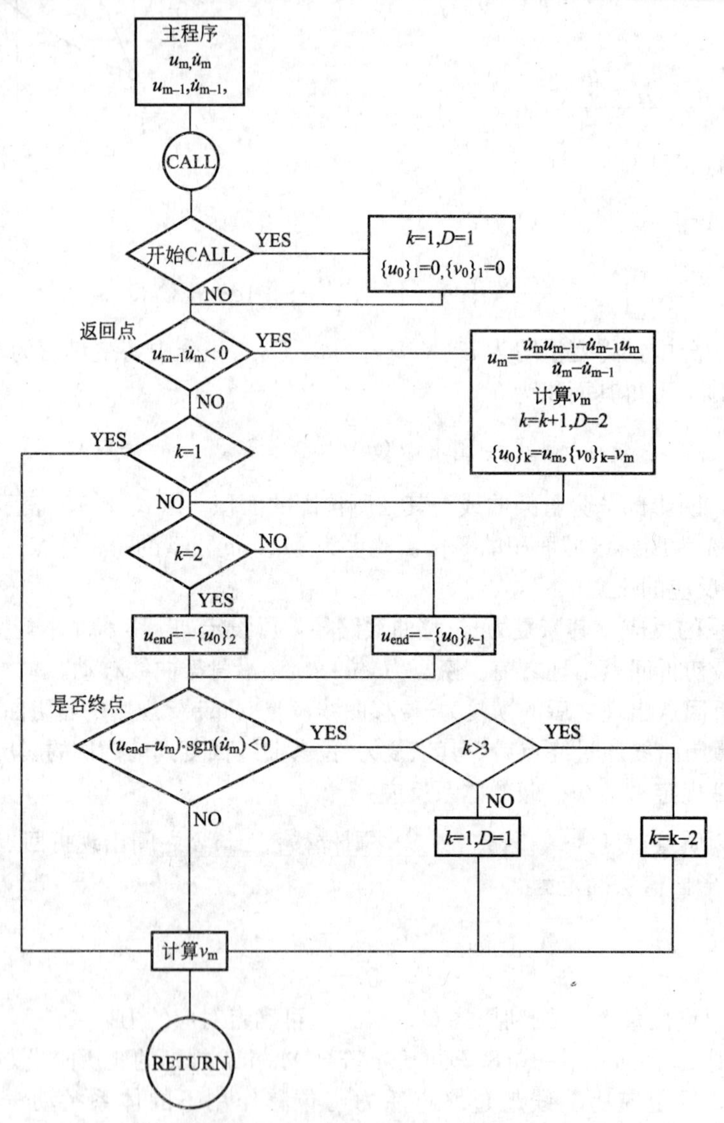

图 8.7　计算 Masing 型非线性恢复力模型的程序流程图

出现折回点时，将与第 k 号有效分支始点(即从 $k-1$ 号分支到 k 号分支的折回点)所对应的位移 u_m 和恢复力 v_m 作为第 k 次的元素，储存于向量 $\{u_0\}$ 和 $\{v_0\}$ 之中。就骨架曲线而言，k 为 1，且满足 $\{u_0\}_1=0$、$\{v_0\}_1=0$。

$k>2$ 的有效分支中，终点位移 u_{end} 与 $\{u_0\}_{k-1}$（前次有效分支的始点）相等，若 $k=2$（前次有效分支为骨架曲线），则终点位移 u_{end} 与 $-\{u_0\}_2$（对称点）相等。到达终点后，若 $k>3$，则 k 值减去 2（即恢复力-位移曲线追踪上两次有效分支的延长线），若 $k=2$（前次有效分支为骨架曲线）与 $k=3$（前两次有效分支为骨架曲线）时，k 值返回为 $k=1$。

骨架曲线与履历曲线上，由位移 u 计算恢复力 v 的计算公式为

$$v=f(u) \tag{8.19}$$

及

$$\frac{v-v_0}{2}=f\left(\frac{u-u_0}{2}\right) \tag{8.20}$$

程序中，利用下式统一计算方法。

$$\frac{v-\{v_0\}k}{D}=f\left(\frac{u-\{u_0\}k}{D}\right) \tag{8.21}$$

其中，当 $k=1$（骨架曲线上）时，$D=1$；当 $k\neq1$（履历曲线上）时，$D=2$。

式(8.16)～式(8.18)中，函数 f 即为骨架曲线的形状，可利用如下子程序 SKEL 定义。

```
      SUBROUTINE SKEL(U,UP1,UP2,SK1,SK2,SK3,V)
      IF(ABS(U).GT.UP1)GO TO 110
      V=SIGN(1.0,U)*SK1*ABS(U)
      RETURN
110   QP1=SK1*UP1
      IF(ABS(U).GT.UP2)GO TO 120
      V=SIGN(1.0,U)*(QP1+SK2*(ABS(U)-UP1))
      RETURN
120   QP2=QP1+SK2*(UP2-UP1)
      V=SIGN(1.0,U)*(QP2+SK3*(ABS(U)-UP2))
      RETURN
      END
```

分析地震反应之前，使用者应根据体系恢复力特性准备好 SKEL 子程序。所使用的 5 个参数。假如体系某一层的恢复力模型骨架曲线如图 8.8 所示，则其恢复力特性参数表示如下：

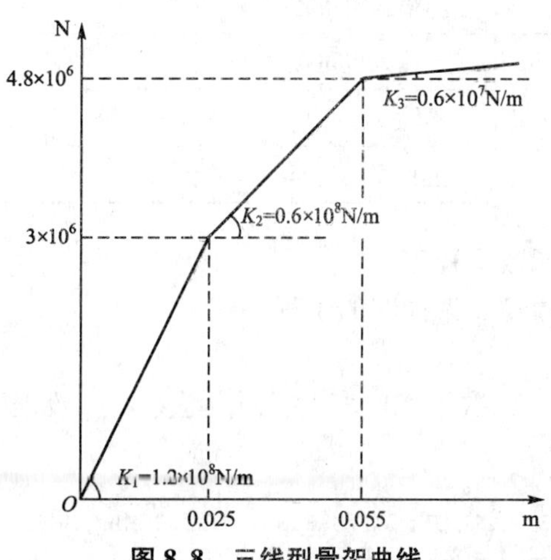

图 8.8　三线型骨架曲线

$UP1=0.025\text{m}$，$UP2=0.055\text{m}$，$SK1=1.20\times10^8\ \text{N/m}$，$SK2=0.60\times10^8\ \text{N/m}$，$SK3=0.60\times10^7\ \text{N/m}$

此处介绍分析满足 Masing 规则的恢复力模型子程序。其程序功能为已知第 m 步与第 $m-1$ 步位移 δ_m、δ_{m-1} 及速度 $\dot{\delta}_m$、$\dot{\delta}_{m-1}$，计算其第 m 步恢复力 Q_m。

【使用方法】

(1) 调用方法。

CALL MASG(U，DU，U1，DU1，SKEL1，SKEL2，SKEL3，SKEL4，SKEL5，V，ICALL，K，D，U0，V0，ND)

(2) 参数说明(表 8-1)。

表 8-1 参数说明

参数	类型	调用程序时的内容	返回值内容
U	R	与第 m 步对应的位移	不变
DU	R	与第 m 步对应的速度	不变
U1	R	与第 $m-1$ 步对应的位移	不变
DU1	R	与第 $m-1$ 步对应的速度	不变
SKEL1	R	确定骨架曲线形状的子程序 SKEL 的参数	不变
SKEL2			
SKEL3			
SKEL4			
SKEL5			
V	R	不输入也可以	恢复力
ICALL	I	最初调用程序时，ICALL=1 二次以上调用程序时，ICALL≠1	不变
K	I	不输入也可以	(工作区域)
D	R	不输入也可以	(工作区域)
U0	R 一维数组(ND)	不输入也可以	(工作区域)
V0	R 一维数组(ND)	不输入也可以	(工作区域)
ND	I	主程序中 U0，V0 的次元	不变

(3) 必要的子程序与函数子程序。

SKEL 为定义恢复力模型骨架曲线的子程序。

(4) 注意事项。

工作区域数组 U0，V0 的次元 ND 表示折回点总数，一般程序中取总步长数的 1/10。

【源程序】

```
      SUBROUTINE MASG(U,DU,U1,DU1,SKEL1,SKEL2,SKEL3,SKEL4,
     &       SKEL5,V,ICALL,K,D,U0,V0,ND)
```

```
      DIMENSION  U0(ND),V0(ND)
      IF(ICALL.NE.1)GO TO 110
      K=1
      D=1.0
      U0(1)=0.0
      V0(1)=0.0
110   IF(DU*DU1.GE.0.0)GO TO  120
      UTN=(DU*U1-DU1*U)/(DU-DU1)
      UU=(UTN-U0(K))/D
      CALL SKEL(UU,SKEL1,SKEL2,SKEL3,SKEL4,SKEL5,VV)
      VTN=D*VV+V0(K)
      K=K+1
      D=2.0
      U0(K)=UTN
      V0(K)=VTN
      GO TO 130
120   IF(K.EQ.1)GO TO 150
130   IF(K.EQ.2)UEND=-U0(2)
      IF(K.GT.2)UEND=U0(K-1)
      IF((UEND-U)*SIGN(1.0,DU).GE.0.0)  GO TO 150
      IF(K.GT.3)GO TO 140
      K=1
      D=1.0
      GO TO 150
140   K=K-2
150   UU=(U-U0(K))/D
      CALL SKEL(UU,SKEL1,SKEL2,SKEL3,SKEL4,SKEL5,VV)
      V=D*VV+V0(K)
      RETURN
      END
```

【例8.1】 对如图8.8所示三线型恢复力骨架曲线模型(Masing型)经18s作用一个位移函数

$$u(t)=[0.244t+(0.452t-9.036)\sin t]/100$$

画出其位移时程曲线与恢复力-位移曲线及瞬时刚度时程曲线。

解： 主程序如下。

```
      DIMENSION  U(1000),DU(1000),V(1000),T(1000),EK(1000),U0(100),V0(100)
      DATA  NN/1000/,DT/0.02/,ESP/0.000001/
      OPEN(3,FILE='MASE-结果.DAT',STATUS='UNKNOWN')
      UP1=2.5
      UP2=5.5
      SK1=120.0
      SK2=60.0
      SK3=6.0
```

```
      DO 110 M=1,NN
      T(M)=REAL(M-1)*DT
      U(M)=0.244*T(M)+(0.452*T(M)-9.036)*SIN(T(M))
      DU(M)=0.244+0.452*SIN(T(M))+(0.452*T(M)-9.036)*COS(T(M))
110   CONTINUE
      V(1)=0.0
      EK(1)=SK1
      DO 130 M=2,NN
      CALL MASG(U(M),DU(M),U(M-1),DU(M-1),UP1,UP2,SK1,
     & SK2,SK3,V(M),M-1,K,D,U0,V0,1000)
      IF(ABS(U(M)-U(M-1)).LT.ESP)GO TO 120
      EK(M)=(V(M)-V(M-1))/(U(M)-U(M-1))
      GO TO 130
120   EK(M)=EK(M-1)
130   CONTINUE
      DO 5 M=1,NN
      WRITE(3,528)T(M),U(M),V(M),EK(M)
5     CONTINUE
528   FORMAT(1X,E10.4,2X,E10.4,2X,E10.4,2X,E10.4,2X,E10.4,2X,E10.4)
      STOP
      END
```

计算结果：图 8.9 表示题中已知的位移时程曲线，图 8.10 以及图 8.11 分别表示其恢复力-位移曲线和瞬时刚度时程曲线。

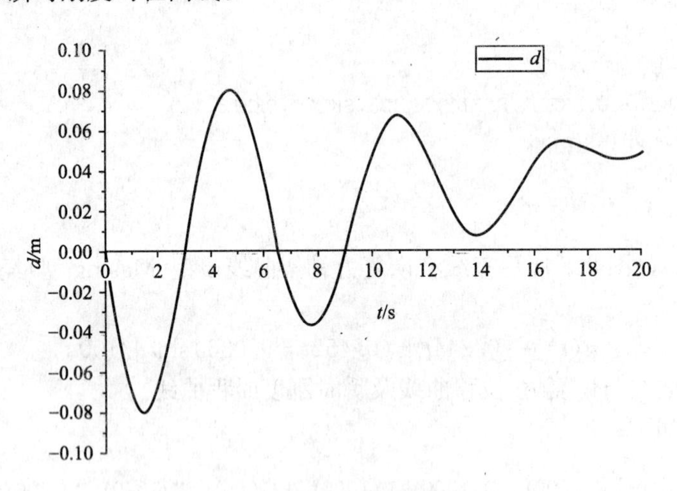

图 8.9　位移 $u(t)$ 时程曲线

本 章 小 结

(1) 构件恢复力特性根据情况可由弹性、曲线型、折线型、刚塑性、理想弹塑性、双

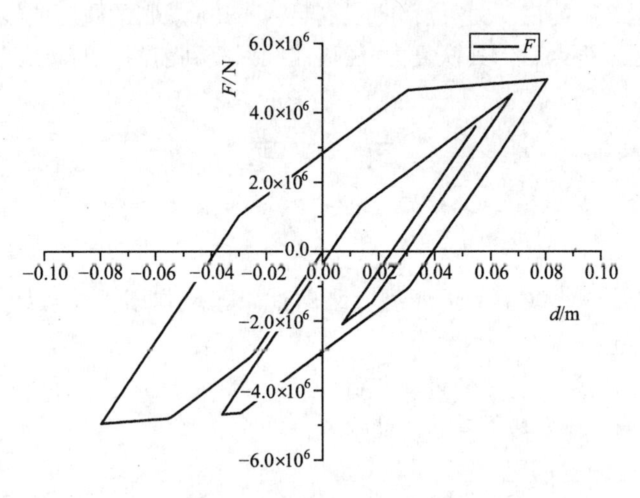

图 8.10　恢复力-位移曲线

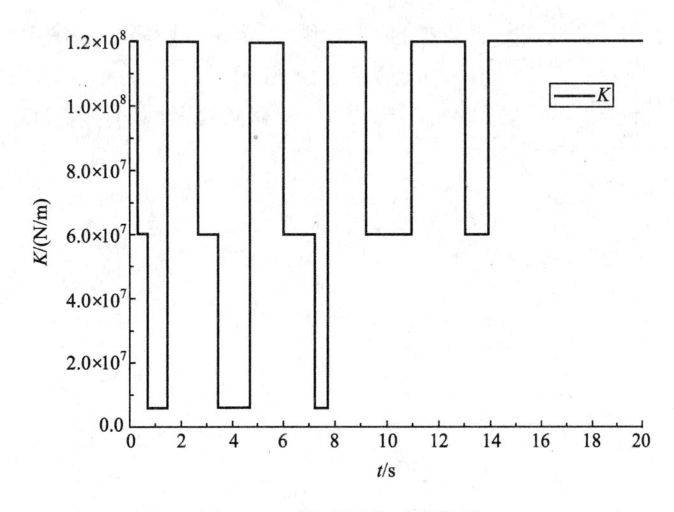

图 8.11　瞬时刚度时程曲线

线型、三线型等模型来表示。

(2) 从数值分析角度考虑，应尽量简化非线性恢复力模型。于此意义，Masing 规则具有相当的优点。Masing 规则为基于金属材料所提出的理论，但将其推广到双线型模型和三线型模型，则应用范围甚为广泛。符合 Masing 规则的非线性材料模型称为 Masing 模型。

(3) Masing 规则由如下四部分内容组成：

① 骨架曲线；

② 履历曲线；

③ 履历环形线所包围的面积；

④ 非线性反应的规则。

(4) 非线性体系的反应，其恢复力-位移曲线路径，可设定如下 3 种基本规则：

① 最初折回点出现之前，恢复力-位移轨迹沿骨架曲线移动；

② 折回点出现之后的恢复力-位移曲线满足 Masing 规则的履历曲线；

③ 履历曲线通过终点后，其恢复力-位移曲线回复到前两次的履历曲线。

习　　题

1. 思考题

(1) 什么是弹性、曲线型、折线型、刚塑性、理想弹塑性、双线型、三线型、$Q=Q(\delta, \dot{\delta})$型恢复力模型？

(2) 什么是折回点？什么是始点和终点？

(3) 什么是骨架曲线？什么是履历曲线？

(4) 什么是有效分支？

(5) 简述计算 Masing 型非线性恢复力模型的程序流程。

2. 计算题

对如图 8.8 所示三线型恢复力骨架曲线模型(Masing 型)经 20s 作用一个位移函数

$$u(t)=0.08\sin t$$

利用程序 MASG 绘制其位移时程曲线与恢复力-位移曲线及瞬时刚度时程曲线。

第9章 层振动模型地震反应弹塑性时程分析

教学目标

本章主要阐述层振动模型地震反应弹塑性时程分析方法。通过本章的学习，应达到以下目标：

(1) 理解讨论弹性和弹塑性地震反应时两个微分方程的不同表达方法；

(2) 理解讨论增量运动方程的理由；

(3) 掌握等效刚度矩阵和等效荷载向量的计算方法。

教学要求

知识要点	能力要求	相关知识
微分方程的不同表达方式	掌握刚度的变化而引起的分析方法的异同	地震反应弹性分析、地震反应弹塑性分析
增量运动方程	掌握增量运动方程的推导过程	振动微分方程、增量运动方程
Wilson－θ法	理解Wilson－θ法的基本原理和方法	线性加速度法、Newmark－β

基本概念

弹塑性时程分析、增量运动方程、Wilson－θ法、等效刚度矩阵、等效荷载向量。

引言

结构抗震计算的主要方法是对多遇地震采用振型分解反应谱方法进行分析，这种方法是一种静力分析法，它将地震剪力等效为水平力作用在结构上，然后按照静力学的方法进行分析计算。这种计算方法同实际地震反应尚有一定的差距，其计算精度不够，不一定能够保证地震作用下的结构安全。时程分析法是一种动力分析法，它是将结构物视为一个弹性振动体，将地震时地面运动产生的位移、速度、加速度作用在结构物上，然后用动力学的方法研究其振动情况。显然，时程分析法比振型分解反应谱法能更准确地反映地震时结构物的反应。

结构动力理论是直接通过动力方程求解地震反应，起源于20世纪60年代。由于地震波为复杂的随机振动，对于多自由度体系振动不可能直接得出解析解，只可采用逐步积分法，而这种方法计算工作量大，只有在计算机应用发展的前提下才能实现。

多自由度体系振动微分方程中，地面振动加速度是复杂的随机函数。同时，在弹塑性反应中刚度矩阵与阻尼矩阵亦随时间变化。因此，不可能求出解析解，只能采取数值分析方法求解。常用的地震反应计算数值方法有线性加速度法、Newmark - β 法、Wilson - θ 法和中心差分法，将振动微分方程式转化为增量方程后再逐步积分求解，即将时间转化分成一系列微小时间段，在时间内可采取一些假设，从而能对增量式直接积分，得出地震反应增量，以该步的终态值作为下一时间段的初始值。这样逐步积分，即可得出结构在地震作用下振动反应的全过程。

为了改进线性加速度法有条件才能稳定计算的缺陷，得到无条件稳定的线性加速度法，wilson 提出了一个简单而有效的 wilson - θ 法。该方法假定在时段 $\theta\Delta t$ 内加速度随时间呈线性变化，其中 $\theta>1$。与线性加速度法的区别在于，线性加速度法在时刻 $t+\Delta t$ 使用动力平衡方程，而 wilson - θ 法则将动力平衡方程应用于更后一点的时刻 $t+\theta\Delta t$。

9.1 增量运动方程

如图 9.1 所示，多质点体系剪切型层模型其质量矩阵设为 $[m]$，相对位移向量设为 $\{x\}$，层间剪力向量设为 $\{Q\}$，可表示为

$$[m]=\begin{bmatrix} m_n & & & & \\ & m_{n-1} & & & \\ & & \ddots & & \\ & & & m_2 & \\ & & & & m_1 \end{bmatrix} \quad \{x\}=\begin{Bmatrix} x_n \\ x_{n-1} \\ \vdots \\ x_2 \\ x_1 \end{Bmatrix} \quad \{Q\}=\begin{Bmatrix} Q_n \\ Q_{n-1} \\ \vdots \\ Q_2 \\ Q_1 \end{Bmatrix} \tag{9.1}$$

此处采用上层上位表示法。此外，将层间位移向量 $\{u\}$ 及对角线上元素为 1、下面副对角线上元素为−1、其余元素均为零的特殊 n 阶方阵 $[J]$，分别定义为

$$\{u\}=\begin{Bmatrix} u_n \\ u_{n-1} \\ \vdots \\ u_2 \\ u_1 \end{Bmatrix} \quad [J]=\begin{bmatrix} 1 & 0 & 0 & \cdots & 0 & 0 \\ -1 & 1 & 0 & \cdots & 0 & 0 \\ 0 & -1 & 1 & \cdots & 0 & 0 \\ \vdots & \vdots & \vdots & \ddots & \vdots & \vdots \\ 0 & 0 & 0 & \cdots & 1 & 0 \\ 0 & 0 & 0 & \cdots & -1 & 1 \end{bmatrix} \tag{9.2}$$

则有

$$[J]\{Q\}=\begin{Bmatrix} Q_n \\ -Q_n+Q_{n-1} \\ \cdots \\ -Q_{i+1}+Q_i \\ -Q_i+Q_{i-1} \\ \cdots \\ -Q_3+Q_2 \\ -Q_2+Q_1 \end{Bmatrix} \quad \{u\}=\begin{Bmatrix} x_n-x_{n-1} \\ x_{n-1}-x_{n-2} \\ \cdots \\ x_{i+1}-x_i \\ x_i-x_{i-1} \\ \cdots \\ x_2-x_1 \\ x_1 \end{Bmatrix}=[J]^{\mathrm{T}}\{x\} \tag{9.3}$$

不难看出，$-[J]\{Q\}$ 为作用于质点上的恢复力向量。

在图 9.1 中可知，$t=t$ 时刻体系的运动微分方程为

$$[m]\{\ddot{x}\}_t+[c]\{\dot{x}\}_t+[J]\{Q\}_t=-\ddot{x}_{gt}[m]\{1\} \tag{9.4}$$

而 $t=t+\Delta t$ 时刻体系的运动微分方程为

$$[m]\{\ddot{x}\}_{t+\Delta t}+[c]\{\dot{x}\}_{t+\Delta t}+[J]\{Q\}_{t+\Delta t}=-\ddot{x}_{g(t+\Delta t)}[m]\{1\} \tag{9.5}$$

式中，Δt 为时间增量；$[c]$ 是体系固有材料阻尼矩阵(不包括非线性引起的履历阻尼)；$\ddot{x}_{gt}$ 与 $\ddot{x}_{g_{(t+\Delta t)}}$ 分别表示 $t=t$ 与 $t=t+\Delta t$ 时刻的地震动加速度。

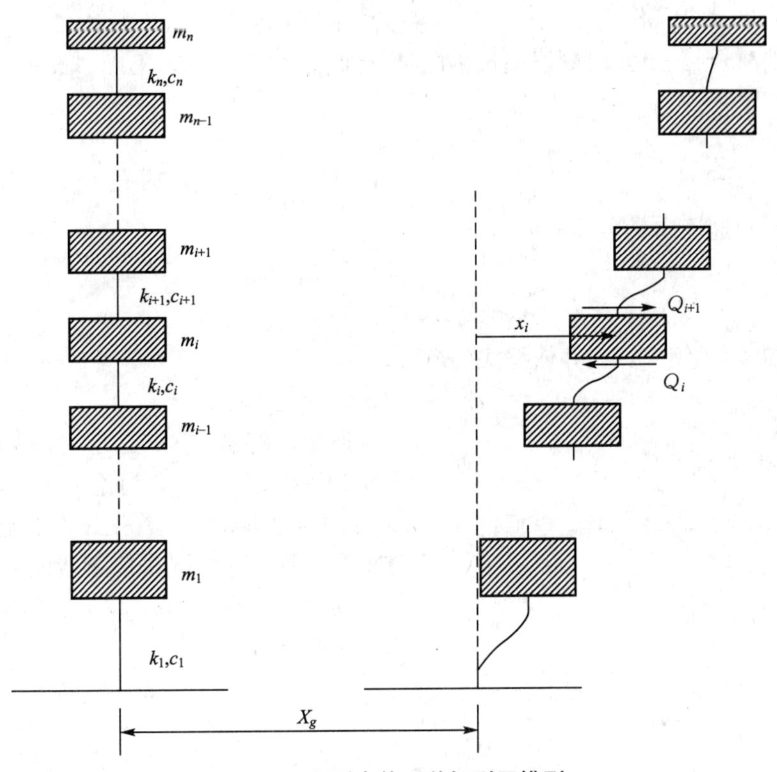

图 9.1　多质点体系剪切型层模型

9.2　Wilson - θ 法

至于运动方程的解法，此处采用 Wilson - θ 法，则 $t=t+\theta\Delta t$ $(\theta\geqslant1.37)$时刻体系运动微分方程为

$$[m]\{\ddot{x}\}_{t+\theta\Delta t}+[c]\{\dot{x}\}_{t+\theta\Delta t}+[J]\{Q\}_{t+\theta\Delta t}=-\ddot{x}_{g(t+\theta\Delta t)}[m]\{1\} \tag{9.6}$$

式中，$\ddot{x}_{g(t+\theta\Delta t)}=\ddot{x}_{gt}+\theta(\ddot{x}_{g(t+\Delta t)}-\ddot{x}_{gt})$。

从 $t=t$ 时刻到 $t=t+\theta\Delta t$ 时刻，期间 $\{x\}$ 与 $\{Q\}$ 的增量表示为 $\{\Delta x\}$ 与 $\{\Delta Q\}$，则

$$\begin{cases}\{\ddot{x}\}_{t+\theta\Delta t}=\{\ddot{x}\}_t+\{\Delta\ddot{x}\}_t\\ \{\dot{x}\}_{t+\theta\Delta t}=\{\dot{x}\}_t+\{\Delta\dot{x}\}_t\\ \{x\}_{t+\theta\Delta t}=\{x\}_t+\{\Delta x\}_t\\ \{Q\}_{t+\theta\Delta t}=\{Q\}_t+\{\Delta Q\}_t\end{cases} \tag{9.7}$$

将式(9.7)代入式(9.6)，经整理，得

$$[m](\{\ddot{x}\}_t+\{\Delta\ddot{x}\}_t)+[c](\{\dot{x}\}_t+\{\Delta\dot{x}\}_t)+[J](\{Q\}_t+\{\Delta Q\}_t)=-\ddot{x}_{g(t+\theta\Delta t)}[m]\{1\} \tag{9.8}$$

式(9.8)与式(9.4)之差为

$$[m]\{\Delta\ddot{x}\}_t+[c]\{\Delta\dot{x}\}_t+[J]\{\Delta Q\}_t=\Delta R_t[m]\{1\} \tag{9.9}$$

式中，$\Delta R_t=-\theta(\ddot{x}_{g(t+\Delta t)}-\ddot{x}_{gt})$

式(9.9)是关于增量 $\{\Delta\ddot{x}\}_t$、$\{\Delta\dot{x}\}_t$、$\{\Delta Q\}_t$的运动方程，故可称为增量运动方程。

$t=t$ 时刻与 $t=t+\theta\Delta t$ 时刻层间位移向量分别表示为 $\{u\}_t$与 $\{u\}_{t+\theta\Delta t}$，于式(9.3)中第2式可知

$$\begin{cases}\{u\}_t=[J]^{\mathrm{T}}\{x\}_t\\ \{u\}_{t+\theta\Delta t}=[J]^{\mathrm{T}}\{x\}_{t+\theta\Delta t}\end{cases} \tag{9.10}$$

另外，层间速度向量可表示为

$$\begin{cases}\{\dot{u}\}_t=[J]^{\mathrm{T}}\{\dot{x}\}_t\\ \{\dot{u}\}_{t+\theta\Delta t}=[J]^{\mathrm{T}}\{\dot{x}\}_{t+\theta\Delta t}\end{cases} \tag{9.11}$$

参照式(9.7)中第3式，并依据式(9.10)，可得

$$\{\Delta u\}_t=\{u\}_{t+\theta\Delta t}-\{u\}_t=[J]^{\mathrm{T}}\{\Delta x\}_t \tag{9.12}$$

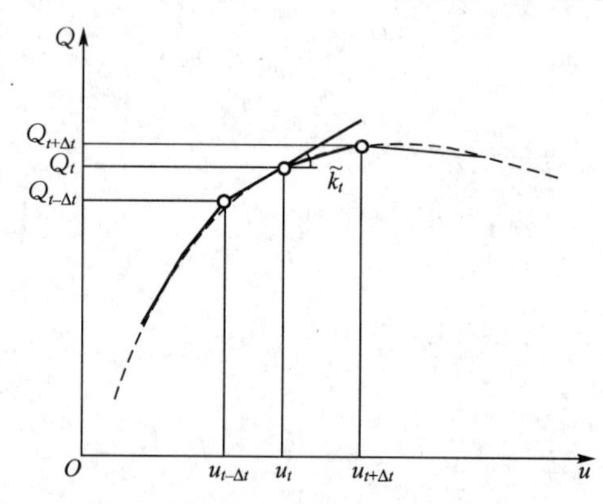

图 9.2　增量分析和瞬时刚度的近似

通常，将各层恢复力-位移变化轨迹以图 9.2中虚线表示。要讨论 $t=t$ 时刻至 $t=t+\Delta t$ 时刻的地震反应，首先必须确定此区间的瞬时刚度。而实际情况是以割线刚度代替瞬时刚度。其中，连接点(u_t, Q_t)与点$(u_{t+\Delta t}, Q_{t+\Delta t})$的线段斜率为

$$\widetilde{k}_t=\frac{Q_{t+\Delta t}-Q_t}{u_{t+\Delta t}-u_t} \tag{9.13}$$

因根据$t=t$ 时刻尚不能得到$t=t+\Delta t$ 时刻的 $Q_{t+\Delta t}$，所以利用式(9.13)无法直接确定刚度$\widetilde{k}_t$。采用往返迭代计算法可得到精度较高的刚度$\widetilde{k}_t$，但此种方法既复杂又消耗时间，所以，此处仅介绍既简单又可满足工程精度的方法。如图 9.2 所示，采用前一步刚度代替当前刚度。即利用连接点$(u_{t-\Delta t}, Q_{t-\Delta t})$与点$(u_t, Q_t)$的线段斜率

$$\widetilde{k}_t=\frac{Q_t-Q_{t-\Delta t}}{u_t-u_{t-\Delta t}} \tag{9.14}$$

近似地表示区间 $t\sim t+\Delta t$ 的瞬时刚度。因此，整个体系瞬时刚度可利用如下对角矩阵形式表示

$$[\widetilde{k}]_t=\begin{bmatrix}\widetilde{k}_n & & & & \\ & \widetilde{k}_{n-1} & & & \\ & & \ddots & & \\ & & & \widetilde{k}_2 & \\ & & & & \widetilde{k}_1\end{bmatrix}$$

利用 $[\tilde{k}]_t$ 将恢复力增量与层间位移增量关系表示为

$$\{\Delta Q\}_t=[\tilde{k}]_t\{\Delta u\}_t \tag{9.15}$$

对式(9.15)两侧左乘 $[J]$，结合式(9.12)，可得

$$[J]\{\Delta Q\}_t=[J][\tilde{k}]_t[J]^{\mathrm{T}}\{\Delta x\}_x=[\tilde{K}]_t\{\Delta x\}_t \tag{9.16}$$

式中，$[\tilde{K}]_t$ 表示 $t=t$ 时刻的瞬时刚度矩阵，即

$$[\tilde{K}]_t=\begin{bmatrix} \tilde{K}_n & -\tilde{K}_n & 0 & \cdots & 0 & 0 \\ -\tilde{K}_n & \tilde{K}_{n-1}+\tilde{K}_n & -\tilde{K}_{n-1} & \cdots & 0 & 0 \\ 0 & -\tilde{K}_{n-1} & \tilde{K}_{n-2}+\tilde{K}_{n-1} & \cdots & 0 & 0 \\ \vdots & \vdots & \vdots & \ddots & \vdots & \vdots \\ 0 & 0 & 0 & \cdots & \tilde{K}_2+\tilde{K}_3 & -\tilde{K}_2 \\ 0 & 0 & 0 & \cdots & -\tilde{K}_2 & \tilde{K}_1+\tilde{K}_2 \end{bmatrix} \tag{9.17}$$

利用式(9.16)，将式(9.9)改写为

$$[m]\{\Delta\ddot{x}\}_t+[c]\{\Delta\dot{x}\}_t+[\tilde{K}]_t\{\Delta x\}_t=\Delta R_t[m]\{1\} \tag{9.18}$$

也可将式(9.5)改写为

$$[m]\{\ddot{x}\}_{t+\Delta t}+[c]\{\dot{x}\}_{t+\Delta t}+[\tilde{K}]_{t+\Delta t}\{x\}_{t+\Delta t}=-\ddot{x}_{g(t+\Delta t)}[m]\{1\} \tag{9.19}$$

恢复力 $\{Q\}_t$ 依赖于位移 $\{x\}_t$ 与速度 $\{\dot{x}\}_t$，因此，式(9.19)不属于线性微分方程。但是，如式(9.18)所示，于时间间隔 Δt 内，若 $\tilde{k}_i$ $(i=1, 2, \cdots, n)$ 为常数，将位移增量 $\{\Delta x\}_t$ 作为未知数所表示的增量方程则属于线性微分方程。因此，式(9.18)于 $t=t$ 至 $t=t+\theta\Delta t$ 微小时段 Δt 内成立。即恢复力-位移曲线除过激的变化状态外，可近似地认为于微小时段 Δt 内，瞬时刚度 $\tilde{k}$ 为常量。当恢复力-位移曲线为折线型时，除折回点前后，式(9.14)同样成立。

上述近似的处理方法，即是解决非线性体系反应问题的基础。具体而言，如图 9.2 所示，将以虚线表示的非线性恢复力-位移曲线，以实线的折线近似后，于线段上逐次进行线性增量分析，以达到求解整个体系地震反应的目的。此处介绍基于 Wilson－θ 法的时程分析法。

如图 9.3 所示，假设加速度反应值 $\{\ddot{x}\}_t$ 于 $t=t$ 至 $t=t+\theta\Delta t$ $(\theta\geqslant 1.37)$ 区间一直保持线性变化，τ 为局部时间，则其加速度变化可表示为

$$\{\ddot{x}\}_\tau=\{\ddot{x}\}_t+\frac{\tau}{\theta\Delta t}\{\Delta\ddot{x}\}_t \tag{9.20}$$

对式(9.20)积分，得

$$\left.\begin{aligned} \{\dot{x}\}_\tau&=\{\dot{x}\}_t+\tau\{\ddot{x}\}_t+\frac{\tau^2}{2(\theta\Delta t)}\{\Delta\ddot{x}\}_t \\ \{\dot{x}\}_\tau&=\{\dot{x}\}_t+\tau\{\ddot{x}\}_t+\frac{\tau^2}{2(\theta\Delta t)}\{\Delta\ddot{x}\}_t \end{aligned}\right\} \tag{9.21}$$

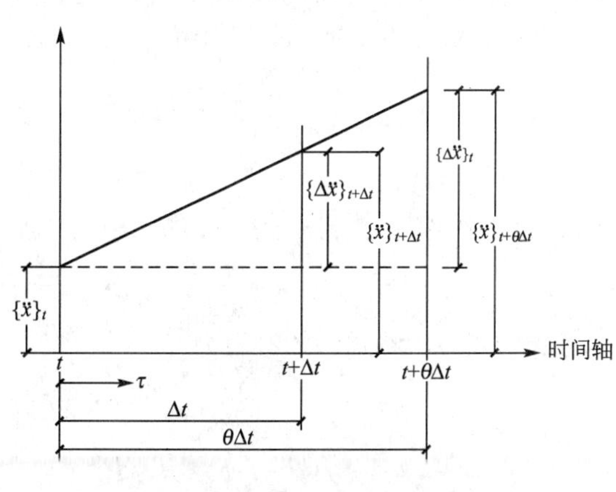

图 9.3　Wilson－θ 法假设

设 $\tau=\Delta t$，则式(9.21)转变为

$$\left.\begin{aligned}\{\dot{x}\}_{t+\Delta t}&=\{\dot{x}\}_t+\Delta t\{\ddot{x}\}_t+\frac{\Delta t}{2\theta}\{\Delta\ddot{x}\}_t\\\{x\}_{t+\Delta t}&=\{x\}_t+\Delta t\{\dot{x}\}_t+\frac{(\Delta t)^2}{2}\{\ddot{x}\}_t+\frac{(\Delta t)^2}{6\theta}\{\Delta\ddot{x}\}_t\end{aligned}\right\}\tag{9.22}$$

设 $\tau=\theta\Delta t$，则式(9.21)转变为

$$\left.\begin{aligned}\{\dot{x}\}_{t+\theta\Delta t}&=\{\dot{x}\}_t+\theta\Delta t\{\ddot{x}\}_t+\frac{\theta\Delta t}{2}\{\Delta\ddot{x}\}_t\\\{x\}_{t+\theta\Delta t}&=\{x\}_t+\theta\Delta t\{\dot{x}\}_t+\frac{(\theta\Delta t)^2}{2}\{\ddot{x}\}_t+\frac{(\theta\Delta t)^2}{6}\{\Delta\ddot{x}\}_t\end{aligned}\right\}\tag{9.23}$$

考虑式(9.7)，由式(9.23)可得

$$\left.\begin{aligned}\{\Delta\dot{x}\}_t&=\{\dot{x}\}_{t+\theta\Delta t}-\{\dot{x}\}_t=\theta\Delta t\{\ddot{x}\}_t+\frac{\theta\Delta t}{2}\{\Delta\ddot{x}\}_t\\\{\Delta x\}_t&=\{x\}_{t+\theta\Delta t}-\{x\}_t=\theta\Delta t\{\dot{x}\}_t+\frac{(\theta\Delta t)^2}{2}\{\ddot{x}\}_t+\frac{(\theta\Delta t)^2}{6}\{\Delta\ddot{x}\}_t\end{aligned}\right\}\tag{9.24}$$

从式(9.24)中解出 $\{\Delta\ddot{x}\}_t$与 $\{\Delta\dot{x}\}_t$，并将其利用 $\{\Delta x\}_t$表示为

$$\left.\begin{aligned}\{\Delta\ddot{x}\}_t&=\frac{6}{(\theta\Delta t)^2}\{\Delta x\}_t-\frac{6}{\theta\Delta t}\{\dot{x}\}_t-3\{\ddot{x}\}_t\\\{\Delta\dot{x}\}_t&=\frac{3}{\theta\Delta t}\{\Delta x\}_t-3\{\dot{x}\}_t-\frac{\theta\Delta t}{2}\{\ddot{x}\}_t\end{aligned}\right\}\tag{9.25}$$

将式(9.25)代入式(9.18)的增量微分方程中，整理得到

$$\left([\tilde{K}]_t+\frac{6}{(\theta\Delta t)^2}[m]+\frac{3}{\theta\Delta t}[c]\right)\{\Delta x\}_t=\{R\}_t\tag{9.26}$$

式中，等式右侧可表示为

$$\{R\}_t=[m]\left(\Delta R_t\{1\}+\frac{6}{\theta\Delta t}\{\dot{x}\}_t+3\{\ddot{x}\}_t\right)+[c]\left(3\{\dot{x}\}_t+\frac{\theta\Delta t}{2}\{\ddot{x}\}_t\right)$$

式中，$[\tilde{K}]_t+\frac{6}{(\theta\Delta t)^2}[m]+\frac{3}{\theta\Delta t}[c]$ 为等效刚度矩阵；$\{R\}_t$为等效荷载向量。

式(9.26)为关于 $\{\Delta x\}_t$的联立方程，求解得

$$\{\Delta x\}_t=\left([\tilde{K}]_t+\frac{6}{(\theta\Delta t)^2}[m]+\frac{3}{\theta\Delta t}[c]\right)^{-1}\{R\}_t\tag{9.27}$$

得到 $\{\Delta x\}_t$以后，将其代入式(9.25)中的第一式，得到 $\{\Delta\ddot{x}\}_t$。

此外，如图 9.3 所示，利用内插法，得到 $t+\Delta t$ 时刻质点的相对加速度为

$$\begin{aligned}\{\ddot{x}\}_{t+\Delta t}&=\{\ddot{x}\}_t+\frac{1}{\theta}(\{\ddot{x}\}_{t+\theta\Delta t}-\{\ddot{x}\}_t)\\&=\{\ddot{x}\}_t+\frac{1}{\theta}\{\Delta\ddot{x}\}_t\end{aligned}\tag{9.28}$$

将式(9.25)中第一式代入式 (9.29) 中的 $\{\Delta\ddot{x}\}_t$，得

$$\{\ddot{x}\}_{t+\Delta t}=\frac{6}{\theta(\theta\Delta t)^2}\{\Delta x\}_t-\frac{6}{\theta(\theta\Delta t)}\{\dot{x}\}_t+\left(1-\frac{3}{\theta}\right)\{\ddot{x}\}_t\tag{9.29}$$

参考式(9.28)，将式(9.22)写为

$$\left.\begin{aligned}\{\dot{x}\}_{t+\Delta t}&=\{\dot{x}\}_t+\frac{\Delta t}{2}(\{\ddot{x}\}_{t+\Delta t}+\{\ddot{x}\}_t)\\\{x\}_{t+\Delta t}&=\{x\}_t+\Delta t\{\dot{x}\}_t+\frac{(\Delta t)^2}{6}(\{\ddot{x}\}_{t+\Delta t}+2\{\ddot{x}\}_t)\end{aligned}\right\}\tag{9.30}$$

即利用式(9.29)求解 $\{\ddot{x}\}_{t+\Delta t}$以后，基于式(9.30)可完全确定 $t=t+\Delta t$ 时刻的相对速度与

相对位移。

虽然通过求解式(9.29)已经得到 $\{\ddot{x}\}_{t+\Delta t}$，但是为减小逐次累计误差，以 $\{\dot{x}\}_{t+\Delta t}$ 与 $\{x\}_{t+\Delta t}$ 作为已知数，利用式(9.5)重新评价 $\{\ddot{x}\}_{t+\Delta t}$，可得

$$\{\ddot{x}\}_{t+\Delta t}=-\ddot{y}_{t+\Delta t}\{1\}-[m]^{-1}([c]\{\dot{x}\}_{t+\Delta t}+[J]\{Q\}_{t+\Delta t}) \tag{9.31}$$

至此，利用 $\{\ddot{x}\}_t$、$\{\dot{x}\}_t$、$\{x\}_t$ 与地震动加速度，即可确定 $\{\ddot{x}\}_{t+\Delta t}$、$\{\dot{x}\}_{t+\Delta t}$、$\{x\}_{t+\Delta t}$ 的反应值。同理，将本次计算结果与地震动加速度作为初始值，可确定 $\{\ddot{x}\}_{t+2\Delta t}$、$\{\dot{x}\}_{t+2\Delta t}$、$\{x\}_{t+2\Delta t}$ 的反应值。依次类推。

基于如下(9.3)式中第二式

$$\{u\}_t=[J]^{\mathrm{T}}\{x\}_t \quad \{\dot{u}\}_t=[J]^{\mathrm{T}}\{x\}_t$$

$$\{u\}_{t+\Delta t}=[J]^{\mathrm{T}}\{x\}_{t+\Delta t} \quad \{\dot{u}\}_{t+\Delta t}=[J]^{\mathrm{T}}\{\dot{x}\}_{t+\Delta t}$$

计算层间位移向量与层间速度，并根据恢复力-位移曲线确定层间剪力 $\{Q\}_{t+\Delta t}$ 后，利用式(9.14)，即

$$\widetilde{k}_{t+\Delta t}=\frac{Q_{t+\Delta t}-Q_t}{u_{t+\Delta t}-u_t}$$

计算下一次循环步骤中所使用的瞬时刚度近似值 $\widetilde{k}_{t+\Delta t}$。

9.3　计算机程序设计

程序 NRES 为已知多质点体系剪切型层模型的质量矩阵、阻尼矩阵、初期刚度矩阵、表示恢复力特性的骨架曲线与作用于体系的地震动加速度时程曲线，进而计算质点绝对加速度、相对速度、相对位移与层间剪力等地震反应的子程序。

【使用方法】

(1) 调用方法。

CALL　NRES(N，EM，EC，EK，UP1，UP2，SK1，SK2，SK3，NN，DT，DDY，ACC，VEL，DIS，Q，K，D，U0，V0，VW1，VW2，ND1，ND2，ND3)

(2) 参数说明(表 9-1)。

表 9-1　参数说明

参数	类型	调用程序时的内容	返回值内容
N	I	质点总数	不变
EM	R 二维数组(ND1，ND1)	质量矩阵	不变
EC	R 二维数组(ND1，ND1)	阻尼矩阵	不变
EK	R 二维数组(ND1，ND1)	初期刚度矩阵	不变
UP1	R 一维数组(ND1)	决定恢复力特性骨架曲线形状的子程序 SKEL 的参数	不变
UP2			
SK1			
SK2			
SK3			

（续）

参数	类型	调用程序时的内容	返回值内容
NN	I	地震动加速度时程数据总数	不变
DT	R	地震动加速度时间间隔	不变
DDY	R 一维数组(ND2)	地震动加速度时程曲线	不变
ACC	R 二维数组(ND1，ND2)	不输入也可以	质点加速度
VEL	R 二维数组(ND1，ND2)	不输入也可以	质点速度
DIS	R 二维数组(ND1，ND2)	不输入也可以	质点位移
Q	R 二维数组(ND1，ND2)	不输入也可以	层间剪力
K	I 一维数组(ND1)	不输入也可以	(工作区域)
D	R 一维数组(ND1)	不输入也可以	(工作区域)
U0	R 二维数组(ND1，ND3)	不输入也可以	(工作区域)
V0	R 二维数组(ND1，ND3)	不输入也可以	(工作区域)
VW1	R 一维数组(ND3)	不输入也可以	(工作区域)
VW2	R 一维数组(ND3)	不输入也可以	(工作区域)
ND1	I	主程序中 EM，EC，EK，UP1，UP2，SK1，SK2，SK3，ACC，VEL，DIS，Q，K，D，U0，V0 的次元	不变
ND2	I	主程序中 DDY，ACC，VEL，DIS，Q 的次元	不变
ND3	I	主程序中 U0，V0，VW1，VW2 的次元	不变

(3) 必要的子程序。

① CHOL 为利用 LU 三角分解法求解线性方程组 $[A]\{x\}=\{b\}$ 的子程序。

② MASG 为讨论 Masing 型非线性模型恢复力特性的子程序。

③ SKEL 为定义恢复力特性骨架曲线的程序。

【源程序】

```
      subroutine NRES(n,em,ec,ek,up1,up2,sk1,sk2,sk3,dt,ddy,acc,
     &               vel,dis,q,k,d,uo,vo,vw1,vw2,nd1,nd2,nd3)
      dimension em(nd1,nd1),ec(nd1,nd1),ek(nd1,nd1),up1(nd1),up2(nd1),
     &    sk1(nd1),sk2(nd1),sk3(nd1),ddy(nd2),acc(nd1,nd2),
     &    vel(nd1,nd2),dis(nd1,nd2),q(nd1,nd2),k(nd1),d(nd1),sd(nd1,nd2),
     &    wp(nd2),e(nd2),swh(nd1),sk(nd1),wd(nd2),wh(nd2),uo(nd1,nd3),
     &    vo(nd1,nd3),vw3(nd3),vw4(nd3),wpp(nd1,nd2),wpe(nd1),ee(nd1)
      dimension ek1(nd1,nd1),vk(nd1),r(nd1),delx(nd1),u_u(nd1),du_u(nd1),
     &    ee1(nd1),wehp(nd2),e1(nd2),qq(nd2),vk1(nd1),ude(nd1),
     &    vel_max(nd1),acc_max(nd1),dis_max(nd1),q_max(nd1)
      theta=1.4
      eps=0.000001
      thdt=theta*dt
      a0=6.0/thdt**2
      a1=3.0/thdt
```

```
      a2=a1*2.0
      a3=thdt/2.0
      a4=a0/theta
      a5=-a2/theta
      a6=1.0-3.0/theta
      a7=dt/2.0
      a8=a7*dt/3.0
      do 120 i=1,n
      acc(i,1)=-ddy(1)
      vel(i,1)=0.0
      dis(i,1)=0.0
      vel_max(i)=0.0
      acc_max(i)=0.0
      dis_max(i)=0.0
      q(i,1)=0.0
      u_u(i)=0.0
      du_u(i)=0.0
      e1(i)=0.0
      q_max(i)=0.0
      qq(i)=up1(i)*sk1(i)
      do 110 j=1,n
      ek1(i,j)=0.
110   continue
120   continue
      vk(1)=ek(1,1)
      do 130 i=2,n
      vk(i)=ek(i,i-1)+ek(i,i)
130   continue
c     m 循环开始!
      do 290 m=2,nd2
      ek1(1,1)=vk(1)
      ek1(1,2)=-vk(1)
      do 140 i=2,n-1
      ek1(i,i-1)=-vk(i-1)
      ek1(i,i)=vk(i)+vk(i-1)
      ek1(i,i+1)=-vk(i)
140   continue
      ek1(n,n-1)=-vk(n-1)
      ek1(n,n)=vk(n-1)+vk(n)
c     等效刚度
      do 160 i=1,n
      do 150 j=1,n
      ek1(i,j)=ek1(i,j)+a0*em(i,j)+a1*ec(i,j)
150   continue
160   continue
c     等效荷载
```

```
      delr=-theta*(ddy(m)-ddy(m-1))
      do 180 i=1,n
      s=em(i,i)*(delr+a2*vel(i,m-1)+3.*acc(i,m-1))
      do 170 j=1,n
      s=s+ec(i,j)*(3.*vel(j,m-1)+a3*acc(j,m-1))
170   continue
      r(i)=s
180   continue
c     求解方程
      CALL  CHOL(n,nd1,ek1,r,delx,0)
c     地震反应值
      do 190 i=1,n
      acc(i,m)=a4*delx(i)+a5*vel(i,m-1)+a6*acc(i,m-1)
      vel(i,m)=vel(i,m-1)+a7*(acc(i,m)+acc(i,m-1))
      dis(i,m)=dis(i,m-1)+dt*vel(i,m-1)+a8*(acc(i,m)+2.*acc(i,m-1))
      acc_max(i)=amax1(acc_max(i),(abs(acc(i,m))))
      vel_max(i)=amax1(vel_max(i),(abs(vel(i,m))))
      dis_max(i)=amax1(dis_max(i),(abs(dis(i,m))))
190   continue
      tim=dt*m
      write(30,7)tim,(dis(i,m),i=1,n)
      write(31,7)tim,(vel(i,m),i=1,n)
      write(32,7)tim,(acc(i,m),i=1,n)
c     修正刚度
      do 260 i=1,n
      ui=u_u(i)
      dui=du_u(i)
      vki=vk(i)
      if(i.EQ.n)go to 200
      u_u(i)=dis(i,m)-dis(i+1,m)
      sd(i,m)=u_u(i)
      du_u(i)=vel(i,m)-vel(i+1,m)
      go to 210
200   u_u(n)=dis(n,m)
      sd(n,m)=u_u(n)
      du_u(n)=vel(n,m)
210   do 220 j=1,nd3
      vw3(j)=uo(i,j)
      vw4(j)=vo(i,j)
220   continue
      CALL MASG(u_u(i),du_u(i),ui,dui,up1(i),up2(i),sk1(i),sk2(i),sk3(i),
     &    q(i,m),m-1,k(i),d(i),vw3,vw4,nd3)
      q_max(i)=amax1(q_max(i),abs(q(i,m)))
      if(abs(u_u(i)-ui).LE.eps)go to 230
      vk(i)=abs(q(i,m)-q(i,m-1))/abs(u_u(i)-ui)
      go to 240
```

```
230   vk(i)=vki
240   do 250 j=1,nd3
      uo(i,j)=vw3(j)
      vo(i,j)=vw4(j)
250   continue
260   continue
c     为了提高精度,利用基本振动微分方程重新计算加速度反应值。
      ddym=ddy(m)
      do 2830 i=1,n
      s=0.0
      do 270 j=1,n
      s=s+ec(i,j)*vel(j,m)
270   continue
      s=s+q(i,m)
      if(i.GE.2)s=s-q(i-1,m)
      acc(i,m)=-ddym-s/em(i,i)
2830  continue
290   continue
c     m 循环结束!
      write(36,7)  (dis_max(i),i=1,n)
      write(37,7)  (vel_max(i),i=1,n)
      write(38,7)  (acc_max(i),i=1,n)
101   continue
7     format(1x,e10.4,2x,e10.4,2x,e10.4,2x,e10.4,2x,e10.4,2x,e10.4,
   &        2x,e10.4,2x,e10.4,2x,e10.4,2x,e10.4,2x,e10.4,2x,e10.4)
      return
      end
```

【例 9.1】 10 层钢筋混凝土框架结构其质量见表 9－2，各层骨架特性见图 9.4 和表 9－3。设阻尼取瑞雷型阻尼，第一阶振型阻尼比和第二阶振型阻尼比均为 5%。求 EL

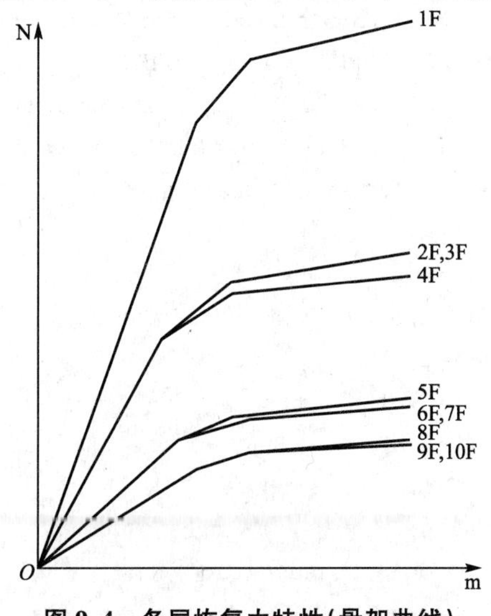

图 9.4　各层恢复力特性(骨架曲线)

CENTRO NS 地震动(加速度峰值为 5m/s²，时间间隔为 0.01s)作用下的体系地震反应。

表 9-2　各层质量　　单位：$\times 10^4$kg

层	1	2	3	4	5	6	7	8	9	10
质量	102.0	102.0	106.0	102.0	102.0	102.0	9.0	9.0	9.0	8.0

表 9-3　恢复力特性(骨架曲线)

层数＼参数	U_1/m	U_2/m	K_1/(N/m)	K_2/(N/m)	K_3/(N/m)
1	0.018	0.024	6.8×10^8	3.0×10^8	3.0×10^7
2	0.014	0.022	4.5×10^8	2.0×10^8	2.0×10^7
3	0.014	0.022	4.5×10^8	2.0×10^8	2.0×10^7
4	0.014	0.022	4.5×10^8	1.6×10^8	1.6×10^7
5	0.016	0.022	2.2×10^8	1.0×10^8	1.2×10^7
6	0.016	0.024	2.2×10^8	0.8×10^8	1.0×10^7
7	0.016	0.024	2.2×10^8	0.8×10^8	1.0×10^7
8	0.018	0.024	1.5×10^8	0.8×10^8	1.0×10^7
9	0.018	0.026	1.5×10^8	0.6×10^8	0.8×10^7
10	0.018	0.026	1.5×10^8	0.6×10^8	0.8×10^7

解：主程序如下。

```
PARAMETER(n=10,nd1=n+5,nd2=5300,nd3=nd2/10,dt=0.01,ind=0,idamp=3)
dimension  em(nd1,nd1),ek(nd1,nd1),ec(nd1,nd1),up1(nd1),up2(nd1)
dimension  sk1(nd1),sk2(nd1),sk3(nd1),ddy(nd2),acc(nd1,nd2)
dimension  vel(nd1,nd2),dis(nd1,nd2),q(nd1,nd2),sd(nd1,nd2)
dimension  a_m(nd1),a_k(nd1),h(nd1),w(nd1)
dimension  vw1(nd1,nd1),vw2(nd1,nd1),d(nd1),uo(nd1,nd3)
dimension  vo(nd1,nd3),vw3(nd3),vw4(nd3),u(nd1,nd1),
open(1,file='nres.dat',status='old')
read(1,*)(up1(i),i=1,n)
read(1,*)(up2(i),i=1,n)
read(1,*)(sk1(i),i=1,n)
read(1,*)(sk2(i),i=1,n)
read(1,*)(sk3(i),i=1,n)
read(1,*)(a_m(i),i=1,n)
read(1,*)(a_k(i),i=1,n)
read(1,*)(h(i),i=1,n)
open(2,file='el-01.dat',status='old')
read(2,*)(ddy(i),i=1,nd2)
```

```
      ddymax=0.0
      do 8 i=1,nd2
      ddy(i)=ddy(i)*0.01
      ddymax=amax1(ddymax,abs(ddy(i)))
      continue
      write(6,*)'DDYMAX=',ddymax,'m/s^2'
      ddymax1=0.0
      coef=5.0/ddymax
      do 18 i=1,nd2
      ddy(i)=coef*ddy(i)
      ddymax1=amax1(ddymax1,abs(ddy(i)))
18    continue
      write(6,*)'DDYMAX1=',ddymax1,'m/s^2'
      open(30,FILE='30-m,(dis(i,m),i=1,n)',status='unknown')
      open(31,FILE='31-m,(vel(i,m),i=1,n)',status='unknown')
      open(32,FILE='32-m,(acc(i,m),i=1,n)',status='unknown')
      open(35,FILE='35-m,(sd_max)',status='unknown')
      open(36,FILE='36-m,(dis_max)',status='unknown')
      open(37,FILE='37-m,(vel_max)',status='unknown')
      open(38,FILE='38-m,(acc_max)',status='unknown')
      open(103,FILE='103-(sd(i,m),i=1,n),(q(i,m),i=1,n)',status='unknown')
      close(1,STATUS='KEEP')
      close(2,STATUS='KEEP')
      do 100 i=1,n
      do 110 j=1,n
      em(i,j)=0.0
      ek(i,j)=0.0
      ec(i,j)=0.0
110   continue
100   continue
      do 112 i=1,n
      em(i,i)=a_m(i)
112   continue
      a_k(0)=0.0
      do 113 i=1,n
      ek(i,i)=a_k(i-1)+a_K(i)
113   continue
      do 114 i=1,n
      j=i+1
      ek(i,j)=-a_K(i)
      ek(j,i)=ek(i,j)
114   continue
c     计算周期
      call  moch(n,em,ek,w,u,1,nd1,vw1,vw2)
```

```
c       计算阻尼
        call  damp(n,em,ek,h,w,u,idamp,ec,nd1,vw1,vw2)
c       地震反应分析
        call NRES(n,em,ec,ek,up1,up2,sk1,sk2,sk3,dt,ddy,acc,acc_j
     &           ,vel,dis,q,k,d,uo,vo,vw3,vw4,nd1,nd2,nd3)
        stop
        end
```

计算结果如下。

(1) 文件 nres. dat 如下。

0. 018, 0. 018, 0. 018, 0. 016, 0. 016, 0. 016, 0. 014, 0. 014, 0. 014, 0. 018,
0. 026, 0. 026, 0. 024, 0. 024, 0. 024, 0. 022, 0. 022, 0. 022, 0. 022, 0. 024,
1. 5e8, 1. 5e8, 1. 5e8, 2. 2e8, 2. 2e8, 2. 2e8, 4. 5e8, 4. 5e8, 4. 5e8, 6. 8e8,
0. 6e8, 0. 6e8, 0. 8e8, 0. 8e8, 0. 8e8, 1. 0e8, 1. 6e8, 2. 0e8, 2. 0e8, 3. 0e8,
0. 8e7, 0. 8e7, 1. 0e7, 1. 0e7, 1. 0e7, 1. 2e7, 1. 6e7, 2. 0e7, 2. 0e7, 3. 0e7,
8. 0e4, 9. 0e4, 90e4, 90e4, 1. 02e6, 1. 02e6, 1. 02e6, 1. 06e6, 1. 02e6, 1. 02e6,
1. 5e8, 1. 5e8, 1. 5e8, 2. 2e8, 2. 2e8, 2. 2e8, 4. 5e8, 4. 5e8, 4. 5e8, 6. 8e8,
0. 05, 0. 05, 0. 05, 0. 05, 0. 05, 0. 05, 0. 05, 0. 05, 0. 05, 0. 05,

(2) 部分分析结果如图 9.5 所示。

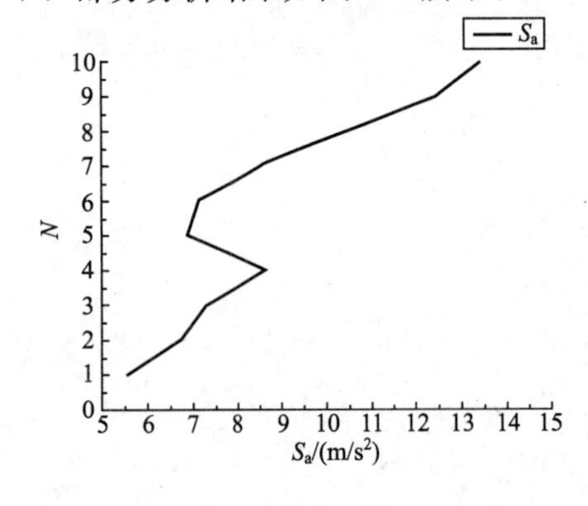

(a) 最大加速度

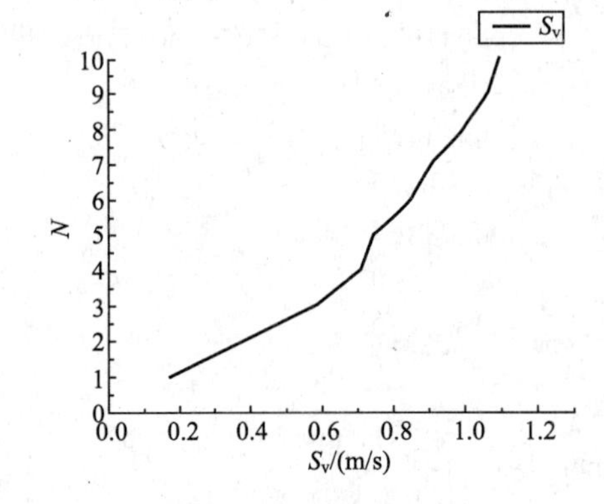

(b) 最大相对速度

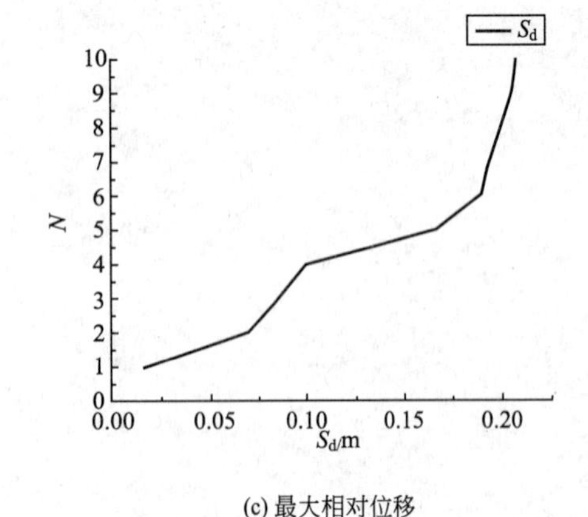

(c) 最大相对位移

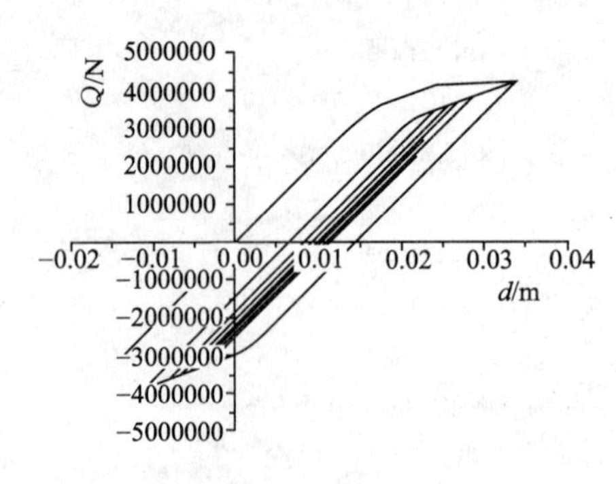

(d) 恢复力-位移曲线(第6层)

图 9.5　计算结果

本 章 小 结

(1) 讨论多质点体系弹塑性地震反应时的振动微分方程为

$$[m]\{\ddot{x}\}_t+[c]\{\dot{x}\}_t+[J]\{Q\}_t=-\ddot{x}_{gt}[m]\{1\}$$

式中，$-[J]\{Q\}$ 为作用于质点上的恢复力向量，其表达式为

$$[J]=\begin{bmatrix}1 & 0 & 0 & \cdots & 0 & 0\\ -1 & 1 & 0 & \cdots & 0 & 0\\ 0 & -1 & 1 & \cdots & 0 & 0\\ \vdots & \vdots & \vdots & \ddots & \vdots & \vdots\\ 0 & 0 & 0 & \cdots & 1 & 0\\ 0 & 0 & 0 & \cdots & -1 & 1\end{bmatrix},\ \{Q\}=\begin{Bmatrix}Q_n\\ Q_{n-1}\\ \vdots\\ Q_2\\ Q_1\end{Bmatrix},\ [J]\{Q\}=\begin{Bmatrix}Q_n\\ -Q_n+Q_{n-1}\\ \cdots\\ -Q_{i+1}+Q_i\\ -Q_i+Q_{i-1}\\ \cdots\\ -Q_3+Q_2\\ -Q_2+Q_1\end{Bmatrix}$$

(2) 讨论弹塑性地震反应时刚度值随时发生变化，故考虑如下增量运动方程

$$[m]\{\Delta\ddot{x}\}_t+[c]\{\Delta\dot{x}\}_t+[J]\{\Delta Q\}_t=\Delta R_t[m]\{1\}$$

(3) 利用 Wilson - θ 方法，通过运算得到如下多元一次联立方程

$$\left([\widetilde{K}]_t+\frac{6}{(\theta\Delta t)^2}[m]+\frac{3}{(\theta\Delta t)^2}[c]\right)\{\Delta x\}_t=\{R\}_t$$

式中，$[\widetilde{K}]_t+\frac{6}{(\theta\Delta t)^2}[m]+\frac{3}{(\theta\Delta t)^2}[c]$ 为等效刚度矩阵；$\{R\}_t$ 为等效荷载向量，其表达式为 $\{R\}_t=[m]\left(\Delta R_t\{1\}+\frac{6}{(\theta\Delta t)^2}\{\dot{x}\}_t+3\{\ddot{x}\}_t\right)+[c]\left(3\{\dot{x}\}_t+\frac{\theta\Delta t}{2}\{\ddot{x}\}_t\right)$。

(4) 在 t 时刻基于已知条件首先计算等效刚度矩阵和等效荷载向量后，再利用上述方程计算位移增量。反复上述循环，讨论下去在地震持续时间内的结构地震反应。

习　　题

1. 思考题

(1) 讨论增量方程的理由是什么？

(2) 什么是瞬时刚度？如何计算瞬时刚度？

(3) Wilson - θ 法基本假设是什么？

(4) 简述 Wilson - θ 法的基本步骤。

(5) 什么是等效刚度矩阵？如何计算等效刚度矩阵？

(6) 什么是等效荷载向量？如何计算等效荷载向量？

2. 计算题

某二层钢筋混凝土框架结构(图 9.6)，集中于楼盖和屋盖处的重力荷载代表值 $G_1=G_2=$ 1200kN，柱的截面尺寸 $b\times h=$350mm×350mm，梁的截面尺寸 $b\times h=$250mm×500mm 采

用 C20 的混凝土。

要求：

① 利用弹塑性静力分析法计算侧移刚度后，采用程序 MDOW 分析此结构在 HACHINOHE EW 地震波（*PGV*=50cm/s、时间间隔 0.005s）作用下的弹性时程反应，采用瑞雷型阻尼，设第一阶和第二阶振型阻尼比均为 0.05。

② 利用弹塑性静力分析法计算侧移刚度后，采用程序 NRES 分析此结构在 HACHINOHE EW 地震波（*PGV*=50cm/s、时间间隔 0.005s）作用下的弹塑性时程反应，采用瑞雷型阻尼，设第一阶和第二阶振型阻尼比均为 0.05。

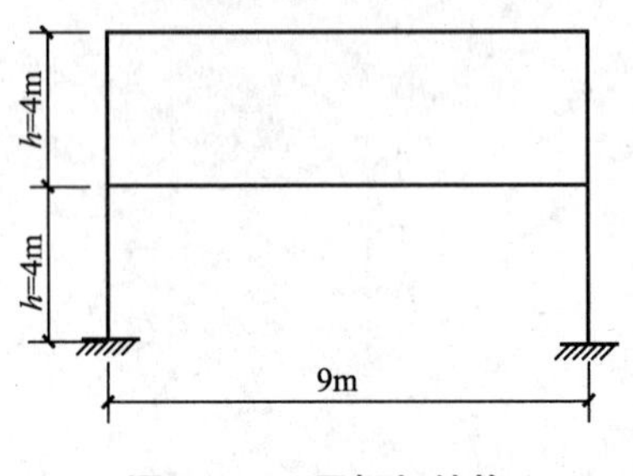

图 9.6　二层框架结构

第10章 杆系振动模型地震反应弹塑性时程分析

教学目标

本章主要阐述杆系振动模型地震反应弹塑性时程分析方法。通过本章的学习，应达到以下目标：

(1) 理解层模型和杆系模型的异同；

(2) 理解生成质量和刚度矩阵的过程；

(3) 理解随时修正刚度的必要性；

(4) 掌握杆系振动模型地震反应弹塑性时程分析方法。

教学要求

知识要点	能力要求	相关知识
层模型和杆系模型	了解层和杆系模型的利弊	层模型、杆系模型、杆系-层模型
质量和刚度矩阵	能够写出局部坐标系下梁单元质量和刚度矩阵	矩阵位移法
刚度修正	了解出现塑性较后修改刚度矩阵的方法	极限荷载
弹塑性时程分析	能够利用电算程序进行分析	算法语言、矩阵位移法

基本概念

杆系模型、质量和刚度矩阵、刚度修正、弹塑性时程分析。

引言

20世纪60年代以来，抗震学者逐步提出和发展了时程分析方法，使得结构抗震分析进入到动力分析阶段。同时，计算机应用科学的发展也使得将地震波输入地震反应方程并逐步积分求解成为可能。

多自由度体系在地面运动作用下的振动方程中，地面振动加速度是复杂的随机函数，同时在弹塑性反应中刚度矩阵 $[K]$ 与阻尼矩阵 $[C]$ 也随时间变化，因此不可能直接积分求解振动方程，只能采取数值积分的方法求解。求解此方程的关键是确定刚度矩阵、质量矩阵和阻尼矩阵。刚度、质量和阻尼矩阵的形式随着不同的振动模型会发生变化。这里简单介绍弹塑性时程分析中常用的不同结构振动模型。

层振动模型：①楼板在自身平面内的刚度无限大，各层可以看作一个整体；②房屋的刚度中心与质量中心相重合，在水平地震作用下结构不会产生绕竖轴的扭转。根据结构侧向变形的性质，常用的层模型有两类：(a) 剪切型层模型，适用于多高层强梁弱柱型框架结构，对强柱弱梁型框架也可以近似使用；(b) 非剪切型层模型(如弯曲型、弯剪型、剪弯型等)，较适用于不把楼层转角处的转角作为基本未知量和忽略柱的轴向变形的高层框架、框架-剪力墙及框筒等结构。对于框架结构，每层的层间剪切刚度等于该层所有柱剪切刚度之和；其值按该层是处于弹性还是弹塑性阶段，由该层的剪切恢复力模型确定。其中弹性层间剪切刚度可由 D 值法计算；超出弹性阶段后的层间剪切刚度与恢复力模型有关。

杆系振动模型：①将高层建筑结构视为杆件体系，取结构的每根杆件作为基本计算单元，结构的质量集中于各个结点，动力自由度数等于结构结点线位移自由度数。计算时，需要各杆件恢复力模型；②利用平面杆系模型，可求出地震过程中杆件屈服的先后次序和破坏形态，找出破坏机理；③杆模型的刚度矩阵可按一般有限元法由单元单刚组装而成，所以关键是求单刚，尤其是在弹塑性分析中，影响单元刚度矩阵的材料和几何特征都处于非线性阶段，所以要不断地修正结构的刚度矩阵。

层模型不考虑楼层转动的惯性效应，因此计算简单，计算量小，但其采用的基本假定，尤其是楼板完全刚性，在实际工程中很难满足，所以实际应用范围较小。

杆系模型则更为接近工程实际，尤其是其采用的弹塑性杆件的计算模型较为丰富，但结构杆件多、自由度大，导致其分析计算工作量很大，并且在弹塑性分析中还要大量修正结构刚度矩阵，因此需要耗费大量的时间。

10.1　振动方程与杆系模型

1. 振动方程

抗震计算中，将建筑结构作为弹塑性振动体系，通过直接输入地面运动以计算其地震作用过程中各种反应值的方法称为弹塑性直接动力法。弹塑性直接动力法隶属于非线性振动问题，此时叠加原理已不再适用，故不可采用振型叠加法。

多自由度体系地面运动作用下的振动方程为

$$[M]\{\ddot{x}(t)\}+[C]\{\dot{x}(t)\}+[F(t)]=-[M]\{1\}\ddot{x}_g(t) \tag{10.1}$$

式中，$\{x\}$、$\{\dot{x}\}$、$\{\ddot{x}\}$ 分别为体系的位移、速度与加速度向量；$\ddot{x}_g$ 为水平地震加速度；$[M]$ 为结构的质量矩阵；$[C]$ 为结构的阻尼矩阵；$[F(t)]$ 为结构的恢复力向量。

将强震时记录下来的水平加速度时程曲线划分为微小时段 Δt，而后对振动方程(10.1)进行直接积分，从而求出体系各时刻的位移、速度与加速度，进而计算结构的内力。因此方法为按时间过程逐步求其体系各反应，故称之为时程分析法。

对结构进行弹塑性直接动力分析时，需要解决以下问题。

(1) 输入地震波记录的选择。

(2) 结构振动模型的确定。

(3) 质量矩阵和阻尼矩阵的处理。

(4) 结构或构件恢复力特性的确定。

(5) 振动方程的积分求解。

(6) 计算机计算程序的编制。

一般而言，弹塑性直接动力分析可达到以下目的。

(1) 通过动力分析能较准确地描述结构在地震过程中的反应、震害发生的部位及形态，从而取得较为合理的抗震安全度和经济效果。

(2) 可用动力分析作为各种简化计算方法的标准。

2. 杆系模型

结构分析以梁、柱等单根构件为基本单元，将楼层质量分别集中于结构各节点，形成质点。如图 10.1 所示，该模型具有下列特点。

(1) 结构每一质点具有两个自由度：即水平振动自由度与竖向振动自由度，质点无转动自由度。当假定各楼层水平刚度无穷大时，则同一楼层各质点具有同一个水平振动自由度。

(2) 结构静力分析中每一节点具有三个自由度：即水平自由度、竖向自由度与转动自由度。因此，结构动力分析自由度数小于结构静力分析自由度数。

(3) 较层模型能更真实地反映结构实际情况，由结构弹塑性动力分析可得出各构件的内力与变形，并可找出各构件屈服的先后顺序，从而确定结构的破坏机制。

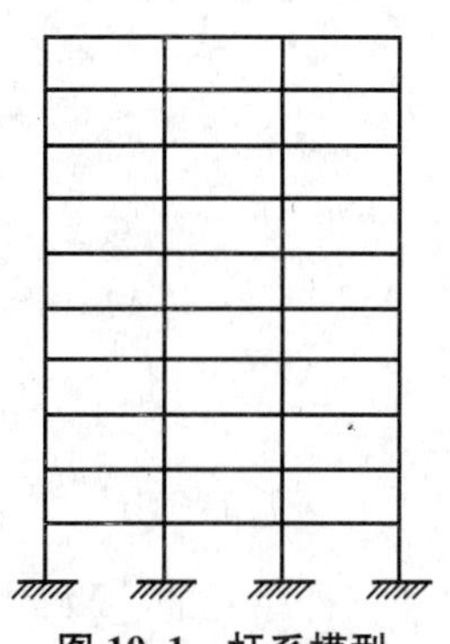

图 10.1　杆系模型

杆系模型刚度矩阵的建立一般采用矩阵法。其过程一般为先建立各构件静力分析单元刚度矩阵，而后采用先处理法或后处理法建立结构整体刚度矩阵。

10.2　质 量 矩 阵

结构质量矩阵 $[M]$ 由各单元的质量矩阵 $[M]^{(e)}$ 集合而成，集成方法与结构刚度矩阵的集成方法相同。而对于单元质量矩阵 $[M]^{(e)}$，通常包括两种基本模式：一种为集中质量矩阵；另一种为一致质量矩阵，又称协调质量矩阵。

如把单元的分布质量集中地分配于各节点上，则此质量矩阵称为集中质量矩阵。质量的分配原则即按静力学平行力分解法则，将单元分布质量用集中于节点处的质量来代替。此时，某一节点的加速度不引起其他节点的惯性力。如若某一节点有多个平动自由度，则应采用同一质量与该节点各平动自由度相对应。因假定质量集中于节点(质点)上，而无转动惯量，所以与任一转动自由度相关联的质量都应为零。

一致质量矩阵(或协调质量矩阵)由式(10.2)求得

$$[M]^{(e)} = \int_V \rho [N]^{T} [N] \mathrm{d}V \tag{10.2}$$

一致质量矩阵几种典型单元形式。

1. 平面桁架单元

$$[\bar{M}]^{(e)} = \rho A \int_0^l [N]^{T} [N] \mathrm{d}\,\bar{x} = \frac{\rho A l}{6} \begin{bmatrix} 2 & 1 \\ 1 & 2 \end{bmatrix} \tag{10.3}$$

2. 平面梁单元

$$[\bar{M}]^{(e)}=\frac{\rho Al}{420}\begin{bmatrix}156 & 22l & 54 & -13l \\ & 4l^2 & 13l & -3l^2 \\ & & 156 & -22l \\ \text{对称} & & & 4l^2\end{bmatrix} \tag{10.4}$$

3. 平面刚架单元

$$[\bar{M}]^{(e)}=\frac{\rho Al}{420}\begin{bmatrix}140 & 0 & 0 & 70 & 0 & 0 \\ & 156 & 22l & 0 & 54 & -13l \\ & & 4l^2 & 0 & 13l & -3l^2 \\ & & & 140 & 0 & 0 \\ \text{对称} & & & & 156 & -22l \\ & & & & & 4l^2\end{bmatrix} \tag{10.5}$$

上述三种单元的 $[\bar{M}]^{(e)}$ 均为单元坐标系中的单元质量矩阵。

4. 三结点三角形单元

$$[M]^{(e)}=\frac{\rho tA}{3}\begin{bmatrix}\frac{1}{2} & 0 & \frac{1}{4} & 0 & \frac{1}{4} & 0 \\ & \frac{1}{2} & 0 & \frac{1}{4} & 0 & \frac{1}{4} \\ & & \frac{1}{2} & 0 & \frac{1}{4} & 0 \\ & & & \frac{1}{2} & 0 & \frac{1}{4} \\ & \text{对称} & & & \frac{1}{2} & 0 \\ & & & & & \frac{1}{2}\end{bmatrix} \tag{10.6}$$

结构所有单元的一致质量矩阵 $[M]^{(e)}$ 叠加形成结构质量矩阵 $[M]$，其类似于结构刚度矩阵，为带状的对称矩阵。

同样给出几种典型单元的集中质量矩阵如下。

1. 平面桁架单元

假定单元全部质量平均地集中于两端结点上，则

$$[M]^{(e)}=\frac{\rho Al}{2}\begin{bmatrix}1 & 0 \\ 0 & 1\end{bmatrix} \tag{10.7}$$

2. 平面刚架单元

假定单元全部质量平均地集中在两端结点上，得到

$$[M]^{(e)}=\frac{\rho Al}{2}\begin{bmatrix}1&0&0&0&0&0\\0&1&0&0&0&0\\0&0&0&0&0&0\\0&0&0&1&0&0\\0&0&0&0&1&0\\0&0&0&0&0&0\end{bmatrix} \tag{10.8}$$

3. 三结点三角形单元

设单元质量为 m，将其平均分配于每一结点，则有

$$[M]^{(e)}=\frac{m}{3}\begin{bmatrix}1&0&0&0&0&0\\0&1&0&0&0&0\\0&0&1&0&0&0\\0&0&0&1&0&0\\0&0&0&0&1&0\\0&0&0&0&0&1\end{bmatrix} \tag{10.9}$$

单元集中质量矩阵为对角矩阵，由其叠加而成的结构质量矩阵 $[M]$ 也为对角矩阵，因此可使运动方程中加速度项不产生偶联，便于其数值求解。一致质量矩阵一般用于杆系模型中，而集中质量矩阵则主要用于剪切型层模型中。

对于层模型，其质量矩阵 $[M]$ 可表示为

$$[M]=\begin{bmatrix}m_1&0&0&0&0&0\\0&m_2&0&0&0&0\\0&0&m_3&0&0&0\\0&0&0&\ddots&0&0\\0&0&0&0&m_{n-1}&0\\0&0&0&0&0&m_n\end{bmatrix} \tag{10.10}$$

式中，$m_i(i=1, 2, \cdots, n)$为第 i 层的集中质量。

10.3　结构振动方程的处理

1. 刚度矩阵的修正

荷载作用下，杆件截面应力达到屈服后，若继续加载，则其变形与恢复力的关系将发生变化。因此，应修正结构的刚度矩阵，以做新一轮的加载分析。对于非杆系模型而言，只要已知各层间滞回曲线(剪切型或剪弯型)或各层间各剪切弯曲构件的滞回曲线特征参数，即可求得各变形阶段的单元刚度矩阵。因此，以下主要研究杆系模型弹塑性变形阶段的单元刚度阵。

讨论中，采用以下假设。

(1) 当出现塑性铰时，假设塑性区退化为一个截面(塑性铰处的截面)，其余部分仍为弹性区。

(2) 荷载均为节点荷载，塑性铰只出现于节点处，如有非节点荷载，则需把荷载作用截面当作节点来处理。

(3) 每根杆件的极限弯矩皆为常数，且其各杆极限弯矩可不相同。

(4) 忽略剪力与轴力对极限弯矩的影响。

(5) 不考虑弹塑性变形的发展过程。

有新的塑性铰出现时，相当于在结构中出现新的铰接点，出现塑性铰的杆端应修正为铰支端。

当单元两端均为刚结时，单元的刚度矩阵如式(10.11)所示。

$$[K]=\begin{bmatrix} \frac{EA}{l} & 0 & 0 & -\frac{EA}{l} & 0 & 0 \\ 0 & \frac{12EI}{l^3} & \frac{6EI}{l^2} & 0 & -\frac{12EI}{l^3} & \frac{6EI}{l^2} \\ 0 & \frac{6EI}{l^2} & \frac{4EI}{l} & 0 & -\frac{6EI}{l^2} & \frac{2EI}{l} \\ -\frac{EA}{l} & 0 & 0 & \frac{EA}{l} & 0 & 0 \\ 0 & -\frac{12EI}{l^3} & -\frac{6EI}{l^2} & 0 & \frac{12EI}{l^3} & -\frac{6EI}{l^2} \\ 0 & \frac{6EI}{l^2} & \frac{2EI}{l} & 0 & -\frac{6EI}{l^2} & \frac{4EI}{l} \end{bmatrix} \tag{10.11}$$

若单元一端或两端出现塑性铰，则单元刚度矩阵需要进行修正，以考虑塑性铰在以后荷载增量中弯矩增量为零这一情况。而后，将单元修正后的刚度矩阵进行装配。

杆单元端部出现塑性铰可能会存在下列三种不同的情况。

1)“1”端出现塑性铰

当“1”端为铰接，“2”端为刚结时，杆端弯矩和剪力可写为

$$\left.\begin{aligned} &M_1=0 \\ &M_2=\frac{3i}{l}(v_1-v_2)+3i\theta_2 \\ &Y_1=-Y_2=\frac{M_2}{l}=\frac{3i}{l^2}(v_1-v_2)+\frac{3i\theta_2}{l} \end{aligned}\right\} \tag{10.12}$$

因此，其单元刚度矩阵为

$$[K]=\begin{bmatrix} \frac{EA}{l} & 0 & 0 & -\frac{EA}{l} & 0 & 0 \\ 0 & \frac{3EI}{l^3} & 0 & 0 & -\frac{3EI}{l^3} & \frac{3EI}{l^2} \\ 0 & 0 & 0 & 0 & 0 & 0 \\ -\frac{EA}{l} & 0 & 0 & \frac{EA}{l} & 0 & 0 \\ 0 & -\frac{3EI}{l^3} & 0 & 0 & \frac{3EI}{l^3} & -\frac{3EI}{l^2} \\ 0 & \frac{3EI}{l^2} & 0 & 0 & -\frac{3EI}{l^2} & \frac{3EI}{l} \end{bmatrix} \tag{10.13}$$

2）“2”端出现塑性铰

当“1”端为刚结，“2”端为铰接时，杆端弯矩与剪力可写为

$$\left.\begin{aligned} &M_1=\frac{3i}{l}(v_1-v_2)+3i\theta_1\\ &M_2=0\\ &Y_2=-Y_1=\frac{M_1}{l}=\frac{3i}{l^2}(v_1-v_2)+\frac{3i\theta_1}{l} \end{aligned}\right\} \tag{10.14}$$

因此，其单元刚度矩阵为

$$[K]=\begin{bmatrix} \frac{EA}{l} & 0 & 0 & -\frac{EA}{l} & 0 & 0\\ 0 & \frac{3EI}{l^3} & \frac{3EI}{l^2} & 0 & -\frac{3EI}{l^3} & 0\\ 0 & \frac{3EI}{l^2} & \frac{3EI}{l} & 0 & -\frac{3EI}{l^2} & 0\\ -\frac{EA}{l} & 0 & 0 & \frac{EA}{l} & 0 & 0\\ 0 & -\frac{3EI}{l^3} & -\frac{3EI}{l^2} & 0 & \frac{3EI}{l^3} & 0\\ 0 & 0 & 0 & 0 & 0 & 0 \end{bmatrix} \tag{10.15}$$

3）两端均出现塑性铰

当单元两端均出现塑性铰后，刚架单元的刚度矩阵便退化为桁架单元的刚度矩阵，即

$$[K]=\begin{bmatrix} \frac{EA}{l} & 0 & 0 & -\frac{EA}{l} & 0 & 0\\ 0 & 0 & 0 & 0 & 0 & 0\\ 0 & 0 & 0 & 0 & 0 & 0\\ -\frac{EA}{l} & 0 & 0 & \frac{EA}{l} & 0 & 0\\ 0 & 0 & 0 & 0 & 0 & 0\\ 0 & 0 & 0 & 0 & 0 & 0 \end{bmatrix} \tag{10.16}$$

当结构的刚度矩阵出现奇异或其行列式值极小时；或是刚度矩阵主对角元素中出现零元素，而得到非常大的位移值时，结构已变为机构，刚架发生整体或局部破坏，已无法继续承载。

2. 进入塑性状态后的转角的处理

结构处于弹性状态，杆件和结构在同一节点处的转角相同，因此，一般可不区分杆件转角与结构转角，即认为其为同一转角。而若结构进入塑性状态，杆件与结构在同一节点处的转角则会出现差别。此时，求解滞回曲线时所用到的转角应为杆件节点处的转角，因而需要对出现塑性铰后的转角进行处理。

当杆端出现塑性铰后，其弯矩增量应为零，即

$$\delta M_1=\frac{4EI}{l}\delta\theta_1+\frac{2EI}{l}\delta\theta_2+\frac{6EI}{l^2}(\delta v_1-\delta v_2) \tag{10.17}$$

$$\delta M_2=\frac{2EI}{l}\delta\theta_1+\frac{4EI}{l}\delta\theta_2+\frac{6EI}{l^2}(\delta v_1-\delta v_2) \tag{10.18}$$

当“1”端出现塑性铰时，可令式(10.17)为零，整理后得

$$\delta\theta_1=-\frac{3}{2l}\delta v_1+\frac{3}{2l}\delta v_2-\frac{1}{2}\delta\theta_2 \tag{10.19}$$

当“2”端出现塑性铰时，可令式(10.19)为零，整理后得

$$\delta\theta_2=-\frac{3}{2l}\delta v_1+\frac{3}{2l}\delta v_2-\frac{1}{2}\delta\theta_1 \tag{10.20}$$

当两端皆出现塑性铰时，可令式(10.19)与式(10.20)同时为零，整理后得

$$\delta\theta_1=\delta\theta_2=\frac{\delta v_2-\delta v_1}{l} \tag{10.21}$$

当杆端第一次出现塑性铰后，无论此后变化过程中塑性铰是否消失，杆端转角都已与结构转角不再相同。

10.4　阻 尼 矩 阵

在式(10.1)的振动方程中，阻尼矩阵为按粘滞阻尼假定表示，即阻尼力与运动的速度成正比。而实际结构中的阻尼现象则是由各种复杂的能量散逸引起的，并不是简单假设的粘滞阻尼所能代表的。另外，体系的阻尼皆是采用实测而不是靠计算确定的，复杂的阻尼现象可用等效的粘滞阻尼来模拟。因此，可通过实测体系各振型的阻尼比，按一定的方法换算出其阻尼矩阵 $[C]$。

常用的确定阻尼矩阵的方法为，取阻尼矩阵 $[C]$ 为刚度矩阵 $[K]$ 与质量矩阵 $[M]$ 的线性组合，即

$$[C]=a[M]+b[K] \tag{10.22}$$

式中，a、b 为比例常数。

式(10.22)所表示的阻尼称为瑞雷(Rayleigh)阻尼。可以看出，瑞雷阻尼 $[C]$ 满足正交条件，即

$$\{X_j\}^{\mathrm{T}}[C]\{X_i\}=0 \quad (j\neq i) \tag{10.23}$$

此关系可从下述正交条件中得出

$$\left.\begin{aligned}\{X_j\}^{\mathrm{T}}[M]\{X_i\}=0\\ \{X_j\}^{\mathrm{T}}[K]\{X_i\}=0\end{aligned}\right\} \quad (j\neq i) \tag{10.24}$$

可推出瑞雷阻尼比例常数 a、b 与振型阻尼比 ζ_j、频率 ω_j 之间的关系：

$$\zeta_i=\frac{1}{2}\left(\frac{a}{\omega_i}+b\omega_i\right) \tag{10.25}$$

$$\zeta_j=\frac{1}{2}\left(\frac{a}{\omega_j}+b\omega_j\right) \tag{10.26}$$

由上式可得

$$\left.\begin{aligned}a=\frac{2(\zeta_i\omega_j-\zeta_j\omega_i)}{\omega_j^2-\omega_i^2}\omega_i\omega_j\\ b=\frac{2(\zeta_j\omega_j-\zeta_i\omega_i)}{\omega_j^2-\omega_i^2}\end{aligned}\right\} \tag{10.27}$$

式中，ω_i、ω_j 分别为第 i、j 振型的圆频率；ζ_i、ζ_j 分别为第 i、j 振型的阻尼比。对于高层建筑结构，通常可取 i 为1，j 为3。

10.5　恢复力模型的选取

恢复力是指结构或构件在去掉外力以后企图恢复到原有状态的能力。恢复力与变形的力学关系曲线称为恢复力特性曲线。由于该曲线具有滞回特性，因此也可称为滞回曲线。该曲线概括了结构或构件的强度、刚度、耗能、延性等力学特性，滞回环面积可衡量结构或构件吸收能量的能力。滞回曲线一般是在对结构或构件进行反复循环加载试验后得到的，其形状取决于结构或构件的材料性能及受力状态等。恢复力特性曲线可用构件的弯矩与转角、弯矩与曲率、荷载与位移或应力与应变等对应关系来表示。这些都是分析结构抗震性能的重要依据。

弹性阶段，力与变形的关系符合虎克定律，为直线关系。而在反复地震荷载作用下，构件与结构会产生弹塑性反应。由于荷载变化、时间延续、各截面塑性变形发展与屈服先后次序不同等因素，力与变形的关系更为复杂。图 10.2(a)为一般钢筋混凝土梁的荷载位移恢复力特性曲线。构件在荷载 P 的反复作用下形成一系列滞回环线，在开始加荷载阶段，当 P 值较小时，梁基本处于弹性阶段，随着 P 值的增加出现开裂，刚度下降，曲线坡度减小，当 P 值再增加时开始出现屈服，曲线趋于水平。由滞回环线可以看出，构件在屈服阶段卸载时，卸载曲线的斜率随卸载点的向前推进而减小，卸载至零时，出现残余变形；当荷载继续反向施加时，曲线指向上一循环中滞回环的最高点，曲线斜率较上一循环明显降低，即出现刚度退化现象，构件所经历的塑性变形越大，此种现象越为显著。滞回曲线中部收缩，形成弓形，这是由斜裂缝的张合引起的，因在斜裂缝闭合过程中构件的刚度极小，所以，一旦闭合，刚度立即上升。构件剪切变形的成分越多，此种收缩的现象将越明显。图 10.2(b)为钢筋混凝土柱的恢复力特性曲线，由于轴力存在，构件在压弯共同作用下达到屈服后承载能力迅速下降，其降低程度随轴力的增加而越加显著。

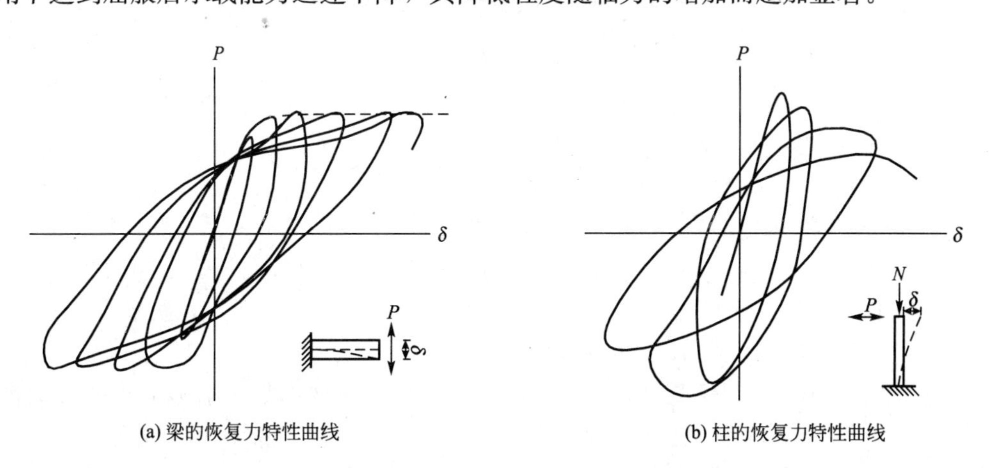

(a) 梁的恢复力特性曲线　　(b) 柱的恢复力特性曲线

图 10.2　钢筋混凝土梁和柱的恢复力特性曲线

由图 10.2 可以看出，弹塑性恢复力特性曲线包含两大要素，即骨架曲线与滞回环线。骨架曲线与滞回特性反映了在正反交替反复荷载作用下，结构或构件能量吸收耗散、强度、延性、刚度及蜕化等力学特性，如滞回环面积可衡量构件吸收能量的能力等。

弹塑性地震反应时程分析中，若直接采用上述恢复力特性关系曲线则过于复杂，难以实现。因此需寻求一种计算模型，使其既尽量模拟实际曲线的特征，又能用数学公式表达而便于应用，以达到既满足工程需要的精度，又可使计算简化的目的。此种实用模型即为恢复力模型，其为结构弹塑性时程分析的重要依据，一般由一系列具有规则的折线组成。恢复力模型可概括分为曲线型恢复力模型与折线型恢复力模型两大类。曲线型恢复力模型计算精度高，但需要用较为复杂的数学公式描述，在非线性地震反应分析中计算复杂，工程应用中较少采用。折线型恢复力模型概念简单、计算方便，同时具有足够的精度，是实际应用中普遍采用的方法。目前常用的恢复力模型主要有双线型模型、退化双线型模型和退化三线型模型等。

图 10.3 为双线型恢复力模型。双线型模型最初由金属材料恢复力模型曲线简化而成，在钢结构中应用较为普遍，在钢筋混凝土结构的初步分析中也有应用，模型最为简单。其骨架曲线正、反向均采用两段折线代替，折点对应于屈服点，卸载时刚度不退化，按初始刚度 k_1 卸载；弹塑性阶段卸载至零，第一次反向加载时直线指向反向屈服点，后续反向加载时直线指向所经历的最大位移点，出现刚度退化。图 10.3(c)中的 k_1 和 k_2分别为结构或构件的弹性刚度与硬化刚度。

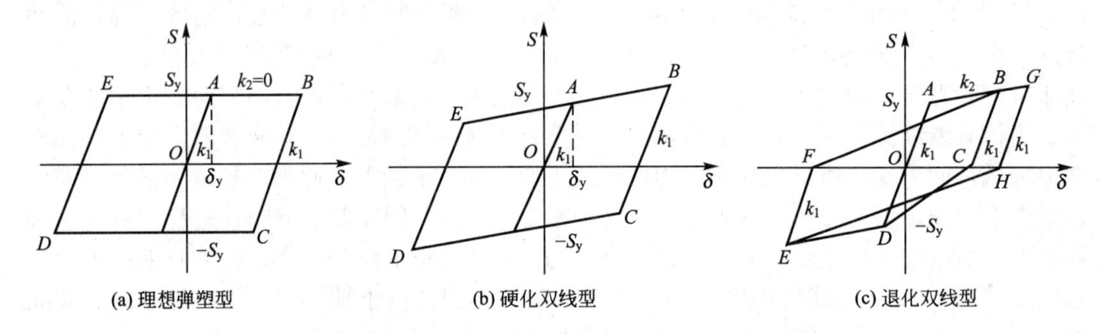

图 10.3　双线型恢复力模型

双线型模型具有如下特点。

(1) 正、反向加载的骨架曲线均采用两段折线，折点对应于屈服点。

(2) 卸载刚度不退化，仍等于弹性刚度 K_e。

(3) 反向加载与正向加载骨架曲线反对称。

当下列特征参数确定后，该双线型恢复力模型即为已知。

(1) 弹性刚度 K_e。

(2) 屈服荷载 P_y。

(3) 屈服后刚度 αK_e，其中 α 为刚度降低系数。

图 10.4 为退化三线型模型，其较双线型模型更能合理地模拟钢筋混凝土构件的恢复力特性。正向加载的骨架曲线由三根直线 0－1、1－2 及 2－9 组成，其形状由构件的开裂荷载 P_c、屈服荷载 P_y及各阶段的刚度确定；反向加载的骨架曲线同正向。模型的卸载刚度保持不变，等于屈服点的割线刚度(0－2 线的斜率)，加载刚度考虑了退化现象，并令滞回线指向上一循环的最大位移点。

实际分析中可根据构件材料和力学特性的不同，选用更接近构件实际受力特性的计算模型。钢结构时程分析一般采用双线型恢复力模型。

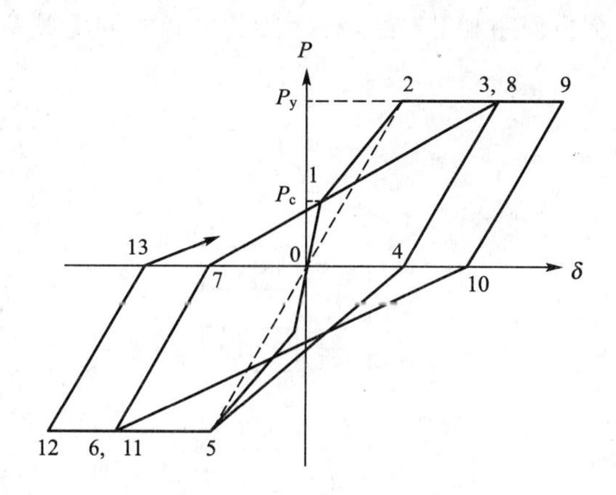

图 10.4　退化三线型恢复力模型

当力学模型为杆系模型时，计算结构的弹塑性动力反应，由于各杆件受到轴向力、剪力与弯矩的复合作用，必须首先建立杆端力与杆端位移之间在各个弹塑性变形阶段的关系。这就要求建立轴力-轴向变形、弯矩-弯曲转角、剪力-杆端相对侧移之间在各个弹塑性阶段的滞回曲线的数学模型。通常假定如下。

(1) 轴力与轴向变形之间始终为弹性直线关系。

(2) 杆端弯矩与伪转角，剪力与杆端相对侧移之间皆服从某种刚度退化模型，但是此二者在各变形阶段的刚度，即滞回曲线的斜率将具有某种关系，这些刚度和这些关系可由试验或用某种方法算出。

10.6　结构形成机构的判断

当结构的刚度矩阵出现奇异或其行列式的值极小时；或是当刚度矩阵主对角元素中出现零元素，而得到非常大的位移值时，结构已变为机构，框架发生整体或局部破坏，已无法继续承载。结构的刚度矩阵在程序中已经求出，因此可以编写电算程序，使计算机计算出刚度矩阵行列式的值，通过判断其是否为零或是极为接近零来判断结构是否形成机构，若已形成机构，则可强行使程序终止。

但考虑到结构何时形成机构并非研究的重点，因此，可以通过观察计算结果中结构各节点的水平位移值是否过大，是否已超出经验值范围，大致了解结构在何时成为机构。

10.7　FEPT 程序设计

1. 程序模块简介

利用 FORTRAN 语言编制框架结构弹塑性时程分析程序 FEPT，该程序的振动模型为杆系模型，阻尼采用瑞雷阻尼，逐步积分法采用 Wilson－θ 法。采用雅可比法计算结构周期，构件的恢复力模型采用完全弹塑性恢复力模型。

FEPT 程序包括一个主程序和 20 个子程序。其之间的调用关系如图 10.5 所示。各子程序的功能如下。

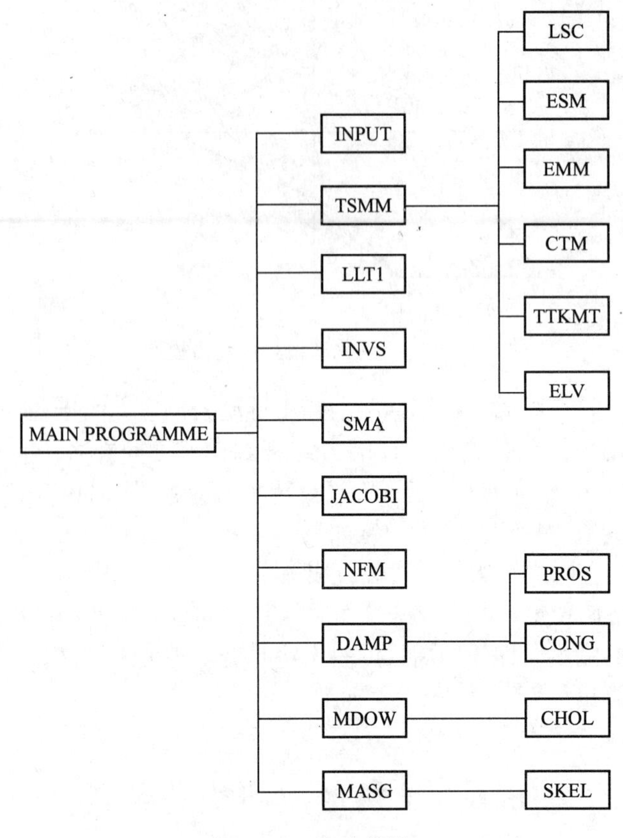

图 10.5　程序模块

(1) 子程序 INPUT 用于输入原始数据。

(2) 子程序 TSMM 用于形成结构的整体刚度矩阵和整体质量矩阵的组装。

(3) 子程序 LSC 用于计算在求单元刚度矩阵和单元质量矩阵时所用到的单元常数。

(4) 子程序 ESM 用于计算在单元坐标系中的单元刚度矩阵。

(5) 子程序 EMM 用于计算在单元坐标系中的单元质量矩阵。

(6) 子程序 CTM 用于形成单元坐标转换矩阵。

(7) 子程序 TTKMT 用于计算结构坐标系中的单元刚度矩阵和单元质量矩阵。

(8) 子程序 ELV 用于形成单元定位向量。

(9) 子程序 LLT1 用于将结构整体质量矩阵进行乔列斯基分解。

(10) 子程序 INVS 用于求解整体质量矩阵在进行乔列斯基分解后形成的下三角矩阵的逆矩阵。

(11) 子程序 SMA 用于求解雅可比法中的实对称矩阵 $[A]$。

(12) 子程序 JACOBI 用于运用雅可比法求出此标准特征值问题的全部特征值和特征向量。

(13) 子程序 NFM 用于计算和输出平面刚架的自振频率和振型。

(14) 子程序 DAMP 用于形成结构的阻尼矩阵。

(15) 子程序 PROS 用于计算 $[C]=[A][B]$。

(16) 子程序 CONG 用于计算 $[C]=[B]^{T}[A][B]$。

(17) 子程序 MDOW 用于利用 Wilson - θ 法来计算结构的位移、速度、加速度反应。

(18) 子程序 CHOL 用于利用乔列斯基分解法求解线性方程组的子程序。

(19) 子程序 MASG 用于形成结构的滞回曲线。

(20) 子程序 SKEL 用于确定滞回曲线的骨架曲线。

2. 算例模型

算例模型为 5 层 4 跨的钢框架结构，如图 10.6 所示。其各层层高均为 3.8m，每跨跨度均为 6.4m。梁截面采用 H 形截面，具体尺寸为 1.0m×0.45m×0.02m×0.015m×0.03m，柱截面采用箱形截面，具体尺寸为 0.45m×0.02m。

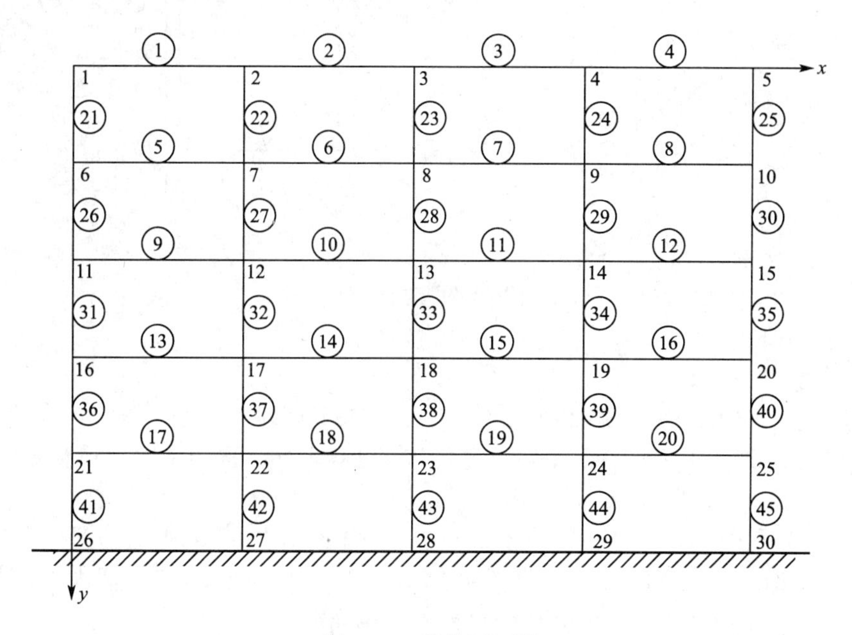

图 10.6　结构平面图

H 形截面的塑性极限弯矩计算公式为

$$Z_{px}=Bt_f(d-t_f)+\frac{1}{4}(d-2t_f)^2t_w+0.4292r^2(d-2t_f-0.4467r) \tag{10.28}$$

$$Z_{py}=\frac{1}{2}B^2t_f+\frac{1}{4}(d-2t_f)t_w^2+0.4292r^2(t_w+0.4467r) \tag{10.29}$$

$$M_{px}=\sigma_y Z_{px} \tag{10.30}$$

$$M_{py}=\sigma_y Z_{py} \tag{10.31}$$

箱形截面的塑性极限弯矩计算公式为

$$Z_{px}=Bt_2(d-t_2)+\frac{1}{2}(d-2t_2)^2t_1 \tag{10.32}$$

$$Z_{py}=dt_1(B-t_1)+\frac{1}{2}(B-2t_1)^2t_2 \tag{10.33}$$

$$M_{px}=\sigma_y Z_{px} \tag{10.34}$$

$$M_{py}=\sigma_y Z_{py} \tag{10.35}$$

式中，σ_y为构件材料的屈服强度，对于本结构，$\sigma_y=345\text{N/mm}^2$，其余各符号的意义如图10.7所示。

根据以上公式，梁构件(H形截面)的塑性极限弯矩M_{px}为$4.41\times10^6\text{N}\cdot\text{m}$，柱构件(箱形截面)的塑性极限弯矩$M_{px}$为$1.91\times10^6\text{N}\cdot\text{m}$。

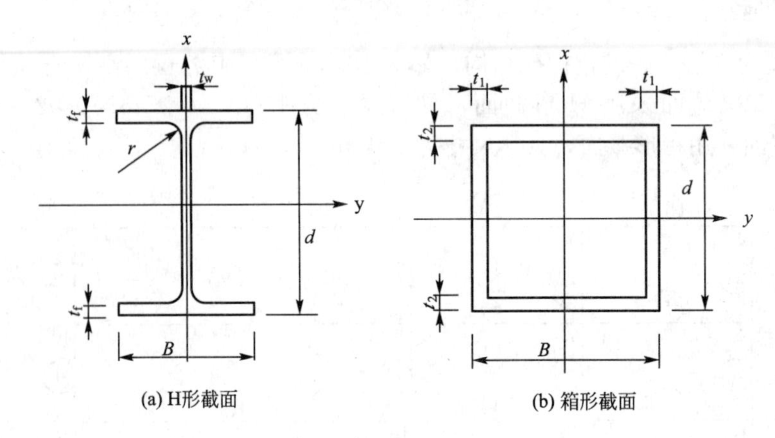

图 10.7 结构构件

3. 程序验证

地震波采用天然波EL-CENTRO NS(EL)，其时间间隔为0.00125s。

分别利用FEPT程序和有限元软件SAP2000计算上述结构的周期及其在EL波作用下的加速度、速度、位移反应值，将二者进行比较。

表10-1为利用FEPT程序与SAP2000有限元软件计算的结构周期。从表10-1中可以看出，利用FEPT计算的结构周期与利用SAP2000计算的结构周期大致相同，利用SAP2000计算的结构周期略大于FEPT计算的结构周期，误差在5%之内。

表 10-1 结构周期的比较

程序	T_1	T_2	T_3	T_4	T_5
FEPT	0.66765	0.22253	0.09179	0.07292	0.06132
SAP2000	0.67853	0.23436	0.09347	0.07408	0.06285
误差	1.60%	5.00%	1.80%	1.57%	2.43%

图10.8～图10.10为利用程序FEPT与有限元软件SAP2000计算的前10s算例模型的位移、速度、加速度反应值。从图中可以看出，利用FEPT程序和有限元软件SAP2000计算的节点位移时程、速度时程、加速度时程具有相同的趋势、相近的幅值。

当然，利用FEPT程序与SAP2000计算的地震反应值有一定区别，原因分析如下。

(1) 二者利用的恢复力模型不同。FEPT采用完全弹塑性恢复力模型，而SAP2000则采用刚塑性恢复力模型。

(2) 所利用的计算结构塑性极限弯矩的算法不同。

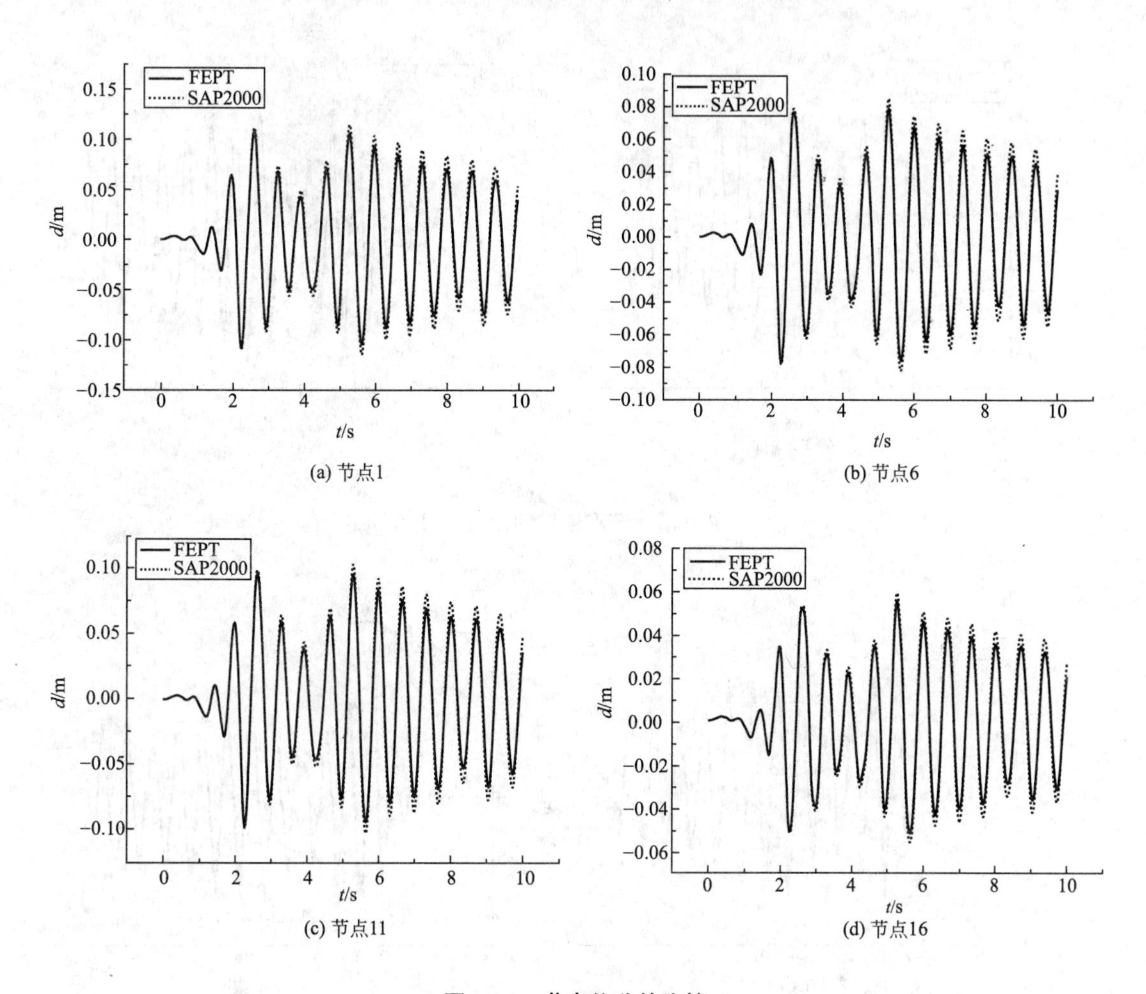

图 10.8　节点位移的比较

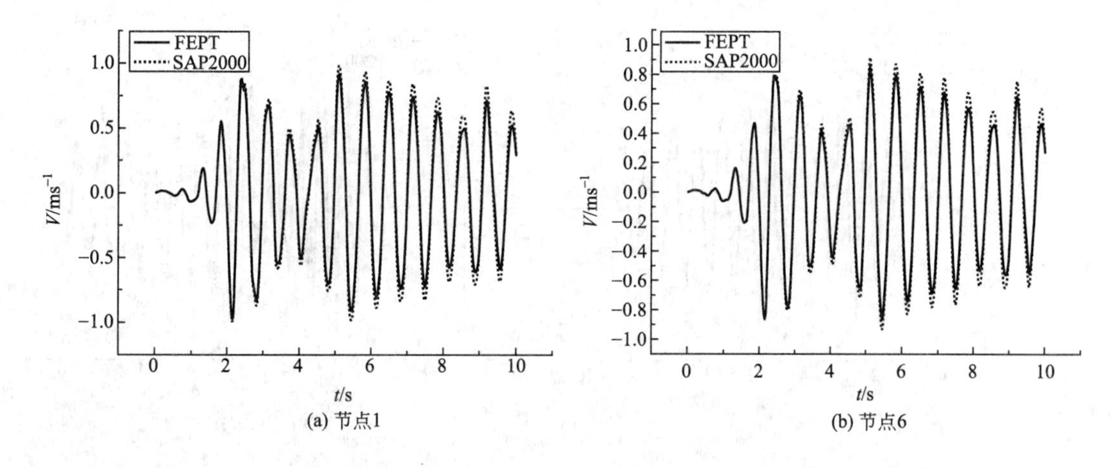

图 10.9　节点速度的比较

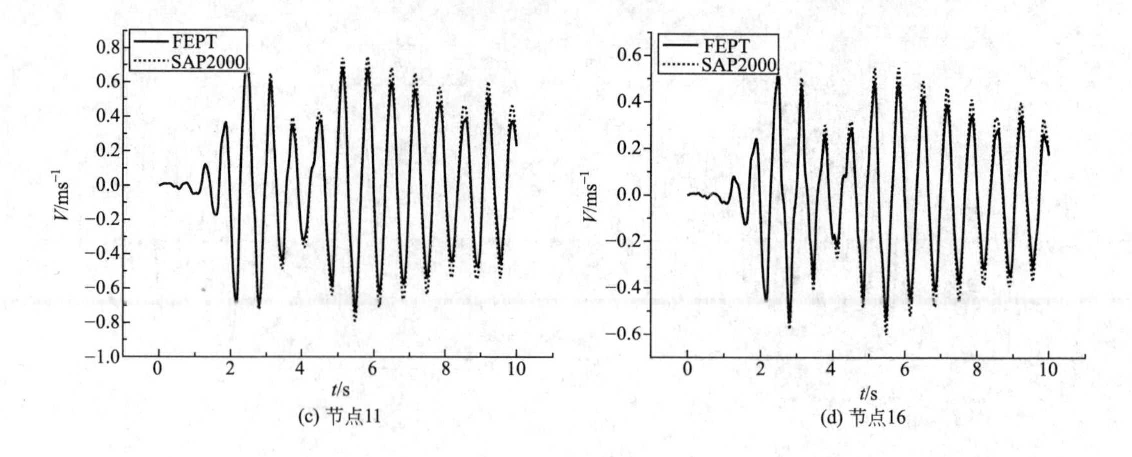

(c) 节点11
(d) 节点16

图 10.9 节点速度的比较(续)

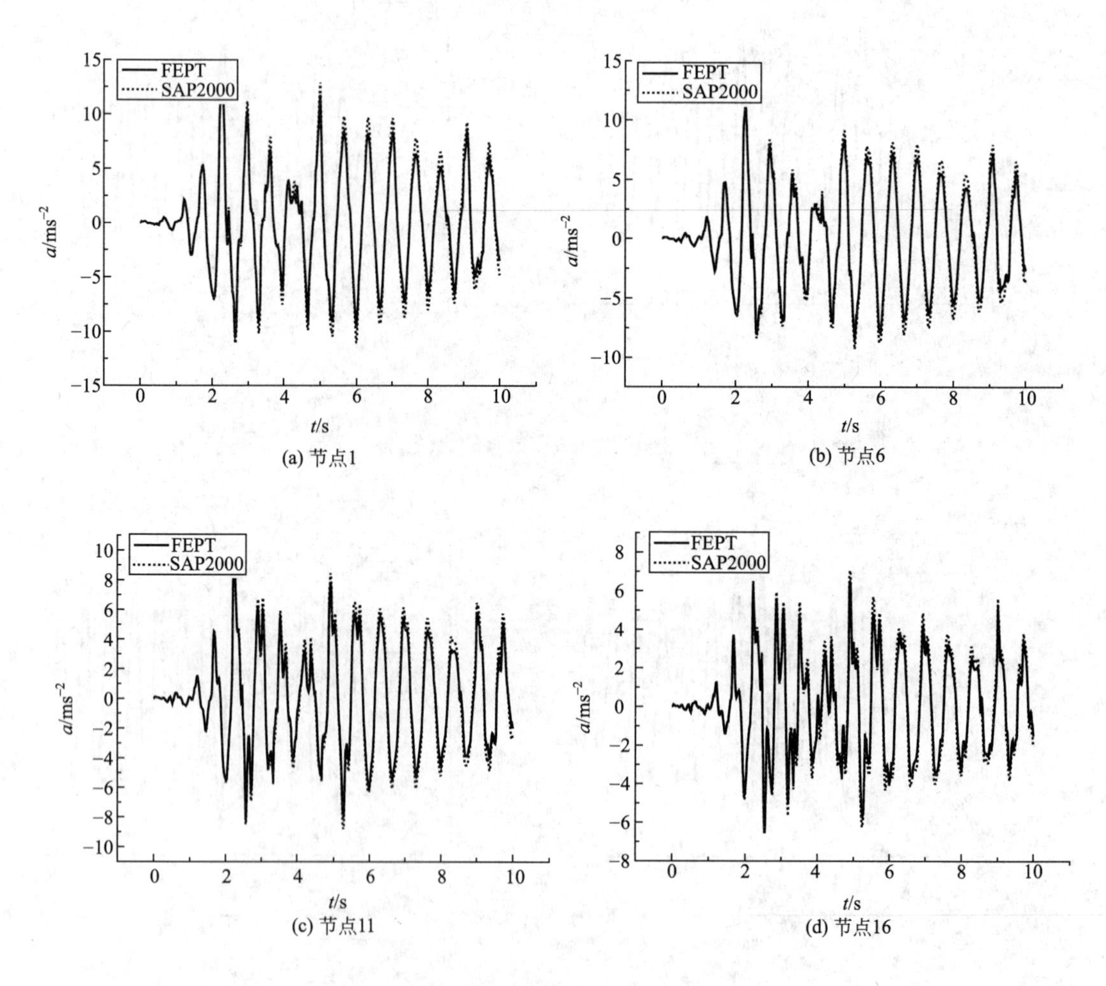

(a) 节点1
(b) 节点6
(c) 节点11
(d) 节点16

图 10.10 节点加速度的比较

(3) 所采用的塑性铰分析方式不同。两个程序计算结果均表明，底层柱的下端均出现塑性铰。利用FEPT计算的结果中，柱41～45下端均出现塑性铰，而SAP2000计算的模型中，除柱41～45下端出现塑性铰外，柱42～44上端也出现塑性铰。

10.8 平面框架结构弹塑性时程分析

1. 算例模型

建立两个3跨3层的框架结构算例模型，算例模型平面图如图10.11所示。两个算例模型分别为强梁弱柱模型与强柱弱梁模型，其均沿中轴线A—A对称。其中，Ⓑ1～Ⓑ9为梁的编号，Ⓒ1～Ⓒ12为柱的编号。算例模型中，层高均为3.8m，每跨跨度均为6.4m。钢材牌号为Q345，具体截面尺寸见表10-2。强梁弱柱模型与强柱弱梁模型各层楼板处质量考虑为1000kg/m^2。

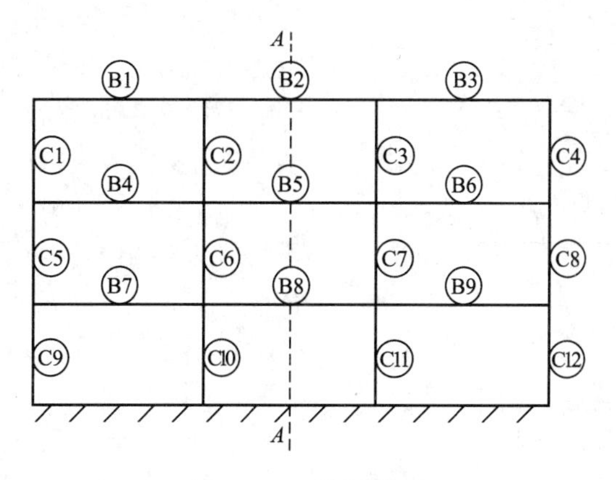

图10.11 算例模型

表10-2 算例模型的截面几何特性

模型	构件	截面尺寸/mm	面积/m^2	惯性矩 I/m^4	极限弯矩/(N·m)
强梁弱柱	柱	□-300×300×10	1.60×10^{-2}	1.630×10^{-4}	4.350×10^{5}
	梁	H-500×400×15×20	2.29×10^{-2}	1.044×10^{-3}	1.096×10^{6}
强柱弱梁	柱	□-500×500×20	3.48×10^{-2}	1.477×10^{-3}	2.386×10^{6}
	梁	H-500×200×15×20	1.49×10^{-2}	5.827×10^{-4}	6.457×10^{5}

2. 恢复力模型

采用如图10.12所示杆件模型。图中，M_1与M_2为杆端弯矩，θ_1与θ_2为在弯矩M_1与M_2作用下的杆端转角，其中，转角θ_1与θ_2中包括弹性转角与塑性转角。进行杆系模型弹塑性时程分析时，考虑梁柱两端出现塑性铰，其梁柱两端弯矩与转角之间的关系如图10.13所示。图10.13中，横坐标为杆端转角θ，纵坐标为杆端弯矩M，M_y为屈服弯矩，

θ_y为屈服转角，杆端弯矩与杆端转角的比值用 k 表示

$$k=\frac{M}{\theta} \tag{10.36}$$

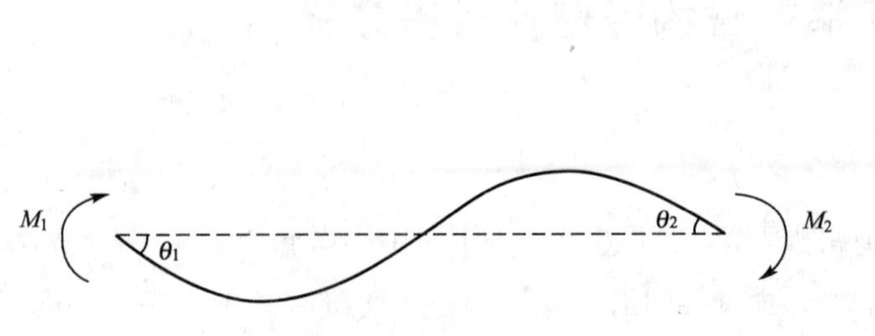

图 10.12 杆件模型

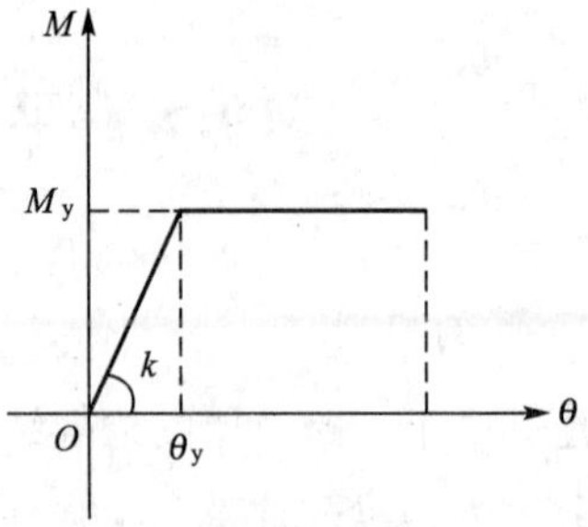

图 10.13 杆端弯矩与杆端转角的关系

第 i 号杆件两端的恢复力特性假设为如图 10.14 所示的完全弹塑性恢复力特性。

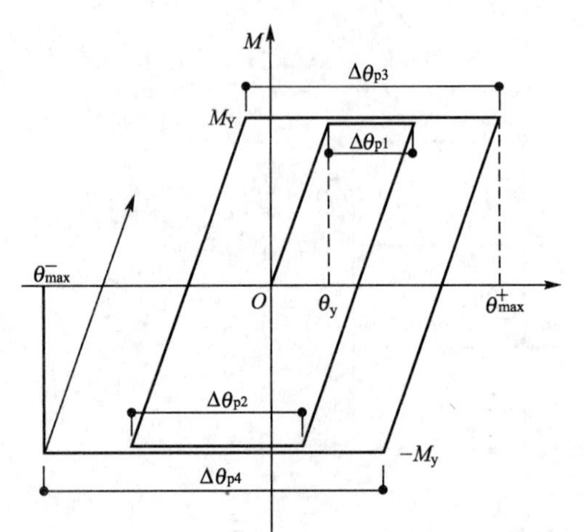

图 10.14 完全弹塑性型恢复力特性

累积塑性转角 θ_{pi} 指第 i 个转角正方向变形量与负方向变形量的绝对值的叠加，并假定正、负方向反应值的大小几乎相等。累积塑性转角 θ_{pi} 与屈服转角 θ_{yi} 之比为累积塑性变形倍率 η_i，表示如下

$$\eta_i=\theta_{pi}/\theta_{yi} \tag{10.37}$$

正的最大转角 θ^+_{maxi} 与负的最大转角 θ^-_{maxi} 的平均值$\bar{\theta}_{maxi}$同屈服转角 θ_{yi} 之比，定义为平均塑性变形倍率

$$\bar{\mu_i}=\frac{\theta^+_{maxi}+\theta^-_{maxi}}{2\theta_{yi}}-1 \tag{10.38}$$

s_i 为第 i 个转角中的累计塑性转角与最大塑性转角的比值

$$s_i=\frac{\theta_{pi}}{\bar{\theta}_{maxi}-\theta_{y_i}} \tag{10.39}$$

式中，$\bar{\theta}_{maxi}=(\theta^+_{maxi}+\theta^-_{maxi})/2$。在最大塑性转角相同的情况下，$s$ 值较大的结构，损伤越严重。

利用如下方法确定各杆件杆端弯矩与杆端转角之间的关系。减小地震波的峰值，使结构在地震作用下处于弹性状态，计算出各杆件的转角与位移之间的关系，从而即可得出各杆件弯矩与转角的对应关系。

图 10.15 为 B1 杆两端、C1 杆上端、C2 杆上端的杆端转角和杆端弯矩的关系。从图 10.15 中可以看出，B1 杆两端弯矩与转角之间的关系为正相关，C1 杆的上端与 C2 杆的上端弯矩与转角之间的关系为负相关。

进行弹塑性时程分析时，结构某一杆件的弯矩达到极限弯矩时，即认为该杆件进入塑性状态。

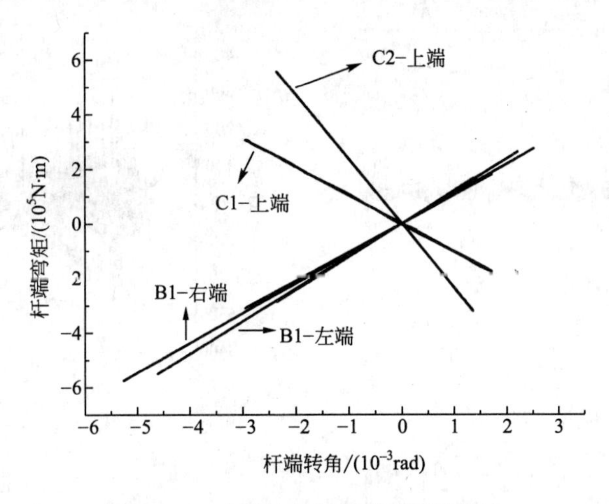

图 10.15 杆端转角与杆端弯矩的关系

3. 地震波的选择

利用 $S_a=\omega S_v$ 关系，由我国《建筑抗震设计规范》(GB 50011—2010)中的地震影响系数曲线得出设计用速度谱。本书将这一设计用速度谱作为目标速度谱，采用 JMA KOBE 1995 NS、HACHINOHE 1968 EW、EL CENTRO NS 地震动的位相特性，制成对应抗震设防烈度为 8 度，设计地震分组为第一组，场地类别为Ⅱ类区域的多遇和罕遇地震人工波，并使所做人工波速度谱与目标谱相拟合。图 10.16 表示我国抗震设计用速度谱曲线与 ART KOBE(简称 ART KO)、ART HACHINOHE(简称 ART HA)、ART EL CENTRO (简称 ART EL)的速度谱曲线。从图中可以看出，考虑罕遇地震影响时，设计用速度谱曲线与上述人工地震波速度谱曲线的拟合度较好。图 10.17 分别为 ART EL 波、ART HA 波、ART KO 波的时程曲线。

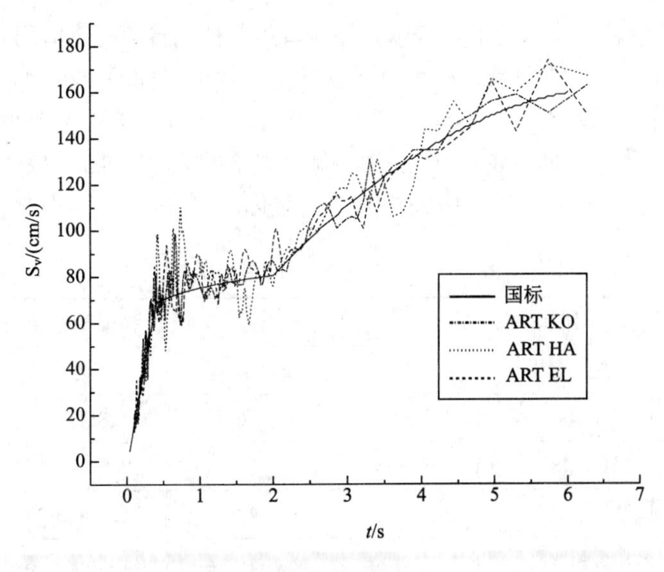

图 10.16 速度谱拟合度

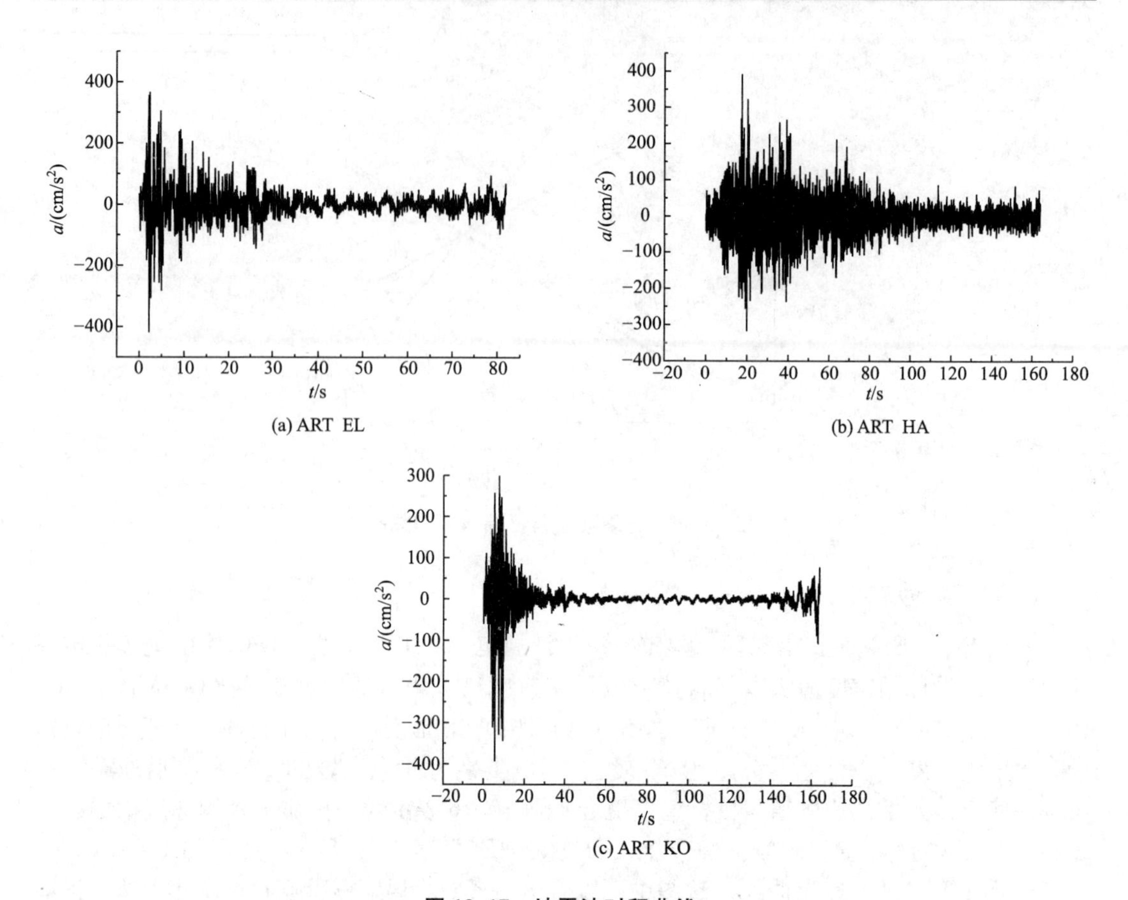

图 10.17　地震波时程曲线

4. 算例分析

梁端弯矩与梁端转角的比值用k_B表示，柱端弯矩与柱端转角的比值用k_C表示。表 10-3 表示梁端弯矩与梁端转角的关系，从表中可以看出：对于强柱弱梁模型，各梁的梁端弯矩与梁端转角的比值k_B相差不大，均在 1.1E+08 左右。梁所在层数对k_B的影响不大。对于强梁弱柱模型，边梁外端的k_B值小于边梁内端和中梁的k_B值，随着层数的增加，k_B值有减小的趋势。对于同一层，k_B值沿中轴线 A—A 对称。

表 10-3　梁端弯矩-转角的关系　　　　单位：N·m/rad

强柱弱梁结构			强梁弱柱结构		
梁的编号	左	右	梁的编号	左	右
1	1.05E+08	1.22E+08	1	1.35E+08	2.52E+08
2	1.15E+08	1.15E+08	2	2.40E+08	2.40E+08
3	1.22E+08	1.05E+08	3	2.52E+08	1.35E+08
4	1.10E+08	1.17E+08	4	1.56E+08	2.65E+08
5	1.15E+08	1.15E+08	5	2.18E+08	2.18E+08

（续）

强柱弱梁结构			强梁弱柱结构		
梁的编号	左	右	梁的编号	左	右
6	1.17E+08	1.10E+08	6	2.65E+08	1.56E+08
7	1.09E+08	1.19E+08	7	1.60E+08	2.87E+08
8	1.15E+08	1.15E+08	8	2.12E+08	2.12E+08
9	1.19E+08	1.09E+08	9	2.87E+08	1.60E+08

表 10－4 表示柱端弯矩与柱端转角的关系，从表中可以看出以下几点。

（1）由于结构的对称性，k_C沿结构的中轴线 $A—A$ 对称。

（2）对于模型中，同一层柱的 k_C，靠近中轴线 $A—A$ 的柱的 k_C值大于远离中轴线 $A—A$ 的柱的 k_C值。

（3）对于同一轴线上的柱子，楼层越高，柱的 k_C越来越小，但变化不大。

表 10－4　柱端弯矩-转角的关系　　单位：N·m/rad

强梁弱柱结构			强柱弱梁结构		
柱的编号	左	右	柱的编号	左	右
1	−1.04E+08	−2.31E+07	1	−1.35E+08	−5.33E+07
2	−2.36E+08	−7.71E+07	2	−4.92E+08	−1.77E+08
3	−2.36E+08	−7.71E+07	3	−4.92E+08	−1.77E+08
4	−1.04E+08	−2.31E+07	4	−1.35E+08	−5.33E+07
5	−9.32E+07	−8.17E+07	5	−1.03E+08	−7.15E+07
6	−1.58E+08	−1.54E+08	6	−3.08E+08	−2.39E+08
7	−1.58E+08	−1.54E+08	7	−3.08E+08	−2.39E+08
8	−9.32E+07	−8.17E+07	8	−1.03E+08	−7.15E+07
9	−3.50E+07	−8.75E+07	9	−8.87E+07	−2.22E+08
10	−8.27E+07	−2.07E+08	10	−2.62E+08	−6.56E+08
11	−8.27E+07	−2.07E+08	11	−2.62E+08	−6.56E+08
12	−3.50E+07	−8.75E+07	12	−8.87E+07	−2.22E+08

表 10－5 表示梁的屈服转角，表 10－6 表示柱的屈服转角，从表中可以看出以下几点。

（1）梁的屈服转角与柱的屈服转角均沿中轴 $A—A$ 对称。

（2）强柱弱梁模型中各层梁的屈服转角相差不大，对于强梁弱柱模型中，边梁外端的屈服转角大于同层其他梁端的屈服转角。

（3）下层柱的屈服转角大于上层柱的屈服转角，边柱的屈服转角大于其他柱的屈服转角。底层柱下端的屈服转角小于其上端的屈服转角，仅为上端的屈服位移的 50%左右。

表 10-5 梁的屈服转角 单位：rad

强柱弱梁结构			强梁弱柱结构		
梁的编号	左	右	梁的编号	左	右
1	6.15E-03	5.29E-03	1	4.78E-03	2.56E-03
2	5.61E-03	5.61E-03	2	2.69E-03	2.69E-03
3	5.29E-03	6.15E-03	3	2.56E-03	4.78E-03
4	5.87E-03	5.52E-03	4	4.14E-03	2.44E-03
5	5.61E-03	5.61E-03	5	2.96E-03	2.96E-03
6	5.52E-03	5.87E-03	6	2.44E-03	4.14E-03
7	5.92E-03	5.43E-03	7	4.04E-03	2.25E-03
8	5.61E-03	5.61E-03	8	3.05E-03	3.05E-03
9	5.43E-03	5.92E-03	9	2.25E-03	4.04E-03

表 10-6 柱的屈服转角 单位：rad

强柱弱梁结构			强梁弱柱结构		
柱的编号	左	右	柱的编号	左	右
1	1.05E-02	4.74E-02	1	8.12E-03	2.06E-02
2	4.64E-03	1.42E-02	2	2.23E-03	6.19E-03
3	4.64E-03	1.42E-02	3	2.23E-03	6.19E-03
4	1.05E-02	4.74E-02	4	8.12E-03	2.06E-02
5	1.18E-02	1.34E-02	5	1.06E-02	1.53E-02
6	6.94E-03	7.12E-03	6	3.56E-03	4.59E-03
7	6.94E-03	7.12E-03	7	3.56E-03	4.59E-03
8	1.18E-02	1.34E-02	8	1.06E-02	1.53E-02
9	3.13E-02	1.25E-02	9	1.24E-02	4.94E-03
10	1.33E-02	5.29E-03	10	4.18E-03	1.67E-03
11	1.33E-02	5.29E-03	11	4.18E-03	1.67E-03
12	3.13E-02	1.25E-02	12	1.24E-02	4.94E-03

利用上述 ART EL、ART HA、ART KO 波对算例模型进行杆系模型弹塑性时程分析。

分析结果表明：对于本节算例模型，在罕遇地震作用下，强梁弱柱模型只有底层柱的下端(Ⓒ9杆～Ⓒ12杆的下端)进入塑性状态；强柱弱梁模型，只有部分梁(Ⓑ4杆～Ⓑ9杆)进入塑性状态。为了便于表示，在以下的图中，强梁弱柱模型只表示出了结构底层柱下端的损伤参数，强柱弱梁模型只表示出了梁的损伤参数。

以下有关强柱弱梁模型与强梁弱柱模型的图中，横坐标为梁或柱的编号，横坐标为 i 时，表示第 i 个梁的左端(或第 i 个柱的上端)；横坐标为 i+0.5 时，表示第 i 个梁的右端(或第 i 个柱的下端)。

图 10.18 和图 10.19 表示强柱弱梁模型与强梁弱柱模型的累计塑性变形倍率与平均塑性变形倍率。从图 10.18 与图 10.19 中可以看出以下几点。

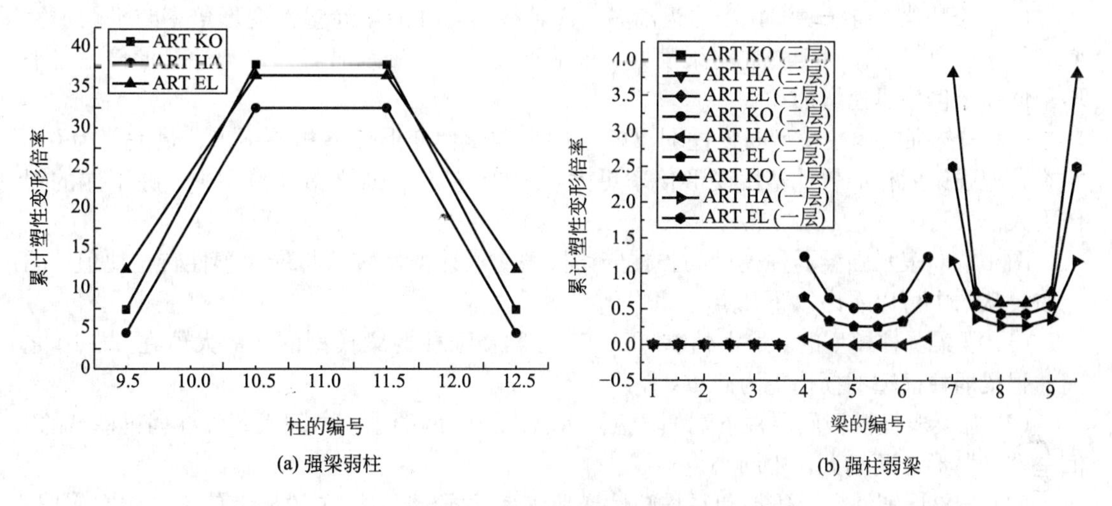

(a) 强梁弱柱　　(b) 强柱弱梁

图 10.18　累计塑性变形倍率

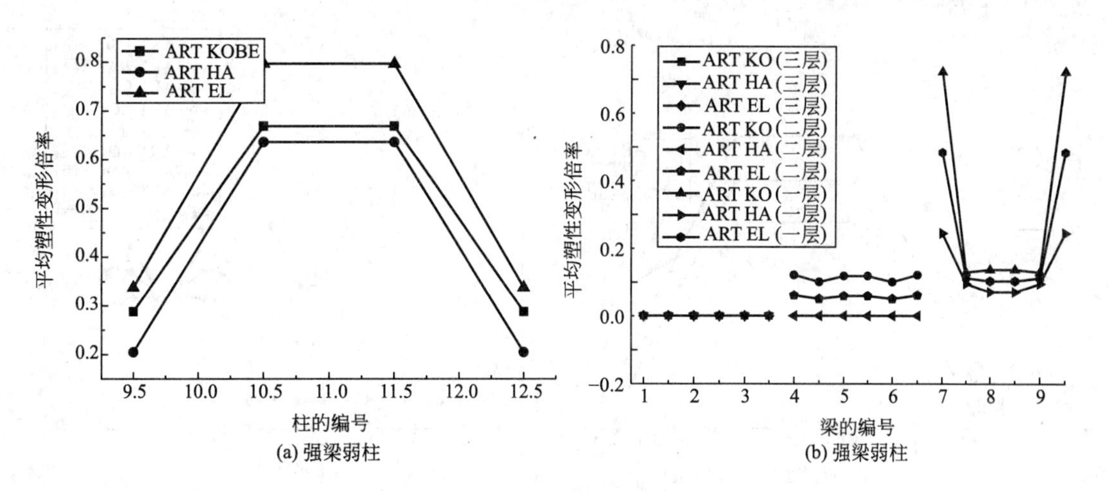

(a) 强梁弱柱　　(b) 强梁弱柱

图 10.19　平均塑性变形倍率

(1) 对于强梁弱柱模型，底层柱下端的累计塑性变形倍率与平均塑性变形倍率是沿轴线 A—A 对称的。对于强柱弱梁模型，各层梁梁端的累计塑性变形倍率与平均塑性变形倍率沿 A—A 对称。

(2) 在不同地震波作用下，底层柱下端的累计塑性变形倍率相差不大，具有相同的趋势。在不同地震波作用下，底层柱下端的平均塑性变形倍率相差不大，具有相同的趋势。

(3) 对于强梁弱柱模型，底层中柱下端的累计塑性变形倍率与平均塑性变形倍率均大于底层边柱下端的累计塑性变形倍率与平均塑性变形倍率。在结构设计过程中，建议对中柱进行加强。

对于强柱弱梁结构，各层边梁的外端的累计塑性变形倍率与平均塑性变形倍率均大于边跨内端与中梁两端的累计塑性变形倍率与平均塑性变形倍率。在结构设计过程中，建议对边梁的外端进行加强。

(4) 对于强柱弱梁模型，底层的累计塑性变形与平均塑性变形均大于第二层的累计塑性变形和平均塑性变形。结构底层的损伤大于第二层的损伤。

(5) 对于强梁弱柱模型，当柱远离 A—A 轴线时，柱的累计塑性变形倍率与平均塑性变形倍率迅速减小。对于强柱弱梁模型，梁端远离 A—A 轴线时，累计塑性变形倍率与平均塑性变形倍率迅速增加。

(6) 虽然强梁弱柱模型与强柱弱梁模型的平均塑性变形倍率相差不多，最大值为 0.8 左右，但强梁弱柱的累计塑性变形倍率更大，为 35 左右。强梁弱柱模型中，柱下端的损伤更大。

图 10.20 表示强梁弱柱模型与强柱弱梁模型的累计塑性转角与最大塑性转角比值 s 的分布。从图中可以看出以下几点。

(1) 强梁弱柱模型的 s 最大值在 45～55 之间，强柱弱梁模型的 s 最大值在 5～10 之间。强梁弱柱模型的损伤更为严重。

(2) 强梁弱柱模型底层柱下端的 s 值呈“∧”形，两端小，中间大。强柱弱梁模型的 s 值呈“∨”形，两端大，中间小。

(3) 与累计塑性变形倍率和平均塑性变形倍率不同，s 值分布的最大值不一定在底层，也可能在第二层［图 10.20(b)］。

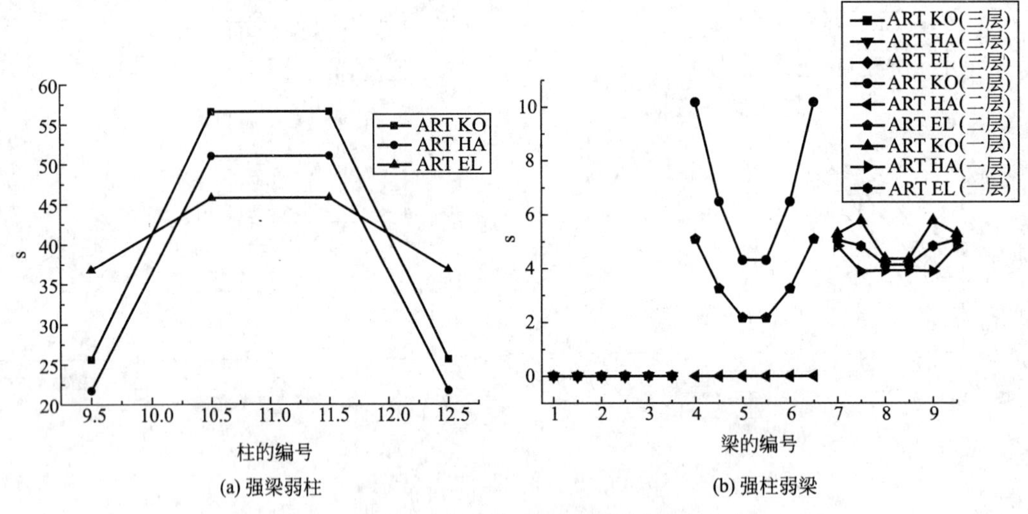

(a) 强梁弱柱　　(b) 强柱弱梁

图 10.20　累计塑性转角与最大塑性转角的比值

图 10.21 表示强柱弱梁模型与强梁弱柱模型的每个杆件所消耗的塑性能，图 10.22 表示强柱弱梁模型与强梁弱柱模型每个杆件的损伤比(每个杆件所消耗的塑性能和模型所消耗的总塑性能的比)，从图中可以看出以下几点。

(1) 强梁弱柱模型底层柱的塑性能分布与损伤比分布呈“∧”形，强柱弱梁模型各层梁的塑性能分布与损伤比分布呈“∨”形。对于强梁弱柱模型，底层中柱吸收的塑性能大于底层边柱所吸收的塑性能，大约为边柱的 2～3 倍，对于强柱弱梁模型的各层而言，边梁所吸收的塑性能大于中梁所吸收的塑性能，尤其是底层。

(2) 从图 10.22 中可以看出，两个模型底层均消耗了大部分的塑性能，大约占总塑性能的 90%。对于强梁弱柱模型，中柱消耗的塑性能占底层所消耗塑性能的 60%～80%，中柱受到了较大的损伤。

(3) 结构的损伤与结构的能量吸收图具有相同的趋势。对于强梁弱柱结构，杆件离 A—A 轴越远损伤越小。对强柱弱梁结构，杆件离 A—A 轴越远损伤越大。

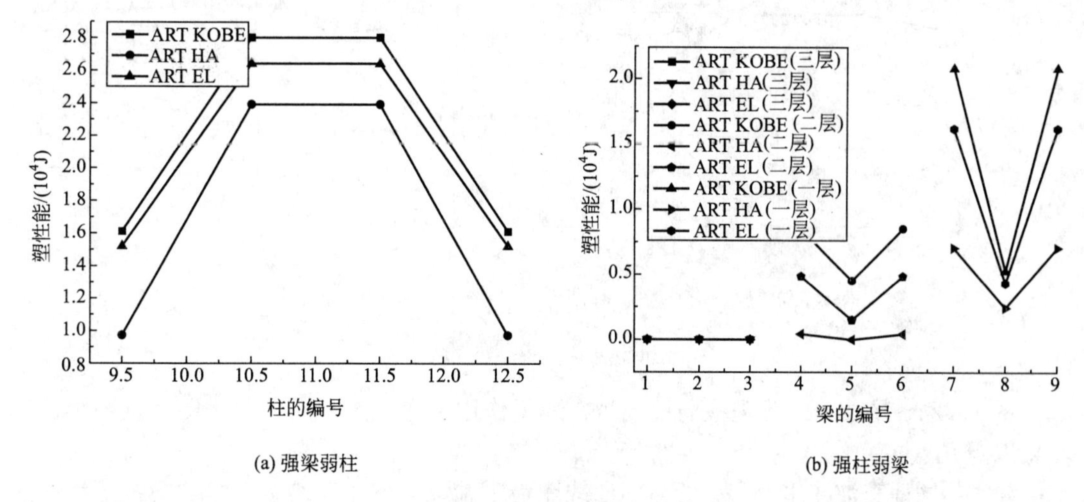

(a) 强梁弱柱　　(b) 强柱弱梁

图 10.21　塑性能分布

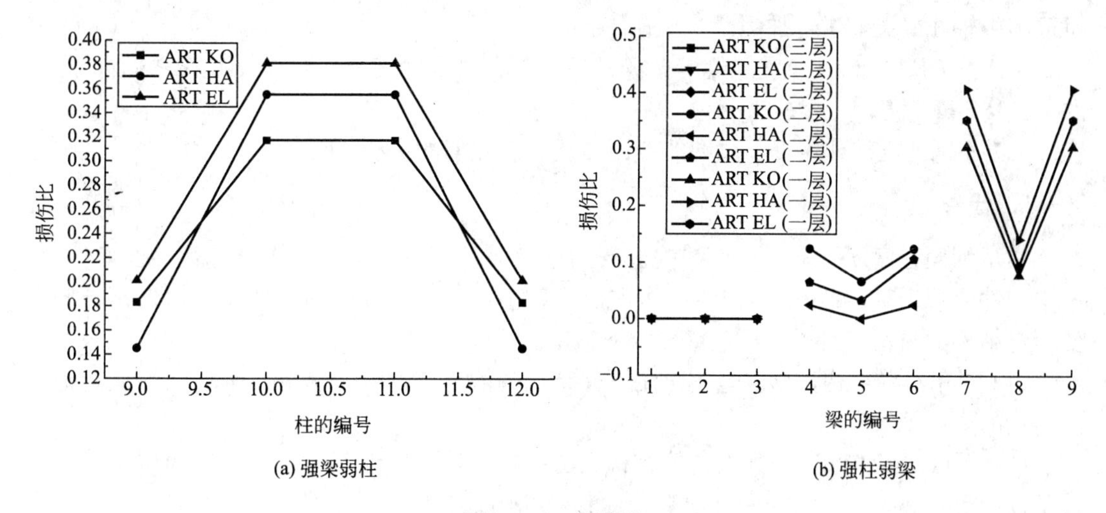

(a) 强梁弱柱　　(b) 强柱弱梁

图 10.22　损伤比

剩余变形为在地震作用后结构模型上残留的不可恢复的塑性变形。图 10.23 表示强梁弱柱模型与强柱弱梁模型的剩余变形，从图中可以看出以下几点。

(1) ART KO 波和 ART EL 波作用下强梁弱柱模型与强柱弱梁模型的剩余变形为正方向的残余变形；而在 ART HA 波作用下，强梁弱柱模型与强柱弱梁模型的剩余变形为反方向。

(2) 强梁弱柱模型中，底层中柱下端的剩余变形大于底层边柱下端的剩余变形。在强柱弱梁模型中，第三层不存在剩余变形；底层与第二层均存在剩余变形，底层的剩余变形大于第二层的剩余变形；对于底层与第二层的剩余变形，底层与第二层边梁外端的剩余变形大于边梁内端与中梁两端的剩余变形；底层与第二层的剩余变形呈“∪”形或“∩”形。

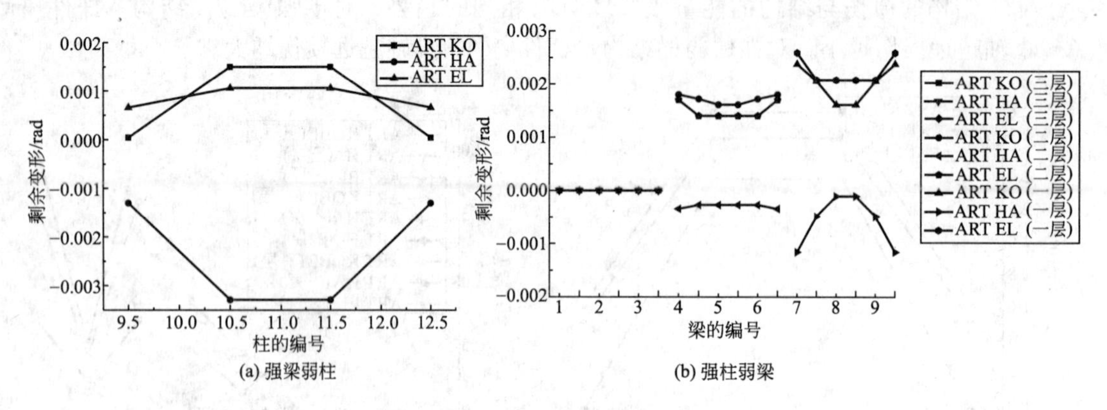

图 10.23 剩余变形

图 10.24～图 10.26 为强柱弱梁模型在地震作用下底层梁的滞回曲线图，从图中可以看出以下几点。

(1) 不同地震波作用下，梁的滞回曲线图沿中轴线对称，远离中轴线的梁端所消耗的能量大于靠近中轴线的梁端。Ⓑ9右端与Ⓑ7左端所消耗的能量最多。建议在设计过程中，对远离中轴线的梁端进行加强。

(2) 在 ART KO 地震波作用下，梁端所消耗的能量最多，其次为 ART EL 波，最小的为 ART HA 波。

(3) 不同地震波作用下，梁端的滞回曲线具有相似的形状。

5. 结论

本章利用程序 FEPT 对框架结构进行弹塑性时程分析，分别利用累计塑性变形倍率、平均塑性变形倍率、s 值对结构的损伤进行了评价，采用各杆件的塑性能、损伤比与剩余变形对结构的损伤进行了分析，得出以下结论。

(1) 对于对称结构，罕遇地震作用下，结构的累计塑性变形倍率、平均塑性变形倍率沿结构的中心轴线对称。

(2) 罕遇地震作用下，强梁弱柱结构底层中柱的累计塑性变形倍率大于底层边柱的累计塑性变形倍率，比值为 4～6。强柱弱梁结构中各层边梁外端的累计塑性变形倍率大于中梁和边梁内端的累计塑性变形倍率，比值为 4 左右。

(3) 罕遇地震作用下，强梁弱柱结构底层中柱的平均塑性变形倍率大于底层边柱的平均塑性变形倍率，比值为 2～3。强柱弱梁结构中各层边梁外端的平均塑性变形倍率大于中梁和边梁内端的平均塑性变形倍率，比值为 4 左右。在结构设计当中，建议对上述两处进行加强。

(4) 罕遇地震作用下，强梁弱柱结构的中柱消耗了 60%以上的塑性能。强柱弱梁结构的底层消耗掉 70%以上的塑性能，其中边梁消耗掉 60%以上的塑性能。

(5) 罕遇地震作用下，结构剩余变形的分布沿中轴线对称。强梁弱柱结构底层中柱的

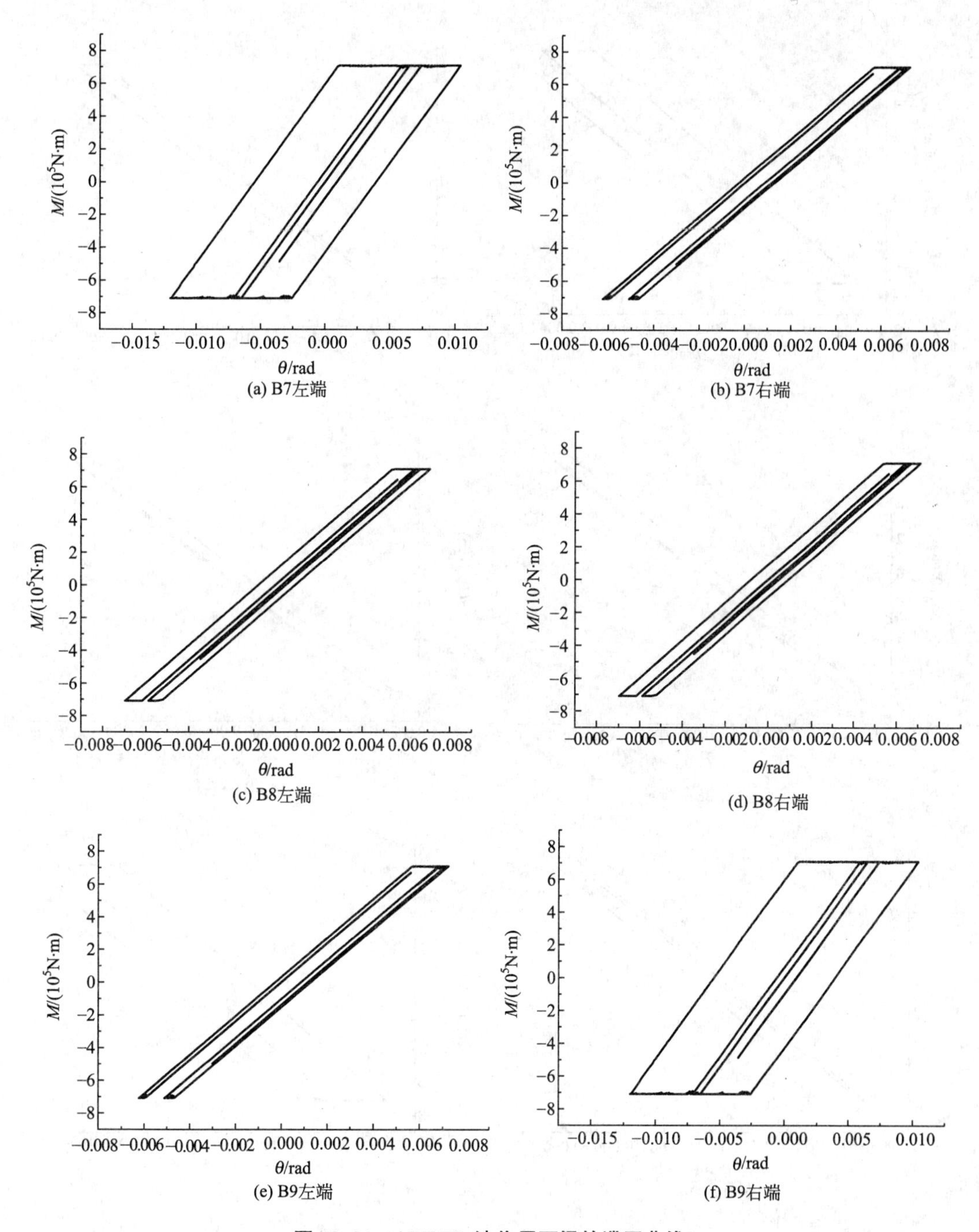

图 10. 24　ART EL 波作用下梁的滞回曲线

剩余变形大于底层边柱的剩余变形。强柱弱梁结构中各层边梁外端的剩余变形大于中梁与边梁内端的剩余变形。

（6）强柱弱梁模型与强梁弱柱模型的累计塑性变形倍率、平均塑性变形倍率、能量分布与损伤比分布均有相同的趋势。累计塑性变形倍率与平均塑性变形倍率反映了结构损伤的分布情况。

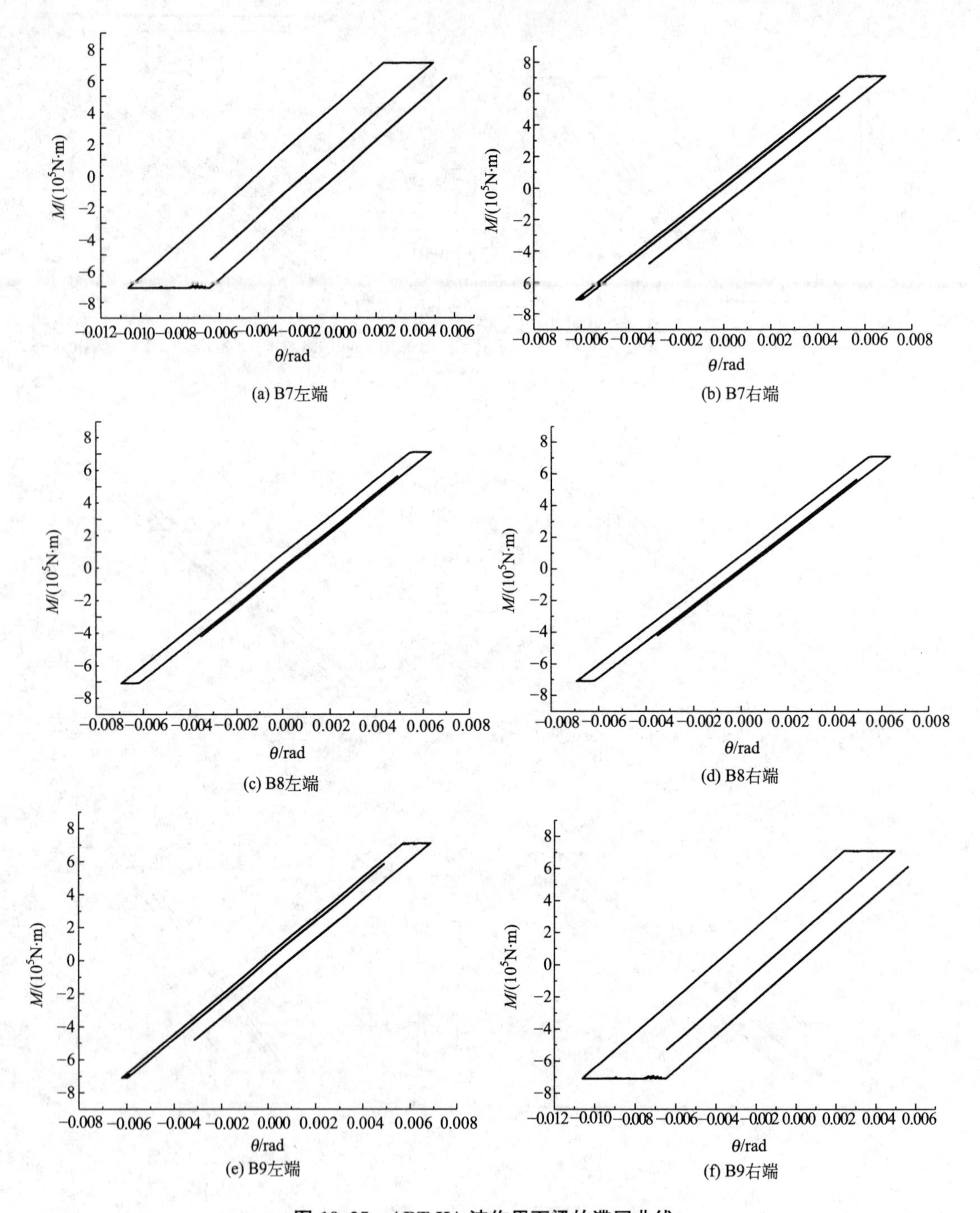

图 10.25　ART HA 波作用下梁的滞回曲线

(7) 梁的滞回曲线图沿中轴线对称，远离中轴线的梁端所消耗的能量大于靠近中轴线的梁端。

(8) 对于强梁弱柱结构，中柱消耗的能量大于边柱所消耗的能量。中柱所消耗的能量为边柱的 2～3 倍。对于强柱弱梁结构，梁的能量分布沿中轴线 A—A 对称，边梁外端所消耗的能量为边梁内段与中梁两端的 4～5 倍。

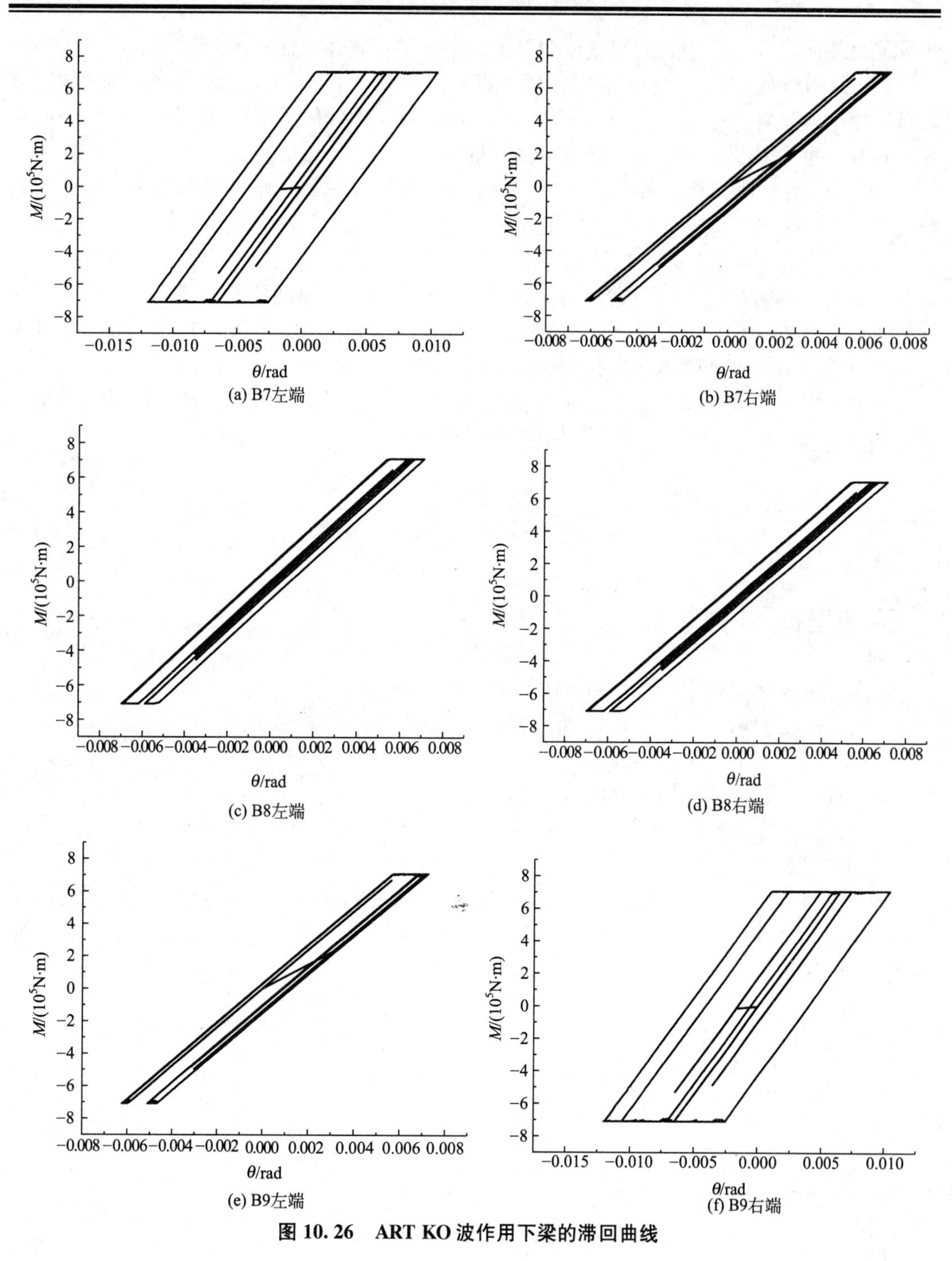

图 10.26　ART KO 波作用下梁的滞回曲线

本 章 小 结

(1) 杆系模型刚度矩阵的建立一般采用矩阵法。其过程一般为先建立各构件静力分析单元刚度矩阵，而后采用先处理法或后处理法建立结构整体刚度矩阵。

(2) 结构质量矩阵 $[M]$ 由各单元的质量矩阵 $[M]^{(e)}$ 集合而成，集成方法与结构刚度矩阵的集成方法相同。而单元质量矩阵 $[M]^{(e)}$ 通常包括两种基本模式：一种为集中质量矩阵；另一种为一致质量矩阵，又称协调质量矩阵。

(3) 荷载作用下，杆件截面应力达到屈服后，若继续加载，则其变形与恢复力的关系将发生变化。因此，应修正结构的刚度矩阵，以做新一轮的加载分析。

(4) 结构处于弹性状态，杆件和结构于同一节点处的转角相同，因此，一般可不区分杆件转角与结构转角，即认为其为同一转角。而若结构进入塑性状态，杆件与结构于同一节点处的转角则会出现差别，此时，求解滞回曲线时所用到的转角应为杆件节点处的转角．因而需要对出现塑性铰后的转角进行处理。

(5) 实际分析中可根据构件材料和力学特性的不同，选用更接近构件实际受力特性的计算模型。钢结构时程分析一般采用双线型恢复力模型。

习　　题

1. 思考题

(1) 什么是层振动模型？什么是杆系振动模型？

(2) 什么是集中质量矩阵？如何计算集中质量矩阵？

(3) 什么是协调质量矩阵？如何计算协调质量矩阵？

(4) 简述修改刚度矩阵的方法。

(5) 简述出现塑性铰后处理转角的方法。

(6) FEPT 程序包括一个主程序和 20 个子程序，简述各个子程序的作用。

2. 计算题

利用 FEPT 程序分析如图 10.11 所示结构在 HACHINOHE EW 地震波(PGV=50cm/s、时间间隔 0.005s)作用下的弹塑性时程反应，采用瑞雷型阻尼，设第一阶和第二阶振型阻尼比均为 0.05。

第11章 隔震结构设计

教学目标

本章主要阐述隔震结构设计方法。通过本章的学习，应达到以下目标：

(1) 理解隔震结构和传统抗震结构的区别和联系；

(2) 理解隔震装置各部件的作用；

(3) 理解隔振器和阻尼器的主要作用；

(4) 掌握隔震结构的设计方法。

教学要求

知识要点	能力要求	相关知识
隔震器	了解隔震器参数	叠层橡胶支座、铅芯叠层橡胶支座、摩擦滑移支座、滚动摆、滚珠、滚轴
阻尼器	了解阻尼器参数	粘滞阻尼器、粘弹性阻尼器、金属屈服阻尼器、摩擦阻尼器、智能阻尼器
隔震原理	传统抗震结构和隔震结构的异同	地震动加速度反应谱
隔震结构设计	能够设计隔震结构	框架结构设计、隔震结构时程分析

基本概念

隔震层、隔震器、阻尼器、水平向减震系数、变形验算。

引言

1994年1月17日，美国洛杉矶发生地震，震级为6.7级，死亡56人，伤7300人，损失很大。震中附近有两座医院，一座为隔震结构，另一座为传统抗震结构。

中南加州大学医院是橡胶支座隔震系统，这栋8层医院基础加速度为0.49g，而顶层加速度只有0.21g，加速度折减系数为1.8。

而传统抗震结构橄榄景医院的底层加速度为0.82g，而顶层加速度为2.31g，加速度放大系数为2.8。

中南加州大学医院在这次地震及其其后的余震中，6~8英尺高的花瓶等没有一个掉下来，建筑物内的各种机器等均未损坏，医院功能得到维持，成为防灾中心，起到十分重要的作用。

橄榄景医院在1971年圣费尔南多地震中受到较大损害，10年后重建，并增加了抗震强度。在此次地震中，剪力墙产生剪切裂缝，设备机器、医疗机械及家具等翻倒，病历等资料掉下、散乱，而且水管破裂，各层浸水，建筑物不能使用，完全丧失了医院的功能。

1994年9月16日，台湾海峡发生了7.3级地震，震源距离汕头市约200千米，汕头市烈度为6度，各类房屋摇晃厉害，居民惊慌失措，水桶里的水溅出了1/3左右……而陵海路隔震楼上的人并没有感到晃动，听到毗邻楼房和邻街喧闹声后下楼才知道发生了地震。

甘肃陇南武都区某住宅楼，为6层砌体结构，基础采用橡胶隔震垫，在汶川地震8度烈度作用下，房屋基本完好，室内人员感觉不到地震晃动。

11.1　隔震结构的原理与特点

传统的结构抗震是通过增强结构本身的抗震性能(强度、刚度、延性)来抵御地震作用的，即由结构本身储存和消耗地震能量，这是被动消极的抗震对策。由于人们尚不能准确地估计未来地震灾害作用的强度和特性，按传统抗震设计方法所设计的结构不具备自我调节能力。因此，结构很可能不能满足安全性的要求，而产生严重的破坏和倒塌，造成重大的经济损失和人员伤亡。合理有效的抗震途径是对结构施加控制装置(系统)，由控制装置与结构共同承受地震作用，即共同储存和耗散地震能量，以减轻结构的地震反应。本章立足于这一抗震思想，着重讲述隔震结构的基本原理及其设计方法，为结构抗震设计提供依据。

1. 结构隔震的概念与原理

在建筑物基础与上部结构之间设置隔震装置(或系统)形成隔震层，把房屋结构与基础隔离开来，利用隔震装置来隔离或耗散地震能量以避免或减少地震能量向上部结构传输，减少建筑物的地震反应，地震时建筑物只发生轻微运动和变形，从而使建筑物在地震作用下不损坏或倒塌，这种抗震方法称之为房屋基础隔震。图11.1为隔震结构的模型图。隔震系统一般由隔震器、阻尼器等构成，它具有竖向刚度大、水平刚度小、能提供较大阻尼的特点。

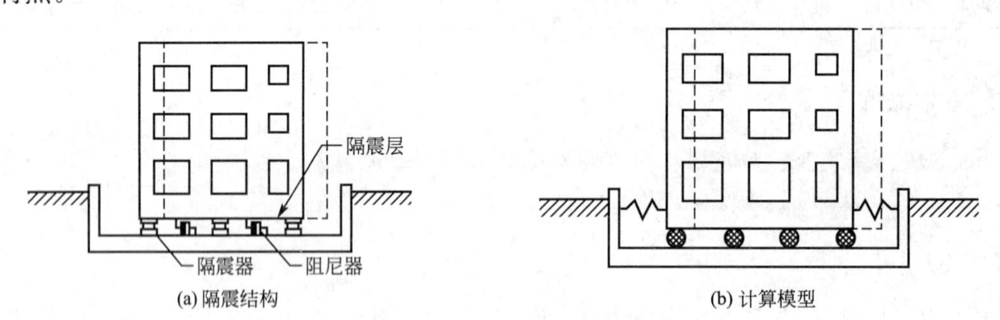

(a) 隔震结构　　(b) 计算模型

图11.1　隔震结构的模型图

基础隔震的原理可用建筑物的地震反应谱说明，图11.2分别为普通建筑物的加速度反应谱与位移反应谱。从图11.2中可以看出，建筑物的地震反应取决于自振周期和阻尼特性两个因素。一般中低层钢筋混凝土或砌体结构建筑物刚度大、周期短，基本周期正好与地震动的卓越周期相近，所以，建筑物的加速度反应比地面运动的加速度(放)大若干倍，而位移反应则较小，如图11.2中A点所示。采用隔震措施后，建筑物的基本周期大大延长，避开了地震动的场地特征周期，使建筑物的加速度大大降低，若阻尼保持不变，则位移反应增加，如图 11.2 中 B 点所示。由于这种结构的反应以第一振型为主，而该振型不与其他振型耦联，整个上部结构像一个刚体，加速度沿结构高度接近均匀分布，上部结构自身的相对位移很小。若增大结构的阻尼，则加速度反应继续减少，位移反应得到明显抑制，如图 11.2 中 C 点所示。

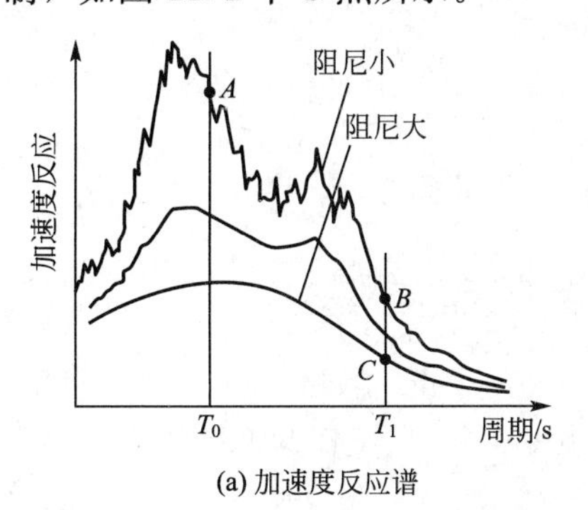

(a) 加速度反应谱

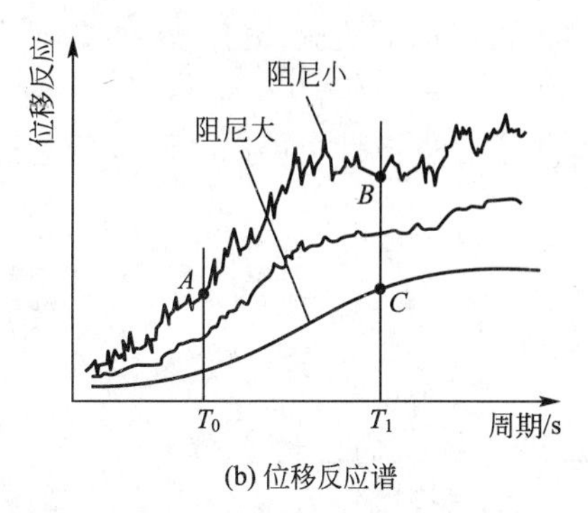

(b) 位移反应谱

图 11.2　结构反应谱曲线

综上所述，基础隔震的原理就是通过设置隔震装置系统形成隔震层，延长结构的周期，适当增加结构的阻尼，使结构的加速度反应大大减少，同时使结构的位移集中于隔震层，上部结构像刚体一样，自身相对位移很小，结构基本上处于弹性工作状态［图 11.3 (b)］建筑物也就不会产生破坏或倒塌。

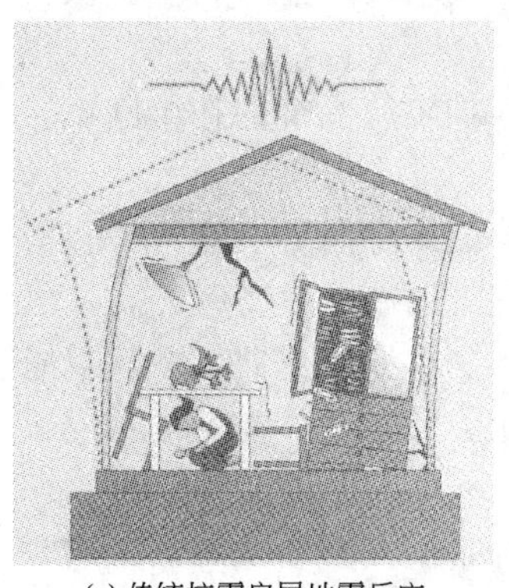

(a) 传统抗震房屋地震反应

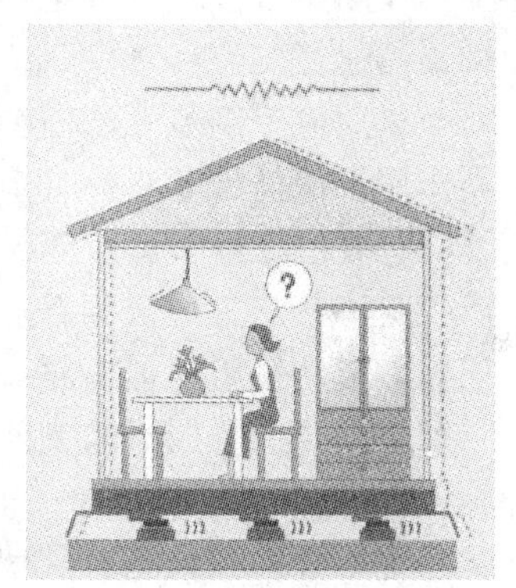

(b) 隔震房屋地震反应

图 11.3　传统抗震房屋与隔震房屋在地震中的情况对比

2. 隔震结构的特点

抗震设计的原则是在多遇地震作用下，建筑物基本上不产生损坏；在罕遇地震作用下，建筑物允许产生破坏但不倒塌。按抗震设计的建筑物，不能避免地震时的强烈晃动，当遭遇大地震时，虽然可以保证人身安全，但不能保证建筑物及其内部设备及设施安全，而且建筑物由于严重破坏常常不可修复，如果用隔震结构就可以避免这类情况发生。隔震结构通过隔震层的集中大变形和所提供的阻尼将地震能量隔离或耗散，地震能量不能向上部结构全部传输，因而，上部结构的地震反应大大减小，振动减轻，结构不产生破坏，人员安全和财产安全均可以得到保证。图 11.3 为传统抗震结构与隔震结构在地震时的反应对比。与传统抗震结构相比，隔震结构具有以下优点：

(1) 提高了地震时结构的安全性；

(2) 上部结构设计更加灵活，抗震措施简单明了；

(3) 防止内部物品的振动、移动、翻倒，减少了次生灾害；

(4) 防止非结构构件的损坏；

(5) 抑制了振动时的不舒适感，提高了安全感和居住性；

(6) 可以保证机械、仪表、器具等的功能不受损；

(7) 震后无需修复，具有良好的社会效益和经济效益；

(8) 经合理设计，可以降低工程造价。

11.2　隔震系统的组成与类型

1. 隔震系统的组成

隔震系统一般由隔震器、阻尼器、地基微震动与风反应控制装置等部分组成。在实际应用中，通常可使几种功能由同一元件完成，以方便使用。

隔震器的主要作用是一方面在竖向支撑建筑物的自重，另一方面在水平方向具有弹性，能提供一定的水平刚度，延长建筑物的基本周期，以避开地震动的卓越周期，降低建筑物的地震反应，能提供较大的变形能力和自复位能力。

阻尼器的主要作用是吸收或耗散地震能量，抑制结构产生大的位移反应，同时在地震终了时帮助隔震器迅速复位。

地基微震动与风反应控制装置的主要作用是增加隔震系统的初始刚度，使建筑物在风荷载或轻微地震作用下保持稳定。

常用的隔震器有叠层橡胶支座、螺旋弹簧支座、摩擦滑移支座等。目前国内外应用最广泛的是叠层橡胶支座，它又可分为普通橡胶支座、铅芯橡胶支座、高阻尼橡胶支座等。

常用的阻尼器有弹塑性阻尼器、粘弹性阻尼器、粘滞阻尼器、摩擦阻尼器等。

常用的隔震系统主要有叠层橡胶支座隔震系统、摩擦滑移加阻尼器隔震系统、摩擦滑移摆隔震系统等。

目前，隔震系统形式多样，各有其优缺点，并且都在不断发展。其中叠层橡胶支座隔震系统技术相对成熟，应用最为广泛，尤其是铅芯橡胶支座和高阻尼橡胶支座系统，由于不用另附阻尼器，施工简便易行，在国际上十分流行。我国《建筑抗震设计规范》(GB 50011—2010)和《夹层橡胶垫隔震技术规程》仅针对橡胶隔震支座给出了有关的设计要求。因此下面主要介绍叠层橡胶支座的类型与性能。

2. 叠层橡胶支座的性能及参数

隔震装置首先要能承受上部建筑物的自重，并且在竖向荷载作用下不能有过大变形；其次，为了延长结构的振动周期，减小上部结构的加速度反应，水平向需具有充分的柔度；再次，为了使振动衰减，限制结构的位移，还必须有一定的阻尼。因此，隔震装置应具有以下基本的性能：足够的竖向承载力和竖向刚度、小的水平刚度和适当的阻尼衰减特性。此外，建筑物的设计使用寿命一般为 50 年或更长时间，在此期间，无论环境如何变化，如温度升降、地基沉陷和氧化等，隔震装置应能正常工作，或在偶然发生的情况，如地震、火灾等，隔震装置要在一定时间内仍能发挥作用。综上所述，隔震装置的性能包括以下几个方面：竖向性能、水平性能、阻尼性能、耐久性、耐火性及各种相关性能等。

叠层橡胶支座的剖面如图 11.4 所示，其常用的截面形状一般为圆形和矩形，建筑中多采用圆形，因为圆形与方向无关。型号标记如图 11.5 所示。例如，GZP400 表示有效直径为 400mm 的圆形普通叠层橡胶支座，而 GZY500 表示有效直径为 500mm 的圆形铅芯叠层橡胶支座。

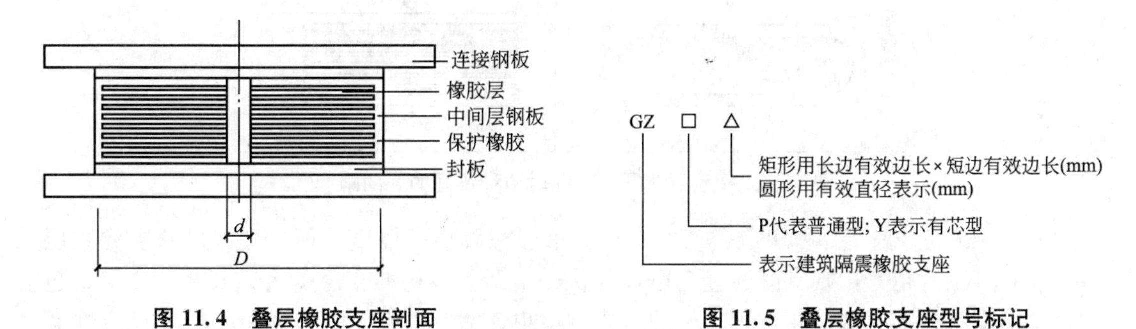

图 11.4 叠层橡胶支座剖面

图 11.5 叠层橡胶支座型号标记

叠层橡胶支座中心为空心孔，从受力角度而言是不利的，但从制作角度而言，由于叠层橡胶支座在制造时加硫过程需从外部加热，有孔可以保证受热均匀，此外，若在孔中加入铅芯，就成为铅芯叠层橡胶支座。连接钢板与橡胶之间还有一层较厚的钢板，称为封板，封板内部有螺栓孔，可以用螺栓与连接钢板相连。叠层橡胶支座外部有 1～2cm 的橡胶保护层，可防止内部橡胶老化。

叠层橡胶支座由钢板与橡胶叠合而成，橡胶的材料特性是弹性低、变形能力大，而钢板弹性高，变形能力小，将两者配合使用，当支座竖向受压时，橡胶片与钢板均沿径向变形，但钢板的变形比橡胶小，即橡胶受到钢板的约束，支座的中心部分近似为三轴受压的状态，因此支座有较高的竖向承载能力，且竖向压缩变形也很小，当支座受水平作用时，中间钢板不能约束橡胶的剪切变形，支座的水平变形近似为各橡胶片水平变形的叠加，因此支座的水平变形很大。用一根钢筋混凝土柱与叠层橡胶支座作比较，就可以很容易地理解叠层橡胶支座的特性。例如，一个普通的叠层橡胶支座的直径为 600mm，钢筋混凝土柱截面为 600mm×600mm，长度为 L 为 4m，混凝土强度等级为 C30，弹性模量 $E=3.0\times10^4\text{N/mm}^2$，泊松比取 0.5。某厂家生产的直径为 600mm 的普通叠层橡胶支座竖向刚度为 2800kN/mm，水平刚度为 1.62kN/mm。钢筋混凝土柱的竖向刚度为 $EA/L=2700\text{kN/mm}$，水平刚度为 $GA/L=0.5\times3.0\times10^4\times600\times600/4000=1350\text{kN/mm}$。

从上可看出，叠层橡胶支座的竖向刚度基本相当于一根与其截面大致相同的钢筋混凝土柱，而水平刚度仅为该柱的 1/1000 左右。因此叠层橡胶支座可以与柱一样作为结构构件，既支撑建筑物，又可以减小水平地震作用。

叠层橡胶支座的竖向刚度与橡胶硬度和橡胶层厚度有很大的关系，此项容易理解：橡胶硬度越大竖向刚度越大；橡胶层总厚度越小竖向刚度越大。但橡胶层的总厚度有两种情况，如图 11.6 所示。

从图 11.6 中可看出，尽管橡胶层总厚度一样，即 $t_r=nt_{r1}$，显然，第二种情况的竖向刚度要大于第一种情况。说明竖向刚度还与每层的橡胶厚度有关，此时可用参数——第一形状系数 s_1 来定义这个区别。对圆形截面 $s_1=(D-d)/4t_{r1}$，式中，D 为橡胶层有效承压

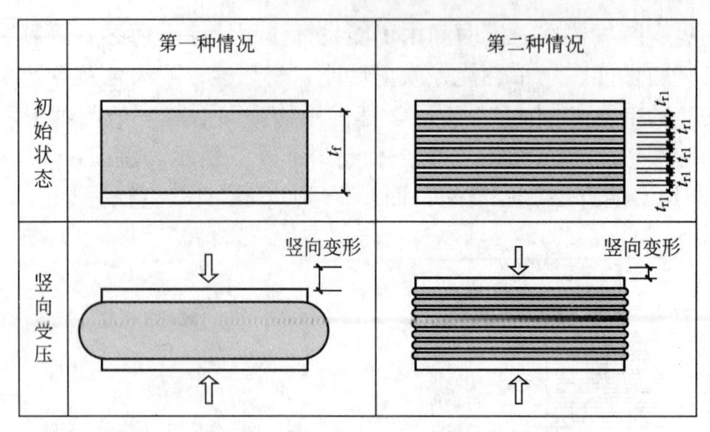

图 11.6 橡胶层总厚度相同时两种不同的竖向刚度

面的面积；d 为橡胶层中间开孔的直径；t_{r1} 为每层橡胶层的厚度。可以看出，每层橡胶层厚度 t_{r1} 越小，s_1 越大，则支座的竖向刚度越大。此外，s_1 还与支座的有效直径有关，s_1 越大，说明支座的形状矮而粗，则支座的弯曲刚度也越大。s_1 与支座的竖向刚度和稳定性有关。因此，为了保证支座的稳定，一般情况下，s_1 应不小于 15。

另外，对于叠层橡胶支座的水平刚度，其与橡胶的硬度和支座形状有关，橡胶越硬，支座的水平刚度越大；支座的形状越细长，水平刚度越小。图 11.7 显示了支座形状对水平刚度的影响，从图中可看出，仅支座橡胶层数不同，其他条件均相同的情况下，细长型支座的水平变形大于矮粗型支座。因此，引入参数——第二形状系数 s_2 来区别不同的支座形状。$s_2 = D/t_r$，式中，t_r 为橡胶层总厚度。一般情况下，s_2 不宜小于 5.0。

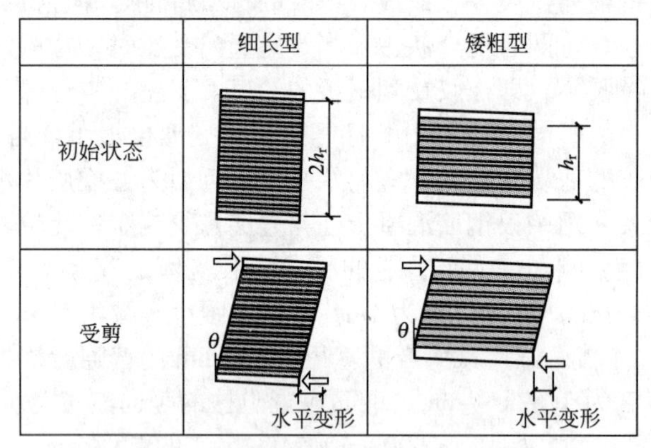

图 11.7 不同支座形状对水平刚度的影响

11.3 隔震结构的设计要求

1. 隔震结构方案的选择

隔震主要用于高烈度地区或使用功能有特别要求的建筑以及符合以下各项要求的建筑。

(1) 不隔震时，结构基本周期小于 1.0s 的多层砌体房屋、钢筋混凝土框架房屋等。

(2) 体型基本规则，且抗震计算可采用底部剪力法的房屋。

(3) 建筑场地宜为Ⅰ、Ⅱ、Ⅲ类，并应选用稳定性较好的基础类型。

(4) 风荷载和其他非地震作用的水平荷载标准值产生的总水平力不宜超过结构总重力的 10%。

隔震建筑方案的采用，应根据建筑抗震设防类别、设防烈度、场地条件、建筑结构方案和建筑使用要求，进行技术、经济可行性综合分析后确定。

2. 隔震层的设置

隔震层宜设置在结构第一层以下的部位。当隔震层位于第一层及第一层以上时，结构体系的特点与普通隔震结构可能有较大差异，隔震层以下的结构设计计算也更复杂，需作专门研究。

隔震层的布置应符合下列要求。

(1) 隔震层可由隔震支座、阻尼装置和抗风装置组成。阻尼装置和抗风装置可与隔震支座合为一体，亦可单独设置。必要时可设置限位装置。

(2) 隔震层刚度中心宜与上部结构的质量中心重合。

(3) 隔震支座的平面布置宜与上部结构和下部结构的竖向受力构件的平面位置相对应。

(4) 同一房屋选用多种规格的隔震支座时，应注意充分发挥每个橡胶支座的承载力和水平变形能力。

(5) 同一支承处选用多个隔震支座时，隔震支座之间的净距应大于安装操作所需要的空间要求。

(6) 设置在隔震层的抗风装置宜对称、分散地布置在建筑物的周边或周边附近。

3. 上部结构的地震作用和抗震措施

目前的叠层橡胶隔震支座只具有隔离或耗散水平地震的功能，对竖向地震隔震效果不明显，为了反映隔震建筑隔震层以上结构水平地震反应减小这一情况，引入“水平向减震系数”。水平向减震系数按 11.4 节中的有关规定确定。

地震作用计算时，水平地震影响系数最大值应进行折减，即乘以水平向减震系数，竖向地震影响系数最大值不折减。

当水平向减震系数不大于 0.5 时，丙类建筑的多层砌体房屋的层数、总高度和高宽比限值，可按规范要求中降低一度的有关规定采用。

11.4　隔震结构的抗震计算

1. 橡胶隔震支座的竖向承载力

橡胶支座的压应力既是确保橡胶隔震支座在无地震时正常使用的重要指标，也是直接影响橡胶隔震支座在地震作用时其他各种力学性能的重要指标。它是设计或选用隔震支座的关键因素之一。在永久荷载和可变荷载作用下组合的竖向平均压应力设计值，不应超过表 11-1 的规定，在罕遇地震作用下，不宜出现拉应力。

表 11-1　橡胶隔震支座平均压应力限值　　单位：MPa

建筑类别	甲类建筑	乙类建筑	丙类建筑
压应力限值	10	12	15

注：1. 压应力设计值应按永久荷载和可变荷载的组合计算；其中，楼面活荷载应按现行国家标准《建筑结构荷载规范》(GB 50009—2001)的规定乘以折减系数。
2. 结构倾覆验算时应包括水平地震作用效应组合；对需进行竖向地震作用计算的结构，尚应包括竖向地震作用效应组合。
3. 当橡胶支座的第二形状系数(有效直径与橡胶层总厚度之比)小于 5.0 时，应降低平均压应力限值：小于 5 不小于 4 时，降低 20%；小于 4 但不小于 3 时，降低 40%。
4. 外径小于 300mm 的橡胶支座，丙类建筑的压应力限制为 10MPa。

规定隔震支座中不宜出现拉应力，主要是考虑以下因素：

(1) 橡胶受拉后内部出现损伤，降低了支座的弹性性能；

(2) 隔震支座出现拉应力意味着上部结构存在倾覆危险；

(3) 橡胶隔震支座在拉应力下滞回特性实物试验尚不充分。

2. 隔震结构的地震作用与地震反应计算

1) 隔震结构周期的计算

砌体结构及与其基本周期相当的结构，隔震后的基本周期 T_1，可按式(11.1)计算：

$$T_1 = 2\pi\sqrt{\frac{G}{K_h g}} \tag{11.1}$$

式中，G 为隔震层以上结构的重力荷载代表值；K_h为隔震层的水平动刚度，可按式(11.2)确定；g 为重力加速度。

隔震层的水平动刚度 K_h和等效粘滞阻尼比 ζ_{eq}按式(11.2)与式(11.3)确定：

$$K_h = \sum K_j \tag{11.2}$$

$$\zeta_{eq} = \sum \frac{K_j \zeta_j}{K_h} \tag{11.3}$$

式中，K_j、ζ_j为第 j 隔震支座的水平动刚度和等效粘滞阻尼比。

验算多遇地震时，K_j、ζ_j宜采用隔震支座剪切变形为 50%时的水平动刚度和等效粘滞阻尼比；验算罕遇地震时，对直径小于 600mm 的隔震支座，K_j、ζ_j宜采用隔震支座剪切变形不小于 250%时的水平动刚度和等效粘滞阻尼比；对直径不小于 600mm 的隔震支座，K_j、ζ_j宜采用隔震支座剪切变形为 100%时的水平动刚度和等效粘滞阻尼比。

由试验确定上述参数时，竖向荷载参照表 11-1 中的值，水平加载频率在上述三种情况时分别采用 0.3Hz、0.1Hz 和 0.2Hz。

2) 水平向减震系数的计算

一般情况下，水平向减震系数应通过结构隔震与非隔震两种情况下各层最大层间剪力的分析对比确定，见表 11-2。层间剪力的对比分析，宜采用多遇地震作用下的时程分析。其中，在此过程中，需注意以下两点。

(1) 计算模型的确定。

对于一般建筑，可采用层间剪切模型，考虑隔震层的有效刚度和有效阻尼比。隔震结构上部结构和下部结构的荷载-位移关系特性可采用线弹性模型，若结构体系复杂，其剪切模型应计入扭转变形的影响。

(2) 计算结果的处理。

采用多条地震波进行时程分析时，计算结果宜取其平均值。当处于发震断层 10km 以内时，若输入地震波未计近场影响，对甲、乙类建筑，计算结果尚应乘以近场影响系数：5km 以内取 1.5，5km 以外取 1.25。

平面不规则结构的隔震层水平位移可采用时程分析法进行三维计算，隔震层水平位移为考虑偏心的最大位移。

对于时程分析法的计算结果，当需要考虑双向水平地震作用下的扭转地震作用效应时，其值可按下式中的较大值确定

$$s=\sqrt{s_x^2+(0.85s_y)^2} \tag{11.4a}$$

$$s=\sqrt{s_y^2+(0.85s_x)^2} \tag{11.4b}$$

式中，s_x为仅考虑 x 向水平地震作用时的地震作用效应；s_y为仅考虑 y 向水平地震作用时的地震作用效应。

当上部结构考虑竖向地震作用时，在 8 度和 9 度竖向地震作用下标准值分别不应小于隔震层以上结构总重力荷载代表值的 20%和 40%。

表 11-2　层间剪力最大比值与水平向减震系数的对应关系

层间剪力最大比值	0.53	0.35	0.26	0.18
水平向减震系数	0.75	0.50	0.38	0.25

砌体结构的水平向减震系数，宜根据隔震后整个体系的基本周期，按式(11.5)确定：

$$\varphi=1.2\eta_2\left(\frac{T_{gm}}{T_1}\right)^{\gamma} \tag{11.5}$$

式中，φ 为水平向减震系数；η_2 为地震影响系数的阻尼调整系数，按 $\eta_2=1+\frac{0.05-\zeta}{0.08+1.6\zeta}$ 确定；γ 为地震影响系数的曲线下降段衰减指数，按 $\gamma=0.9+\frac{0.05-\zeta}{0.3+6\zeta}$确定；$T_{gm}$为砌体结构采用隔震方案时的设计特征周期，当小于 0.4s 时应按 0.4s 采用；T_1为隔震后体系的基本周期，不应大于 2.0s 和 5 倍特征周期值的较大值。

与砌体结构周期相当的结构，其水平向减震系数宜根据隔震后整个体系的基本周期值按式(11.6)确定：

$$\varphi=1.2\eta_2\left(\frac{T_g}{T_1}\right)^{\gamma}\left(\frac{T_0}{T_g}\right)^{0.9} \tag{11.6}$$

式中，T_0为非隔震结构的计算周期，当小于特征周期时应采用特征周期的较大值；T_1为隔震后体系的基本周期，不应大于 5 倍特征周期值；T_g为特征周期。

其余符号同式(11.5)。

水平向减震系数不宜低于 0.25，且隔震后结构的总水平地震作用不得低于非隔震结构在 6 度设防时的总水平地震作用。

3) 上部结构地震作用的计算

确定隔震层以上结构的水平地震作用时，可采用底部剪力法进行计算，且其地震作用沿高度呈矩形分布。具体可按式(11.7)、式(11.8)及式(11.9)计算。

砌体结构：

$$F_{ek}=\varphi\alpha_{max}G_{eq} \tag{11.7}$$

与砌体结构周期相当的结构：

$$F_{ek}=\varphi\alpha_0G_{eq} \tag{11.8}$$

$$F_i=\frac{G_i}{\sum_{i=1}^{n}G_i}F_{ek}\quad(i=1,2,\cdots,n) \tag{11.9}$$

式中，F_{ek}为结构总水平地震作用标准值，即结构底部剪力的标准值；α_{max}为水平地震影响系数最大值；α_0为非隔震结构基本自振周期的水平地震影响系数；G_{eq}为结构等效总重力荷载，可按$G_{eq}=0.85\sum_{i=1}^{n}G_i$计算。

4）隔震支座在罕遇地震作用下的水平位移验算

隔震支座在罕遇地震作用下的水平位移按式(11.11)进行验算：

$$u_i\leqslant[u_i] \tag{11.10}$$

$$u_i=\beta_iu_c \tag{11.11}$$

式中，u_i为罕遇地震作用下第i个隔震支座考虑扭转的水平位移；$[u_i]$为第i个隔震支座的水平位移限值，对橡胶隔震支座，不宜超过该橡胶支座直径的0.55倍和支座橡胶总厚度3.0倍的较小值；u_c为罕遇地震隔震层质心处或不考虑扭转的水平位移；β_i为第i个隔震支座的扭转影响系数。

罕遇地震下的水平位移宜采用时程分析法计算，对砌体结构及与其基本周期相当的结构，隔震层质心处在罕遇地震下的水平位移可按式(11.12)计算：

$$u_c=\frac{\lambda_s\alpha_1(\zeta_{eq})G}{K_h} \tag{11.12}$$

式中，λ_s为近场系数，甲类、乙类建筑距发震断层5km以内取1.5，5～10km取1.25，10km以外取1.0，丙类建筑可取1.0；$\alpha_1(\zeta_{eq})$为罕遇地震下的地震影响系数值，可根据地震影响系数曲线确定；K_h为罕遇地震下隔震层的水平动刚度，按式(11.2)确定。

隔震层扭转影响系数，应取考虑扭转和不考虑扭转时第i支座计算位移的比值。当隔震支座的平面布置为矩形或接近矩形时，可按下列方法确定。

(1) 当隔震层以上结构的质心与隔震层刚度中心在两个主轴方向均无偏心时，边支座的扭转影响系数不宜小于1.15。

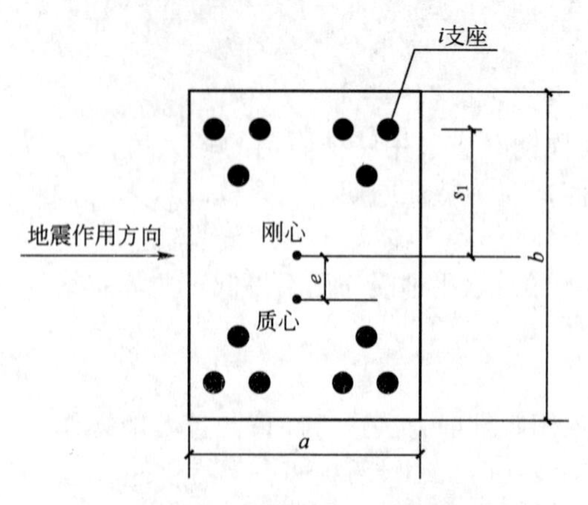

图11.8　隔震层扭转计算简图

(2) 仅考虑单向地震作用的扭转时，扭转影响系数可按下式估计：

$$\beta_i=1+12es_i/(a^2+b^2) \tag{11.13}$$

式中，e为上部结构质心与隔震层刚度中心在垂直于地震作用方向的偏心距；s_i为第i个隔震支座与隔震层刚度中心在垂直于地震作用方向的距离，如图11.8所示；a、b为隔震层平面的两个边长。

当隔震层和上部结构采取有效的抗扭措施后或扭转周期小于平动周期的70%，扭转影响系数可取1.15。

(3) 同时考虑双向地震作用的扭转时，扭转影响系数可仍按式(11.13)计算；但式中的偏心距 e 应采用下列式(11.14)中的较大值代替：

$$e=\sqrt{e_x^2+(0.85e_y)^2} \tag{11.14a}$$

$$e=\sqrt{e_y^2+(0.85e_x)^2} \tag{11.14b}$$

式中，e_x为 y 方向地震作用时的偏心距；e_y为 x 方向地震作用时的偏心距。

对边支座，其扭转影响系数不宜小于 1.2。

5) 上部结构的设计

由于隔震层对竖向隔震效果不明显，故当设防烈度为 8 度或 9 度且水平向减震系数为 0.25 时，隔震层以上的结构应进行竖向地震作用的计算；当设防烈度为 8 度且水平向减震系数不大于 0.5 时，亦宜进行此项计算。

对砌体结构的墙体截面进行抗震验算时，其砌体抗震抗剪强度的正应力影响系数宜按减去竖向地震作用效应后的平均压应力取值。

上部结构为框架等钢筋混凝土结构时，隔震层顶部的纵、横梁和楼板体系应作为上部结构的一部分按设防烈度进行计算和设计。

上部结构为砌体结构时，隔震层顶部各纵、横梁均可按受均布荷载的单跨简支梁或多跨连续梁计算。当按连续梁算出的正弯矩小于单跨简支梁跨中弯矩的 0.8 倍时，应按 0.8 倍单跨简支梁跨中弯矩配筋。

6) 隔震层以下的结构设计

隔震层以下结构(包括地下室)的地震作用和抗震验算，应采用罕遇地震下隔震支座底部的竖向力、水平力和力矩进行计算。

隔震建筑基础的验算和地基处理仍应按原设防烈度进行，甲类、乙类建筑的抗液化措施应按提高一个液化等级确定，直至全部消除液化沉陷。

11.5　隔震结构的构造要求

1. 隔震层的构造要求

隔震层应由隔震支座、阻尼器和为地基微震动与风荷载提供初刚度的部件组成，阻尼器可与隔震支座合为一体，亦可单独设计。必要时，宜设置防风锁定装置。隔震支座和阻尼器的连接构造，应符合下列要求。

(1) 隔震支座和阻尼器应安装在便于维护人员接近的部位。

(2) 隔震支座与上部结构、基础结构之间的连接件，应能传递支座的最大水平剪力。

(3) 外露的预埋件应有可靠的防锈措施。预埋件的锚固钢筋应与钢板牢固连接；锚固钢筋的锚固长度应大于 20 倍锚固钢筋直径，且不应小于 250mm。

隔震支座连接定位时，支座底部中心的标高偏差不大于 5mm，平面位置的偏差不大于 3mm，单个支座的倾斜度不大于 1/300。

隔震建筑应采取不阻碍隔震层在罕遇地震发生大变形的措施。上部结构的周边应设置防震缝，缝宽不宜小于各隔震支座在罕遇地震下的最大水平位移值的 1.2 倍。上部结构(包括与其相连的任何构件)与地面(包括地下室和与其相连的构件)之间宜设置明确的水平隔离缝；当设置水平隔离缝确有困难时，应设置可靠的水平滑移垫层。在走廊、楼梯、电梯等部位，应无任何障碍物。

穿过隔震层的设备管、配线应采用柔性连接等以适应隔震层在罕遇地震下水平位移的措施；采用钢筋或刚架接地的避雷设备，应设置跨越隔震层的接地配线。

2. 隔震层顶部梁板体系的构造要求

为了保证隔震层能够整体协调工作，隔震层顶部应设置平面内刚度足够大的梁板体系。当采用装配整体式钢筋混凝土板时，为使纵横梁体系能够传递竖向荷载并协调横向剪力在每个隔震支座的分配，支座上方的纵、横梁应采用现浇，同时为增大梁板的平面内刚度，需加大梁的截面尺寸和配筋。上部结构为砌体时，其构造应符合砌体结构有关底部框架砖房的钢筋混凝土托梁的要求；上部结构为框架等钢筋混凝土结构时，其构造宜符合关于框支层的有关要求。现浇面积厚度不应小于 50mm，且应双向配置直径 6～8mm、间距 150～250mm 的钢筋网。

隔震支座附近的梁柱受力状态复杂，地震时还会受冲切，因此，应考虑冲切和局部承压，加密箍筋，并根据需要配置网状钢筋。

11.6　隔震结构工程设计实例

1. 工程概况

某中学教学楼，地上 5 层，每层高度皆为 3.6m，总高 18m，隔震支座设置于基础顶部。上部结构为全现浇钢筋混凝土框架结构，楼盖为普通梁板体系，基础采用肋梁式筏板基础。乙类建筑，设防烈度为 8 度，设计基本加速度为 0.15g，场地类别Ⅱ类，地震分组第一组，不考虑近场影响。

根据现行《中小学校设计规范》(GB 50099—2011)、《混凝土结构设计规范》(GB 50010—2010)、《建筑结构荷载规范》(GB 50009—2011)、《建筑抗震设计规范》(GB 50011—2010)相关规定对上部结构进行设计，其结构柱网布置如图 11.9 所示，各层的重量及侧移刚度如表 11 - 3 所示。

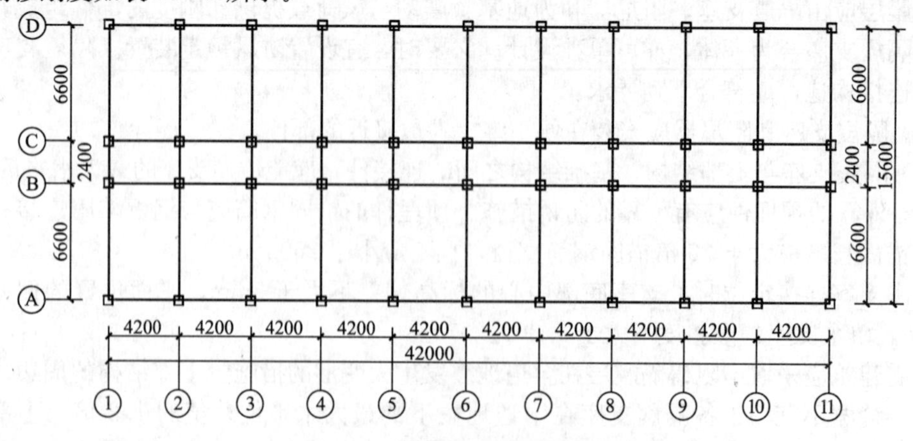

图 11.9　框架平面柱网布置图

表 11-3　上部结构重力及侧移刚度

层号	重力荷载代表值/kN	侧移刚度/(kN/mm)
1	6095.78	678
2	6095.78	597
3	6095.78	597
4	5897.86	597
5	5600.45	597

2. 初步设计

1) 是否采用隔震方案

(1) 不隔震时，该建筑物的基本周期为 0.45s，小于 1.0s。

(2) 该建筑物总高度为 18m，层数为 5 层，符合《建筑抗震设计规范》(GB 50011—2010)的有关规定。

(3) 建筑场地为Ⅱ类场地，无液化。

(4) 风荷载和其他非地震作用的水平荷载未超过结构总重力的 10%。

以上几条均满足规范中关于建筑物采用隔震方案的规定。

2) 确定隔震层的位置

隔震层设在基础顶部，橡胶隔震支座设置在受力较大的位置，其规格、数量和分布根据竖向承载力、侧向刚度和阻尼的要求通过计算确定。隔震层在罕遇地震下应保持稳定，不宜出现不可恢复的变形。隔震层橡胶支座在罕遇地震作用下，不宜出现拉应力。

3) 隔震层上部重力设计

上部总重力为如表 11-3 所示。

3. 隔震支座的选型和布置

确定目标水平向减震系数为 0.50，进行上部结构的设计，并计算出每个支座上的轴向力。根据抗震规范相应要求，乙类建筑隔震支座平均应力不应大于 12MPa，由此确定每个支座的直径(隔震装置平面布置图如图 11.10 所示，即各柱底部分别安置橡胶支座)。

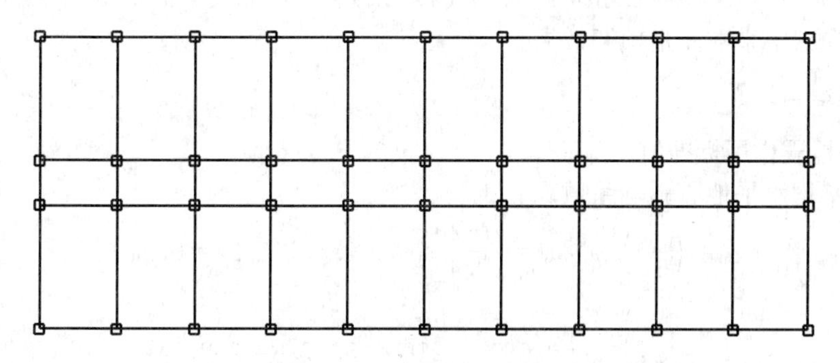

图 11.10　隔震支座布置图

1) 确定轴力

竖向地震作用　$F_{evk}=\alpha_v G$

柱底轴力设计值　N=1.2×恒载+0.5×活载+1.3×竖向地震作用=53608.25kN

中柱柱底轴力　　　　$N_{中}=1546.39\text{kN}$
边柱柱底轴力　　　　$N_{边}=1134.02\text{kN}$

2）确定隔震支座类型及数目

中柱支座：GZY400 型，竖向承载力 1884kN，共 22 个。

边柱支座：GZY400 型，竖向承载力 1884kN，共 22 个。

其支座型号及参数见表 11-4。

表 11-4　隔震支座参数

型号	设计承载力 /kN	竖向刚度 /(kN/mm)	水平刚度/(kN/mm)		等效阻尼	
			$\gamma=50\%$	$\gamma=250\%$	$\gamma=50\%$	$\gamma=250\%$
GZY400	1884	1679	2.092	1.216	0.292	0.131

4. 水平向减震系数 φ 的计算

多遇地震时，采用隔震支座剪切变形为 50%的水平刚度和等效粘滞阻尼比。

由式(11.2)

$$K_{\text{h}}=\sum K_j=2.092\times 44=92.048\text{kN/mm}$$

由式(11.3)

$$\xi_{\text{eg}}=\frac{\sum K_j\xi_j}{K_{\text{h}}}=\frac{44\times 2.092\times 0.292}{92.048}=0.292$$

由式(11.1)

$$T_1=2\pi\sqrt{\frac{G}{K_{\text{h}}g}}=1.27\text{s}<5T_{\text{g}}=5\times 0.4=2.0\text{s}$$

$$\eta_2=1+\frac{0.05-\xi_{\text{eg}}}{0.08+1.6\xi_{\text{eg}}}=0.56$$

$$\gamma=0.9+\frac{0.05-\xi_{\text{eg}}}{0.3+6\xi_{\text{eg}}}=0.78$$

由式(11.6)

$$\varphi=1.2\eta_2(T_{\text{g}}/T_1)^{\gamma}(T_0/T_{\text{g}})^{0.9}=0.36<0.5$$

即水平向减震系数满足预期效果。

5. 上部结构计算

1）水平地震作用标准值

非隔震结构水平地震影响系数

$$\alpha_0=\left(\frac{T_{\text{g}}}{T_1}\right)^{\gamma}\eta_2\alpha_{\max}=\left(\frac{0.40}{0.45}\right)^{0.9}\times 0.56\times 0.24=0.219$$

由式(11.8)

$$F_{\text{ek}}=\varphi\alpha_0 G_{\text{eq}}=0.36\times 0.219\times 25317.8=2023.4\text{kN}$$

2）隔震层分布的层间剪力标准值

由式(11.9)

$$F_i=\frac{G_i}{\sum_{i=1}^{n}G_i}F_{\text{ek}}\quad(i=1,2,\cdots,n)$$

计算层间剪力标准值，其结果见表 11-5。

表 11-5　上部结构层间剪力标准值

层数	G_i/kN	$\sum G_i$/kN	F_{ek}/kN	F_i/kN	V_i/kN
5	5600.45	29785.65	2023.40	380.45	380.45
4	5897.86			400.65	781.10
3	6095.78			414.10	1195.20
2	6095.78			414.10	1609.30
1	6095.78			414.10	2023.40

3）上部结构层间位移角

计算层间位移角，其结果见表 11-6。

表 11-6　上部结构层间位移角

层数	V_i/kN	侧移刚度/(kN/mm)	层间位移/mm	层高/mm	层间位移角	限值
5	380.45	597	0.64	3600	1/5650	1/550
4	781.10	597	1.31	3600	1/2752	
3	1195.20	597	2.00	3600	1/1799	
2	1609.30	597	2.70	3600	1/1336	
1	2023.40	597	3.00	3600	1/1207	

由表 11-6 可知，上部结构满足抗震设计要求。

6. 隔震层水平位移验算

罕遇地震时，采用隔震支座剪切变形不小于 250%时的剪切刚度和等效粘滞阻尼比。

1）计算隔震层偏心距 e

本结构和隔震装置对称布置，偏心距 $e=0$。

2）隔震层质心处的水平位移计算

根据场地条件，特征周期为 $T_g=0.4$s。

由式(11.2)

$$K_h=\sum K_j=1.216\times 44=53.504\text{kN/mm}$$

由式(11.3)

$$\xi_{eg}=\frac{\sum K_j\xi_j}{K_h}=\frac{44\times 1.216\times 0.131}{53.504}=0.131$$

由式(11.1)

$$T_1=2\pi\sqrt{\frac{G}{K_h g}}=1.66\text{s}$$

$$\eta_2=1+\frac{0.05-\xi_{eg}}{0.06+1.7\xi_{eg}}=1+\frac{0.05-0.131}{0.08+1.6\times 0.131}=0.72$$

$$\gamma=0.9+\frac{0.05-\xi_{eg}}{0.5+5\xi_{eg}}=0.9+\frac{0.05-0.131}{0.3+6\times0.131}=0.825$$

设防烈度 8 度(0.15g)罕遇地震下 $\alpha_{max}=1.20$。

$$\alpha_1(\zeta_{eq})=\left(\frac{T_g}{T_1}\right)^{\gamma}\eta_2\alpha_{max}=\left(\frac{0.4}{1.66}\right)^{0.825}\times0.72\times1.20=0.267$$

由式(11.12)

$$u_c=\frac{\lambda_s\alpha_1(\zeta_{eq})G}{K_h}=0.183\text{m}=183\text{mm}$$

3) 水平位移验算(验算最不利支座)

本工程隔震层无偏心，对边支座 $\beta_i=1.15$。

由式(11.11)

$$u_i=\beta_i u_c=1.15\times183\text{mm}=210.45\text{mm}$$

验算支座 GZY400　　$[u_i]=220\text{mm}$

$$u_i=210.45\text{mm}<[u_i]=220\text{mm}$$

故支座变形满足要求。

7. 隔震层下部计算

各隔震支座的剪力按水平刚度分配。隔震层在罕遇地震作用下的水平剪力计算为 $V_c=\lambda_s\alpha_1(\xi)G=9822.21\text{kN}$，隔震层的总刚度为 53504kN/m。每个 GZY400 隔震支座受到水平剪力为 223.23kN。

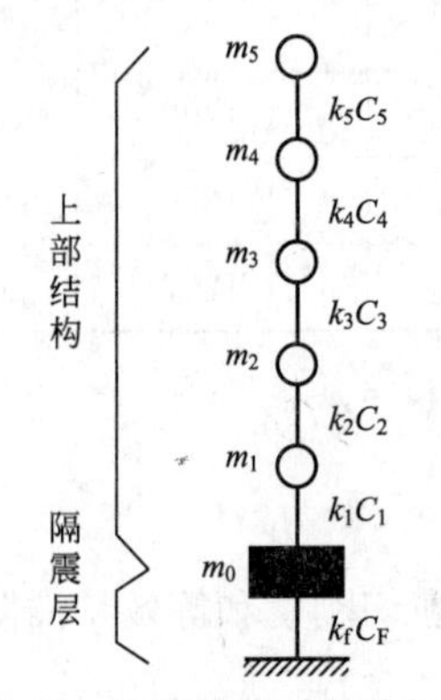

图 11.11　隔震结构时程分析模型

8. 隔震结构时程分析验算

1) 分析模型(图 11.11)

2) 输入地震波

本工程 8 度(0.15g)设防，时程分析所用地震加速度时程曲线的最大值取为：多遇地震为 1.10m/s^2，罕遇地震为 5.10m/s^2。

输入地震波见表 11-7。

表 11-7　时程分析地震波参数

地震波	相位特性	时间间隔/s	时长/s	最大加速度/(m/s^2)	峰值时刻/s
ART EL CENTRO	EL CENTRO 1940 NS	0.01	82	419.0	2.22
ART HACHINOHE	HACHINOHE 1969 EW	0.01	163.84	392.62	17.3
ART KOBE	JMA KOBE 1995 NS	0.01	163.8	394	5.56

3) 时程分析结果

采用时程分析程序进行结构在多遇地震下结构隔震与非隔震的时程分析，以及在罕遇地震下隔震结构的位移反应时程分析。多遇地震下时程分析计算结果如表 11-8。

表11-8　多遇地震时程分析的主要计算结果

项目	波形	非隔震结构					隔震结构					
		1层	2层	3层	4层	5层	隔震层	1层	2层	3层	4层	5层
层间剪力/kN	EL	3334	3036	2912	2219	1217	1403.2	1191.7	998.1	805.1	568.8	290.1
	HA	4583	4173	3345	2397	1268	1834.6	1471.8	1153.2	902.6	621.0	321.5
	KO	4436	3720	2835	2306	1324	1775.6	1587.2	1385.9	1138.5	808.3	414.2
加速度/(m/s²)	EL	1.21	1.87	2.13	2.41	2.58	1.12	1.10	1.13	1.21	1.27	1.31
	HA	1.13	1.72	1.97	1.99	2.42	1.41	1.52	1.57	1.56	1.53	1.50
	KO	1.34	2.15	2.46	2.27	2.23	1.31	1.38	1.45	1.53	1.55	1.60
速度/(m/s)	EL	0.06	0.10	0.14	0.18	0.20	0.12	0.13	0.14	0.15	0.16	0.16
	HA	0.06	0.12	0.17	0.20	0.22	0.15	0.16	0.19	0.20	0.22	0.23
	KO	0.06	0.13	0.17	0.20	0.23	0.14	0.16	0.17	0.18	0.19	0.20
位移/mm	EL	4.92	9.85	13.69	17.23	19.13	23.78	26.52	29.08	31.02	32.30	32.92
	HA	6.76	13.75	19.24	22.98	24.81	31.09	34.48	37.44	39.51	40.78	41.36
	KO	6.54	12.77	17.12	19.80	21.30	30.09	33.69	37.23	40.09	42.10	43.15

注：加速度时程曲线最大值1.1m/s²。

通过结构隔震与非隔震两种情况下各层最大层间剪力的分析对比确定隔震结构的水平向减震系数，计算结果见表11-9。

表11-9　水平向减震系数计算

层次	波形	隔震剪力/kN	非隔震剪力/kN	剪力比值	平均值	最大值
5	EL	290.1	1217.0	0.238	0.268	
	HA	321.5	1268.0	0.254		
	KO	414.2	1324.0	0.313		
4	EL	568.8	2219.0	0.256	0.289	
	HA	621.0	2397.0	0.259		
	KO	808.3	2306.0	0.350		
3	EL	805.1	2912.0	0.276	0.316	
	HA	902.6	3345.0	0.270		0.345
	KO	1138.5	2835.0	0.402		
2	EL	998.1	3036.0	0.329	0.323	
	HA	1153.2	4173.0	0.276		
	KO	1385.9	3720.0	0.373		
1	EL	1191.7	3334.0	0.357	0.345	
	HA	1471.8	4583.0	0.321		
	KO	1587.2	4436.0	0.358		

由表11-9可知，结构在隔震与非隔震两种情况下各层最大层间剪力比值为0.345。本工程水平向减震系数设计为0.5。按本章节表11-2的规定，水平向减震系数为0.5时，层间剪力最大比值为0.35。而表11-9中，其值0.345未超过层间剪力比限值，因而认为该隔震结构满足水平向减震系数要求。

隔震后上部结构层间角位移见表 11-10。

表 11-10 隔震后上部结构层间位移角

层次	波形	层间位移/mm	层高/mm	层间角位移	限值
5	EL	32.92	3600	1/5807	1/550
	HA	41.36	3600	1/6207	
	KO	43.15	3600	1/3429	
4	EL	32.30	3600	1/2813	
	HA	40.78	3600	1/2835	
	KO	42.10	3600	1/1792	
3	EL	31.02	3600	1/1856	
	HA	39.51	3600	1/1740	
	KO	40.09	3600	1/1259	
2	EL	29.08	3600	1/1407	
	HA	37.44	3600	1/1217	
	KO	37.23	3600	1/1017	
1	EL	26.52	3600	1/1314	
	HA	34.48	3600	1/1062	
	KO	33.69	3600	1/1000	

罕遇地震下隔震结构的层间位移计算结果见表 11-11。

表 11-11 罕遇地震下最大水平位移 单位：mm

输入波形	隔震层	1层	2层	3层	4层	5层
ART EL CENTRO	192	205	217	225	231	234
ART HACHINOHE	175	186	197	205	210	212
ART KOBE	204	218	230	239	245	248
平均	190	203	215	223	229	231

注：加速度时程曲线最大值 $5.1m/s^2$。

由表 11-11 中数据可知隔震层在罕遇地震作用下最大水平位移为 190mm＜220mm，满足最大位移限值要求。

钢筋混凝土框架结构在罕遇地震作用下层间位移角限值为 1/50，而本工程采用隔震结构，弹塑性位移角限值取规定值的 1/2，即 1/100。由表 11-11 的计算可知本工程最大层间位移为 12mm，位移角为 12/3600=1/300，满足要求。

各地震波时程分析得到的最大位移图如下：

图 11.12 为 ART EL CENTRO 波时程分析位移最大值。

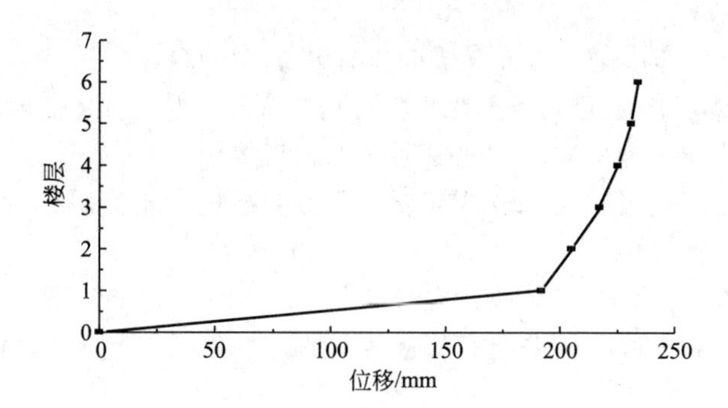

图 11.12　ART EL CENTRO 波时程分析位移最大值

图 11.13 为 ART HACHINOHE 波时程分析位移最大值。

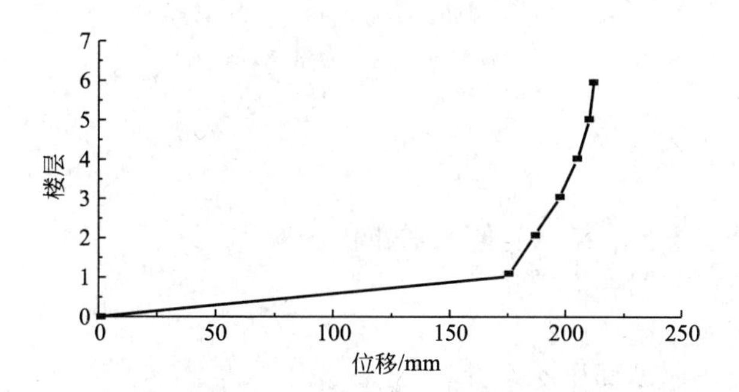

图 11.13　ART HACHINOHE 波时程分析位移最大值

图 11.14 为 ART KOBE 波时程分析位移最大值。

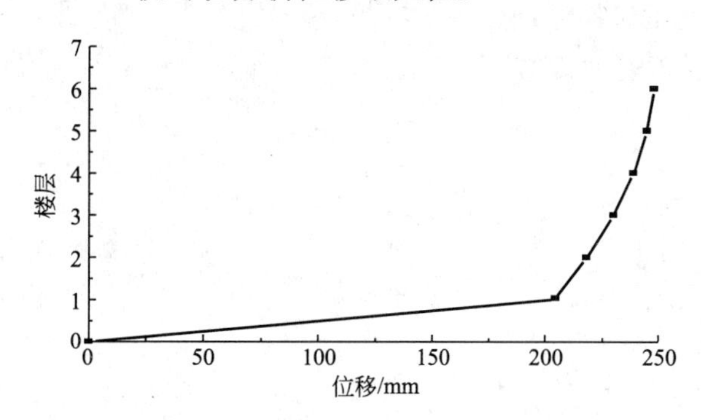

图 11.14　ART KOBE 波时程分析位移最大值

隔震结构在地震作用下隔震层产生较大位移，同时消耗地震能量，极大地减少了输入上部结构的能量。上部结构的变形很小，基本保持弹性而不发生严重的破坏，结构设计合理。

本 章 小 结

(1) 隔震系统一般由隔震器、阻尼器等构成，它具有竖向刚度大、水平刚度小、能提供较大阻尼的特点。

(2) 隔震器的主要作用是一方面在竖向支撑建筑物的自重，另一方面在水平方向具有弹性，能提供一定的水平刚度，延长建筑物的基本周期，以避开地震动的场地特征周期，降低建筑物的地震反应，能提供较大的变形能力和自复位能力。

阻尼器的主要作用是吸收或耗散地震能量，抑制结构产生大的位移反应，同时在地震终了时帮助隔震器迅速复位。

(3) 为了反映隔震建筑隔震层以上结构水平地震反应减小这一情况，引入“水平向减震系数”。地震作用计算时，水平地震影响系数最大值应进行折减，即乘以水平向减震系数。

(4) 确定隔震层以上结构的水平地震作用时，可采用底部剪力法进行计算，且其地震作用沿高度呈矩形分布。

习　题

思考题

(1) 隔震结构和传统抗震结构有何区别和联系？

(2) 隔震装置由哪些部件组成？

(3) 隔震器的主要作用是什么？

(4) 阻尼器的主要作用是什么？

(5) 什么是水平向减震系数？如何取值？

(6) 如何进行隔震结构在罕遇地震作用下的变形验算？

(7) 简述隔震结构的工作原理。

(8) 简述隔震结构的设计过程。

第 12 章 基于能量原理的结构地震反应预测法

教学目标

本章主要阐述基于能量原理的结构地震反应预测法。通过本章的学习，应达到以下目标：

(1) 理解从振动微分方程推导能量方程的过程；

(2) 理解弹性振动能、阻尼消耗能、累积塑性变形能、地震动输入到结构的能量概念；

(3) 利用电算程序分析能量关系；

(4) 理解基于能量原理的隔震结构地震反应预测法基本思路。

教学要求

知识要点	能力要求	相关知识
能量方程	掌握方程的物理概念	多质点系振动微分方程
弹性振动能 阻尼消耗能 累积塑性变形能 输入能量	利用电算程序能够进行定量分析	矩阵运算、编程基础
反应预测法	理解分析方法	能量平衡基本原理

基本概念

能量方程、弹性振动能、阻尼消耗能、累积塑性变形能、输入能量、隔震结构、反应预测法。

引言

现代结构抗震设计方法始于20世纪初。随着人们对地震动特性和结构动力特性理解的不断加深，结构抗震设计方法经历了从基于承载力的设计方法，发展到基于承载力与延性保证的设计方法，再到目前的综合考虑承载力、延性、损伤和耗能的基于性能和基于能量的设计方法。

自20世纪50年代G. Housner提出基于能量抗震设计的概念以来，经过许多研究者的努力，该方法的基础工作已趋于完善，相应的设计框架也已基本成熟。我国也有很多相关的研究，但目前还没有形成系统的设计方法。

2005 年 6 月 1 日，日本国土交通省颁布了基于能量平衡的抗震计算的公告，2005 年日本建筑中心出版了《基于能量平衡的抗震计算方法技术规程》。日本建筑基准法规定，除可按“保有水平耐力法”进行结构抗震设计外，还可按极限承载力设计法(采用 Pushover 方法的基于位移抗震设计)、能量设计法和时程分析法进行设计。能量设计法是直接通过能量评价结构的抗震性能；时程分析法是通过计算不同地震波作用下结构的弹塑性反应判断结构的抗震性能。日本建筑基准法规定，对于一般建筑前三种方法具有同样的地位；对于 60m 以上的建筑，一般采用时程分析法进行设计。

从承载力的观点看，结构的倒塌意味着超过了结构的承载力极限，由此形成基于承载力的抗震设计方法。

从变形的观点看，结构的倒塌意味着超过了结构的弹塑性变形极限，由此形成基于位移的抗震设计方法。

而从能量的观点看，结构的倒塌意味着超过了结构的弹塑性滞回耗能极限，由此形成基于能量的抗震设计方法。基于能量的抗震设计方法通过地震输入能量确定结构耗能需求，通过结构构件累积塑性变形耗能总和得到结构的耗能能力。在相应设计阶段，当结构的耗能能力大于结构的耗能需求，则认为结构满足设计要求。基于能量的抗震设计方法同时考虑了结构的承载能力和变形能力，更全面地反映了结构的抗震能力，因此比基于承载力的设计方法和基于位移的设计方法更为全面合理。因此，基于能量的抗震设计方法是继基于位移的设计方法后抗震设计方法的主要发展方向，也是形成未来基于性能抗震设计方法的主要组成部分。

基于能量的抗震设计概念自 20 世纪 50 年代提出以来，经过长期的研究，现已基本建立了基于能量的抗震设计理论的基础，如输入能量谱、耗能分配与分布、考虑累积耗能的结构构件损伤评估方法等，目前许多研究者都正在努力形成基于能量的抗震设计方法。

12.1 能量平衡方程

多质点体系振动微分方程为

$$[m]\{\ddot{x}\}_t+[c]\{\dot{x}\}_t+[J]\{Q\}_t=-\ddot{x}_{gt}[m]\{1\} \tag{12.1}$$

式(12.1)两侧均左乘 $\mathrm{d}x^{\mathrm{T}}=(\mathrm{d}x/\mathrm{d}t)^{\mathrm{T}}\mathrm{d}t=\dot{x}^{\mathrm{T}}\mathrm{d}t$，并在地震整个持续时间 t_0 内对时间进行积分，得到如下能量平衡方程

$$\frac{1}{2}\dot{x}^{\mathrm{T}}M\dot{x}+\int_0^{t_0}\dot{x}^{\mathrm{T}}C\dot{x}\,\mathrm{d}t+\int_0^{t_0}\dot{x}^{\mathrm{T}}[J]\{Q\}_t\,\mathrm{d}t=-\int_0^{t_0}\dot{x}^{\mathrm{T}}M\{1\}\ddot{x}_{gt}\,\mathrm{d}t \tag{12.2}$$

式(12.2)可写为

$$W_{\mathrm{e}}+W_{\zeta}+W_{\mathrm{p}}=E \tag{12.3}$$

式中，W_{e}表示 t 时刻的弹性振动能；W_{ζ}表示 t 时刻的阻尼消耗能；W_{p}表示 t 时刻的累积塑性变形能；E 表示 t 时刻的输入能。

弹性振动能 W_{e}可以表示为

$$W_{\mathrm{e}}=W_{\mathrm{ek}}+W_{\mathrm{es}} \tag{12.4}$$

式中，W_{ek}表示 t 时刻的动能；W_{es}表示 t 时刻的弹性变形能。

动能 W_{ek}的计算公式为

$$W_{ek}=\int_0^{t_0}m\ddot{x}(t)\dot{x}(t)\mathrm{d}t=\int_0^{t_0}m\dot{x}(t)\frac{\mathrm{d}\dot{x}(t)}{\mathrm{d}t}\mathrm{d}t=\int_0^{t_0}m\dot{x}(t)\mathrm{d}\dot{x}=\frac{1}{2}m\dot{x}^2(t_0)\tag{12.5}$$

弹性变形能 W_{es} 的计算公式为

$$W_{es}=\int_0^{t_0}kx(t)\dot{x}(t)\mathrm{d}t=\int_0^{t_0}kx(t)\frac{\mathrm{d}x(t)}{\mathrm{d}t}\mathrm{d}t=\int_0^{t_0}kx(t)\mathrm{d}x=\frac{1}{2}kx^2(t_0)\tag{12.6}$$

此处，考虑无阻尼单自由度体系于正弦波 $x=a\sin\omega t$ 作用下的振动。体系加速度为 $\ddot{x}=-a\omega^2\sin\omega t$，其动能与弹性变形能之和表示为

$$\begin{aligned}\frac{1}{2}m\dot{x}^2(x)+\frac{1}{2}kx^2(x)&=\frac{1}{2}m(a\omega\cos\omega t)^2+\frac{1}{2}k(a\sin\omega t)^2\\&=\frac{a^2}{2}(m\omega^2\cos^2\omega t+k\sin^2\omega t)\\&=\frac{1}{2}ka^2(\cos^2\omega t+\sin^2\omega t)=\frac{1}{2}ka^2\end{aligned}$$

所得结果为一个常数。图 12.1 表示动能、弹性变形能与两者之和。从图中可以看出，动能最大时变形能最小；动能最小时变形能最大，即其互相补充并保持一个值。

阻尼消耗能 W_ζ 的计算公式为

$$W_\zeta=\int_0^{t_0}\dot{x}^{\mathrm{T}}C\dot{x}\mathrm{d}t\tag{12.7}$$

累积塑性变形能 W_p 与弹性变形能 W_{es} 之和的计算公式为

$$W_p+W_{es}=\int_0^{t_0}\dot{x}^{\mathrm{T}}[J]\{Q\}_t\mathrm{d}t\tag{12.8}$$

地震动输入到结构的能量计算公式为

$$E=-\int_0^{t_0}\dot{x}^{\mathrm{T}}M\ddot{x}_{gt}\mathrm{d}t\tag{12.9}$$

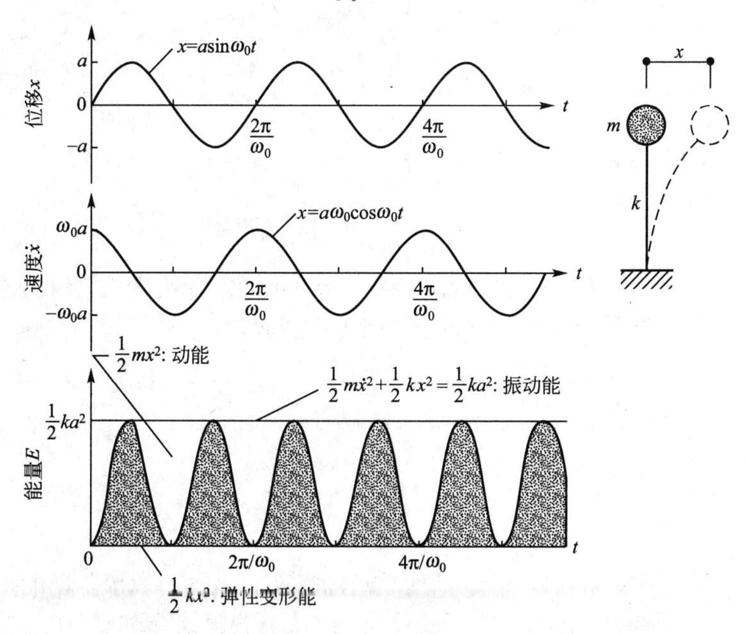

图 12.1　弹性振动能

12.2 计算能量程序设计

1）计算地震动输入到结构的能量程序

```
    e(m)=0.0
    do 77 i=1,n
    ee(i)=ee(i)-(((em(i,i)*ddy(m-1)*vel(i,m-1))+
  &        (em(i,i)*ddy(m)*vel(i,m)))*dt/2.0)
    e(m)=e(m)+ee(i)
77  continue
```

程序中，ee(i)表示地震动输入到结构各层的能量，e(m) 表示地震动输入到结构的总能量。

2）计算动能的程序

```
    sude(m)=0
    do 2 i=1,n
    ude(i)=em(i,i)*vel(i,m)*vel(i,m)*0.5
    sude(m)=sude(m)+ude(i)
2   continue
```

程序中，ude(i)表示各层的动能，sude(m) 表示整个结构的总动能。

3）计算阻尼消耗能的程序

```
    do 5 i=1,n
    wh(i)=0
    do 6 j=1,n
    wh(i)=wh(i)+vel(j,m)*ec(j,i)
6   continue
    swh(i)=swh(i)+wh(i)*vel(i,m)*dt
    wh(m)=wh(m)+swh(i)
5   continue
```

程序中，swh(i)表示各层阻尼吸收的能量，wh(m)表示各层阻尼吸收的能量之和。

4）计算累积塑性变形能 W_p 与弹性变形能 W_{es} 之和的程序

```
    do 10 i=1,n
    wpe(i)=(sd(i,m)-sd(i,m-1))*(q(i,m)+q(i,m-1))*0.5
    wpp(i,m)=wpp(i,m-1)+wpe(i)
    wp(m)=wp(m)+wpp(i,m)
10  continue
```

程序中，i 表示各层(质点)，m 表示地震动的循环。wpp(i)表示各层的弹塑性变形能，wp(m)表示各层的弹塑性变形能之和。此外，em(i，j)为质量矩阵，ec(i，j)为阻尼矩阵，ddy(m)为地震动加速度，vel(i，m)为质点速度，sd(i，m)为质点层间位移，q(i，m)为质点层间剪力。

第 9 章中所介绍的程序 NRES 为已知多质点体系剪切型层模型的质量矩阵、阻尼矩阵、初期刚度矩阵、表示恢复力特性的骨架曲线与作用于体系的地震动加速度时程曲线，进而计算质点绝对加速度、相对速度、相对位移和层间剪力等地震反应的子程序。在该程序中移植上述程序，即可讨论相关的能量关系。

【例 12.1】 绘制和分析第 9 章例 9.1 中所示结构的能量关系。

第 9 章例 9.1 所示结构的能量关系如图 12.2 所示。

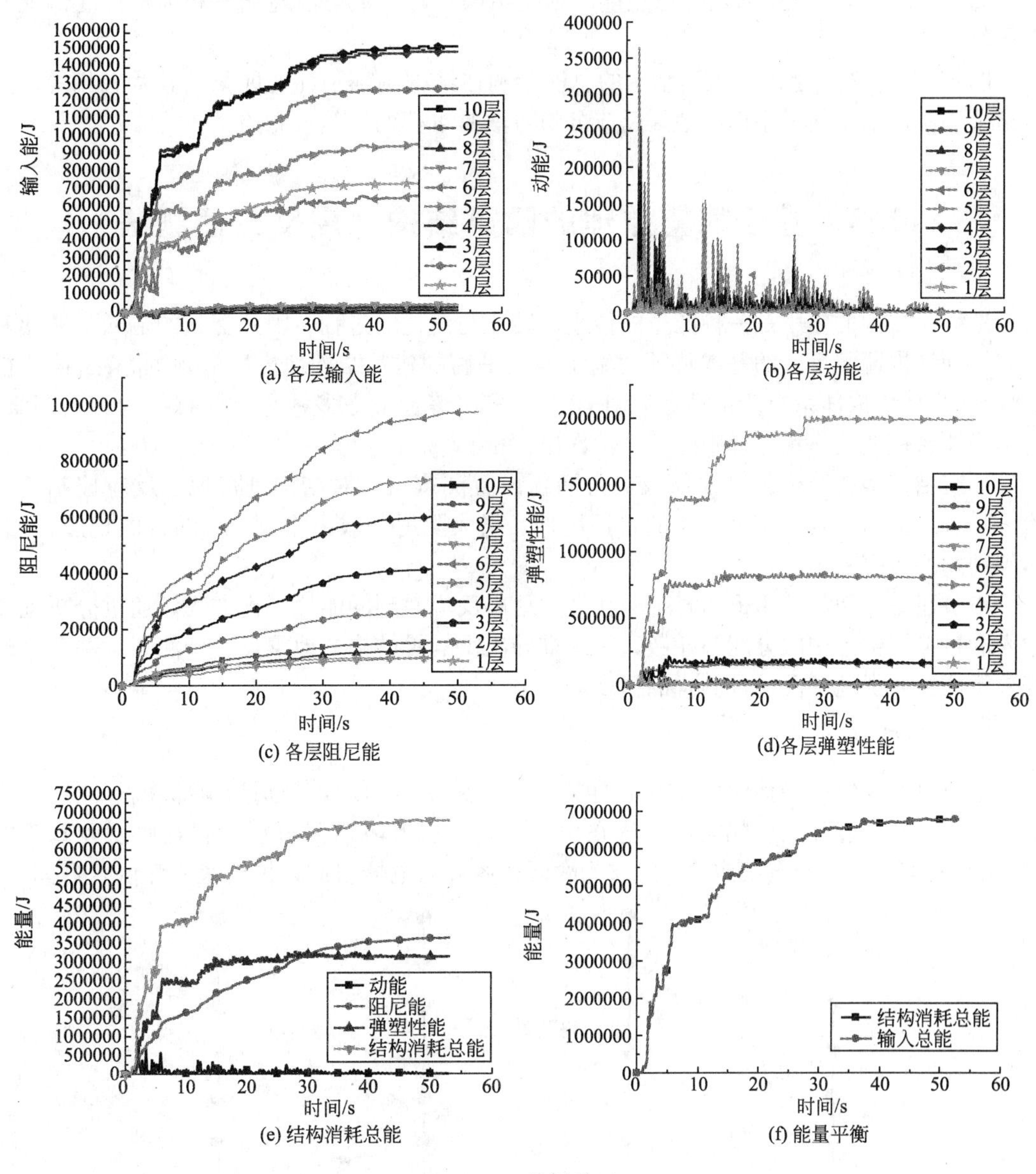

图 12.2　能量关系

从图 12.2(a)中可以看出，地震输入每一层的能量不同，对此结构来讲 3、4 层的输入能比其他层多。

从图 12.2(b)中可以看出，动能的大小变化完全由地震动加速度大小来控制，地震动加速度大，其对应的动能也大；加速度小，其动能也小，最后地震作用终了时其对应的动能为零。

从图 12.2(c)中可以看出，虽然每一层的粘性阻尼比设为相等值，但是各层的阻尼消耗能不相等。

图 12.2(b)表示各层消耗的弹塑性能，对此结构而言，5 层为最薄弱层，即该层损伤程度最严重。

图 12.2(e)表示结构消耗的总能量，对此结构而言，阻尼消耗能量和弹塑性变形能几乎相等。

图 12.2(d)表示地震输入到结构的总能量和在结构内部消耗的能量，其两者相等。这一结果表明，基于能量平衡的地震反应分析方法是可行的，是可靠的。

12.3　基于能量原理的隔震结构地震反应预测法

地震对结构的作用是一种能量的传递、转化与消耗的过程，因此能量的输入、转化和吸收成为结构地震反应的基本特征。基于能量平衡的建筑结构地震反应预测方法(简称能量法)就是从结构体系自身的能量消耗能力出发，综合考虑多种与能量有关的影响因素，对结构体系在地震作用过程中的安全性作出评价。

隔震结构是在结构某层柱顶或剪力墙顶设置隔震层，对结构进行地震反应控制的结构。隔震结构通过延长整个结构的自振周期、增大阻尼、减小输入上部结构的地震作用，达到预期的防震要求。

本节建立了地震作用下隔震结构在最大地震反应时刻的能量平衡方程，通过分析地震输入能量在结构当中的分配和耗散，首次推导出了隔震结构的地震反应预测式，并利用时程分析法验证了地震反应预测式的精度。

1. 算例模型

本节讨论算例的振动模型为剪切型模型，如图 12.3 所示，分别为顶部隔震(隔震层设置在第 6 层)、层间隔震(隔震层设置在第 4 层)、基础隔震(隔震层设置在底层和基础之间)和非隔震结构。隔震结构的隔震层为叠层橡胶和阻尼器组成，采用双线性恢复力模型。

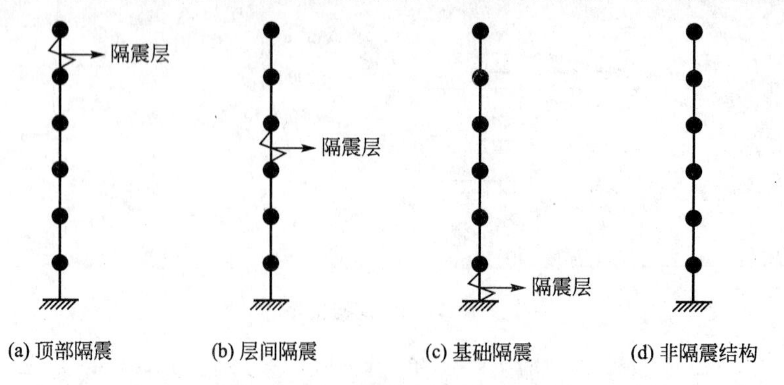

图 12.3　算例模型多质点系模型

当隔震层设置在不同楼层时，假定隔震层的力学参数相同，初始剪切刚度为 8.82×10^7 N/m，屈服后剪切刚度为 1.895×10^7 N/m，屈服剪力为 22.05×10^5 N。非隔震层采用双线性恢复力模型，第一剪切刚度是 1×10^9 N/m，第二剪切刚度为第一剪切刚度的 1/10，为 1×10^8 N/m；屈服位移为 0.02m。结构的粘性阻尼比为 2%，各层质量为 500×10^3 kg，层高为 4m。非隔震结构的各楼层的力学特性与隔震结构非隔震的力学特性相同。

2. 楼层恢复力模型的简化

本文隔震结构的非隔震层和隔震层均采用双线性恢复力模型，如图 12.4(a)、图 12.5(a)所示。Q 表示结构的层间剪力，Q_{yi}表示第 i 层的屈服剪力；δ 表示结构的层间位移，δ_{yi}表示第 i 层的屈服位移，$\delta_{i\max}$表示结构第 i 层的最大水平位移，δ_{mmax}表示隔震层的最大水平位移。

为了对隔震结构的地震反应预测式进行推导，本文对隔震结构的恢复力模型进行如下简化。

隔震结构非隔震层的剪力位移关系如图 12.4(a)所示。根据非隔震层的剪力位移关系特性，将其剪力位移关系分解成柔性部分的剪力位移关系［图 12.4(b)］和刚性部分的剪力位移关系［图 12.4(c)］。具体简化方法如图 12.4 所示。图 12.4 中，${}_{\mathrm{f}}k_i$为第 i 层非隔震层柔性部分的剪切刚度；${}_{\mathrm{s}}k_i$为第 i 层非隔震层刚性部分的剪切刚度；${}_1k_i$、${}_2k_i$分别为第 i 层非隔震层的初始剪切刚度、第二剪切刚度；${}_{\mathrm{f}}Q_{i\max}$表示第 i 层非隔震层的柔性部分最大剪力；${}_{\mathrm{s}}Q_{yi}$表示第 i 层非隔震层的刚性部分的屈服剪力；${}_{\mathrm{s}}\delta_{yi}$表示第 i 层非隔震层的刚性部分的屈服位移。在图 12.4 中有如下关系式成立：${}_{\mathrm{f}}k_i={}_2k_i$，${}_{\mathrm{s}}k_i={}_1k_i-{}_{\mathrm{f}}k_i$。

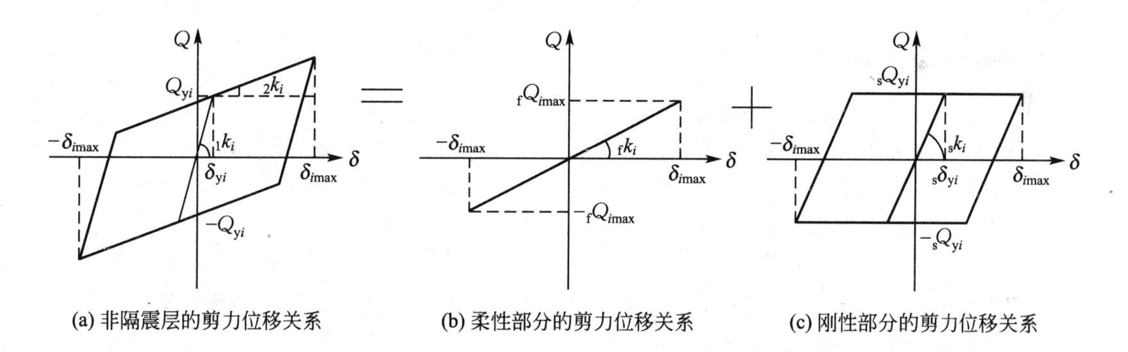

(a) 非隔震层的剪力位移关系　(b) 柔性部分的剪力位移关系　(c) 刚性部分的剪力位移关系

图 12.4　非隔震层的剪力位移关系

隔震层的剪力位移关系如图 12.5(a)所示。隔震层的剪力位移关系由叠层橡胶的剪力位移关系［图 12.5(b)］和阻尼器的剪力位移关系［图 12.5(c)］叠加而成，具体的简化方法如图 12.5 所示。图 12.5 中，${}_{\mathrm{f}}k_{\mathrm{m}}$为叠层橡胶的刚度；${}_{\mathrm{f}}Q_{\mathrm{mmax}}$表示叠层橡胶所承受的最大层间剪力；${}_{\mathrm{s}}k_{\mathrm{m}}$为阻尼器的屈服前刚度；${}_{\mathrm{s}}\delta_{\mathrm{ym}}$表示阻尼器的屈服位移；${}_{\mathrm{s}}Q_{\mathrm{ym}}$为阻尼器的屈服强度。为了便于讨论，下文中把叠层橡胶看成隔震层的柔性部分，把阻尼器看成隔震层的刚性部分。${}_1k_{\mathrm{m}}$为隔震层的初始剪切刚度，${}_2k_{\mathrm{m}}$为隔震层的第二剪切刚度。在图 12.5 中有如下关系式成立：${}_1k_{\mathrm{m}}={}_{\mathrm{f}}k_{\mathrm{m}}+{}_{\mathrm{s}}k_{\mathrm{m}}$，${}_2k_{\mathrm{m}}={}_{\mathrm{f}}k_{\mathrm{m}}$。

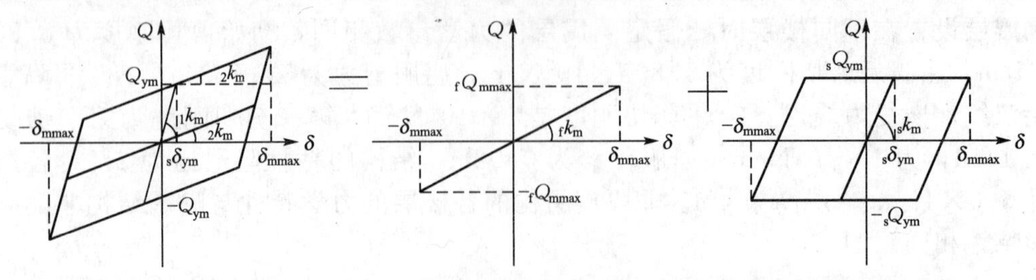

(a) 隔震层的剪力位移关系　　(b) 叠层橡胶的剪力位移关系　　(c) 阻尼器的剪力位移关系

图 12.5　隔震层的剪力位移关系

图 12.5 根据以上简化方法，本文的算例模型的简化结果如表 12－1 所示。

表 12－1　算例模型的剪切刚度　　单位：N/m

楼层	总剪切刚度	柔性部分剪切刚度	刚性部分剪切刚度
隔震层	4.41×10^7	0.947×10^7	3.463×10^7
非隔震层	1×10^9	1×10^8	9×10^8

3. 隔震结构地震反应预测式的推导

1）隔震结构能量平衡方程

在地震发生时，隔震结构的能量平衡方程式为：

$$\{{}_UW_e+{}_UW_p+{}_UW_\zeta\}+\{{}_MW_e+{}_MW_p+{}_MW_\zeta\}+\{{}_LW_e+{}_LW_p+{}_LW_\zeta\}=E \quad (12.10)$$

式中，E 为地震输入给结构的总能量；${}_UW_e$为隔震层上部结构的弹性振动能；${}_UW_p$为隔震层上部结构所消耗的塑性能；${}_UW_\zeta$为隔震层上部结构所消耗的阻尼能；${}_MW_e$为隔震层的弹性振动能；${}_MW_p$为隔震层所消耗的塑性能；${}_MW_\zeta$为隔震层消耗的阻尼能；${}_LW_e$为隔震层下部结构的弹性振动能；${}_LW_p$为隔震层下部结构消耗的塑性能；${}_LW_\zeta$为隔震层上部结构消耗的阻尼能。

结构框架所消耗的能量 E_D为

$$E_D=E-{}_UW_\zeta-{}_MW_\zeta-{}_LW_\zeta \quad (12.11)$$

由经验公式，有 $E_D=E/(1+3\zeta+1.2\sqrt{\zeta})^2$，$\zeta$ 为结构框架的粘性阻尼比。假设在地震作用下隔震层上部结构作弹性刚体运动，由式(12.10)、式(12.11)，可得

$${}_MW_e+{}_MW_p+{}_LW_e+{}_LW_p=E_D=\frac{MV_D^2}{2} \quad (12.12)$$

式中，M 为结构的总质量；V_D为损伤能量的速度换算值，由 $V_D=\sqrt{2E_D/M}$确定。

2）隔震层的弹性振动能和塑性能

在地震作用下，隔震层的弹性振动能${}_MW_e$为

$${}_MW_e=\frac{1}{2}{}_fQ_{mmax}\delta_{mmax}=\frac{MV_D^2}{2}\left(\frac{M_M}{M}\right)^2\frac{1}{\kappa_m}\left(\frac{{}_f\alpha_m}{\alpha_0}\right)^2 \quad (12.13)$$

式中，M_M为隔震层上部结构的质量，$M_M=\sum_{i=N_M}^{N}m_i$；T_f为不考虑隔震层阻尼器的屈服前刚度而只考虑隔震层叠层橡胶隔震垫的刚度的结构周期；${}_fk_{eq}$为隔震结构的等效剪切刚度，${}_fk_{eq}=4\pi^2M/T_f^2$；κ_m由 $\kappa_m={}_fk_m/{}_fk_{eq}$确定；${}_f\alpha_m$表示隔震层柔性部分剪力系数，${}_f\alpha_m={}_fQ_{mmax}/\left(Mg\sum_{j=i}^{N}\frac{m_j}{M}\right)$；$\alpha_0$表示周期为 T_f的无阻尼弹性隔震结构的地震反应剪力系数，$\alpha_0=2\pi V_D/(gT_f)$。

隔震层的塑性能${}_{\mathrm{M}}W_{\mathrm{p}}$为

$$ {}_{\mathrm{M}}W_{\mathrm{p}}={}_{\mathrm{s}}Q_{\mathrm{ym}\,\mathrm{s}}\delta_{\mathrm{ym}\,\mathrm{s}}\eta_{\mathrm{m}}=\frac{MV_{\mathrm{D}}^{2}}{2}\left(\frac{M_{\mathrm{M}}}{M}\right)^{2}8_{\mathrm{m}}n_{1}\frac{1}{\kappa_{\mathrm{m}}}\left(\frac{{}_{\mathrm{f}}\alpha_{\mathrm{m}}}{\alpha_{0}}\right)\left(\frac{{}_{\mathrm{s}}\alpha_{\mathrm{m}}}{\alpha_{0}}\right) \tag{12.14} $$

式中，${}_{\mathrm{s}}\eta_{\mathrm{m}}$为累计塑性变形倍率，其表达式为${}_{\mathrm{s}}\eta_{\mathrm{m}}=4_{\mathrm{m}}n_{1\,\mathrm{s}}\mu_{\mathrm{m}}$；${}_{\mathrm{s}}\mu_{\mathrm{m}}$为平均塑性变形倍率，${}_{m}n_{1}$为隔震层的等效反复循环次数，本文中取 2；${}_{\mathrm{s}}\alpha_{\mathrm{m}}$表示隔震层刚性部分剪力系数，${}_{\mathrm{s}}\alpha_{\mathrm{m}}={}_{\mathrm{s}}Q_{\mathrm{mmax}}/\left(Mg\sum\limits_{j=i}^{N}\frac{m_{j}}{M}\right)$。

隔震层所消耗的塑性能${}_{\mathrm{M}}W_{\mathrm{p}}$和结构所消耗的塑性能$W_{\mathrm{p}}$之比为

$$ \frac{{}_{\mathrm{M}}W_{\mathrm{p}}}{W_{\mathrm{p}}}=\frac{1}{\gamma_{\mathrm{m}}}=\frac{{}_{\mathrm{s}}\eta_{\mathrm{m}}s_{\mathrm{m}}p_{\mathrm{m}}^{-n}}{\sum\limits_{i=1}^{N}{}_{\mathrm{s}}\eta_{i}s_{i}p_{i}^{-n}} \tag{12.15} $$

式中，γ_{m}为隔震层的损伤倒数比；$\frac{1}{\gamma_{\mathrm{m}}}$为隔震层的损伤比，$s_{i}=\left(\sum\limits_{j=i}^{N}\frac{m_{j}}{M}\right)^{2}\frac{{}_{\mathrm{s}}k_{1}}{{}_{\mathrm{s}}k_{i}}\bar{\alpha}_{i}^{-2}$，$p_{i}=\frac{{}_{\mathrm{s}}\alpha_{i}/{}_{\mathrm{s}}\alpha_{1}}{\bar{\alpha}_{i}}$；$\bar{\alpha}_{i}$为最佳屈服剪力系数，$\bar{\alpha}_{i}={}_{\mathrm{s}}\alpha_{i}/{}_{\mathrm{s}}\alpha_{1}$，本文采用最佳屈服剪力系数的分布；$n$为隔震层的损伤集中指数，$n=1+20rp_{i}+23p_{i}^{6}$，$r$为

$$ r=\frac{\sum\limits_{j=i}^{N}m_{j}}{M}\left(1-\sqrt{\frac{b_{\mathrm{s}}}{b_{\mathrm{f}}}}\right)\qquad\left(b_{\mathrm{f}}=\frac{k_{i}}{{}_{\mathrm{f}}k_{i}},\ b_{\mathrm{s}}=\frac{k_{i}}{{}_{\mathrm{s}}k_{i}}\right) $$

假设各层的累计塑性变形倍率${}_{\mathrm{s}}\eta_{i}$相等，则结构的累计塑性W_{p}为

$$ W_{\mathrm{p}}=\gamma_{\mathrm{m}\,\mathrm{M}}W_{\mathrm{p}}=\frac{MV_{\mathrm{D}}^{2}}{2}\left(\frac{M_{\mathrm{M}}}{M}\right)^{2}8_{\mathrm{m}}n_{1}\gamma_{\mathrm{m}}\frac{1}{\kappa_{\mathrm{m}}}\left(\frac{{}_{\mathrm{f}}\alpha_{\mathrm{m}}}{\alpha_{0}}\right)\left(\frac{{}_{\mathrm{s}}\alpha_{\mathrm{m}}}{\alpha_{0}}\right) \tag{12.16} $$

3）下部结构的弹性振动能和塑性能

下部结构的弹性振动能${}_{\mathrm{L}}W_{\mathrm{e}}$为

$$ {}_{\mathrm{L}}W_{\mathrm{e}}=\frac{MV_{\mathrm{D}}^{2}}{2}M'\left(\frac{{}_{\mathrm{f}}\alpha_{1}}{\alpha_{0}}\right)^{2} \tag{12.17} $$

式中，$M'=\frac{2M_{\mathrm{L}}}{M^{2}}$，$M_{\mathrm{L}}$表示下部结构的质量，$M_{\mathrm{L}}=\sum\limits_{i=1}^{N_{\mathrm{L}}}m_{i}$。

下部结构消耗的塑性能${}_{\mathrm{L}}W_{\mathrm{p}i}$为

$$ {}_{\mathrm{L}}W_{\mathrm{p}i}={}_{\mathrm{s}}Q_{\mathrm{y}i\,\mathrm{s}}\delta_{\mathrm{y}i\,\mathrm{s}}\eta_{i}=\frac{MV_{\mathrm{D}}^{2}}{2}\left(\sum_{j=i}^{N}\frac{m_{j}}{M}\right)^{2}8_{i}n_{1}\frac{1}{\kappa_{1}}\left(\frac{{}_{\mathrm{f}}\alpha_{1}}{\alpha_{0}}\right)\left(\frac{{}_{\mathrm{s}}\alpha_{1}}{\alpha_{0}}\right) \tag{12.18} $$

式中，${}_{i}n_{1}$为结构底层的等效反复循环次数，本文中取 2；$\kappa_{i}={}_{\mathrm{f}}k_{i}/{}_{\mathrm{f}}k_{\mathrm{eq}}$。

下部结构第k层所消耗的塑性变形能${}_{\mathrm{L}}W_{\mathrm{pk}}$与整个下部结构所消耗的塑性变形能${}_{\mathrm{L}}W_{\mathrm{p}}$的比定义为$1/{}_{\mathrm{L}}\gamma_{\mathrm{k}}$，其表达式为

$$ \frac{{}_{\mathrm{L}}W_{\mathrm{pk}}}{{}_{\mathrm{L}}W_{\mathrm{p}}}=\frac{1}{{}_{\mathrm{L}}\gamma_{\mathrm{k}}}=\frac{{}_{\mathrm{Ls}}\eta_{\mathrm{k}\,\mathrm{L}}s_{\mathrm{k}\,\mathrm{L}}p_{\mathrm{k}}^{-n}}{\sum\limits_{i=1}^{N_{\mathrm{L}}}{}_{\mathrm{Ls}}\eta_{i\,\mathrm{L}}s_{i}p_{i}^{-n}} \tag{12.19} $$

其中，$s_{i}=\left(\sum\limits_{j=i}^{N}\frac{m_{j}}{M}\right)^{2}\frac{{}_{\mathrm{s}}k_{1}}{{}_{\mathrm{s}}k_{i}}\cdot{}_{\mathrm{L}}\bar{\alpha}_{i}$，$p_{i}=\frac{{}_{\mathrm{s}}\alpha_{i}/{}_{\mathrm{s}}\alpha_{1}}{\bar{\alpha}_{i}}$。

- ${}_{\mathrm{L}}\bar{\alpha}_{i}$：下部结构最佳屈服剪力系数分布，${}_{\mathrm{L}}\bar{\alpha}_{i}=\bar{\alpha}_{i}/\bar{\alpha}_{1}$，其$\bar{\alpha}_{i}$表达式为

$$\bar{\alpha_i}=15.63x-24.42x^2+10.75x^3+1, \quad x=(N_M-N_i)/N$$

式中，N_M为隔震层的位置；N_i为第i层的位置；N为总质点数。

假定下部结构各层的${}_{Ls}\eta_i$相等，下部结构的累计塑性能${}_LW_p$为

$$_LW_p={}_L\gamma_{iL}W_{pi}=\frac{MV_D^2}{2}\left(\sum_{j=i}^{N}\frac{m_j}{M}\right)^2 8_i n_1\gamma_i\frac{1}{\kappa_i}\left(\frac{{}_f\alpha_i}{\alpha_0}\right)\left(\frac{{}_s\alpha_i}{\alpha_0}\right) \tag{12.20}$$

4. 隔震层和底层剪力系数和最大层间位移的推导

由式(12.12)和式(12.16)，得

$$_MW_e+\gamma_{mM}W_p=E_D-{}_LW_e \tag{12.21}$$

将式(12.13)、式(12.14)、式(12.17)代入式(12.21)得：

$$\frac{2M_L}{M^2}\left(\frac{{}_f\alpha_1}{\alpha_0}\right)^2+\left(\frac{M_M}{M}\right)^2\frac{1}{\kappa_m}\left(\frac{{}_f\alpha_m}{\alpha_0}\right)^2+\left(\frac{M_M}{M}\right)^2 8_m n_1\gamma_m\frac{1}{\kappa_m}\left(\frac{{}_f\alpha_m}{\alpha_0}\right)\left(\frac{{}_s\alpha_m}{\alpha_0}\right)=1 \tag{12.22}$$

由式(12.12)和式(12.20)式得

$$_LW_e+\gamma_{1L}W_{p1}=E_D-({}_MW_e+{}_MW_p) \tag{12.23}$$

将式(12.13)、式(12.14)、式(12.17)、式(12.18)代入式(12.23)，令$i=1$，得

$$\frac{2M_L}{M^2}\left(\frac{{}_f\alpha_1}{\alpha_0}\right)^2+8_1n_1\gamma_1\frac{1}{\kappa_1}\left(\frac{{}_f\alpha_1}{\alpha_0}\right)\left(\frac{{}_s\alpha_1}{\alpha_0}\right)+\left(\frac{M_M}{M}\right)^2\frac{1}{\kappa_m}\left(\frac{{}_f\alpha_m}{\alpha_0}\right)^2+\left(\frac{M_M}{M}\right)^2 8_m n_1\frac{1}{\kappa_m}\left(\frac{{}_f\alpha_m}{\alpha_0}\right)\left(\frac{{}_s\alpha_m}{\alpha_0}\right)=1 \tag{12.24}$$

由式(12.21)、式(12.23)，得

$$\gamma_{1L}W_{p1}=(\gamma_m-1)_MW_p \tag{12.25}$$

将式(12.14)、式(12.18)代入式(12.25)，令$i=1$，得

$$\frac{8_1n_1\gamma_1}{\kappa_1}\left(\frac{{}_f\alpha_1}{\alpha_0}\right)\left(\frac{{}_s\alpha_1}{\alpha_0}\right)=\left(\frac{M_M}{M}\right)^2\frac{8_m n_1(\gamma_m-1)}{\kappa_m}\left(\frac{{}_f\alpha_m}{\alpha_0}\right)\left(\frac{{}_s\alpha_m}{\alpha_0}\right) \tag{12.26}$$

由式(12.22)和式(12.26)，得

$$R_m^2\left\{M'\left(\frac{1}{\xi_1}\right)^2\zeta_m^2a^2+\frac{1}{\kappa_m}\right\}\left(\frac{{}_f\alpha_m}{\alpha_0}\right)^2+8R_m^2\xi_m\left(\frac{{}_f\alpha_m}{\alpha_0}\right)\left(\frac{{}_s\alpha_m}{\alpha_0}\right)=1 \tag{12.27}$$

其中，$\xi_1={}_1n_1\gamma_1/\kappa_1$，$\xi_m={}_mn_1\gamma_m/\kappa_m$，$\zeta_m={}_mn_1(\gamma_m-1)/\kappa_m$，$a={}_s\alpha'_m/{}_s\alpha_1$，${}_s\alpha'_m=(M_M/M)_s\alpha_m$。

以${}_f\alpha_m/\alpha_0$为变量求解式(12.27)的方程，得

$$\left(\frac{{}_f\alpha_m}{\alpha_0}\right)=-\frac{4\xi_m}{M'\left(\frac{1}{\xi_1}\right)\zeta_m^2a^2+\frac{1}{\kappa_m}}\left(\frac{{}_s\alpha_m}{\alpha_0}\right)+\frac{\sqrt{16\xi_m^2\left(\frac{{}_s\alpha_m}{\alpha_0}\right)^2+\frac{1}{R_m^2}\left\{M'\left(\frac{1}{\xi_1}\right)^2\zeta_m^2a^2+\frac{1}{\kappa_m}\right\}}}{M'\left(\frac{1}{\xi_1}\right)^2\zeta_m^2a^2+\frac{1}{\kappa_m}} \tag{12.28}$$

隔震层的剪力系数表示成下式

$$\frac{\alpha_m}{\alpha_0}=\frac{{}_f\alpha_m+{}_s\alpha_m}{\alpha_0}=$$

$$-\left[\frac{4\xi_m}{M'\left(\frac{1}{\xi_1}\right)\zeta_m^2a^2+\frac{1}{\kappa_m}}-1\right]\left(\frac{{}_s\alpha_m}{\alpha_0}\right)+\frac{\sqrt{16\xi_m^2\left(\frac{{}_s\alpha_m}{\alpha_0}\right)^2+\frac{1}{R_m^2}\left\{M'\left(\frac{1}{\xi_1}\right)^2\zeta_m^2a^2+\frac{1}{\kappa_m}\right\}}}{M'\left(\frac{1}{\xi_1}\right)^2\zeta_m^2a^2+\frac{1}{\kappa_m}} \tag{12.29}$$

隔震层的最大水平位移 δ_{mmax} 式(12.30)表示，也可表示成式(12.31)

$$\delta_{\mathrm{mmax}}=\frac{{}_{\mathrm{f}}Q_{\mathrm{mmax}}}{{}_{\mathrm{f}}k_{\mathrm{m}}}=\frac{1}{\kappa_{\mathrm{m}}}R_{\mathrm{m}}\frac{\delta_{0}\,{}_{\mathrm{f}}\alpha_{\mathrm{m}}}{\alpha_{0}} \tag{12.30}$$

$$\frac{\delta_{\mathrm{mmax}}}{\delta_{0}}=\frac{1}{\kappa_{\mathrm{m}}}R_{\mathrm{m}}\frac{{}_{\mathrm{f}}\alpha_{\mathrm{m}}}{\alpha_{0}}=$$

$$-\left[\frac{4\xi_{\mathrm{m}}R_{\mathrm{m}}}{M'\left(\frac{1}{\xi_{1}}\right)\zeta_{\mathrm{m}}^{2}a^{2}\kappa_{\mathrm{m}}+1}-1\right]\left(\frac{{}_{\mathrm{s}}\alpha_{\mathrm{m}}}{\alpha_{0}}\right)+\frac{\sqrt{16\xi_{\mathrm{m}}^{2}R_{\mathrm{m}}^{2}\left(\frac{{}_{\mathrm{s}}\alpha_{\mathrm{m}}}{\alpha_{0}}\right)^{2}+M'\left(\frac{1}{\xi_{1}}\right)^{2}\zeta_{\mathrm{m}}^{2}a^{2}+\frac{1}{\kappa_{\mathrm{m}}}}}{M'\left(\frac{1}{\xi_{1}}\right)^{2}\zeta_{\mathrm{m}}^{2}a^{2}\kappa_{\mathrm{m}}+1} \tag{12.31}$$

式中，δ_0 为设周期为 T_{f} 的无阻尼弹性隔震结构的地震反应位移，$\delta_0=T_{\mathrm{f}}\cdot V_D/(2\pi)$。

将式(12.26)代入式(12.24)，化简得

$$\left\{M'+\frac{1}{R_{\mathrm{m}}^{8}}\frac{1}{\kappa_{\mathrm{m}}}\xi_{1}^{2}\left(\frac{1}{\zeta_{\mathrm{m}}}\right)^{2}\left(\frac{1}{a}\right)^{2}\right\}\left(\frac{{}_{\mathrm{f}}\alpha_{1}}{\alpha_{0}}\right)^{2}+8\xi_{1}\frac{\gamma_{\mathrm{m}}+1}{\gamma_{\mathrm{m}}}\left(\frac{{}_{\mathrm{s}}\alpha_{1}}{\alpha_{0}}\right)\left(\frac{{}_{\mathrm{f}}\alpha_{1}}{\alpha_{0}}\right)=1 \tag{12.32}$$

以 ${}_{\mathrm{f}}\alpha_1/\alpha_0$ 为变量，求解式(12.32)的方程得

$$\frac{{}_{\mathrm{f}}\alpha_{1}}{\alpha_{0}}=-\frac{4\xi_{1}\frac{\gamma_{\mathrm{m}}+1}{\gamma_{\mathrm{m}}}}{M'+\frac{1}{R_{\mathrm{m}}^{8}}\frac{1}{\kappa_{\mathrm{m}}}\xi_{1}^{2}\left(\frac{1}{\zeta_{\mathrm{m}}}\right)^{2}\left(\frac{1}{a}\right)^{2}}\left(\frac{{}_{\mathrm{s}}\alpha_{1}}{\alpha_{0}}\right)+\frac{\sqrt{16\xi_{1}^{2}\left(\frac{\gamma_{\mathrm{m}}+1}{\gamma_{\mathrm{m}}}\right)^{2}\left(\frac{{}_{\mathrm{s}}\alpha_{1}}{\alpha_{0}}\right)^{2}+M'+\frac{1}{R_{\mathrm{m}}^{8}}\frac{1}{\kappa_{\mathrm{m}}}\xi_{1}^{2}\left(\frac{1}{\zeta_{\mathrm{m}}}\right)^{2}\left(\frac{1}{a}\right)^{2}}}{M'+\frac{1}{R_{\mathrm{m}}^{8}}\frac{1}{\kappa_{\mathrm{m}}}\xi_{1}^{2}\left(\frac{1}{\zeta_{\mathrm{m}}}\right)^{2}\left(\frac{1}{a}\right)^{2}} \tag{12.33}$$

结构底层的剪力系数由下式表示

$$\frac{\alpha_{1}}{\alpha_{0}}=\frac{{}_{\mathrm{f}}\alpha_{1}+{}_{\mathrm{s}}\alpha_{1}}{\alpha_{0}}=-\left[\frac{4\xi_{1}\Gamma_{\mathrm{m}}}{M'+\frac{1}{R_{\mathrm{m}}^{8}}\frac{1}{\kappa_{\mathrm{m}}}\xi_{1}^{2}\left(\frac{1}{\zeta_{\mathrm{m}}}\right)^{2}\left(\frac{1}{a}\right)^{2}}-1\right]\left(\frac{{}_{\mathrm{s}}\alpha_{1}}{\alpha_{0}}\right)+\frac{\sqrt{16\xi_{1}^{2}\left(\frac{\gamma_{\mathrm{m}}+1}{\gamma_{\mathrm{m}}}\right)^{2}\left(\frac{{}_{\mathrm{s}}\alpha_{1}}{\alpha_{0}}\right)^{2}+M'+\frac{1}{R_{\mathrm{m}}^{8}}\frac{1}{\kappa_{\mathrm{m}}}\xi_{1}^{2}\left(\frac{1}{\zeta_{\mathrm{m}}}\right)^{2}\left(\frac{1}{a}\right)^{2}}}{M'+\frac{1}{R_{\mathrm{m}}^{8}}\frac{1}{\kappa_{\mathrm{m}}}\xi_{1}^{2}\left(\frac{1}{\zeta_{\mathrm{m}}}\right)^{2}\left(\frac{1}{a}\right)^{2}} \tag{12.34}$$

结构底层的最大位移由式(12.35)确定，也可表示成式(12.36)

$$\delta_{1\max}=\frac{{}_{\mathrm{f}}Q_{1\max}}{{}_{\mathrm{f}}k_{1}}=\frac{1}{\kappa_{1}}\frac{{}_{\mathrm{f}}\alpha_{1}\delta_{0}}{\alpha_{0}} \tag{12.35}$$

$$\frac{\delta_{1\max}}{\delta_{0}}=\frac{1}{\kappa_{1}}\frac{{}_{\mathrm{f}}\alpha_{1}}{\alpha_{0}}=-\left[\frac{4\xi_{1}\Gamma_{\mathrm{m}}}{M'\kappa_{1}+\frac{1}{R_{\mathrm{m}}^{8}}\frac{\kappa_{1}}{\kappa_{\mathrm{m}}}\xi_{1}^{2}\left(\frac{1}{\zeta_{\mathrm{m}}}\right)^{2}\left(\frac{1}{a}\right)^{2}}-1\right]\left(\frac{{}_{\mathrm{s}}\alpha_{1}}{\alpha_{0}}\right)+\frac{\sqrt{16\xi_{1}^{2}\left(\frac{\gamma_{\mathrm{m}}+1}{\gamma_{\mathrm{m}}}\right)^{2}\left(\frac{{}_{\mathrm{s}}\alpha_{1}}{\alpha_{0}}\right)^{2}+M'+\frac{1}{R_{\mathrm{m}}^{8}}\frac{1}{\kappa_{\mathrm{m}}}\xi_{1}^{2}\left(\frac{1}{\zeta_{\mathrm{m}}}\right)^{2}\left(\frac{1}{a}\right)^{2}}}{M'\kappa_{1}+\frac{1}{R_{\mathrm{m}}^{8}}\frac{\kappa_{1}}{\kappa_{\mathrm{m}}}\xi_{1}^{2}\left(\frac{1}{\zeta_{\mathrm{m}}}\right)^{2}\left(\frac{1}{a}\right)^{2}} \tag{12.36}$$

5. 地震波的选取

利用 $S_{\mathrm{a}}=\omega S_{\mathrm{v}}$ 关系，由我国《建筑抗震设计规范》(GB 50011—2010)中的地震影响系数曲线，得出设计用速度谱。将这一设计用速度谱作为目标速度谱，采用 EL CENTRO 1940 NS，HACHINOHE 1968 EW 地震动的位相特性，制成对应抗震设防烈度为 8 度，设计地震分组为第一组，场地类别为Ⅱ类区域的罕遇地震人工波，并使所作人工波速度谱

与目标谱相拟合。图 12.6 表示我国抗震设计用速度谱曲线和 ART EL CENTRO、ART HACHINOHE 的速度谱曲线。从图中可以看出，考虑罕遇地震影响时，设计用速度谱曲线和上述人工地震波速度谱曲线的拟合度较好。

ART BH 波为利用日本日建公司的人工波计算程序计算出的人工地震波。图 12.7 为 ART BH 波的时程曲线，图 12.8 为 ART BH 波的能量谱($V_E = 150$cm/s)，ART EL CENTRO 波 和 ATR HACHINONE 波的时程曲线和能量谱，限于篇幅，此处从略。

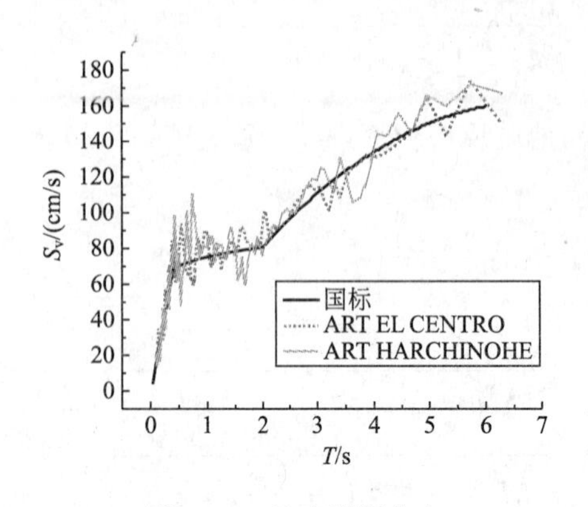

图 12.6　速度谱拟合度

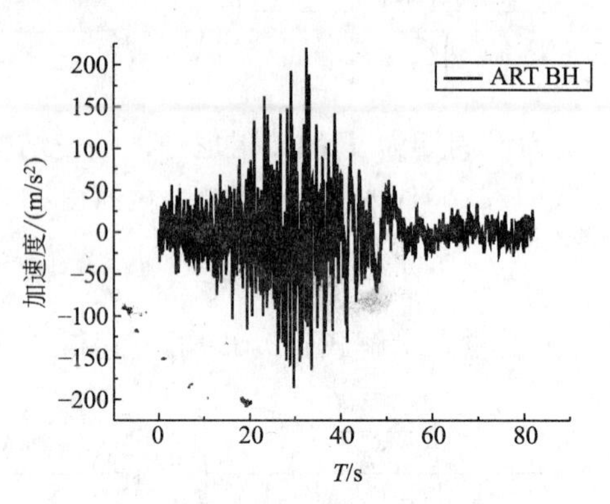

图 12.7　ART BH 时程曲线

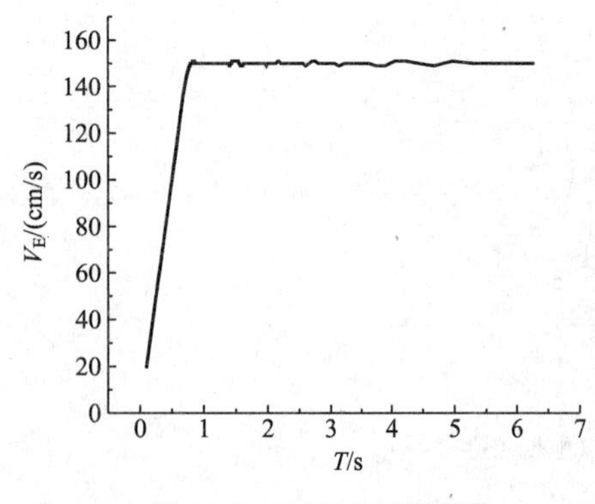

图 12.8　ART BH 能量谱

为了得到准确的时程分析法计算数据，在计算每个算例模型时，调整 ART ELCENTRO 波和 ATR HACHINONE 波的峰值使结构周期所对应的地震波能量谱速度换算值为 $V_E = 150$cm/s(二类场地，罕遇地震波)。

6. 结果分析

表 12-2 为 4 种结构的周期，从表中可以得出如下结论。

(1) 隔震结构的周期均大于 2s，且大于非隔震结构的周期，这就使得地震对隔震结构的作用小于地震对非隔震结构的作用。在罕遇地震作用下，隔震结构的性能将优于非隔震结构。

(2) 随着隔震层的上移，隔震结构的周期有逐渐减小的趋势。

表 12-2　结构的周期　　单位：s

结构	顶部隔震	层间隔震	基础隔震	非隔震结构
周期	2.08	2.54	3.56	0.58

为了评价基于能量平衡的隔震结构地震反应预测式的精确性，在讨论隔震结构地震反应预测式的同时，利用时程分析法解析了隔震结构的地震反应。

图 12.9 为 4 种结构的最大层间位移和层数的关系，从图 12.9 中可以得到以下结论。

(1) 能量法预测的隔震层和底层的最大层间位移值均大于时程分析法计算的相应楼层的最大层间位移值。

(2) 对于隔震结构，隔震层以上的楼层的最大层间位移值趋近于零，隔震层以下楼层的最大层间位移值，与非隔震结构的相应楼层的最大层间位移值相差不多。隔震结构各层最大层间位移值在隔震层处有突变，隔震层的最大层间位移为 10～20cm。

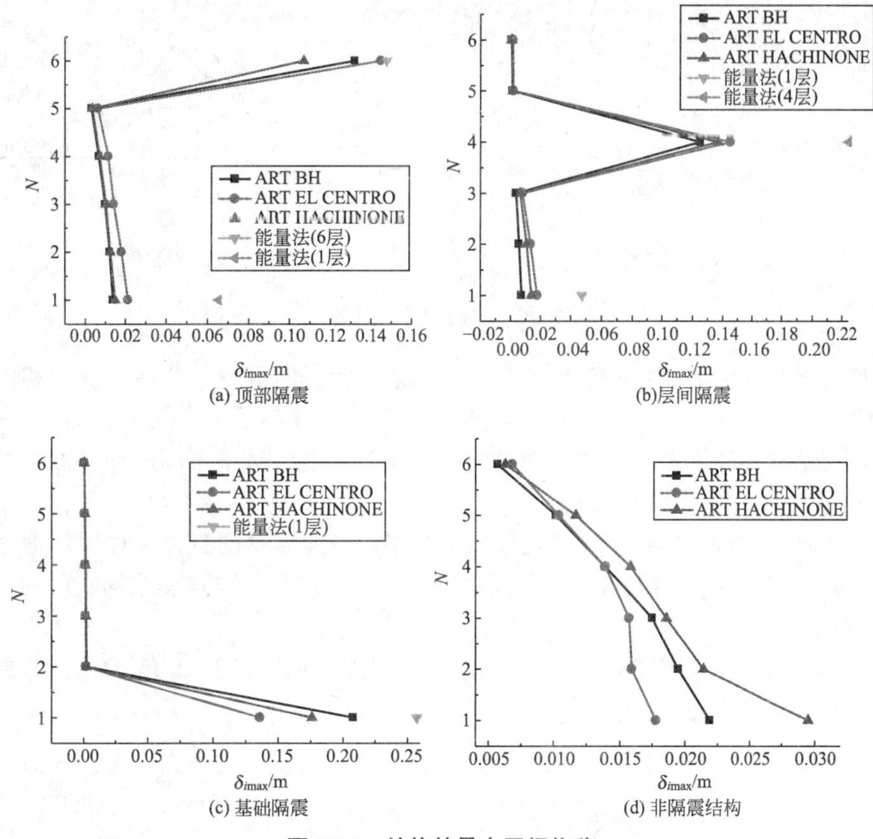

图 12.9　结构的最大层间位移

(3) 随着隔震层的上移，隔震层的最大层间位移值具有减小的趋势。

(4) 由于结构周期所对应的地震波能量谱速度换算值均相等(V_E=150cm/s)，在不同地震波作用下，结构各层的最大层间位移值近似相等。

图 12.10 为 4 种结构的剪力系数和层数的关系，从图 12.10 中可以得到如下结论。

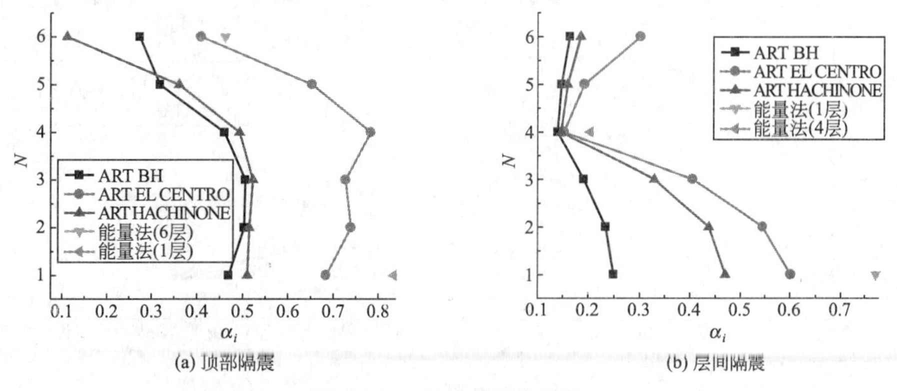

图 12.10　结构的剪力系数

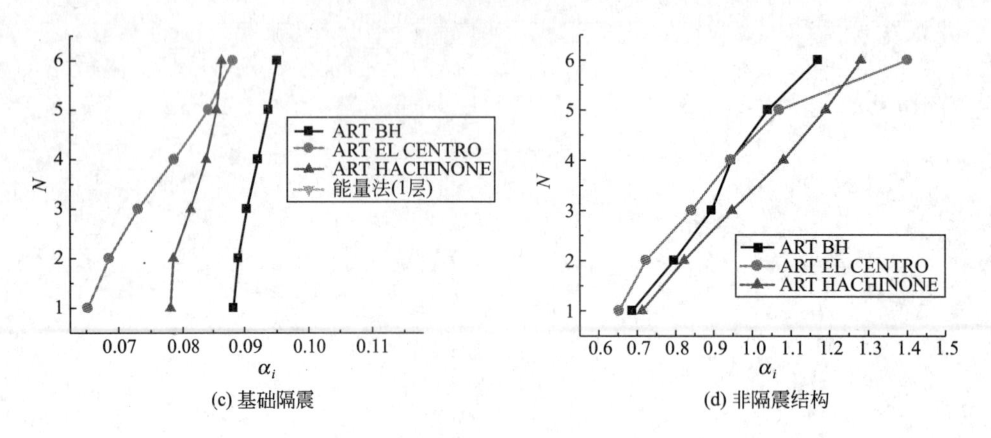

(c) 基础隔震　　(d) 非隔震结构

图 12.10　结构的剪力系数(续)

(1) 能量法预测的隔震层和底层的剪力系数值均大于时程分析法所计算的相应楼层的剪力系数值。

(2) 隔震结构各层的剪力系数值在隔震层处发生突变。对于不同的地震波，结构的剪力系数值相差较大，但具有相同的趋势。

(3) 对于隔震结构，隔震层、隔震层以上楼层以及隔震层附近以下楼层的剪力系数值均远小于非隔震结构的剪力系数值。若隔震层位置相对较高，则隔震结构底层的剪力系数值的减小量则很小。

结构各层的损伤与结构各层损伤和之比称为结构损伤比，图 12.11 为结构的损伤比分布图，从图中可以得到如下结论。

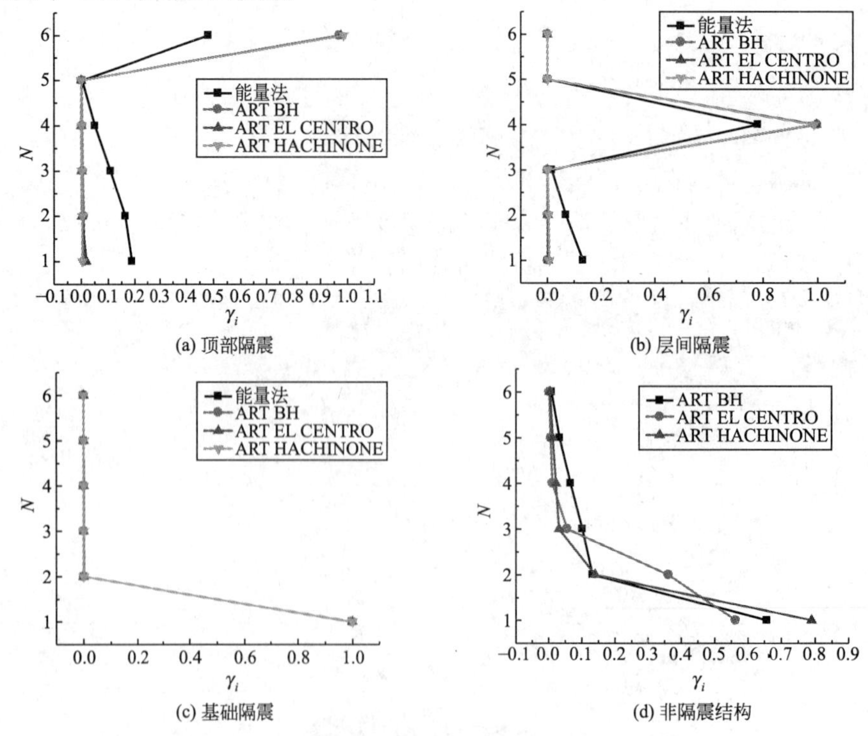

(c) 基础隔震　　(d) 非隔震结构

图 12.11　结构的损伤比

（1）能量法的预测值和时称分析法的计算值具有相同的趋势。对于隔震层，能量法的预测值小于时称分析法的计算值，对于隔震层以下的结构，能量法的预测值大于时程分析法的计算值。

（2）非隔震结构的损伤主要集中在一层和二层，隔震结构的损伤主要集中在隔震层，隔震层吸收了大部分的能量，非隔震层的损伤相比非隔震结构均得到减小。

（3）在不同地震波作用下，结构的损伤比分布大致相同。隔震结构各层的损伤比在隔震层处发生突变。

7. 结论

利用能量原理，首次给出了隔震层设置在不同楼层的隔震结构的地震反应预测式。利用能量法和时程分析法分别计算了隔震结构的地震反应值，将两者进行了比较分析，得到以下结论。

（1）能量法计算的隔震结构的最大层间位移值和剪力系数值能够包络时程分析法所计算的最大层间位移值和剪力系数值。

（2）能量法预测的隔震结构的损伤比在隔震层处偏小，在隔震层以下的楼层处偏大。

（3）隔震结构各层的最大层间位移值、剪力系数值、损伤比的值在隔震层处发生突变。

（4）隔震结构的周期随着隔震层的上移而减小。

（5）对于隔震结构，隔震层、隔震层以上楼层以及隔震层附近以下楼层的剪力系数值均远小于非隔震结构的剪力系数值，隔震结构的隔震层起到了良好的减震效果。

本 章 小 结

（1）能量平衡方程 $W_e+W_\zeta+W_p=E$。式中，W_e、W_ζ、W_p、E 各表示 t 时刻的弹性振动能、阻尼消耗能、累积塑性变形能和输入能。

（2）弹性振动能 W_e 可以表示为 $W_e=W_{es}+W_{ek}$。式中，W_{es}表示 t 时刻的弹性变形能；W_{ek}表示 t 时刻的动能。动能 W_{ek}的计算公式为 $W_{ek}=\frac{1}{2}m\dot{x}^2(t_0)$，弹性变形能 W_{es}的计算公式为 $W_{es}=\frac{1}{2}kx^2(t_0)$。

（3）阻尼消耗能 W_ζ 的计算公式为 $W_\zeta=\int_0^{t_0}\dot{x}^{\mathrm{T}}C\dot{x}\mathrm{d}t$；累积塑性变形能 W_p 与弹性变形能 W_{es}之和的计算公式为 $W_p+W_{es}=\int_0^{t_0}\dot{x}^{\mathrm{T}}[J]\{Q\}_t\mathrm{d}t$；地震动输入于结构的能量计算公式为 $E=-\int_0^{t_0}\dot{x}^{\mathrm{T}}M\ddot{x}_{g_t}\mathrm{d}t$。

（4）隔震结构能量方程式为

$$\{{}_{\mathrm{U}}W_e+{}_{\mathrm{U}}W_p+{}_{\mathrm{U}}W_\zeta\}+\{{}_{\mathrm{M}}\mathrm{W}_e+{}_{\mathrm{M}}\mathrm{W}_p+{}_{\mathrm{M}}\mathrm{W}_\zeta\}+\{{}_{\mathrm{L}}W_e+{}_{\mathrm{L}}W_p+{}_{\mathrm{L}}W_\zeta\}=E$$

式中，前角标 U 表示隔震层上部、M 表示隔震层、L 表示隔震层下部。

（5）结构框架所消耗的能量为 $E_D-E-{}_{\mathrm{U}}W_\zeta-{}_{\mathrm{M}}W_\zeta-{}_{\mathrm{L}}W_\zeta$，假设在地震作用下隔震层上部结构作弹性刚体运动，则${}_{\mathrm{M}}W_e+{}_{\mathrm{M}}W_p+{}_{\mathrm{L}}W_e+{}_{\mathrm{L}}W_p=E_D=\frac{MV_D^2}{2}$。

(6) 隔震层弹性振动能 $_{M}W_{e}=\frac{MV_{D}^{2}}{2}\left(\frac{M_{M}}{M}\right)^{2}\frac{1}{\kappa_{m}}\left(\frac{_{f}\alpha_{m}}{\alpha_{0}}\right)^{2}$。

(7) 隔震层塑性能 $_{M}W_{p}=\frac{MV_{D}^{2}}{2}\left(\frac{M_{M}}{M}\right)^{2}8_{m}n_{1}\frac{1}{\kappa_{m}}\left(\frac{_{f}\alpha_{m}}{\alpha_{0}}\right)\left(\frac{_{s}\alpha_{m}}{\alpha_{0}}\right)$。

(8) 下部结构弹性振动能 $_{L}W_{e}=\frac{MV_{D}^{2}}{2}M'\left(\frac{_{f}\alpha_{1}}{\alpha_{0}}\right)^{2}$。

(9) 下部结构累计塑性能 $_{L}W_{p}=\frac{MV_{D}^{2}}{2}\left(\sum_{j=i}^{N}\frac{m_{j}}{M}\right)^{2}8_{i}n_{1}\gamma_{i}\frac{1}{\kappa_{i}}\left(\frac{_{f}\alpha_{i}}{\alpha_{0}}\right)\left(\frac{_{s}\alpha_{i}}{\alpha_{0}}\right)$。

(10) 隔震层剪力系数 $\frac{\alpha_{m}}{\alpha_{0}}=\frac{_{f}\alpha_{m}+_{s}\alpha_{m}}{\alpha_{0}}=$

$$-\left[\frac{4\xi_{m}}{M'\left(\frac{1}{\xi_{1}}\right)\zeta_{m}^{2}a^{2}+\frac{1}{\kappa_{m}}}-1\right]\left(\frac{_{s}\alpha_{m}}{\alpha_{0}}\right)+\frac{\sqrt{16\xi_{m}^{2}\left(\frac{_{s}\alpha_{m}}{\alpha_{0}}\right)^{2}+\frac{1}{R_{m}^{2}}\left\{M'\left(\frac{1}{\xi_{1}}\right)^{2}\zeta_{m}^{2}a^{2}+\frac{1}{\kappa_{m}}\right\}}}{M'\left(\frac{1}{\xi_{1}}\right)^{2}\zeta_{m}^{2}a^{2}+\frac{1}{\kappa_{m}}}。$$

(11) 隔震层最大水平位移 $\frac{\delta_{mmax}}{\delta_{0}}=\frac{1}{\kappa_{m}}R_{m}\frac{_{f}\alpha_{m}}{\alpha_{0}}=$

$$-\left[\frac{4\xi_{m}R_{m}}{M'\left(\frac{1}{\xi_{1}}\right)\zeta_{m}^{2}a^{2}\kappa_{m}+1}-1\right]\left(\frac{_{s}\alpha_{m}}{\alpha_{0}}\right)+\frac{\sqrt{16\xi_{m}^{2}R_{m}^{2}\left(\frac{_{s}\alpha_{m}}{\alpha_{0}}\right)^{2}+M'\left(\frac{1}{\xi_{1}}\right)^{2}\zeta_{m}^{2}a^{2}+\frac{1}{\kappa_{m}}}}{M'\left(\frac{1}{\xi_{1}}\right)^{2}\zeta_{m}^{2}a^{2}\kappa_{m}+1}。$$

习　　题

1. 思考题

(1) 简述从振动微分方程推导能量方程的过程。
(2) 写出弹性振动能计算公式和电算程序(Fortran77 语言)。
(3) 写出阻尼消耗能计算公式和电算程序(Fortran77 语言)。
(4) 写出累积塑性变形能计算公式和电算程序(Fortran77 语言)。
(5) 写出地震动输入于结构的能量计算公式和电算程序(Fortran77 语言)。
(6) 简述基于能量原理的隔震结构地震反应预测法基本思路。

2. 计算题

某二层钢筋混凝土框架结构(图 12.12)，集中于楼盖和屋盖处的重力荷载代表值 $G_1=G_2=1200$kN，柱的截面尺寸 $b\times h=350$mm×350mm，梁的截面尺寸 $b\times h=250$mm×500mm，采用 C20 的混凝土。利用弹塑性静力分析法计算侧移刚度后，采用程序 NRES 分析此结构在 HACHINOHE EW 地震波($PGV=50$cm/s、时间间隔 0.005s)作用下的能量关系，采用瑞雷型阻尼，设第一阶和第二阶振型阻尼比均为 0.05。(提示：将 12.2 计算能量程序设计中的部分程序移植在子程序 NRES 以后要讨论。)

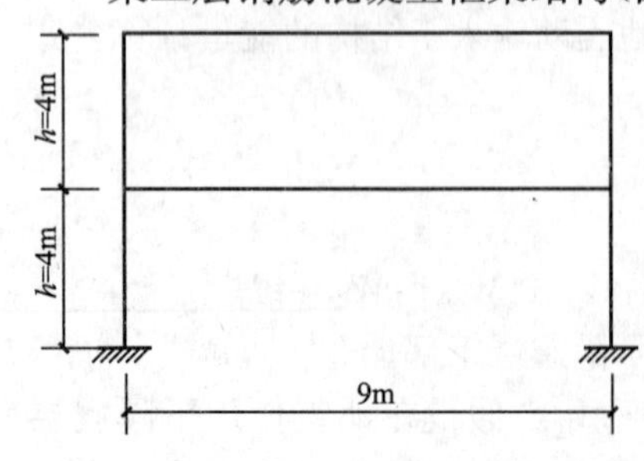

图 12.12　二层框架结构

第13章　消能减震结构设计

教学目标

本章主要阐述消能减震结构设计方法。通过本章的学习，应达到以下目标：

(1) 理解消能减震结构工作原理；

(2) 理解减震性能曲线绘制过程；

(3) 理解附加金属阻尼器消能减震结构设计过程；

(4) 理解附加粘性阻尼器消能减震结构设计过程；

(5) 理解同时附加金属和粘性阻尼器的消能减震结构设计过程。

教学要求

知识要点	能力要求	相关知识
阻尼器	熟悉各种阻尼器的特征	多质点系振动微分方程
等效线性化	等效线性化理论是解决非线性问题的方法之一	非线性问题处理方法
位移谱	利用电算程序绘制地震反应谱	反应谱理论
减震性能曲线	理解物理意义	两个基本参数的连续函数
消能减震结构	理解设计过程	传统的抗震结构、隔震结构

基本概念

金属阻尼器、粘性阻尼器、等效线性化、位移谱、减震性能曲线、消能减震结构设计。

引言

目前我国和世界各国普遍采用的传统抗震方法是“延性结构体系”，它是通过适当控制结构物的刚度，使结构部件(如梁、柱、墙、节点等)在地震时进入非弹性状态，并且具有较大的延性，减轻地震反应，使结构物“裂而不倒”。这种方法采用二阶段设计方法以实现“小震不坏，中震可修，大震不倒”的三水准的抗震设防要求。实践证明这种设计的代价是很高的，而且此方法只是考虑建筑结构本身的抗震，并未考虑房屋内部设备、仪器的抗震，对一些内部有重要仪器设备的建筑物就不再适用了。于是人们便另寻对策，发展出一条合理有效的抗震途径——工程结构减震控制。它是通过对工程结构的特定部位施加某种控制装置(系统)，使之与结构共同承受地震作用，改变或调整结构的动力特性或动力作用，最终达到减轻结构地震反应的目的。其中消能减震技术在理论和实践应用上比较成熟和广泛。

美国是开展结构控制体系研究较早的国家之一。早在1972年竣工的纽约世界贸易中心大厦就安装有约10000个粘弹性阻尼器，西雅图哥伦比亚大厦(77层)、匹兹堡钢铁大厦(64层)等许多工程都采用了该项技术。日本是结构控制技术应用发展较快的国家。近几年日本在建筑结构耗能减震研究和应用方面取得了新进展，其中纳米结晶锌铝合金振动控制阻尼器是一种取得专利的新型减震阻尼器，具有“常温高速超塑性”特性；无粘结钢支撑体系是一种机敏的滞回屈服耗能减震支撑体系，可防止支撑在压力作用下屈曲，具有稳定的拉压滞回性能；跷动减震是一种新颖的耗能减震方法，它允许结构上下跷动疏散地震作用，减轻建筑损坏。我国的学者和工程设计人员自20世纪80年代以来也一直致力于消能减震技术的研究工作和工程实践应用，目前已经自行研制出了一些消能装置，提出了一些新型的消能减震结构体系，做了许多消能装置的力学性能试验研究和减震结构体系的地震模拟振动台试验研究，得到了大量富有学术价值的研究成果。

13.1 概　　述

我国是地震高发国家，近十年来就发生了多次大地震，给人类带来了不可估量的损失。如何使地震高发地区的建筑有良好的抗震性能，保证人们的生命和财产安全，最大限度地减轻地震灾害是人们必须解决的一个重要问题。国内外许多学者对结构抗震进行了仔细研究发现，合理有效的抗震途径是对结构施加控制装置，由控制装置与结构共同承受地震作用，即共同储存和耗散地震能量，以减轻结构的地震反应。目前消能减震装置使用得比较多。

结构消能减震能有效地提高建筑物的抗震等级和抵御外部灾害的能力。结构消能减震技术是在结构物某些部位(如支撑、剪力墙、节点、连接缝或连接件、楼层空间、相邻建筑间、主附结构间)设置耗能(阻尼)装置(或元件)，通过耗能(阻尼)装置产生摩擦，弯曲(或剪切、扭转)弹塑(或粘弹)性滞回变形耗能来耗散或吸收地震输入结构中的能量，以减少主体结构地震反应，从而避免结构产生破坏或倒塌，达到减震控震的目的。装有耗能(阻尼)装置的结构称为耗能(消能)减震结构，用得较多的是金属阻尼器和粘滞阻尼器。下面分别讨论这两种耗能器的研究现状和应用情况。

1. 粘滞阻尼器的研究现状和应用情况

粘滞阻尼器作为一种无须外部能源输入提供控制力的被动控制装置，将地震或风荷载输入结构的大部分能量加以吸收和耗散，从而保护主体结构的性能安全。目前，应用于土木工程领域的粘滞阻尼器常用的材料主要有甲基硅油、硅基胶和液压油，其中以前两种为主。粘滞阻尼器最初应用于军工、机械等领域的振动控制之中，自20世纪90年代人们将其引入到土木工程领域以来，因具有对温度的不敏感性、产生的阻尼力与相位异相以及能在较宽频域范围内使结构保持粘滞线性反应等诸多优势，其在土木工程领域迅速成为设计人员广泛认可的消能减震装置。

粘滞阻尼器的应用范围之广泛，已遍布土木工程的各个领域，如办公楼、医疗中心、住宅、机场、塔架、工业厂房以及桥梁等。表13-1为粘滞阻尼器的部分工程应用情况。

表 13-1　粘滞阻尼器的工程应用

名称	地点	阻尼器数量	安装日期	备注
宿迁市建设大厦	中国江苏	16	2004	新建建筑，用于抗震消能
Shibuya Park Road 大楼	日本东京	10	2006	新建 7 层办公楼，采用阻尼器用于抗震效能
西雅图棒球场	美国西雅图	36	1998/1999	新建棒球场，阻尼器用于减小风力和移动屋顶时的撞击
芝加哥战士体育场	美国芝加哥	42	2003	新建橄榄球看台，阻尼器用于减小观众台振动
南京三桥	中国江苏	54	2005	新建斜拉大桥，阻尼器用来控制桥的纵向移动
北京火车站	中国北京	32	1999	抗震加固时人字支撑上安装阻尼器耗散地震能量
石油冶炼厂	罗马尼亚	8	2000	36m 塔架，阻尼器用于消能减震

国内外许多学者对设置粘滞阻尼器的减震结构进行了试验研究。美国泰勒公司最早研制开发了油阻尼器，并对其进行了深入的性能试验研究国内外很多学者对油阻尼器的性能及其影响因素进行了试验研究，结果表明激振频率、相对速度、外界温度等对粘滞阻尼器的性能具有不同程度的影响。1994 年，美国 Robery 领导的研究小组研制出了 SMA 中心引线(CT)型阻尼器；2000 年，Mauro 等在 Robery 研究的基础上基于试验将 CT 型阻尼器进一步改进；2004 年，彭刚建立了 CT 型阻尼器的力学模型；我国学者姜袁等利用 SMA 丝和 SMA 弹簧设计制作了一种伸缩式 SMA 阻尼器。随后我国学者禹奇才、刘爱荣、姚远首次基于 SMA 丝和成品油粘滞阻尼，设计研制出了一种新型 SMA 粘滞阻尼器。

2. 金属阻尼器的研究现状和应用情况

国内外学者、工程技术人员先后开发了多种类型的金属耗能器，主要有：扭转梁耗能器、弯曲梁耗能器、受弯圆梁耗能器、U 形钢板耗能器、钢棒耗能器、蜂窝状耗能器、圆环(方框）耗能器、双圆环耗能器、加劲圆环耗能器、X 形和三角形加劲耗能装置、低屈服点钢剪切板耗能器、铅耗能器、铅粘弹性耗能器、无粘结支撑等。金属阻尼器中使用比较广泛的是软钢阻尼器。1972 年，Kelly 等进行了软钢阻尼器的研究和试验，该阻尼器由数块矩形钢板叠加组成。1975 年，Skinney 等提出 U 形钢板阻尼器，1980 年最早将此软钢阻尼器应用于新西兰政府办公楼中。1978 年，Tyler 研制的锥形软钢阻尼器应用在意大利 Naples 的一幢 29 层的钢结构建筑中。1981 年，由美国的 Stiemer 等研制的钢管阻尼器应用在新西兰的一幢 6 层的政府办公楼中。Tsai 等和 Whittaker 等分别研究了三角形钢板和 X 形钢板耗能器平面外的特性，其中 X 形钢板耗能器成功地应用在美国旧金山的两幢和墨西哥的三幢抗震加固结构中。美国、加拿大、日本、新西兰、墨西哥等减震控制技术应用发展较快的国家采用软钢阻尼器实现减震消能和加固的建筑已超过百幢。

大连理工大学的李宏男和李钢研发了圆孔型和双 X 形软钢阻尼器；Whittaker 等人最早研制出了 X 形加劲阻尼耗能装置；胡克旭和吕西林等讨论了开孔式软钢阻尼器在某公司

机房大楼抗震加固中的应用，该文献在介绍抗震加固传统方法与隔震减震技术的基础上，又介绍了开孔式软钢阻尼器 HADAS 应用于某公司机房大楼结构抗震加固工程；哈尔滨工业大学的周云、刘季提出了“利用两个或多个耗能元件协同工作，同时耗能来设计新型耗能器”的思想，研究设计了双环软钢耗能器，考察了耗能器的工作特性和耗能性能，揭示了耗能的机理，给出了耗能器的恢复力模型。邢书涛等研究了一种新型软钢阻尼器的力学性能和减震效果，依据试验结果给出了它的恢复力模型，研究了阻尼器参数对减震效果的影响，给出了最佳的参数取值范围，算例分析表明该种阻尼器具有很好的减震效果。

综上所述，虽然粘滞阻尼器和金属阻尼器的发展迅猛，但我国用粘滞阻尼器的消能减震结构还很少，使用金属阻尼器的结构也不多见，粘滞阻尼器和金属阻尼器联合使用的情况也很少。

3. 抗震性能分析所采用的理论方法和实践方法

(1) 能力谱法是一种静力非线性分析方法，西安建筑科技大学的张思海、梁文兴和邓明科利用能力谱法对结构进行抗震设计，其设计思路是：先对被动耗能器的结构进行推覆分析，得到其推覆曲线；假定结构的顶点目标，计算结构的等效阻尼比，建立设计所需谱曲线；将推覆曲线转变为能力谱曲线，即谱加速度-谱位移曲线；将能力谱曲线和所需求谱曲线在同一坐标系下画出，确定顶点位移，将顶点位移与之前假定的顶点位移比较，调整二者的差值在一定限制内即可；根据调整所得的结构顶点位移确定各构件的割线刚度，将各振型反应通过适当的振型组得到结构最终的顶点位移和层间位移；最后计算结构构件和耗能器的内力反应，校核构件截面配筋及进行耗能器的设计。通过算例介绍用能力谱法对钢筋混凝土规则框架进行效能减震设计的设计过程，通过实例分析提出的被动消能减震结构给予能力谱法的抗震设计方法是可行的，并且与非线性动力分析得出的平均结果吻合。

(2) 魏艳红和李玉顺在“耗能减震钢框架结构抗震设计方法研究”这一文献中介绍了一种基于反应谱法的安装软钢阻尼器钢框架结构的抗震设计方法，采用 SAP2000 软件对算例进行了静力弹塑性分析，并采用能力谱方法证明了其给出的抗震设计方法合理有效，便于操作。

(3) 乐登、周云和邓雪松采用能量法研究了耗能减震结构中耗能器总耗能层间分配比例。基于能量的耗能减震结构设计中假定主体结构在保持弹性的前提下，解决了耗能器总耗能在布置有耗能器的各楼层间的分配比例的计算问题，指出采用能量方法进行结构设计不仅涉及了力和位移两个设计参数，还能反映强震持时对结构破坏的影响。对于消能减震结构，因耗能器本身就具有明显的耗能特性，因此采用能量设计方法较其他设计方法更具有优越性。研究中采用近似计算公式和计算值与时程分析值进行对比表明，线性粘滞阻尼器总耗能层间分配比例近似值与时程分析值吻合较好，非线性粘滞阻尼器和金属阻尼器总耗能各层间分配比例近似值与时程分析值差别不大，在基于能量的设计中可采用金属值估计分配比例值。

(4) 汤昱川、张玉良、张铜生基于结构空间杆系—层模型，推导了粘滞阻尼器减震结构的附加阻尼矩阵、动力平衡方程和相对能量方程。在高层建筑结构动力分析程序 HBTA 中增加对粘滞阻尼器减震结构的非线性(弹塑性)动力分析，通过具体算例，验证了研究中所建议的动力分析方法的正确性，并考察了粘滞阻尼器对结构的减震效果。

(5) 李玉顺、沈世钊采用拟动力试验研究了安装软钢阻尼器的钢框架结构的抗震性能。拟动力试验是将计算机系统与电液伺服加载器系统联机进行的非周期加载试验，这种试验方法通过计算机系统控制，输入某一确定的地震地面运动加速度实测记录，根据每一时刻静力加载获得试验结构的恢复力，由计算机数值积分求得位移反应，按这一位移进行下一步加载以测得新的恢复力。由于该系统将结构物的静力破坏试验与计算机数值分析进行联机，结构物的恢复力特性是实际测定的，因此可以提供比理论假设更为准确的恢复力特性，地震反应分析更符合实际。该研究说明了拟动力试验大致能够再现计算模型的地震观测记录，结构地震反应的试验结果和观测结果具有良好的一致性，有力地证明了拟动力试验的有效性。

4. 消能减震结构的发展方向

虽然粘滞阻尼器的发展迅猛，但仍然存在问题，特别是在弹塑性状态下，目前还没有成熟的方法或软件能对粘滞阻尼减震结构进行精确的分析求解，结构分析模型也仅限于二维模型，真正的三维模型还没有；粘滞阻尼器也很少与其他阻尼器联合使用；我国用粘滞阻尼器的消能减震结构还很少。因此，应尽快扭转我国粘滞阻尼器的设计制作、检测设施及其工程应用由国外技术占主导地位的局面，使粘滞阻尼器产业在我国快速地发展起来。

对软钢阻尼器的研究和应用与发达国家相比，国内偏重于理论研究，具体的工程应用相对较少。虽然软钢阻尼器的消能减震原理简单，技术已经相当成熟，但对于相关理论的进一步深入研究和技术的不断改进还是很有必要的，如通过不断发展优化技术，兼顾安全性和经济性也是可以做到的。随着国内外工程界相互交流的不断深入，通过借鉴国外先进的技术和设计理念，结合我国的具体国情开展相关的技术研究，不断缩小与国外的差距，将会使该技术在国内的工程实践中得到更加广泛的推广和应用。

在消能减震结构中用得较多的是金属阻尼器和粘滞阻尼器。其中粘滞阻尼器的消能减震性能较明显，但是造价相对较高；金属阻尼器的消能减震性能不如粘滞阻尼器明显，但是造价较低。如果结合这两种阻尼器各自的优缺点，将二者组合起来使用，则既可以在消能减震上取得良好的减震效果，又可以降低造价。目前国外已经开始相关研究，国内关于这方面的研究还处于起步阶段，同时，有关消能减震结构的减震定量分析也尚未完善。

随着消能减震结构的推广和广泛使用，有关附加金属阻尼或粘滞阻尼的设计方法的研究日趋成熟，其主要方法有目标优化、试算法、倍数法等。这些方法主要采用时程分析方法进行反复试算直至减震结构的设计满足性能及经济要求为止，但是根据这样的方法获取的设计经验往往有局限性，是不全面的。至今，相关结构同时附加金属阻尼和粘滞阻尼的消能减震结构的设计方法的研究报告很少，还有待进一步深入的研究。针对这一现状，本章首先讨论同时附加金属阻尼和粘滞阻尼的消能减震结构的合理性，而后介绍以笠井和彦等提出的基于等效线性化理论的消能减震结构设计方法，并借鉴此方法提出结构同时附加金属阻尼和粘滞阻尼的消能减震结构设计方法。

13.2　基于等效线性化理论的消能减震结构设计方法

基于等效线性化理论的消能减震结构设计方法的主要要点是：①将主结构简化为杆系

或剪切型模型；②计算结构基本周期和各层抗侧刚度；③基于等效线性化理论得到等效单质点体系；④利用输入地震波位移反应谱，得到最大层间位移角；⑤设定目标最大层间位移角，进而确定目标位移降低率；⑥基于减震性能曲线计算等效单质点体系满足目标位移降低率的阻尼量及与主结构的刚度比；⑦向多质点体系的每一层分配阻尼。

1. 基于等效线性化理论的附加金属阻尼的设计方法

附加阻尼器的减震结构虽然各种阻尼器的耗能减震机理不同，但是都基于结构附加刚度和阻尼，等效线性化是将具有非线性恢复力特性的体系转化为具有等效刚度和等效阻尼比的线性体系来分析的方法。

1）系统的计算模型及恢复力特性

附加金属阻尼器的消能减震系统由连接构件、阻尼器和主结构组成，如图 13.1(a)所示。连接构件(刚度为 K_b)和阻尼器(刚度为 K_d)组成结构的附加体系(刚度为 K_a)，主结构刚度为 K_f，附加体系和主结构组成消能减震系统，其刚度为 K，刚度计算模型如图 13.1(b)所示。

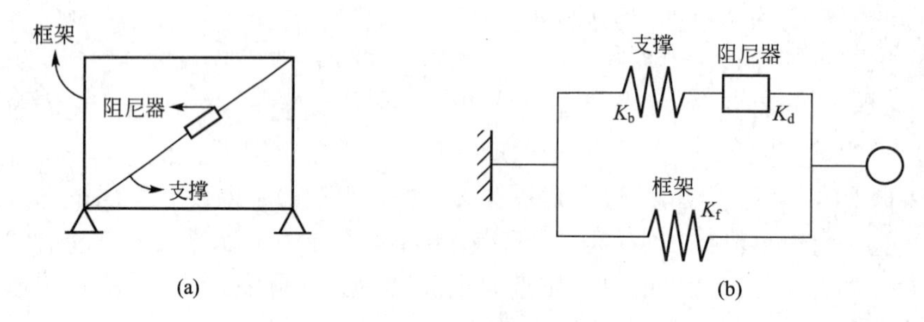

图 13.1　消能减震系统

图 13.2 表示附加软钢阻尼器的力学模型与滞回曲线。阻尼器和附加体系的位移为 u_d、u_a，u_a与系统位移 u 相等。阻尼器的刚度为 K_d，延性系数 μ_d的计算式为式(13.1)；附加体系的刚度 K_a和延性系数 μ_a的计算式为式(13.2)和式(13.3)，其中 K_b表示连接构件的刚度；系统的刚度 K 和延性系数 μ 的计算式为式(13.4)和式(13.5)，其中 K_f表示主结构的刚度。

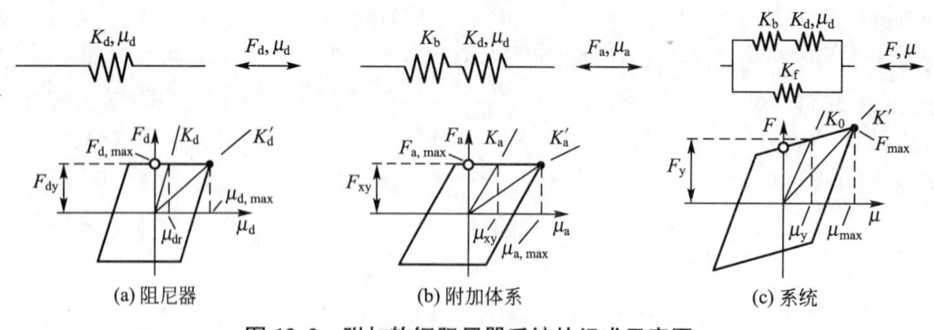

图 13.2　附加软钢阻尼器系统的组成示意图

$$\mu_d = u_{d,max}/u_{dy} \tag{13.1}$$

$$K_a = \frac{1}{1/K_b + 1/K_d} \tag{13.2}$$

$$\mu_a = u_{a,max}/u_{ay} \tag{13.3}$$

$$K = K_a + K_f \tag{13.4}$$

$$\mu = u_{max}/u_y \tag{13.5}$$

2) 减震性能曲线

消能减震结构的弹性周期 T_0 和等效周期 T_{eq} 的计算公式如式(13.6)和式(13.7)所示。

$$T_0 = T_f\sqrt{\frac{K_f}{K}} = T_f\sqrt{\frac{1}{1+K_a/K_f}} \tag{13.6}$$

$$T_{eq} = T_f\sqrt{\frac{K_f}{K_{eq}}} = T_f\sqrt{\frac{\mu}{\mu+K_a/K_f}} \tag{13.7}$$

式中，T_f 为主结构的周期。

在拟加速度反应谱 S_{pa} 为常数的范围内，其位移和拟加速度的反应降低率为

$$R_d = D_h\frac{T_{eq}}{T_f}\frac{T_{eq}+T_0}{T_f},\ R_{pa} = R_d\left(\frac{T_f}{T_{eq}}\right)^2 \tag{13.8}$$

式中，D_h 为阻尼效应系数，其定义为

$$D_h = \sqrt{(1+\alpha\xi_{eq})/(1+\alpha\xi_0)} \tag{13.9}$$

式中，ξ_0 为原结构阻尼比；ξ_{eq} 为消能减震结构阻尼比；对于人工波，α 宜取 40。计算 ξ_{eq} 的公式为

$$\xi_{eq} = \xi_0 + \frac{2}{\mu\pi p}\ln\frac{1+p(\mu-1)}{\mu^p} \tag{13.10}$$

其中

$$p = 1/(1+K_a/K_f) \tag{13.11}$$

由式(13.6)～式(13.11)可知，用弹性刚度比 K_a/K_f 和系统的最大延性系数 μ 作为基本参数，可以表示消能减震结构的基本动力特性。

将反应降低率 R_d 和 R_{pa} 表示成 K_a/K_f 及 μ 两个基本参数的连续函数，定义为系统的减震性能曲线，如图 13.3 所示。将位移和剪力的降低率与仅有主结构的最大位移和最大剪力相乘就可以得到消能减震系统的最大位移和剪力。从以上公式中可以看出，利用 μ 和 K_a/K_f 参数可以表示消能减震系统的动态特性。

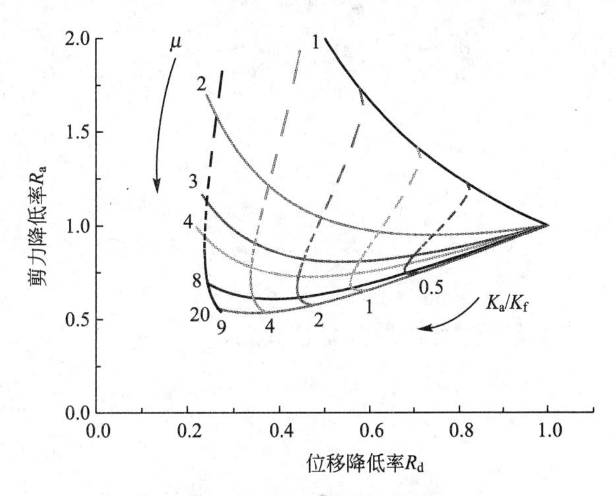

图 13.3　减震性能曲线

在上面已经提到，K_a 为由连接构件刚度 K_b 和阻尼器刚度 K_d 组成的结构附加体系刚度，K_f 为主结构刚度。K_a/K_f 不等于零，就表示阻尼器已经附加在主结构上。从图 13.3 中可以看出，当 $K_a/K_f=0$ 时，则 R_d 和 R_{pa} 均为 1.0。当 $K_a/K_f>0$ 时，R_d 永恒小于 1.0，而 R_{pa} 或小于 1.0，或大小 1.0。就是说，一旦附加阻尼器则其位移反应值就变小，但是不能保证加速度反应值也变小。加速度的反应值不仅受到 K_a/K_f 影响，还要受到 μ 的影响，μ 越小其值越大。

3）计算附加金属阻尼步骤

以基于等效线性化理论的消能减震结构设计方法为基础计算结构附加金属阻尼的多质点体系的设计方法是：根据刚度比 K_a/K_f 和延性系数 μ，将阻尼器数量按主结构层刚度的分布特性进行分配，保证各层的层间位移角大致满足目标层间位移角的要求。设已知结构第 i 层的弹性刚度 K_{fi}、层高 h_i、支撑安装倾角 ϕ_i、设计层剪力 Q_i、目标层间位移角 θ_{max}、目标位移降低率 R_d 和性能曲线，其设计步骤如下。

(1) 建立主结构的振动模型(文中采用质点系模型)，对结构进行静力弹塑性分析，利用标准三折线模型模拟结构的恢复力特性，计算出结构每一层的弹性侧移刚度 K_{fi}。

(2) 利用雅可比方法计算结构的基本周期 T_f，设定主结构的初始阻尼比 ξ_0 和目标位移角 θ_{max} 及设计条件。

(3) 由式(13.12)计算将主结构简化为等效单质点体系的等效高度 H_{eff}。

$$H_{eff}=\frac{\sum(m_i \cdot H_i^2)}{\sum(m_i \cdot H_i)} \tag{13.12}$$

式中，m_i、H_i 为第 i 层的质量和第 i 层的计算高度。

(4) 基于设计条件绘制设计位移谱 s_d，并从位移谱计算最大位移 $s_d(T_f, \xi_0)$，利用式 $s_d=H_{eff}\theta_f$，求出结构的层间位移角 θ_f。

(5) 利用式(13.13)计算等效单质点体系的目标位移降低率 R'_d，即目标层间位移角和层间位移角之比。

$$R'_d=\frac{\theta_{max}}{\theta_f} \tag{13.13}$$

(6) 设定 μ 后，不断调整 K_a/K_f 值，使位移降低率 R_d 与目标位移降低率 R'_d 之差为零，计算结构的位移降低率。R_d 确定后，利用式(13.8)计算 R_a。

(7) 弹性刚度比 K_a/K_f 是等效单质点体系减震结构满足需求性能的必需阻尼器量。当将该结果应用于多质点体系的设计时，可采用第 i 层的附加体系与该层主结构的弹性刚度比 K_{ai}/K_{fi} 为定值($=K_a/K_f$)的方法进行分配。该方法适用于主结构具有理想刚度分布的情况。为使分配方法适用于任意刚度分布的主结构，分配条件基于以下原则。

① 在 A_i 分布的层剪力 Q_i 作用下，各层的层间位移角 θ_i 和延性系数 μ_i 相同。

$$A_i = 1+\left(\frac{1}{\sqrt{\alpha_i}}-\alpha_i\right)\frac{2T_f}{1+3T_f},\ \alpha_i = \sum_{i=j}^{N} W_j \Big/ \sum_{i=1}^{N} W_i \tag{13.14}$$

② 令多质点体系振动一个循环的滞回能量吸收量与等效势能之比(即等效阻尼比)与单质点体系的相等。

基于上述分配原则，由式(13.15)求得各层需求阻尼量。

$$K_{ai} = \frac{Q_i}{h_i} \cdot \frac{\sum_{i=1}^{n}(K_{fi}h^2)}{\sum_{i=1}^{n}(Q_i h_i)}\left(\mu+\frac{K_a}{K_f}\right)-\mu K_{fi}(K_{ai} \geqslant 0) \tag{13.15}$$

式中，Q_i 为主结构第 i 层的剪力；K_{fi} 为主结构第 i 层的刚度。

(8) 假定结构各层的延性系数相同，按式(13.16)、式(13.17)计算附加体系水平方向的屈服变形和屈服力。

$$u_{ayi}=\theta_{max} \cdot h_i/\mu_a \tag{13.16}$$

$$F_{ayi}=K_{ai}\cdot u_{ayi} \tag{13.17}$$

(9) 将水平方向附加体系的弹性刚度、屈服变形、屈服力变换到阻尼器轴向，并设计阻尼器。由支承安装倾角 ϕ_i，计算支撑轴向的附加体系弹性刚度 $\hat{K}_{ai}$、屈服变形$\hat{u}_{ayi}$、屈服力$\hat{F}_{ayi}$和最大变形$\hat{u}_{ai,\max}$，其计算式为式(13.18)、式(18.19)。

$$\hat{K}_{ai}=K_{ai}/\cos^2\phi_i,\qquad \hat{u}_{ayi}=u_{ayi}\cos\phi_i \tag{13.18}$$

$$\hat{F}_{ayi}=F_{ayi}/\cos\phi_i,\qquad \hat{u}_{ai,\max}=\hat{u}_{ayi,\max}\mu_a \tag{13.19}$$

(10) 利用地震反应弹塑性时程分析方法检验消能减震系统的层间位移角和层剪力分布等抗震性能。

2. 基于等效线性化理论的附加粘滞阻尼的设计方法

1) 系统的计算模型及恢复力特性

粘滞阻尼器一般用粘滞系数为 C_d的阻尼器和刚度为 K_d的弹簧串联的麦克斯韦尔模型表示，阻尼器与弹簧串联。粘性阻尼器内部刚度 K_d和粘性系数 C_d，有 $K_d=\beta C_d$(β=4.5～18)的相关关系，设连接构件和主结构的刚度为 K_b、K_f。图 13.4 表示附加粘滞阻尼器系统的力学模型与滞回曲线。按阻尼器、附加体系、系统的顺序，定义储存刚度(＝最大位移时的力/最大位移)为 K_d'、K_a'、K'，损失刚度(＝零位移时的力/最大位移)为 K_d''、K_a'、K''，变形为 u_d、u_a、u。阻尼器、等效支撑构件(由于阻尼器与连接构件串联，故可用弹性刚度为 K_b'的等效支撑构件来表示内部刚度 K_d与连接构件刚度 K_b的串联组合)、附加体系有共同的荷载 $F_{d,\max}=F_{a,\max}$，而附加体系、主结构、系统有共同的位移 $u_{a,\max}=u_{\max}$。

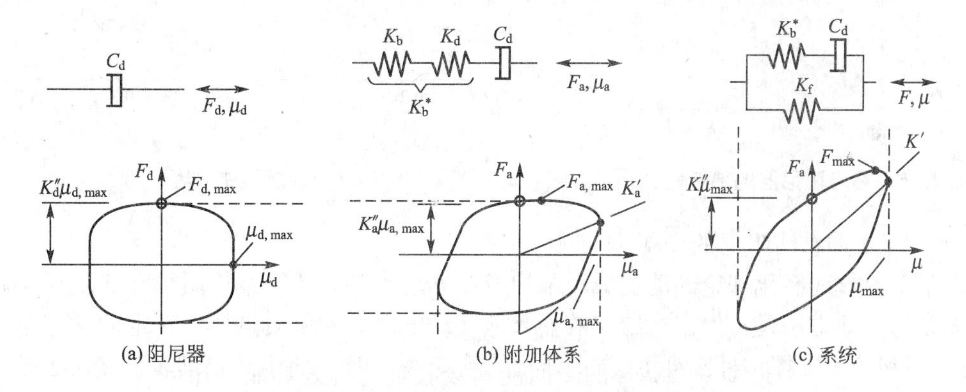

图 13.4 附加粘滞阻尼器系统的组成示意图

2) 减震性能曲线

虽然附加粘滞阻尼器的结构的能量吸收机理和滞回曲线与附加其他阻尼器的不一样，但是其减震机理是不变的，都增加了结构的刚度或阻尼。其附加的阻尼可以用损失刚度和储存刚度表示，从而知道整个系统的损失刚度和储存刚度，进而求得结构的等效周期和等效阻尼比。

消能减震结构的等效阻尼比 ξ_{eqL}和等效周期 T_{eq}为

$$\xi_{eqL}=\xi_0+0.8\cdot\frac{1}{2}\cdot\frac{K_{dL}''/K_f}{1+(1+K_{dL}''/K_f)(K_{dL}''/K_b^*)^2} \tag{13.20}$$

$$\omega_{eqL}=\omega_f\sqrt{1+\frac{K_b^*}{K_f}\cdot\frac{(K''_{dL}/K_b^*)^2}{1+(K''_{dL}/K_b^*)^2}} \tag{13.21}$$

$$T_{eqL}=2\pi/\omega_{eqL} \tag{13.22}$$

粘滞阻尼器中较为常用的是油阻尼器，其阻尼指数 $\alpha=1$，其特性曲线如图 13.5 所示。C_d表示阻尼器的线性阻尼系数，$p\cdot C_d$为第二粘滞阻尼系数（p 为第二粘滞阻尼比），$\dot{u}_{dy}$为溢流速度，$\dot{u}_{d,max}$为最大溢流速度，F_d为粘滞阻尼力。

基于等效线性化理论计算结构附加粘滞阻尼器的阻尼量时，选择的动态参数为连接构件刚度比 K_b/K_f和第一损失刚度比 K''/K_f。两动态参数与等效阻尼比和等效周期如式(13.20)、式(13.21)、式(13.22)所示。

将等效支承构件刚度比 K_b^*/K_f以及阻尼器损失刚度比 K''_d/K_f作为两个参数，采用与图 13.1 中附加金属阻尼类似的方法可以得出如图 13.6 所示剪力降低率 R_a和位移降低率 R_d之间的关系，称之为粘滞系统减震性能曲线。

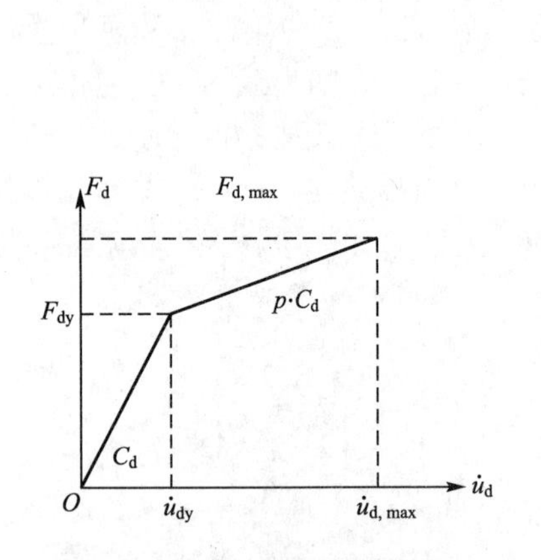

图 13.5　粘滞阻尼器的特性曲线

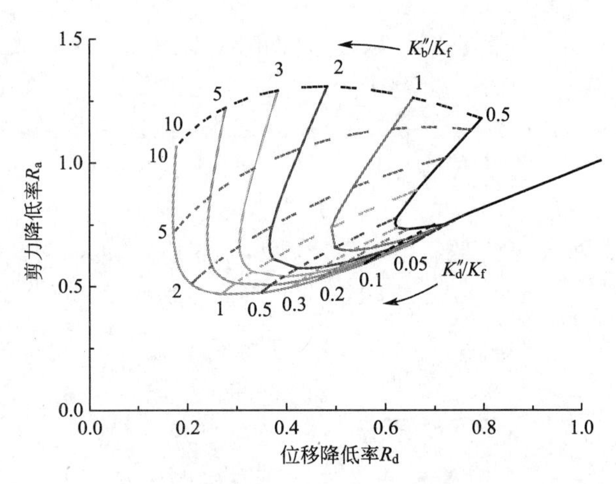

图 13.6　减震性能曲线

3）计算附加粘滞阻尼的步骤

以基于等效线性化理论的消能减震结构设计方法为基础计算结构附加粘滞阻尼器的多质点体系的设计方法是：根据在给定的输入地震动下由等效单质点体系选定的粘滞单元损失刚度 K''_d和等效支撑构件刚度 K'_b与主结构的刚度 K_f之比，将上述物理量直接用于各层进行阻尼量的分配。设已知主结构的基本周期 T_f，结构第 i 层的弹性刚度 K_{fi}、层高 h_i、支撑安装倾角 ϕ_i、目标层间位移角 θ_{max}、目标位移降低率 R_d、阻尼器的指数幂 α 与内部刚度系数 β、性能曲线。假定等效支撑构件刚度比为 K_b^*/K_f，其计算步骤如下。

（1）建立主结构的振动模型（文中采用质点系模型），对结构进行静力弹塑性分析，利用标准三折线模型模拟结构的恢复力特性，计算出结构每一层的弹性侧移刚度 K_{fi}。

（2）利用雅可比方法计算结构的基本周期 T_f，设定主结构的初始阻尼比 ξ_0和目标位移角 θ_{max}及设计条件。

（3）由式(13.12)计算将主结构简化为等效单质点体系的等效高度 H_{eff}。

（4）基于设计条件绘制设计位移谱 s_d，并从位移谱计算最大位移 $s_d(T_f,\ \xi_0)$，利用式 $s_d=H_{eff}\theta_f$，求出结构的层间位移角 θ_f。

(5) 利用式(13.13)计算等效单质点体系的目标位移降低率 R'_d，即目标层间角位移和层间角位移之比。

(6) 设定 K_b^*/K_f后，不断调整 K''_d/K_f值，使位移降低率 R_d与目标位移降低率 R'_d之差为零，计算结构的位移降低率。R_d确定后，利用式(13.8)计算 R_a，$R_a=0.60$。

(7) 得到满足目标位移降低率的 K''_d/K_f、K_b^*/K_f这组值后，将单质点体系阻尼器损失刚度与弹性刚度之比 K''_d/K_f分配到各层，可以得到阻尼器的阻尼系数 C_{di}、阻尼器最大荷载 $F_{di,\max}$、支撑刚度 K_{bi}，具计算公式如下。

水平方向第1损失刚度如式(13.23)所示。

$$K''_{di}=\frac{K''_d}{K_f}K_{fi} \tag{13.23}$$

水平方向等效支承构件刚度如式(13.24)所示。

$$K_{bi}^*=\frac{K_b^*}{K_f}K_{fi} \tag{13.24}$$

水平方向粘滞系数如式(13.25)所示。

$$C_{di}=\frac{K''_d}{K_f}\cdot\frac{K_{fi}}{\omega_{eqL}} \tag{13.25}$$

式中，ω_{eqL}表示主结构的等效圆频率。

水平方向溢流荷载如式(13.26)所示。

$$F_{dyi}=\frac{1}{\mu_d}\cdot\frac{K''_d\cdot\Delta u_i}{\sqrt{1+(K''_{dL}/K_b^*)^2}} \tag{13.26}$$

式中，μ_d表示最大溢流速度与溢流速度之比；Δu_i为第 i 层的目标层间位移，其值用目标层间位移角 $\theta_{\max}$乘以第 i 层的层高。

水平方向溢流速度如式(13.27)所示。

$$\dot{u}_{dyi}=F_{dyi}/C_{di} \tag{13.27}$$

水平方向最大荷载如式(13.28)所示。

$$F_{di,\max}=\{1+p(\mu_d-1)\}F_{dyi} \tag{13.28}$$

水平方向最大速度如式(13.29)所示。

$$\dot{u}_{di,\max}=\dot{u}_{dy}+\frac{F_{di,\max}-F_{dyi}}{pC_{di}} \tag{13.29}$$

(8) 将水平方向附加体系的弹性刚度、屈服变形、屈服力变换到阻尼器轴向，并设计阻尼器。由支承安装倾角 ϕ_i，计算阻尼器轴向的等效支承构件刚度 $\hat{K}_{bi}^*$、粘滞系数 $\hat{C}_{di}$、溢流荷载 $\hat{F}_{dyi}$、溢流速度 $\hat{u}_{dyi}$、最大荷载 $\hat{F}_{di,\max}$及最大速度 $\hat{u}_{di,\max}$，其计算公式如式(13.30)～式(13.34)所示。

$$\hat{K}_{bi}^*=\frac{K_{bi}^*}{\cos^2\phi_i} \tag{13.30}$$

$$\hat{C}_{di}=\frac{C_{di}}{\cos^2\phi_i} \tag{13.31}$$

$$\hat{F}_{dyi}=\frac{F_{dyi}}{\cos\phi_i} \tag{13.32}$$

$$\hat{u}_{dyi}=\hat{u}_{dyi}\cos\phi_i \tag{13.33}$$

$$\hat{u}_{di,\max}=\dot{u}_{di,\max}\cos\phi_i \tag{13.34}$$

(9) 利用地震反应弹塑性时程分析方法检验消能减震系统的层间位移角和层剪力分布等抗震性能。

13.3 算例模型

以基于等效线性化理论分别计算结构附加金属阻尼和粘滞阻尼的方法为基础，探索结构同时附加金属阻尼和粘滞阻尼的方法。日本建筑构造技术者协会(JSCA)的对建筑物的形式、建筑物的层数、建筑物的高度以及建筑物的用途做了相关调查，调查表格见表 13-2～表 13-4。

表 13-2 建筑物的形式

分类	数量	所占百分比
钢结构	70	70%
钢筋混凝土结构	29	30%

表 13-3 建筑物的层数

楼层	钢结构	所占百分比
1～5 层	2	2.9%
6～10 层	11	15.9%
11～15 层	16	23.2%
16～20 层	14	20.3%
21～25 层	12	17.4%
26～30 层	8	11.6%
31～35 层	3	4.3%
36～40 层	2	2.9%
41～55 层	1	1.5%

表 13-4 建筑用途

用途	钢结构	所占百分比
学校	7	10%
住宅	1	1.4%
事务所	41	58.6%
电气通信设施	3	4.3%
住宅＋店铺	1	1.4%
住宅＋事务所	4	5.7%
宾馆	3	4.3%
宾馆＋住宅	1	1.4%
宾馆＋店铺	1	1.4%
宾馆＋事务所	2	2.9%
事务所＋店铺	3	4.3%
其他	3	4.3%

根据表 13-2 统计所示，钢结构约占建筑结构的 70%，其中 11～30 层的钢结构建筑约占钢结构建筑的 70%，在钢结构中，约 60%的结构用于商务写字楼，多数商务写字楼采用钢框架结构。为了使该研究方法具有一定的适用性，此处分别选择 30 层、24 层、18 层、12 层的钢框架结构作为同时附加金属阻尼和粘滞阻尼的研究对象，结构的平面图如图 13.7 所示。

柱子采用箱形截面，梁采用 H 形截面，4 种结构的构件尺寸表见表 13-5～表 13-8 所示。假定每层质量约为 980kg/m²。为了重点研究附加阻尼的阻尼量和主结构的刚度(及强度)以及结构抗震性能之间的内在联系，此处只讨论在横向水平方向地震动作用下附加阻尼对结构的消能减震作用。

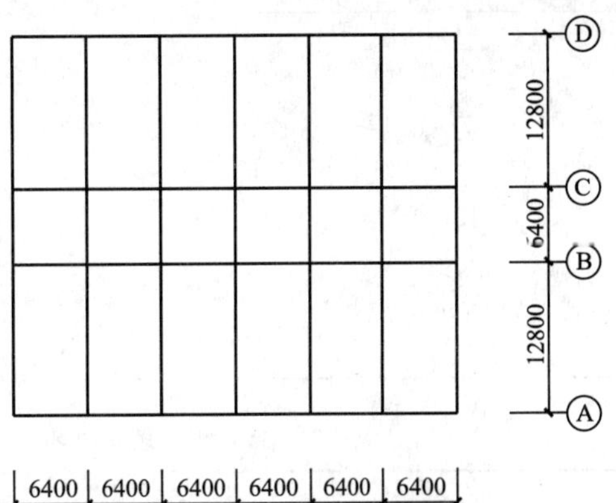

图 13.7　结构平面图

表 13-5　30 层结构构件尺寸

层数	构件	截面尺寸/mm
1～6 层	外柱	□-600×600×50
	内柱	□-600×600×46
7～12 层	外柱	□-600×600×42
	内柱	□-600×600×38
13～18 层	外柱	□-600×600×34
	内柱	□-600×600×30
19～24 层	外柱	□-600×600×28
	内柱	□-600×600×25
25～30 层	外柱	□-600×600×22
	内柱	□-600×600×19
1～30 层	横向梁	H-792×300×14×22
	纵向外部梁	H-800×300×14×26
	纵向内部梁	H-800×300×14×22

表 13-6　24 层结构构件尺寸

层数	构件	截面尺寸/mm
1～6 层	外柱	□-600×600×38
	内柱	□-600×600×34
7～12 层	外柱	□-600×600×32
	内柱	□-600×600×30
13～18 层	外柱	□-600×600×28
	内柱	□-600×600×25
19～24 层	外柱	□-600×600×22
	内柱	□-600×600×19
1～24 层	横向梁	H-750×300×16×25
	纵向梁	H-750×300×16×28

表 13-7　18 层结构构件尺寸

层数	构件	截面尺寸/mm
1～6 层	外柱	□-500×500×50
	内柱	□-500×500×42
7～12 层	外柱	□-500×500×34
	内柱	□-500×500×30
13～18 层	外柱	□-500×500×25
	内柱	□-500×500×19
1～18 层	横向梁	H-700×300×14×25
	纵向梁	H-700×300×14×28

表 13-8　12 层结构构件尺寸

层数	构件	截面尺寸/mm
1～4 层	外柱	□-500×500×36
	内柱	□-500×500×32
5～8 层	外柱	□-500×500×29
	内柱	□-500×500×25
9～12 层	外柱	□-500×500×19
	内柱	□-500×500×16
1～12 层	横向梁	H-650×300×14×22
	纵向梁	H-650×300×16×25

对结构进行动力时程分析时，结构的自振频率、自振振型与动力反应的发生状态密切相关，为了查看算例模型是否具有实际工程结构的代表性，对 4 种结构算例模型进行模态分析得到如表 13-9 所示的基本周期理论值，括号内为经验值［按照高层结构基本自振周期的经验公式 $T=(0.1\sim0.15)n$，n 为建筑层数］。考虑附加阻尼器后结构的刚度增大，原结构选择刚度较小的结构，故其周期理论值比经验值较大。由表 13-9 可知，经验值与周期理论值之比大约为 0.7，故说明算例模型基本合理。

表 13-9　算例模型基本周期

结构		12 层	18 层	24 层	30 层
基本周期/s	理论值	2.94	3.95	4.80	5.95
	经验值	1.2～1.8	1.8～2.7	2.4～3.6	3.0～4.5

13.4　地震波的选用

为了避开地震动的场地特征周期与结构基本周期接近而产生较大地震反应的影响，本节所施加的地震波为人工波，分别为 ART BCJ 波(简称 bcj 波)、ART KOBE 波(简称 kobe 波)及 ART EL CENTRO 波(简称 el 波)，其峰值加速度分别为 355.66cm/s^2、471.7cm/s^2、432cm/s^2，其时程曲线如图 13.8 所示。

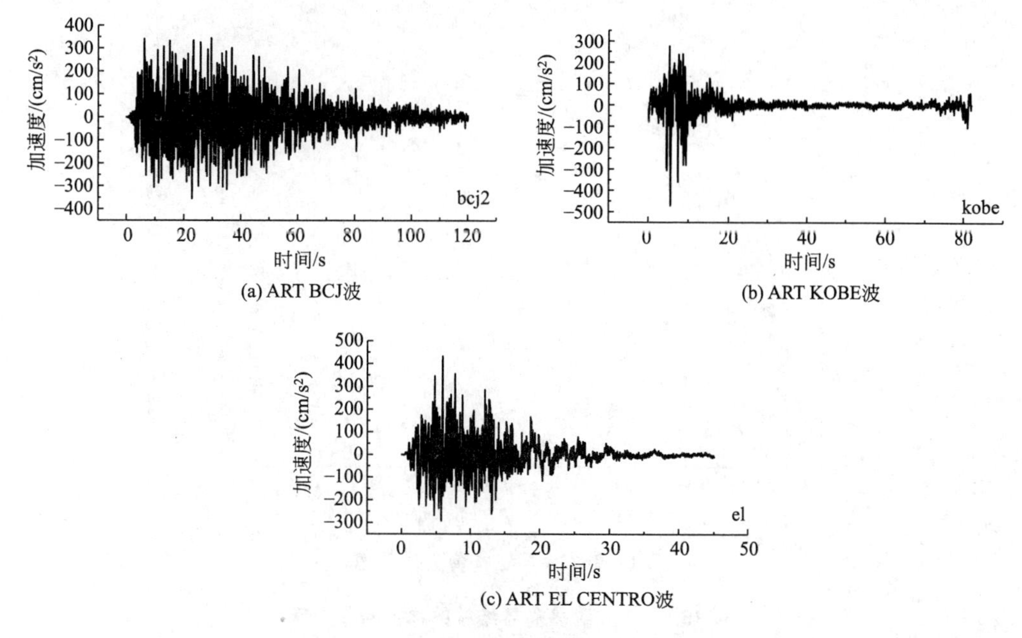

(a) ART BCJ波
(b) ART KOBE波
(c) ART EL CENTRO波

图 13.8　地震波

地震动加速度时程曲线是一系列随时间变化的随机脉冲，其频率和振型变化没有规律可言，因此不能根据其时程曲线求解结构的振动方程，须将地震波按照时间步长数值化，再按每个时段对振动方程进行积分，求出每个时段结构的反应值包括位移、速度、加速度以及结构内力。由于时间步长很短，一般取 0.01～0.02s，计算工作量很大，所以在对结构做时程分析时，地震波的持续时间不能太长，否则会增大计算量，耗费大量时间，但是也不能取得太短，否则会增大误差。因此，应按照规定，选取地震波的持续时间应不小于结构基本周期的 3～4 倍，且不小于 12s。在本节中，地震波地持续时间取 30s。以基于等效线性化理论的消能减震设计方法和时程分析法计算和验证消能减震结构的地震反应时，将地震波的峰值加速度统一调整为设防烈度为 8 度，场地类别为Ⅱ类，设计分组为第一组，罕遇地震时的加速度峰值为 400cm/s^2。

13.5　消能减震结构附加金属阻尼确定方法

1. 30 层结构附加金属阻尼的阻尼量计算

为了研究同时附加金属阻尼和粘滞阻尼的消能减震结构的设计方法，在这里先利用基于等效线性化理论将 4 种结构附加金属阻尼的阻尼量计算出来，下面以 30 层结构为例加以详细解说，其计算过程如下。

(1) 利用 SAP2000 对模型进行静力弹塑性分析，得出层间剪力和层间位移关系曲线，如图 13.9 所示。利用标准三折线模型模拟多质点系振动模型恢复力特性。确定主结构的弹性刚度 K_{fi}，并将 30 层结构的弹性侧移刚度以表格的形式列出，见表 13-10。表 13-10 中同时列出了 4 种多高层结构的弹性侧移刚度，以便后续使用。设定初始阻尼比为 ξ_0=0.02。

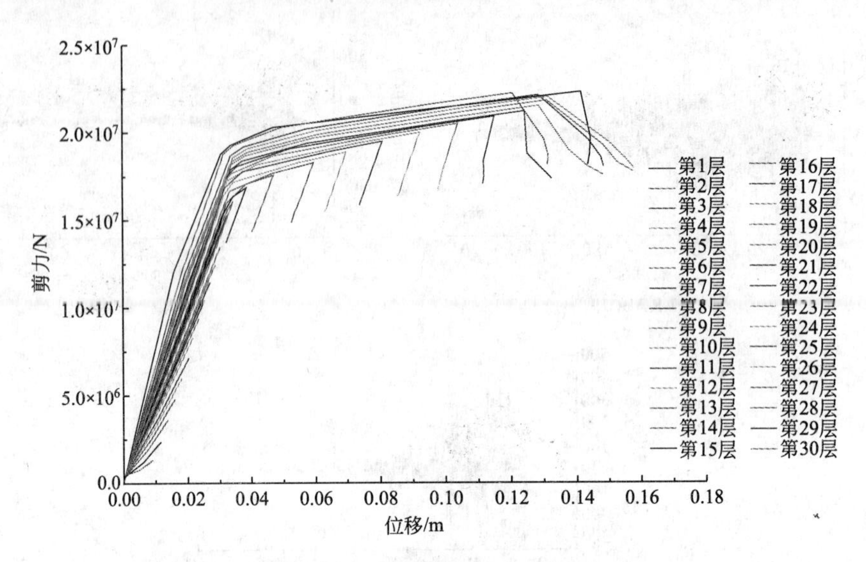

图 13.9　30 层结构剪力位移图

表 13-10　4 种多高层结构的弹性侧移刚度　　单位：N/m

层数	30 层结构的 K_{fi}	24 层结构的 K_{fi}	18 层结构的 K_{fi}	12 层结构的 K_{fi}
30	1.58E+08	—	—	—
29	2.12E+08	—	—	—
28	2.67E+08	—	—	—
27	3.04E+08	—	—	—
26	3.32E+08	—	—	—
25	3.54E+08	—	—	—
24	3.85E+08	1.46E+08	—	—
23	4.02E+08	2.50E+08	—	—
22	4.15E+08	3.09E+08	—	—
21	4.27E+08	3.46E+08	—	—
20	4.37E+08	3.72E+08	—	—
19	4.46E+08	3.92E+08	—	—
18	4.65E+08	4.24E+08	1.94E+08	—
17	4.71E+08	4.39E+08	2.79E+08	—
16	4.79E+08	4.50E+08	3.14E+08	—
15	4.90E+08	4.59E+08	3.34E+08	—
14	4.96E+08	4.63E+08	3.47E+08	—
13	4.98E+08	4.76E+08	3.58E+08	—
12	5.25E+08	4.87E+08	3.95E+08	2.28E+08
11	5.30E+08	4.96E+08	4.04E+08	2.82E+08
10	5.37E+08	5.02E+08	4.10E+08	2.96E+08
9	5.38E+08	5.11E+08	4.15E+08	3.04E+08
8	5.53E+08	5.13E+08	4.17E+08	3.37E+08
7	5.62E+08	5.29E+08	4.25E+08	3.44E+08
6	5.81E+08	5.46E+08	4.53E+08	3.48E+08
5	5.91E+08	5.54E+08	4.6E+08	3.53E+08
4	6.02E+08	5.64E+08	4.65E+08	3.73E+08

（续）

层数	30 层结构的 K_{fi}	24 层结构的 K_{fi}	18 层结构的 K_{fi}	12 层结构的 K_{fi}
3	6.21E+08	5.80E+08	4.73E+08	3.86E+08
2	6.64E+08	6.10E+08	4.88E+08	4.31E+08
1	7.60E+08	6.70E+08	5.05E+08	6.49E+08

(2) 主结构的基本周期为 $T_f=5.95s$；按照表 13-11 的减震目标性能，在罕遇地震作用下顶部位移角的限值为 1/150，故在设定目标层间位移角时都不应超过这 限值，在例题中设定目标层间位移角为 $\theta_{max}=1/150$。

表 13-11　减震目标性能

地震水准	多遇地震	罕遇地震
主结构	损伤极限以下	安全极限以下
减震结构	损伤极限以下	安全极限以下
楼面加速度反应	$5m/s^2$	$10m/s^2$
层间位移角	1/200	1/100
层间速度	0.1m/s	0.2m/s
顶部位移角	1/250	1/150

(3) 将主结构简化为等效单质点体系，等效高度为 $H_{eff}=82.38m$。图 13.10 表示按照我国《建筑抗震设计规范》(GB 50011—2010)，设防烈度为 8 度，设计地震分组为第一组，场地类别为Ⅱ类区域的阻尼比为 $\xi_0=0.02$ 时的设计用位移反应谱。利用设计用位移反应谱确定等效单质点体系的位移反应值为 $s_d(T_f, \xi_0)=1.38m$，计算出主结构层间位移角为 $\theta_f=1/60$。

(4) 设定目标位移降低率为 $R'_d=0.40$。

(5) 设定延性系数为 $\mu=4$，不断调整系统弹性刚度比 K_a/K_f，并反复试算。当 $K_a/K_f=2.58$ 时，满足位移降低率 $R_d=0.40$，此时剪力降低率为 $R_a=0.66$。

(6) 利用式(13.15)计算需要附加在主结构每层的刚度值，其大小如图 13.11 中位于中间的虚线所示，此时附加体系底层(金属阻尼器)的屈服位移为 0.0092m，第 2～30 层的屈服位移为 0.0067m。将附加体系的刚度分布屈服位移定义为消能减震结构附加金属阻尼的阻尼量，将结构附加金属阻尼的阻尼量列于表 13-12 中。

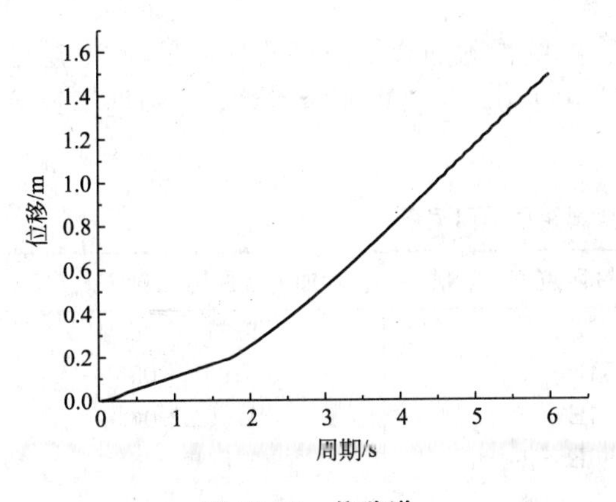

图 13.10　位移谱

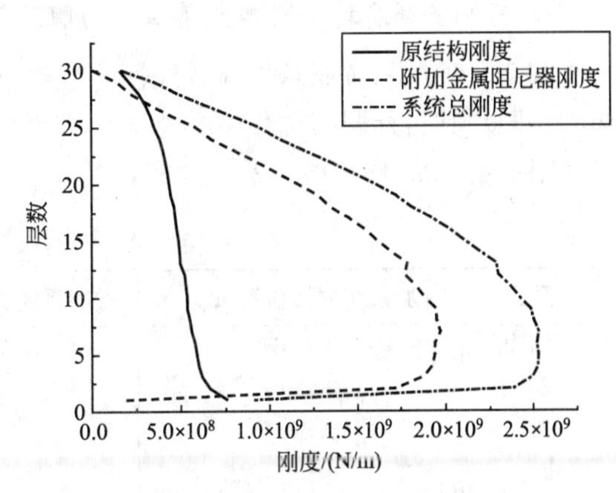

图 13.11　刚度分布图

表 13－12　30 层附加金属阻尼的阻尼量

层	阻尼器屈服位移 $\mu_{ay,i}$/m	阻尼器弹性刚度 K_{ai}/(N/m)	阻尼器屈服强度 $F_{ay,i}$/N
30	0.0067	1.41E+07	9.42E+04
29	0.0067	1.46E+08	9.72E+05
28	0.0067	2.19E+08	1.46E+06
27	0.0067	3.29E+08	2.19E+06
26	0.0067	4.55E+08	3.04E+06
25	0.0067	5.89E+08	3.93E+06
24	0.0067	6.70E+08	4.47E+06
23	0.0067	7.94E+08	5.30E+06
22	0.0067	9.21E+08	6.14E+06
21	0.0067	1.05E+09	6.97E+06
20	0.0067	1.16E+09	7.77E+06
19	0.0067	1.28E+09	8.52E+06
18	0.0067	1.34E+09	8.96E+06
17	0.0067	1.45E+09	9.68E+06
16	0.0067	1.54E+09	1.03E+07
15	0.0067	1.61E+09	1.08E+07
14	0.0067	1.70E+09	1.13E+07
13	0.0067	1.79E+09	1.19E+07
12	0.0067	1.77E+09	1.18E+07
11	0.0067	1.84E+09	1.22E+07
10	0.0067	1.88E+09	1.26E+07
9	0.0067	1.95E+09	1.30E+07
8	0.0067	1.95E+09	1.30E+07
7	0.0067	1.97E+09	1.31E+07
6	0.0067	1.94E+09	1.29E+07
5	0.0067	1.94E+09	1.29E+07
4	0.0067	1.93E+09	1.28E+07
3	0.0067	1.88E+09	1.25E+07
2	0.0067	1.72E+09	1.15E+07
1	0.0092	1.54E+08	1.42E+06

2. 其他多高层结构附加金属阻尼的阻尼量计算

其余 3 种结构按照基于等效线性化理论计算的结构附加金属阻尼的阻尼量与 30 层结构的相同，其目标层间位移角亦相同，都设定为 1/150，在这里不再赘述，3 种结构计算出的阻尼量见表 13－13～表 13－15。

表 13－13　24 层附加金属阻尼的阻尼量

层	附加系统屈服位移 $\mu_{ay,i}$/m	附加系统弹性刚度 K_{ai}/(N/m)	附加系统屈服强度 $F_{ay,i}$/N
24	0.0067	1.32E+08	8.81E+05
23	0.0067	1.04E+08	6.96E+05
22	0.0067	1.94E+08	1.30E+06
21	0.0067	3.36E+08	2.24E+06
20	0.0067	4.95E+08	3.30E+06

（续）

层	附加系统屈服位移 $\mu_{ay,i}$/m	附加系统弹性刚度 K_{ai}/(N/m)	附加系统屈服强度 $F_{ay,i}$/N
19	0.0067	6.58E+08	4.39E+06
18	0.0067	7.57E+08	5.05E+06
17	0.0067	9.02E+08	6.02E+06
16	0.0067	1.05E+09	6.99E+06
15	0.0067	1.19E+09	7.95E+06
14	0.0067	1.34E+09	8.95E+06
13	0.0067	1.44E+09	9.60E+06
12	0.0067	1.54E+09	1.02E+07
11	0.0067	1.62E+09	1.08E+07
10	0.0067	1.72E+09	1.15E+07
9	0.0067	1.79E+09	1.19E+07
8	0.0067	1.87E+09	1.24E+07
7	0.0067	1.89E+09	1.26E+07
6	0.0067	1.89E+09	1.26E+07
5	0.0067	1.91E+09	1.28E+07
4	0.0067	1.92E+09	1.28E+07
3	0.0067	1.90E+09	1.27E+07
2	0.0067	1.80E+09	1.20E+07
1	0.0092	4.17E+08	3.82E+06

表 13-14　18 层附加金属阻尼的阻尼量

层	附加系统屈服位移 $\mu_{ay,i}$/m	附加系统弹性刚度 K_{ai}/(N/m)	附加系统屈服强度 $F_{ay,i}$/N
18	0.0089	1.83E+07	1.63E+05
17	0.0089	9.61E+07	8.59E+05
16	0.0089	2.68E+08	2.39E+06
15	0.0089	4.55E+08	4.06E+06
14	0.0089	6.37E+08	5.69E+06
13	0.0089	8.01E+08	7.16E+06
12	0.0089	8.70E+08	7.77E+06
11	0.0089	1.00E+09	8.96E+06
10	0.0089	1.13E+09	1.01E+07
9	0.0089	1.25E+09	1.11E+07
8	0.0089	1.36E+09	1.21E+07
7	0.0089	1.43E+09	1.28E+07
6	0.0089	1.44E+09	1.28E+07
5	0.0089	1.49E+09	1.33E+07
4	0.0089	1.53E+09	1.37E+07
3	0.0089	1.55E+09	1.39E+07
2	0.0089	1.54E+09	1.38E+07
1	0.0123	6.83E+08	8.39E+06

表 13-15 12层附加金属阻尼的阻尼量

层	附加系统屈服位移 $\mu_{ay,i}$/m	附加系统弹性刚度 K_{ai}/(N/m)	附加系统屈服强度 $F_{ay,i}$/N
12	0	0	0
11	0.0067	7.33E+07	4.88E+05
10	0.0067	3.75E+08	2.50E+06
9	0.0067	6.50E+08	4.34E+06
8	0.0067	7.84E+08	5.23E+06
7	0.0067	9.80E+08	6.54E+06
6	0.0067	1.16E+09	7.71E+06
5	0.0067	1.30E+09	8.64E+06
4	0.0067	1.35E+09	8.99E+06
3	0.0067	1.39E+09	9.28E+06
2	0.0067	1.28E+09	8.56E+06
1	0	0	0

13.6 消能减震结构附加粘滞阻尼确定方法

1. 30层结构附加粘滞阻尼的阻尼量计算

为了研究同时附加金属阻尼和粘滞阻尼的消能减震结构设计方法，在这里先利用基于等效线性化理论的消能减震结构设计方法将4种结构附加粘滞阻尼的阻尼量计算出来，下面以30层结构为例加以详细解说，其计算过程如下。

(1) 计算原结构的基本周期 T_f 和每层的弹性刚度 K_{fi}。对结构做模态分析可知结构的基本周期 $T_f=5.95$s。对结构进行Pushover分析，可得到结构层剪力位移曲线(图13.9)，利用标准三折线模型模拟结构的恢复力特性，每层的弹性刚度在表13-10中一一列出。

(2) 计算目标位移降低率。表13-11表示为结构的减震目标性能，在罕遇地震作用下顶部位移角不大于1/150。在这里也将30层结构的目标层间位移角 θ_{max} 设定为1/150。由式(13.12)计算将原结构简化为等效单质点体系的等效高度 H_{eff}，计算出等效高度 $H_{eff}=82.38$m。

根据场地条件绘制设计位移谱 s_d，并从位移谱计算最大位移 $s_d(T_f, \xi_0)$，$s_d(T_f, \xi_0)=1.38$m，利用式 $s_d=H_{eff}\theta_f$，求出结构的层间位移角 $\theta_f=0.168$，再计算结构的目标位移降低率，本例中目标位移降低率 $R'_d=\theta_{max}/\theta_f=0.40$。

(3) 设定最大速度与溢流速度之比 $\mu_d=\dot{u}_{d,max}/\dot{u}_{dy}$，取为2.0，第二粘滞阻尼比 p 取为0.02，当动态参数 K_b/K_f、K''/K_f 分别为2、0.853时，满足位移降低率 $R_d=0.40$，此时剪力降低率为 $R_a=0.50$。

(4) 计算附加粘滞阻尼结构每层附加的粘滞阻尼的阻尼量。按照式(13.23)～式(13.29)来计算，用第一粘滞系数和第二粘滞系数等值来表示结构所需附加粘滞阻尼器的阻尼量，结构满足目标位移降低率所需附加的粘滞阻尼的阻尼量见表13-16。

表 13-16　30 层结构附加粘滞阻尼的阻尼量

层 i	第 1 粘滞系数 C_{di}/(N·s/m)	第 2 粘滞系数 pC_{di}/(N·s/m)	溢流荷载 F_{dyi}/N	溢流速度 $\dot{u}_{dyi}$/(m/s)	最大荷载 $F_{di,max}$/N	粘滞单元最大速度 $\dot{u}_{di,max}$/(m/s)
30	1.08E+08	2.16E+06	1.61E+06	0.0148	1.64E+06	0.0297
29	1.45E+08	2.90E+06	2.15E+06	0.0148	2.19E+06	0.0297
28	1.82E+08	3.64E+06	2.70E+06	0.0148	2.76E+06	0.0297
27	2.08E+08	4.16E+06	3.08E+06	0.0148	3.15E+06	0.0297
26	2.27E+08	4.54E+06	3.37E+06	0.0148	3.43E+06	0.0297
25	2.42E+08	4.83E+06	3.59E+06	0.0148	3.66E+06	0.0297
24	2.63E+08	5.26E+06	3.90E+06	0.0148	3.98E+06	0.0297
23	2.74E+08	5.49E+06	4.07E+06	0.0148	4.16E+06	0.0297
22	2.84E+08	5.67E+06	4.21E+06	0.0148	4.29E+06	0.0297
21	2.92E+08	5.83E+06	4.33E+06	0.0148	4.41E+06	0.029
20	2.98E+08	5.97E+06	4.43E+06	0.0148	4.52E+06	0.0297
19	3.05E+08	6.09E+06	4.52E+06	0.0148	4.61E+06	0.0297
18	3.17E+08	6.35E+06	4.71E+06	0.0148	4.81E+06	0.0297
17	3.22E+08	6.43E+06	4.77E+06	0.0148	4.87E+06	0.0297
16	3.27E+08	6.54E+06	4.85E+06	0.0148	4.95E+06	0.0297
15	3.35E+08	6.70E+06	4.97E+06	0.0148	5.07E+06	0.0297
14	3.39E+08	6.77E+06	5.03E+06	0.0148	5.13E+06	0.0297
13	3.4E+08	6.81E+06	5.05E+06	0.0148	5.15E+06	0.0297
12	3.58E+08	7.17E+06	5.32E+06	0.0148	5.42E+06	0.0297
11	3.62E+08	7.24E+06	5.37E+06	0.0148	5.48E+06	0.0297
10	3.67E+08	7.33E+06	5.44E+06	0.0148	5.55E+06	0.0297
9	3.68E+08	7.35E+06	5.46E+06	0.0148	5.56E+06	0.0297
8	3.78E+08	7.55E+06	5.60E+06	0.0148	5.72E+06	0.0297
7	3.84E+08	7.67E+06	5.69E+06	0.0148	5.81E+06	0.0297
6	3.97E+08	7.93E+06	5.89E+06	0.0148	6.00E+06	0.0297
5	4.04E+08	8.07E+06	5.99E+06	0.0148	6.11E+06	0.0297
4	4.11E+08	8.23E+06	6.11E+06	0.0148	6.23E+06	0.0297
3	4.24E+08	8.49E+06	6.30E+06	0.0148	6.43E+06	0.0297
2	4.53E+08	9.07E+06	6.73E+06	0.0148	6.87E+06	0.0297
1	5.19E+08	1.04E+07	1.06E+07	0.0204	1.08E+07	0.0408

2. 其他多高层结构附加粘滞阻尼的阻尼量计算

其余 3 种结构按照基于等效线性化理论计算结构附加粘滞阻尼的阻尼量的方法与 30 层结构的相同，所设定的目标层间位移角也相同，均为 1/150。在这里不再赘述，3 种结构计算出的阻尼量见表 13-17～表 13-19。

表 13-17　24 层结构附加粘滞阻尼的阻尼量

层 i	第 1 粘滞系数 C_{di}/(N·s/m)	第 2 粘滞系数 pC_{di}/(N·s/m)	溢流荷载 F_{dyi}/N	溢流速度 $\dot{u}_{dyi}$/(m/s)	最大荷载 $F_{di,max}$/N	最大速度 $\dot{u}_{di,max}$/(m/s)
24	8.33E+07	1.67E+06	1.45E+06	0.0174	1.48E+06	0.0347
23	1.43E+08	2.86E+06	2.48E+06	0.0174	2.53E+06	0.0347
22	1.77E+08	3.53E+06	3.07E+06	0.0174	3.13E+06	0.0347
21	1.98E+08	3.96E+06	3.44E+06	0.0174	3.51E+06	0.0347
20	2.13E+08	4.26E+06	3.70E+06	0.0174	3.77E+06	0.0347
19	2.24E+08	4.49E+06	3.90E+06	0.0174	3.97E+06	0.0347
18	2.42E+08	4.84E+06	4.21E+06	0.0174	4.29E+06	0.0347
17	2.51E+08	5.02E+06	4.36E+06	0.0174	4.45E+06	0.0347
16	2.57E+08	5.15E+06	4.47E+06	0.0174	4.56E+06	0.0347
15	2.62E+08	5.25E+06	4.56E+06	0.0174	4.65E+06	0.0347
14	2.64E+08	5.29E+06	4.59E+06	0.0174	4.69E+06	0.0347
13	2.72E+08	5.44E+06	4.73E+06	0.0174	4.82E+06	0.0347
12	2.78E+08	5.57E+06	4.84E+06	0.0174	4.93E+06	0.0347
11	2.84E+08	5.68E+06	4.93E+06	0.0174	5.03E+06	0.0347
10	2.87E+08	5.74E+06	4.98E+06	0.0174	5.08E+06	0.0347
9	2.92E+08	5.84E+06	5.07E+06	0.0174	5.17E+06	0.0347
8	2.93E+08	5.87E+06	5.10E+06	0.0174	5.20E+06	0.0347
7	3.02E+08	6.05E+06	5.25E+06	0.0174	5.36E+06	0.0347
6	3.12E+08	6.24E+06	5.42E+06	0.0174	5.53E+06	0.0347
5	3.17E+08	6.34E+06	5.50E+06	0.0174	5.61E+06	0.0347
4	3.23E+08	6.45E+06	5.60E+06	0.0174	5.71E+06	0.0347
3	3.31E+08	6.63E+06	5.75E+06	0.0174	5.87E+06	0.0347
2	3.49E+08	6.98E+06	6.06E+06	0.0174	6.18E+06	0.0347
1	3.83E+08	7.66E+06	9.15E+06	0.0239	9.34E+06	0.0478

表 13-18　18 层结构附加粘滞阻尼的阻尼量

层 i	第 1 粘滞系数 C_{di}/(N·s/m)	第 2 粘滞系数 pC_{di}/(N·s/m)	溢流荷载 F_{dyi}/N	溢流速度 $\dot{u}_{dyi}$/(m/s)	最大荷载 $F_{di,max}$/N	最大速度 $\dot{u}_{di,max}$/(m/s)
18	8.91E+07	1.78E+06	1.85E+06	0.0208	1.89E+06	0.0416
17	1.28E+08	2.56E+06	2.66E+06	0.0208	2.72E+06	0.0416
16	1.44E+08	2.89E+06	3.00E+06	0.0208	3.06E+06	0.0416
15	1.53E+08	3.06E+06	3.19E+06	0.0208	3.25E+06	0.0416
14	1.59E+08	3.18E+06	3.31E+06	0.0208	3.38E+06	0.0416
13	1.64E+08	3.28E+06	3.42E+06	0.0208	3.48E+06	0.0416
12	1.81E+08	3.62E+06	3.77E+06	0.0208	3.84E+06	0.0416
11	1.86E+08	3.71E+06	3.86E+06	0.0208	3.94E+06	0.0416
10	1.88E+08	3.77E+06	3.92E+06	0.0208	4.00E+06	0.0416
9	1.90E+08	3.81E+06	3.96E+06	0.0208	4.04E+06	0.0416
8	1.91E+08	3.83E+06	3.98E+06	0.0208	4.06E+06	0.0416
7	1.95E+08	3.90E+06	4.06E+06	0.0208	4.14E+06	0.0416

（续）

层 i	第 1 粘滞系数 C_{di}/(N·s/m)	第 2 粘滞系数 pC_{di}/(N·s/m)	溢流荷载 F_{dyi}/N	溢流速度 $\dot{u}_{dyi}$/(m/s)	最大荷载 $F_{di,max}$/N	最大速度 $\dot{u}_{di,max}$/(m/s)
6	2.08E+08	4.16E+06	4.32E+06	0.0208	4.41E+06	0.0416
5	2.11E+08	4.22E+06	4.39E+06	0.0208	4.48E+06	0.0416
4	2.13E+08	4.27E+06	4.44E+06	0.0208	4.53E+06	0.0416
3	2.17E+08	4.34E+06	4.52E+06	0.0208	4.61E+06	0.0416
2	2.24E+08	4.48E+06	4.66E+06	0.0208	4.75E+06	0.0416
1	2.32E+08	4.64E+06	6.64E+06	0.0286	6.77E+06	0.0572

表 13-19　12 层结构附加粘滞阻尼的阻尼量

层 i	第 1 粘滞系数 C_{di}/(N·s/m)	第 2 粘滞系数 pC_{di}/(N·s/m)	溢流荷载 F_{dyi}/N	溢流速度 $\dot{u}_{dyi}$/(m/s)	最大荷载 $F_{di,max}$/N	最大速度 $\dot{u}_{di,max}$/(m/s)
12	6.30E+07	1.26E+06	1.70E+06	0.0270	1.74E+06	0.0541
11	7.79E+07	1.56E+06	2.11E+06	0.0270	2.15E+06	0.0541
10	8.17E+07	1.63E+06	2.21E+06	0.0270	2.25E+06	0.0541
9	8.39E+07	1.68E+06	2.27E+06	0.0270	2.31E+06	0.0541
8	9.29E+07	1.86E+06	2.51E+06	0.0270	2.56E+06	0.0541
7	9.50E+07	1.90E+06	2.57E+06	0.0270	2.62E+06	0.0541
6	9.62E+07	1.92E+06	2.60E+06	0.0270	2.65E+06	0.0541
5	9.76E+07	1.95E+06	2.64E+06	0.0270	2.69E+06	0.0541
4	1.03E+08	2.06E+06	2.78E+06	0.0270	2.84E+06	0.0541
3	1.07E+08	2.13E+06	2.88E+06	0.0270	2.94E+06	0.0541
2	1.19E+08	2.38E+06	3.21E+06	0.0270	3.28E+06	0.0541
1	1.79E+08	3.58E+06	6.65E+06	0.0372	6.79E+06	0.0743

13.7　同时附加金属阻尼和粘滞阻尼的消能减震结构设计方法

1. 同时附加两种阻尼器的合理性

利用上述三条人工地震波对原结构进行地震反应弹塑性时程分析，得到如图 13.12 所示最大层间位移分布。从图中可以看出，结构下部层数的层间位移较大，结构上部层数的层间位移较小，结构的层间位移从结构层数的一半处开始减小，至结构顶层达到最小。

为了更清楚地看到结构层间位移从结构层数的一半处开始减小，这里将 30 层、24 层、18 层、12 层这 4 种高层结构在 3 种地震波作用下的层间位移以及相邻层层间位移差值以表格的形式列出。

30 层结构的层间位移及其相邻层层间位移差值见表 13-20。从表中可知，在 bcj 波的作用下，结构的层间位移值从第 16 层开始逐渐减小；在 kobe 波的作用下，结构的层间位移从第 14 层开始逐渐减小；在 el 波的作用下，从相邻层间位移差值的数据中可以看到，结构的层间位移从第 14 层开始减小。

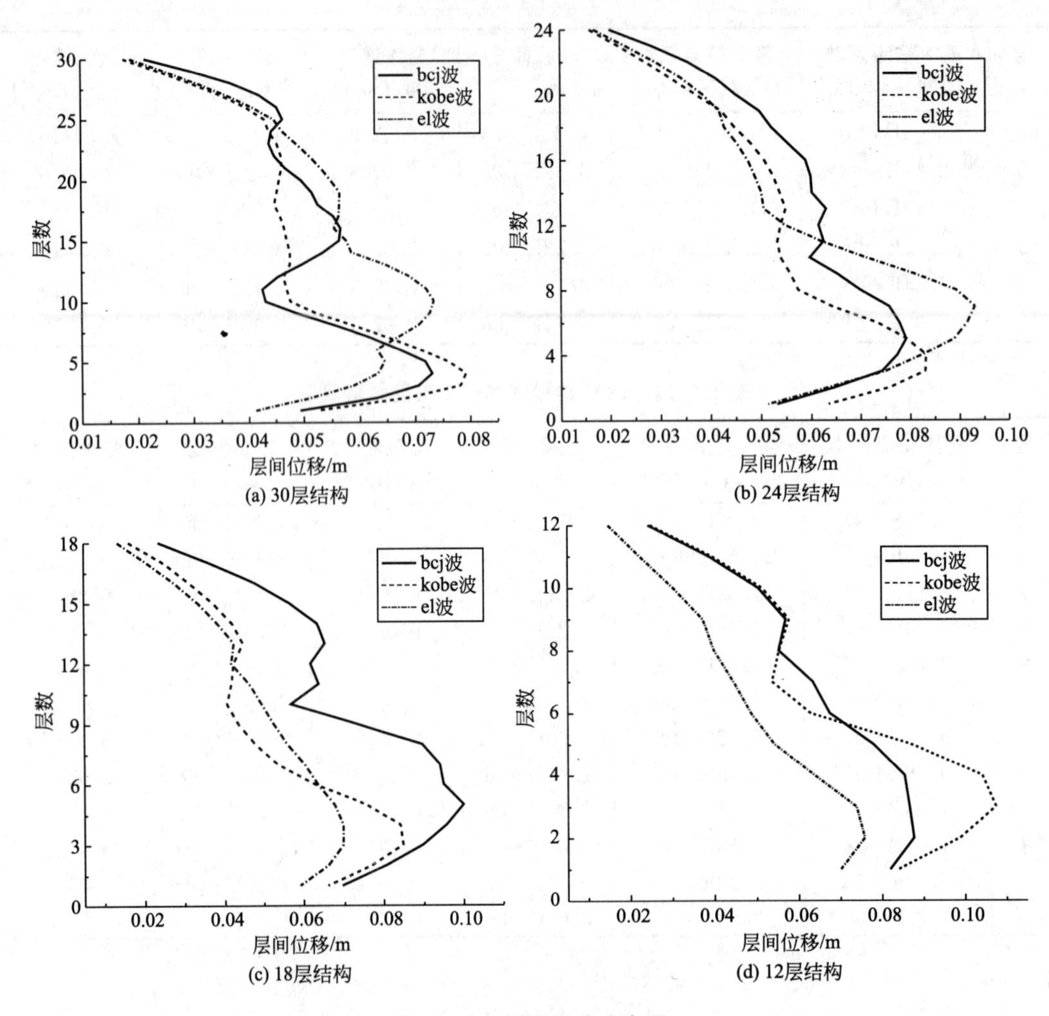

图 13.12 层间位移分布图

表 13-20 30 层结构的层间位移及相邻层层间位移差值 单位：m

层数	层间位移（bcj 波）	相邻层层间位移差值（bcj 波）	层间位移（kobe 波）	相邻层层间位移差值（kobe 波）	层间位移（el 波）	相邻层层间位移差值（el 波）
30	0.0214	0.0083	0.0176	0.0062	0.0188	0.0061
29	0.0296	0.0072	0.0238	0.0059	0.0249	0.0057
28	0.0368	0.0053	0.0297	0.0053	0.0307	0.0054
27	0.0421	0.0032	0.0351	0.0045	0.0361	0.0048
26	0.0453	0.0011	0.0396	0.0035	0.0408	0.0040
25	0.0465	—0.0021	0.0431	0.0008	0.0448	0.0016
24	0.0444	—0.0005	0.0439	0.0014	0.0464	0.0024
23	0.0439	0.0010	0.0454	0.0008	0.0488	0.0023
22	0.0449	0.0020	0.0462	0.0001	0.0511	0.0020
21	0.0469	0.0028	0.0462	—0.0005	0.0532	0.0017

（续）

层数	层间位移（bcj 波）	相邻层层间位移差值（bcj 波）	层间位移（kobe 波）	相邻层层间位移差值（kobe 波）	层间位移（el 波）	相邻层层间位移差值（el 波）
20	0.0497	0.0019	0.0458	—0.0004	0.0549	0.0016
19	0.0516	0.0010	0.0453	—0.0004	0.0565	—0.0001
18	0.0526	0.0027	0.0449	0.0011	0.0564	—0.0001
17	0.0553	0.0013	0.0460	0.0007	0.0563	—0.0008
16	0.0566	—0.0003	0.0467	0.0005	0.0555	0.0021
15	0.0563	—0.0029	0.0471	0.0005	0.0576	0.0009
14	0.0534	—0.0038	0.0476	0.0000	0.0585	0.0062
13	0.0496	—0.0043	0.0476	—0.0012	0.0647	0.0044
12	0.0454	—0.0027	0.0465	0.0006	0.0691	0.0029
11	0.0426	0.0006	0.0470	0.0006	0.0720	0.0014
10	0.0432	0.0059	0.0477	0.0047	0.0734	—0.0007
9	0.0491	0.0066	0.0524	0.0065	0.0727	—0.0021
8	0.0557	0.0062	0.0589	0.0062	0.0706	—0.0037
7	0.0619	0.0052	0.0651	0.0056	0.0669	—0.0037
6	0.0671	0.0047	0.0707	0.0051	0.0632	0.0014
5	0.0718	0.0013	0.0758	0.0033	0.0646	—0.0012
4	0.0730	—0.0025	0.0792	—0.0010	0.0633	—0.0047
3	0.0706	—0.0074	0.0782	—0.0097	0.0586	—0.0076
2	0.0632	—0.0138	0.0685	—0.0161	0.0510	—0.0099
1	0.0494	0.0494	0.0524	0.0524	0.0411	0.0411

24 层结构的层间位移及其相邻层层间位移差值见表 13－21。从表中可知，在 bcj 波的作用下，结构的层间位移值从第 13 层开始逐渐减小；在 kobe 波的作用下，结构的层间位移从第 13 层开始逐渐减小；在 el 波的作用下，从相邻层间位移差值的数据中可以看到，结构的层间位移从第 12 层开始减小。

表 13－21 24 层结构层间位移及相邻层层间位移差值 单位：m

层数	层间位移（bcj 波）	相邻层层间位移差值（bcj 波）	层间位移（kobe 波）	相邻层层间位移差值（kobe 波）	层间位移（el 波）	相邻层层间位移差值（el 波）
24	0.0200	0.0083	0.0160	0.0057	0.0169	0.0063
23	0.0283	0.0073	0.0218	0.0054	0.0232	0.0060
22	0.0356	0.0056	0.0272	0.0050	0.0292	0.0052
21	0.0412	0.0039	0.0322	0.0050	0.0343	0.0042
20	0.0451	0.0047	0.0372	0.0051	0.0386	0.0033
19	0.0498	0.0023	0.0423	0.0026	0.0418	0.001
18	0.0522	0.0033	0.0449	0.0033	0.0428	0.0025
17	0.0555	0.0035	0.0482	0.0026	0.0454	0.0021
16	0.0590	0.0010	0.0508	0.0018	0.0474	0.0015
15	0.0600	0.0002	0.0526	0.0013	0.0489	0.0013

（续）

层数	层间位移（bcj 波）	相邻层层间位移差值（bcj 波）	层间位移（kobe 波）	相邻层层间位移差值（kobe 波）	层间位移（el 波）	相邻层层间位移差值（el 波）
14	0.0602	0.0029	0.0539	0.0011	0.0502	0.0005
13	0.0631	−0.0016	0.0550	−0.0010	0.0507	0.0041
12	0.0615	0.0011	0.0540	−0.0007	0.0548	0.0073
11	0.0626	−0.0028	0.0533	0.0006	0.0621	0.0089
10	0.0598	0.0055	0.0539	0.0019	0.0710	0.0098
9	0.0653	0.0047	0.0559	0.0016	0.0808	0.0085
8	0.0700	0.0058	0.0575	0.0069	0.0893	0.0038
7	0.0758	0.0021	0.0643	0.0091	0.0931	−0.0016
6	0.0778	0.0013	0.0734	0.0059	0.0915	−0.0026
5	0.0792	−0.0018	0.0793	0.0038	0.0889	−0.0065
4	0.0774	−0.0031	0.0832	−0.0002	0.0824	−0.0075
3	0.0743	−0.0097	0.0830	−0.0073	0.0750	−0.0118
2	0.0645	−0.0114	0.0757	−0.0123	0.0632	−0.0119
1	0.0532	0.0532	0.0635	0.0635	0.0514	0.0514

18 层结构的层间位移及其相邻层层间位移差值见表 13 - 22。从相邻层间位移差值的数据中可以看出，在 bcj 波的作用下，结构的层间位移值从第 10 层开始逐渐减小；在 kobe 波的作用下，结构的层间位移从第 8 层开始逐渐减小；在 el 波的作用下，可以看到，结构的层间位移从第 8 层开始减小。

表 13 - 22　18 层结构层间位移及相邻层层间位移差值　　单位：m

层数	层间位移（bcj 波）	相邻层层间位移差值（bcj 波）	层间位移（kobe 波）	相邻层层间位移差值（kobe 波）	层间位移（el 波）	相邻层层间位移差值（el 波）
18	0.0236	0.0127	0.0162	0.0086	0.0134	0.0073
17	0.0362	0.0116	0.0248	0.0065	0.0207	0.0069
16	0.0478	0.0088	0.0313	0.0059	0.0275	0.0059
15	0.0567	0.0067	0.0372	0.0048	0.0335	0.0048
14	0.0634	0.0019	0.0420	0.0027	0.0383	0.0041
13	0.0653	−0.0035	0.0447	−0.0024	0.0424	−0.0006
12	0.0618	0.0020	0.0423	−0.0005	0.0417	0.0046
11	0.0638	−0.0068	0.0418	−0.0012	0.0464	0.0032
10	0.0570	0.0165	0.0406	0.0029	0.0496	0.0031
9	0.0735	0.0161	0.0435	0.0044	0.0527	0.0034
8	0.0896	0.0044	0.0479	0.0057	0.0561	0.0042
7	0.0940	0.0010	0.0537	0.0092	0.0603	0.0032
6	0.0949	0.0050	0.0629	0.0126	0.0635	0.0040
5	0.1000	−0.0043	0.0755	0.0086	0.0675	0.0022

（续）

层数	层间位移（bcj 波）	相邻层层间位移差值（bcj 波）	层间位移（kobe 波）	相邻层层间位移差值（kobe 波）	层间位移（el 波）	相邻层层间位移差值（el 波）
4	0.0957	−0.0060	0.0841	0.0007	0.0697	0.0000
3	0.0897	−0.0090	0.0848	−0.0078	0.0697	−0.0037
2	0.0806	−0.0112	0.0770	−0.0112	0.0660	−0.0069
1	0.0694	0.0694	0.0659	0.0659	0.0591	0.0591

12 层结构的层间位移及其相邻层层间位移差值见表 13－23。从相邻层间位移差值的数据中可以看出，在 bcj 波的作用下，结构的层间位移值从第 6 层开始逐渐减小；在 kobe 波的作用下，结构的层间位移从第 6 层开始逐渐减小；在 el 波的作用下，可以看到，结构的层间位移从第 6 层开始减小。

表 13－23 12 层结构层间位移及相邻层层间位移差值 单位：m

层数	层间位移（bcj 波）	相邻层层间位移差值（bcj 波）	层间位移（kobe 波）	相邻层层间位移差值（kobe 波）	层间位移（el 波）	相邻层层间位移差值（el 波）
12	0.0243	0.0144	0.0248	0.0147	0.0148	0.0075
11	0.0387	0.0117	0.0395	0.0118	0.0223	0.0079
10	0.0504	0.0065	0.0513	0.0064	0.0302	0.0070
9	0.0569	−0.0017	0.0577	−0.0024	0.0373	0.0027
8	0.0552	0.0081	0.0553	−0.0016	0.0399	0.0046
7	0.0634	0.0041	0.0537	0.0091	0.0445	0.0042
6	0.0674	0.0105	0.0628	0.0243	0.0487	0.0056
5	0.0780	0.0075	0.0871	0.0170	0.0543	0.0095
4	0.0854	0.0012	0.1041	0.0032	0.0638	0.0100
3	0.0866	0.0011	0.1074	−0.0086	0.0738	0.0020
2	0.0876	−0.0058	0.0987	−0.0149	0.0758	−0.0058
1	0.0819	0.0819	0.0839	0.0839	0.0700	0.0700

从表 13－20～表 13－23 中可以看出，在 3 种地震波作用下，30 层层间位移分别从第 16、第 14、第 14 层开始逐渐减小；24 层层间位移分别从第 13、第 13、第 12 层开始逐渐减小；18 层层间位移分别从第 10、第 8、第 8 层开始逐渐减小；12 层层间位移分别从第 6、第 6、第 6 层开始逐渐减小。经过综合分析，可知 4 种多高层结构约在结构层数的一半处其层间位移开始逐渐减小，而在结构层数的一半以下(即结构的下半部)的层间位移相对较大，故可以在结构层数的一半以下安装位移相关型阻尼器，书中所选的位移相关型阻尼器为金属阻尼器。

这里原结构定义为结构－0，仅仅只在结构楼层下部安装金属阻尼器的结构定义为结构－1。将仅附加金属阻尼器的结构称为结构－2，仅附加粘滞阻尼器的结构称为结构－3。对结构－0 和结构－1 进行地震反应时程分析，得到如图 13.12～图 13.15 所示的 30 层、24 层、18 层、12 层 4 种多高层结构的最大层间速度分布。

图 13.13 表示 30 层结构中结构－0、结构－1 在 3 种地震波作用下的最大层间速度分

布。由图中可以看出，下部结构附加金属阻尼器后，上部楼层的层间速度相对下部楼层的层间速度大。

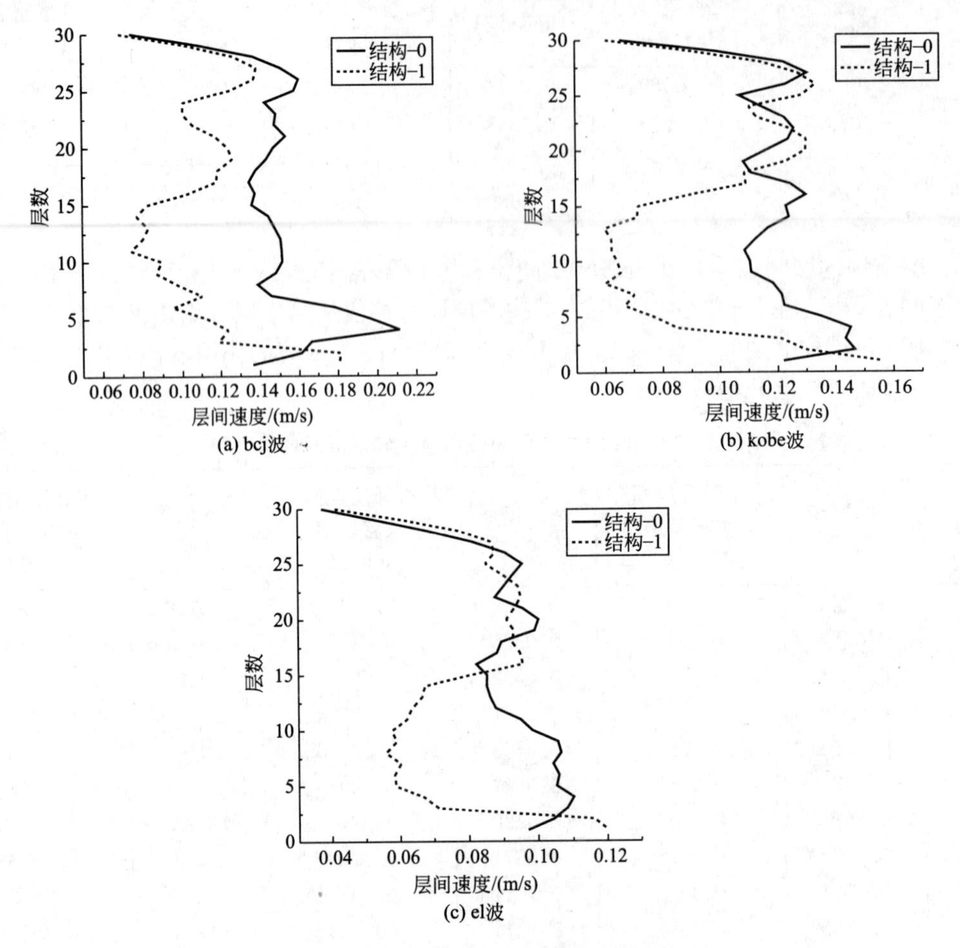

图 13.13　30 层结构层间速度分布图

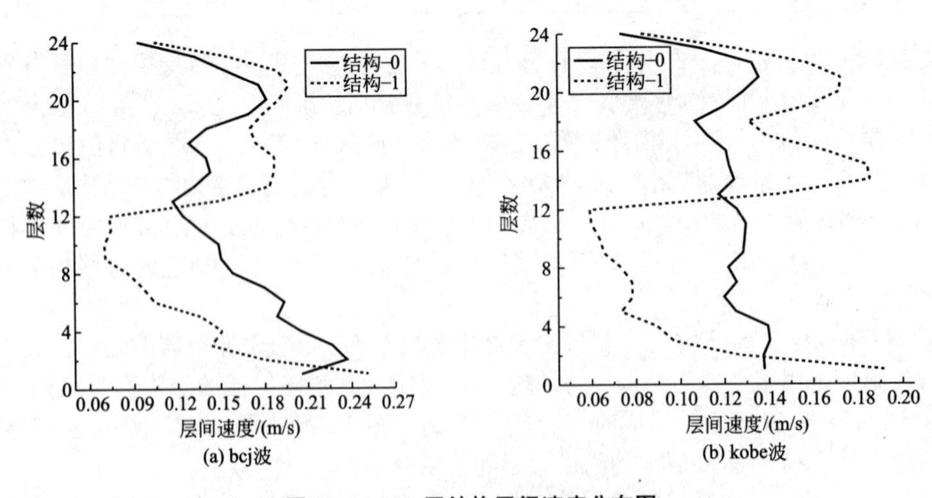

图 13.14　24 层结构层间速度分布图

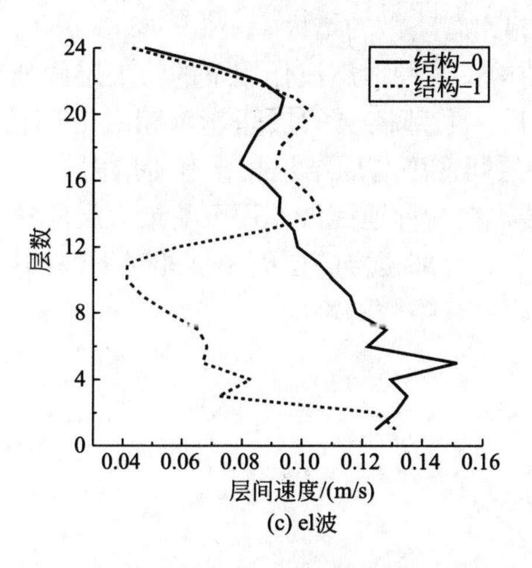

图 13.14　24 层结构层间速度分布图(续)

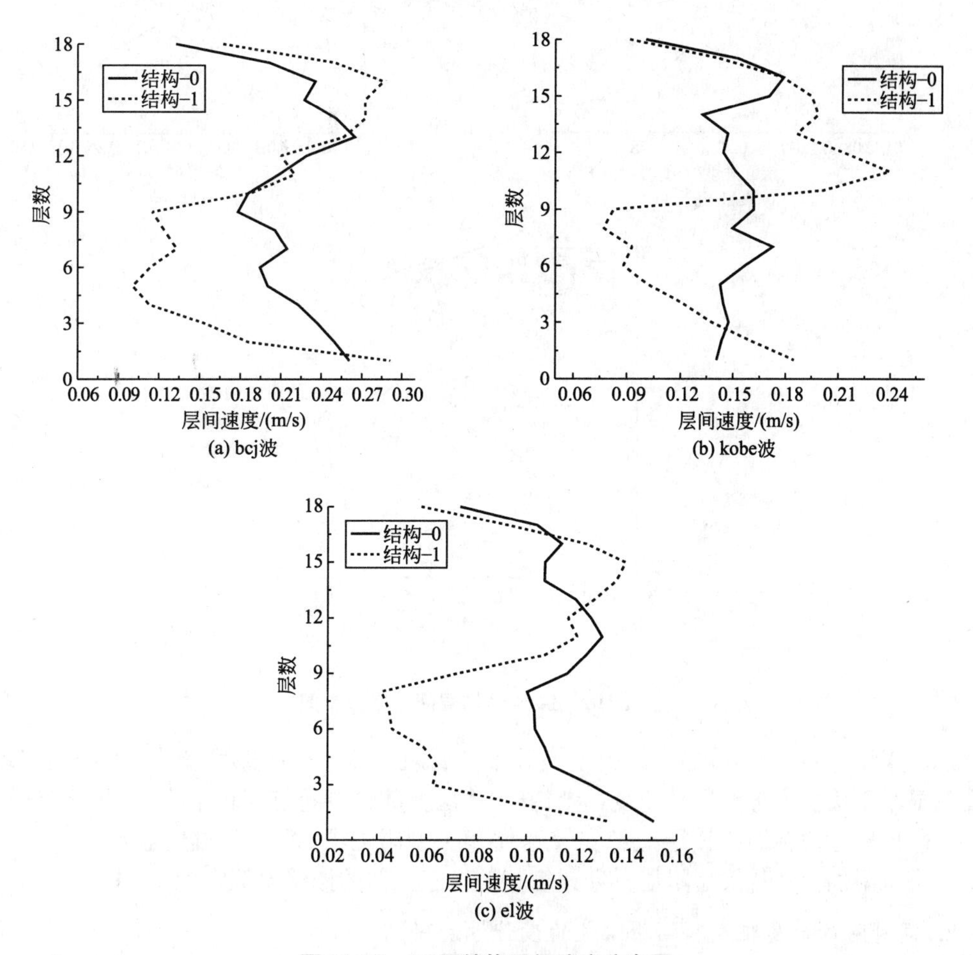

图 13.15　18 层结构层间速度分布图

图 13.14 表示 24 层结构在 3 种地震波作用下的最大层间速度分布。由图中可以看出，下部结构附加金属阻尼器后，上部楼层的层间速度相对下部楼层的层间速度大，而且上部

结构的层间速度与原结构相比有略微的增大。

图 13.15 表示 18 层结构在 3 种地震波作用下的最大层间速度分布。由图中可以看出，下部结构附加金属阻尼器后，上部楼层的层间速度相对下部楼层的层间速度大，而且在 kobe 波作用下上部结构的层间速度与原结构相比有所增大。

图 13.16 表示 12 层结构在 3 种地震波作用下的最大层间速度分布。由图中可以看出，下部结构附加金属阻尼器后，上部楼层的层间速度相对下部楼层的层间速度大，而且上部结构的层间速度与原结构相比有略微的增大。

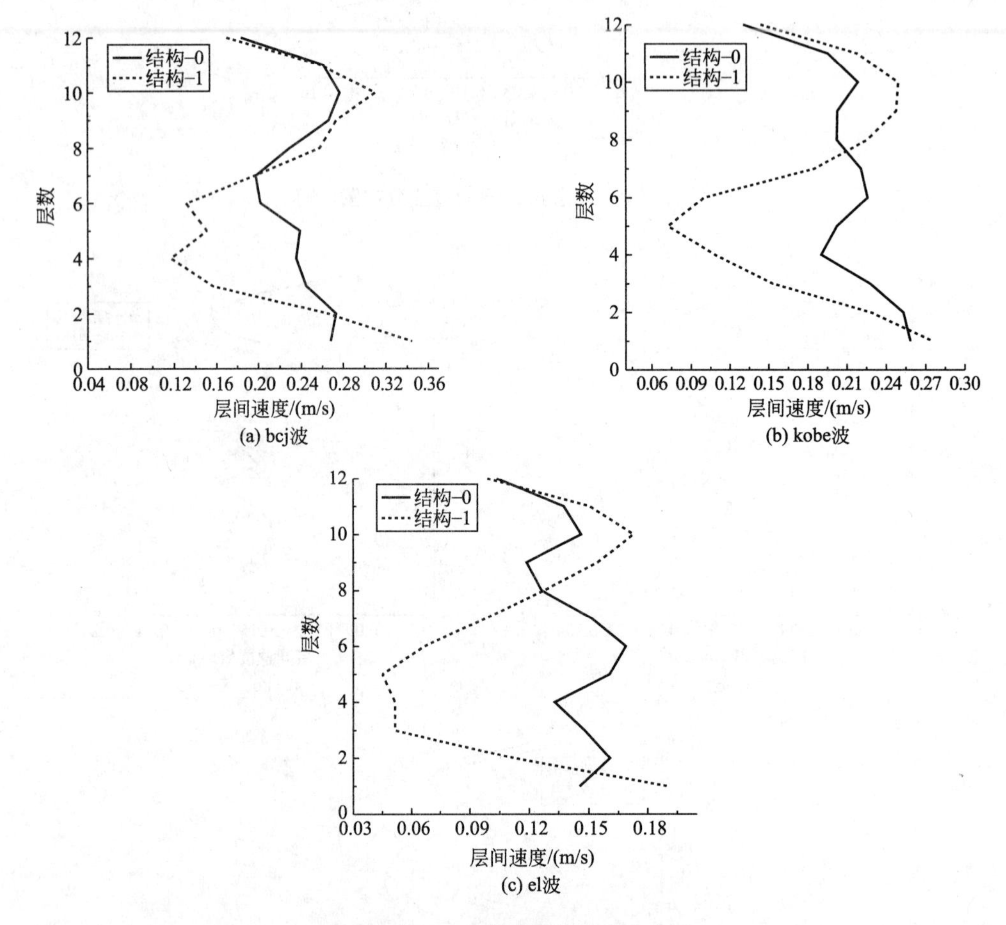

图 13.16　12 层结构层间速度分布图

总的来说，结构-1 楼层下部由于安装了金属阻尼器，层间速度变小，楼层下部层间速度明显小于楼层上部的层间速度，结构-1 楼层上部的层间速度较结构-0 相比有增大的趋势，故可以考虑在结构楼层上部安装速度相关型阻尼器(即粘滞阻尼器)。通过以上分析，本书将附加位移相关型阻尼器和速度相关型阻尼器的楼层比例定为 1∶1。

2. 同时附加金属阻尼和粘滞阻尼的设计方法研究

第 12 章讨论了同时附加金属阻尼和粘滞阻尼的合理性，并确定了结构附加金属阻尼和粘滞阻尼的层比例，如需研究同时附加金属阻尼和粘滞阻尼的消能减震结构设计方法，除了需要确定层比例外，还需确定附加金属阻尼和粘滞阻尼的阻尼量。基于上面的研究，利用两种思路来讨论同时附加金属阻尼和粘滞阻尼的钢框架结构的设计方法。

1) 替代叠加法(方法一)

将结构-1作为原结构，再按照基于等效线性化理论的消能减震结构设计方法对结构-1进行粘滞阻尼设计，计算出的上部楼层附加粘滞阻尼的阻尼量为上部楼层所需附加的粘滞阻尼的阻尼量，其下部结构附加金属阻尼的阻尼量为仅附加金属阻尼时计算出来的对应楼层的阻尼量，将这种同时附加金属和粘滞阻尼的消能减震的设计方法称为“替代叠加法”。下部结构附加粘滞阻尼的阻尼量见表13-24～表13-27，上部附加粘滞阻尼的阻尼量见表13-28～表13-31。

表 13-24　30 层下部结构附加金属阻尼的阻尼量

层 i	阻尼器屈服位移 $\mu_{ay,i}$/m	阻尼器弹性刚度 K_{ai}/(N/m)	阻尼器屈服强度 $F_{ay,i}$/N
15	0.0067	1.61E+09	1.08E+07
14	0.0067	1.70E+09	1.13E+07
13	0.0067	1.79E+09	1.19E+07
12	0.0067	1.77E+09	1.18E+07
11	0.0067	1.84E+09	1.22E+07
10	0.0067	1.88E+09	1.26E+07
9	0.0067	1.95E+09	1.30E+07
8	0.0067	1.95E+09	1.30E+07
7	0.0067	1.97E+09	1.31E+07
6	0.0067	1.94E+09	1.29E+07
5	0.0067	1.94E+09	1.29E+07
4	0.0067	1.93E+09	1.28E+07
3	0.0067	1.88E+09	1.25E+07
2	0.0067	1.72E+09	1.15E+07
1	0.0092	1.54E+08	1.42E+06

表 13-25　24 层下部结构附加金属阻尼的阻尼量

层 i	附加系统屈服位移 $\mu_{ay,i}$/m	附加系统弹性刚度 K_{ai}/(N/m)	附加系统屈服强度 $F_{ay,i}$/N
12	0.0067	1.54E+09	1.02E+07
11	0.0067	1.62E+09	1.08E+07
10	0.0067	1.72E+09	1.15E+07
9	0.0067	1.79E+09	1.19E+07
8	0.0067	1.87E+09	1.24E+07
7	0.0067	1.89E+09	1.26E+07
6	0.0067	1.89E+09	1.26E+07
5	0.0067	1.91E+09	1.28E+07
4	0.0067	1.92E+09	1.28E+07
3	0.0067	1.9E+09	1.27E+07
2	0.0067	1.8E+09	1.20E+07
1	0.0092	4.17E+08	3.82E+06

表 13-26　18 层下部结构附加金属阻尼的阻尼量

层 i	附加系统屈服位移 $\mu_{ay,i}$/m	附加系统弹性刚度 K_{ai}/(N/m)	附加系统屈服强度 $F_{ay,i}$/N
9	0.0089	1.25E+09	1.11E+07
8	0.0089	1.36E+09	1.21E+07
7	0.0089	1.43E+09	1.28E+07
6	0.0089	1.44E+09	1.28E+07
5	0.0089	1.49E+09	1.33E+07
4	0.0089	1.53E+09	1.37E+07
3	0.0089	1.55E+09	1.39E+07
2	0.0089	1.54E+09	1.38E+07
1	0.0123	6.83E+08	8.39E+06

表 13-27　12 层下部结构附加金属阻尼的阻尼量

层 i	附加系统屈服位移 $\mu_{ay,i}$/m	附加系统弹性刚度 K_{ai}/(N/m)	附加系统屈服强度 $F_{ay,i}$/N
6	0.0067	1.16E+09	7.71E+06
5	0.0067	1.30E+09	8.64E+06
4	0.0067	1.35E+09	8.99E+06
3	0.0067	1.39E+09	9.28E+06
2	0.0067	1.28E+09	8.56E+06
1	0	0	0

表 13-28　30 层上部结构附加粘滞阻尼的阻尼量

层 i	第 1 粘滞系数 C_{di}/(N·s/m)	第 2 粘滞系数 pC_{di}/(N·s/m)	溢流荷载 F_{dyi}/N	溢流速度 $\dot{u}_{dyi}$/(m/s)	最大荷载 $F_{di,max}$/N	最大速度 $\dot{u}_{di,max}$/(m/s)
30	1.72E+07	3.43E+05	3.47E+05	0.0202	3.53E+05	0.0404
29	2.30E+07	4.59E+05	4.64E+05	0.0202	4.73E+05	0.0404
28	2.89E+07	5.77E+05	5.83E+05	0.0202	5.95E+05	0.0404
27	3.29E+07	6.59E+05	6.65E+05	0.0202	6.79E+05	0.0404
26	3.60E+07	7.19E+05	7.26E+05	0.0202	7.41E+05	0.0404
25	3.83E+07	7.66E+05	7.73E+05	0.0202	7.89E+05	0.0404
24	4.17E+07	8.33E+05	8.42E+05	0.0202	8.58E+05	0.0404
23	4.35E+07	8.70E+05	8.79E+05	0.0202	8.96E+05	0.0404
22	4.50E+07	8.99E+05	9.08E+05	0.0202	9.26E+05	0.0404
21	4.62E+07	9.24E+05	9.33E+05	0.0202	9.52E+05	0.0404
20	4.73E+07	9.46E+05	9.55E+05	0.0202	9.74E+05	0.0404
19	4.83E+07	9.66E+05	9.75E+05	0.0202	9.95E+05	0.0404
18	5.03E+07	1.01E+06	1.02E+06	0.0202	1.04E+06	0.0404
17	5.10E+07	1.02E+06	1.03E+06	0.0202	1.05E+06	0.0404
16	5.18E+07	1.04E+06	1.05E+06	0.0202	1.07E+06	0.0404

表 13-29　24 层上部结构附加粘滞阻尼的阻尼量

层 i	第 1 粘滞系数 C_{di}/(N·s/m)	第 2 粘滞系数 pC_{di}/(N·s/m)	溢流荷载 F_{dyi}/N	溢流速度 $\dot{u}_{dyi}$/(m/s)	最大荷载 $F_{di,max}$/N	最大速度 $\dot{u}_{di,max}$/(m/s)
24	6.76E+06	1.35E+05	1.66E+05	0.0246	1.70E+05	0.0492
23	1.16E+07	2.32E+05	2.85E+05	0.0246	2.91E+05	0.0492
22	1.43E+07	2.87E+05	3.53E+05	0.0246	3.60E+05	0.0492
21	1.61E+07	3.21E+05	3.95E+05	0.0246	4.03E+05	0.0492
20	1.73E+07	3.45E+05	4.25E+05	0.0246	4.34E+05	0.0492
19	1.82E+07	3.64E+05	4.48E+05	0.0246	4.57E+05	0.0492
18	1.96E+07	3.93E+05	4.84E+05	0.0246	4.93E+05	0.0492
17	2.04E+07	4.07E+05	5.01E+05	0.0246	5.11E+05	0.0492
16	2.09E+07	4.18E+05	5.14E+05	0.0246	5.25E+05	0.0492
15	2.13E+07	4.26E+05	5.24E+05	0.0246	5.35E+05	0.0492
14	2.15E+07	4.29E+05	5.28E+05	0.0246	5.39E+05	0.0492
13	2.21E+07	4.42E+05	5.44E+05	0.0246	5.54E+05	0.0492

表 13-30　18 层上部结构附加粘滞阻尼的阻尼量

层 i	第 1 粘滞系数 C_{di}/(N·s/m)	第 2 粘滞系数 pC_{di}/(N·s/m)	溢流荷载 F_{dyi}/N	溢流速度 $\dot{u}_{dyi}$/(m/s)	最大荷载 $F_{di,max}$/N	最大速度 $\dot{u}_{di,max}$/(m/s)
18	4.67E+06	9.33E+04	1.38E+05	0.0296	1.41E+05	0.0593
17	6.71E+06	1.34E+05	1.99E+05	0.0296	2.03E+05	0.0593
16	7.56E+06	1.51E+05	2.24E+05	0.0296	2.29E+05	0.0593
15	8.03E+06	1.61E+05	2.38E+05	0.0296	2.43E+05	0.0593
14	8.33E+06	1.67E+05	2.47E+05	0.0296	2.52E+05	0.0593
13	8.60E+06	1.72E+05	2.55E+05	0.0296	2.60E+05	0.0593
12	9.49E+06	1.90E+05	2.81E+05	0.0296	2.87E+05	0.0593
11	9.72E+06	1.94E+05	2.88E+05	0.0296	2.94E+05	0.0593
10	9.87E+06	1.97E+05	2.93E+05	0.0296	2.98E+05	0.0593

表 13-31　12 层上部结构附加粘滞阻尼的阻尼量

层 i	第 1 粘滞系数 C_{di}/(N·s/m)	第 2 粘滞系数 pC_{di}/(N·s/m)	溢流荷载 F_{dyi}/N	溢流速度 $\dot{u}_{dyi}$/(m/s)	最大荷载 $F_{di,max}$/N	最大速度 $\dot{u}_{di,max}$/(m/s)
12	5.58E+05	1.12E+04	2.33E+04	0.0417	2.37E+04	0.0834
11	6.90E+05	1.38E+04	2.87E+04	0.0417	2.93E+04	0.0834
10	7.24E+05	1.45E+04	3.02E+04	0.0417	3.08E+04	0.0834
9	7.43E+05	1.49E+04	3.10E+04	0.0417	3.16E+04	0.0834
8	8.23E+05	1.65E+04	3.43E+04	0.0417	3.50E+04	0.0834
7	8.41E+05	1.68E+04	3.51E+04	0.0417	3.58E+04	0.0834

2) 叠加法(方法二)

据第 13.7.1 节中同时附加金属阻尼和粘滞阻尼的可行性研究中可知，下部结构附加金属阻尼器，上部结构附加粘滞阻尼器，附加两种阻尼器的层比例为 1∶1。该设计方法的这一步骤与方法一相同，唯一不同的是附加阻尼的阻尼量的确定方法。方法二中的阻尼量的确定是将结构-2 所计算附加金属阻尼器的阻尼量和结构-3 所计算附加粘滞阻尼器的阻尼量按照所计算的层比例组合，将该方法称为“组合叠加法”。将该方法计算出结构同时附加金属阻尼和粘滞阻尼的结构简称为结构-4。下部结构附加金属的阻尼量与方法一中附加金属阻尼器的阻尼量相同，具体见表 13-24～表 13-27，上部结构附加粘滞阻尼的阻尼量与仅附加粘滞阻尼结构上部对应层的粘滞阻尼量相同，具体见表 13-32～表 13-35。

表 13-32　30 层上部结构附加粘滞阻尼的阻尼量

层 i	第 1 粘滞系数 C_{di}/(N·s/m)	第 2 粘滞系数 pC_{di}/(N·s/m)	溢流荷载 F_{dyi}/N	溢流速度 $\dot{u}_{dyi}$/(m/s)	最大荷载 $F_{di,max}$/N	最大速度 $\dot{u}_{di,max}$/(m/s)
30	1.08E+08	2.16E+06	1.61E+06	0.0148	1.64E+06	0.0297
29	1.45E+08	2.90E+06	2.15E+06	0.0148	2.19E+06	0.0297
28	1.82E+08	3.64E+06	2.70E+06	0.0148	2.76E+06	0.0297
27	2.08E+08	4.16E+06	3.08E+06	0.0148	3.15E+06	0.0297
26	2.27E+08	4.54E+06	3.37E+06	0.0148	3.43E+06	0.0297
25	2.42E+08	4.83E+06	3.59E+06	0.0148	3.66E+06	0.0297
24	2.63E+08	5.26E+06	3.90E+06	0.0148	3.98E+06	0.0297
23	2.74E+08	5.49E+06	4.07E+06	0.0148	4.16E+06	0.0297
22	2.84E+08	5.67E+06	4.21E+06	0.0148	4.29E+06	0.0297
21	2.92E+08	5.83E+06	4.33E+06	0.0148	4.41E+06	0.0297
20	2.98E+08	5.97E+06	4.43E+06	0.0148	4.52E+06	0.0297
19	3.05E+08	6.09E+06	4.52E+06	0.0148	4.61E+06	0.0297
18	3.17E+08	6.35E+06	4.71E+06	0.0148	4.81E+06	0.0297
17	3.22E+08	6.43E+06	4.77E+06	0.0148	4.87E+06	0.0297
16	3.27E+08	6.54E+06	4.85E+06	0.0148	4.95E+06	0.0297

表 13-33　24 层上部结构附加粘滞阻尼的阻尼量

层 i	第 1 粘滞系数 C_{di}/(N·s/m)	第 2 粘滞系数 pC_{di}/(N·s/m)	溢流荷载 F_{dyi}/N	溢流速度 $\dot{u}_{dyi}$/(m/s)	最大荷载 $F_{di,max}$/N	最大速度 $\dot{u}_{di,max}$/(m/s)
24	8.33E+07	1.67E+06	1.45E+06	0.0174	1.48E+06	0.0347
23	1.43E+08	2.86E+06	2.48E+06	0.0174	2.53E+06	0.0347
22	1.77E+08	3.53E+06	3.07E+06	0.0174	3.13E+06	0.0347
21	1.98E+08	3.96E+06	3.44E+06	0.0174	3.51E+06	0.0347
20	2.13E+08	4.26E+06	3.70E+06	0.0174	3.77E+06	0.0347
19	2.24E+08	4.49E+06	3.90E+06	0.0174	3.97E+06	0.0347
18	2.42E+08	4.84E+06	4.21E+06	0.0174	4.29E+06	0.0347
17	2.51E+08	5.02E+06	4.36E+06	0.0174	4.45E+06	0.0347

（续）

层 i	第 1 粘滞系数 C_{di}/(N·s/m)	第 2 粘滞系数 pC_{di}/(N·s/m)	溢流荷载 F_{dyi}/N	溢流速度 $\dot{u}_{dyi}$/(m/s)	最大荷载 $F_{di,max}$/N	最大速度 $\dot{u}_{di,max}$/(m/s)
16	2.57E+08	5.15E+06	4.47E+06	0.0174	4.56E+06	0.0347
15	2.62E+08	5.25E+06	4.56E+06	0.0174	4.65E+06	0.0347
14	2.64E+08	5.29E+06	4.59E+06	0.0174	4.69E+06	0.0347
13	2.72E+08	5.44E+06	4.73E+06	0.0174	4.82E+06	0.0347

表 13-34　18 层上部结构附加粘滞阻尼的阻尼量

层 i	第 1 粘滞系数 C_{di}/(N·s/m)	第 2 粘滞系数 pC_{di}/(N·s/m)	溢流荷载 F_{dyi}/N	溢流速度 $\dot{u}_{dyi}$/(m/s)	最大荷载 $F_{di,max}$/N	最大速度 $\dot{u}_{di,max}$/(m/s)
18	8.91E+07	1.78E+06	1.85E+06	0.0208	1.89E+06	0.0416
17	1.28E+08	2.56E+06	2.66E+06	0.0208	2.72E+06	0.0416
16	1.44E+08	2.89E+06	3.00E+06	0.0208	3.06E+06	0.0416
15	1.53E+08	3.06E+06	3.19E+06	0.0208	3.25E+06	0.0416
14	1.59E+08	3.18E+06	3.31E+06	0.0208	3.38E+06	0.0416
13	1.64E+08	3.28E+06	3.42E+06	0.0208	3.48E+06	0.0416
12	1.81E+08	3.62E+06	3.77E+06	0.0208	3.84E+06	0.0416
11	1.86E+08	3.71E+06	3.86E+06	0.0208	3.94E+06	0.0416
10	1.88E+08	3.77E+06	3.92E+06	0.0208	4.00E+06	0.0416
9	1.90E+08	3.81E+06	3.96E+06	0.0208	4.04E+06	0.0416

表 13-35　12 层上部结构附加粘滞阻尼的阻尼量

层 i	第 1 粘滞系数 C_{di}/(N·s/m)	第 2 粘滞系数 pC_{di}/(N·s/m)	溢流荷载 F_{dyi}/N	溢流速度 $\dot{u}_{dyi}$/(m/s)	最大荷载 $F_{di,max}$/N	最大速度 $\dot{u}_{di,max}$/(m/s)
12	6.30E+07	1.26E+06	1.70E+06	0.0270	1.74E+06	0.0541
11	7.79E+07	1.56E+06	2.11E+06	0.0270	2.15E+06	0.0541
10	8.17E+07	1.63E+06	2.21E+06	0.0270	2.25E+06	0.0541
9	8.39E+07	1.68E+06	2.27E+06	0.0270	2.31E+06	0.0541
8	9.29E+07	1.86E+06	2.51E+06	0.0270	2.56E+06	0.0541
7	9.50E+07	1.90E+06	2.57E+06	0.0270	2.62E+06	0.0541

3）减震效果确认

为了研究两种方法的减震效果，将两种方法的减震效果进行对比，并与结构-0 进行对比。将按方法一中同时附加金属阻尼和粘滞阻尼的结构简称为结构-5。

由于篇幅关系，现以 30 层高层结构的减震效果为例来做说明。图 13.17 表示 30 层高层结构中结构-0、结构-4 和结构-5 的绝对位移分布，由图中可以看出，结构-4、结构-5 这两种消能减震结构与结构-0 相比，绝对位移有明显的减小，结构-4 的位移比结构-5 的位移小。

图 13.18 表示 30 层高层结构中结构-0、结构-4 和结构-5 的速度分布，由图中可以看出，结构-4 的速度比结构-5 的速度小。

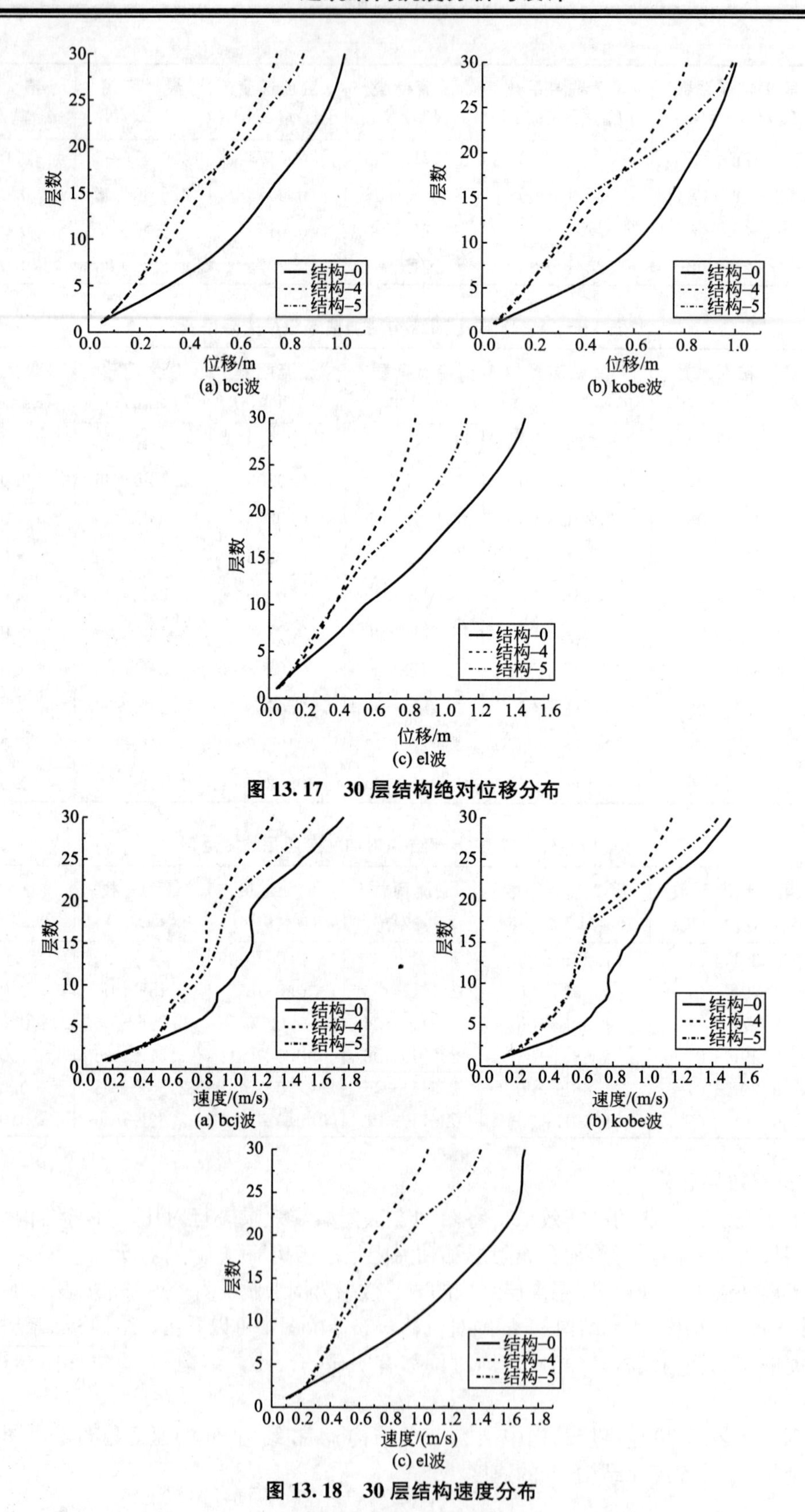

图 13.17　30 层结构绝对位移分布

图 13.18　30 层结构速度分布

图 13.19 表示 30 层高层结构中结构-0、结构-4 和结构-5 的加速度分布，由图中可以看出，结构-4、结构-5 的加速度比较接近，结构-4 的加速度略小。

其余 3 种多高层结构的地震反应值的分布规律与 30 层结构相似。由此可知，结构-4 的反应值比结构-5 的反应值小，结构-4 的减震效果较好，即用方法二计算出的阻尼量附加于原结构，其减震效果比用方法一计算出的阻尼量附加于原结构的效果好。

导致结构-5 的反应值大于结构-4 的主要原因：结构-1 的下部结构附加了金属阻尼，使原结构的基本周期变小，导致结构-1 简化成单质点，所计算出的层间位移角也相应减小，在目标位移降低率不变的条件下，达到目标位移降低率所需附加的粘滞阻尼的阻尼量也变小，所以结构-4 的地震反应值要比结构-5 的反应值小。

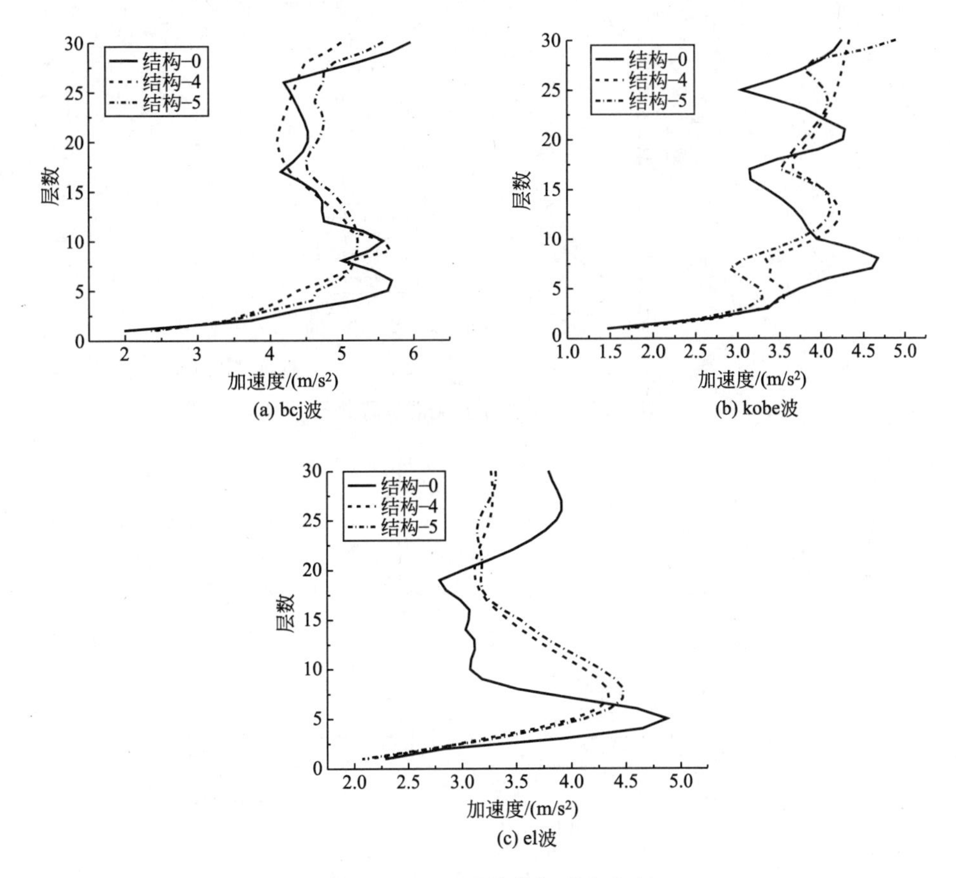

图 13.19　30 层结构加速度分布

下面对比研究同时附加金属阻尼和粘滞阻尼器的结构与原结构(结构-0)、仅附加金属阻尼的结构(结构-2)、仅附加粘滞阻尼的结构(结构-3)的减震效果时，同时附加金属和粘滞的结构选择结构-4。

图 13.20～图 13.23 表示 4 种结构的位移分布。结构-4 的位移较结构-0 有大幅度的减小，说明同时附加金属阻尼和粘滞阻尼的消能减震结构有良好的减震效果。

为了更清楚地看到 4 种结构的减震效果，图 13.24～图 13.27 表示 4 种结构的层间位移分布，其规律与位移分布规律相似。

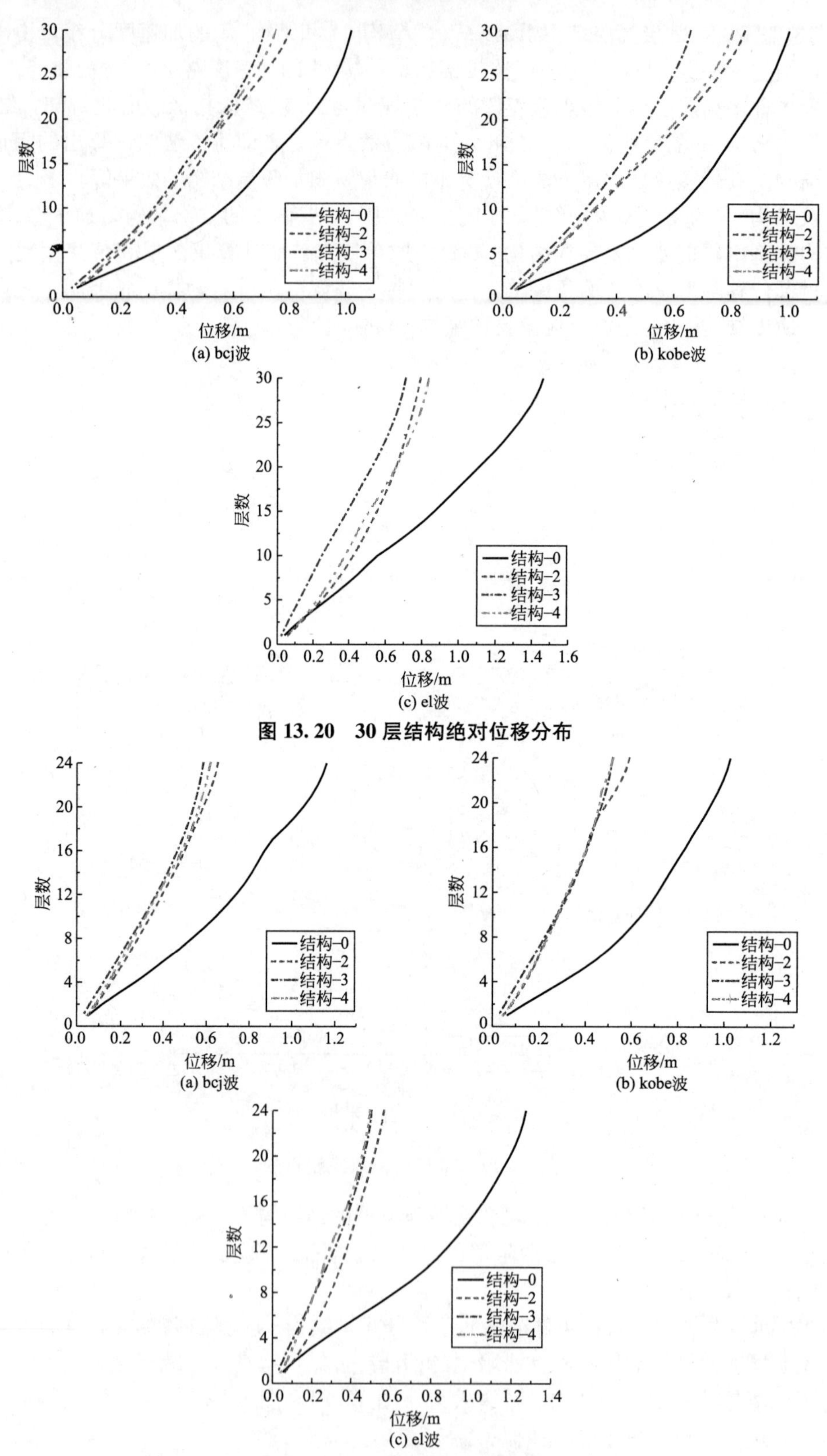

图 13.20　30 层结构绝对位移分布

图 13.21　24 层结构绝对位移分布

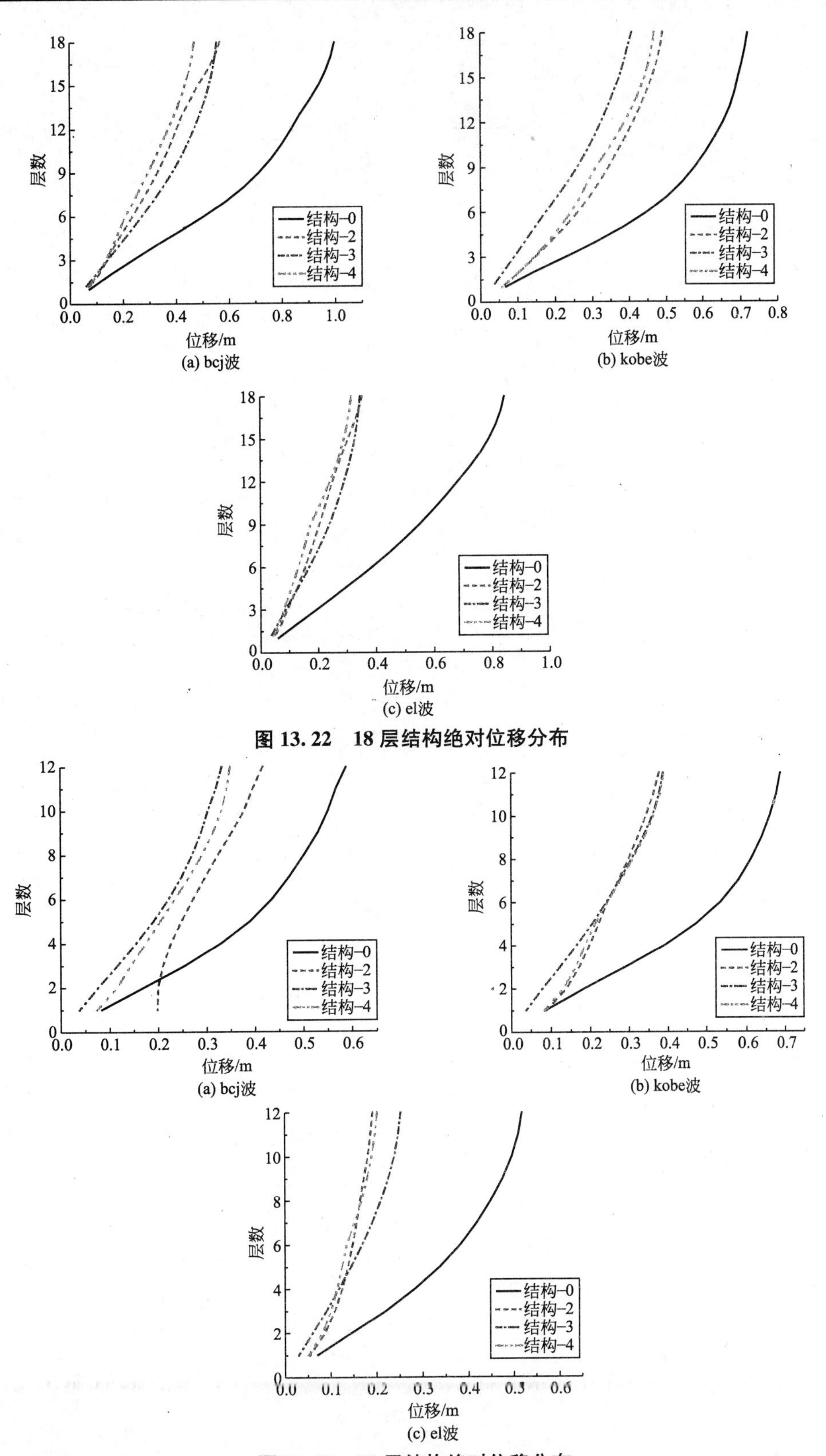

图 13.22　18 层结构绝对位移分布

图 13.23　12 层结构绝对位移分布

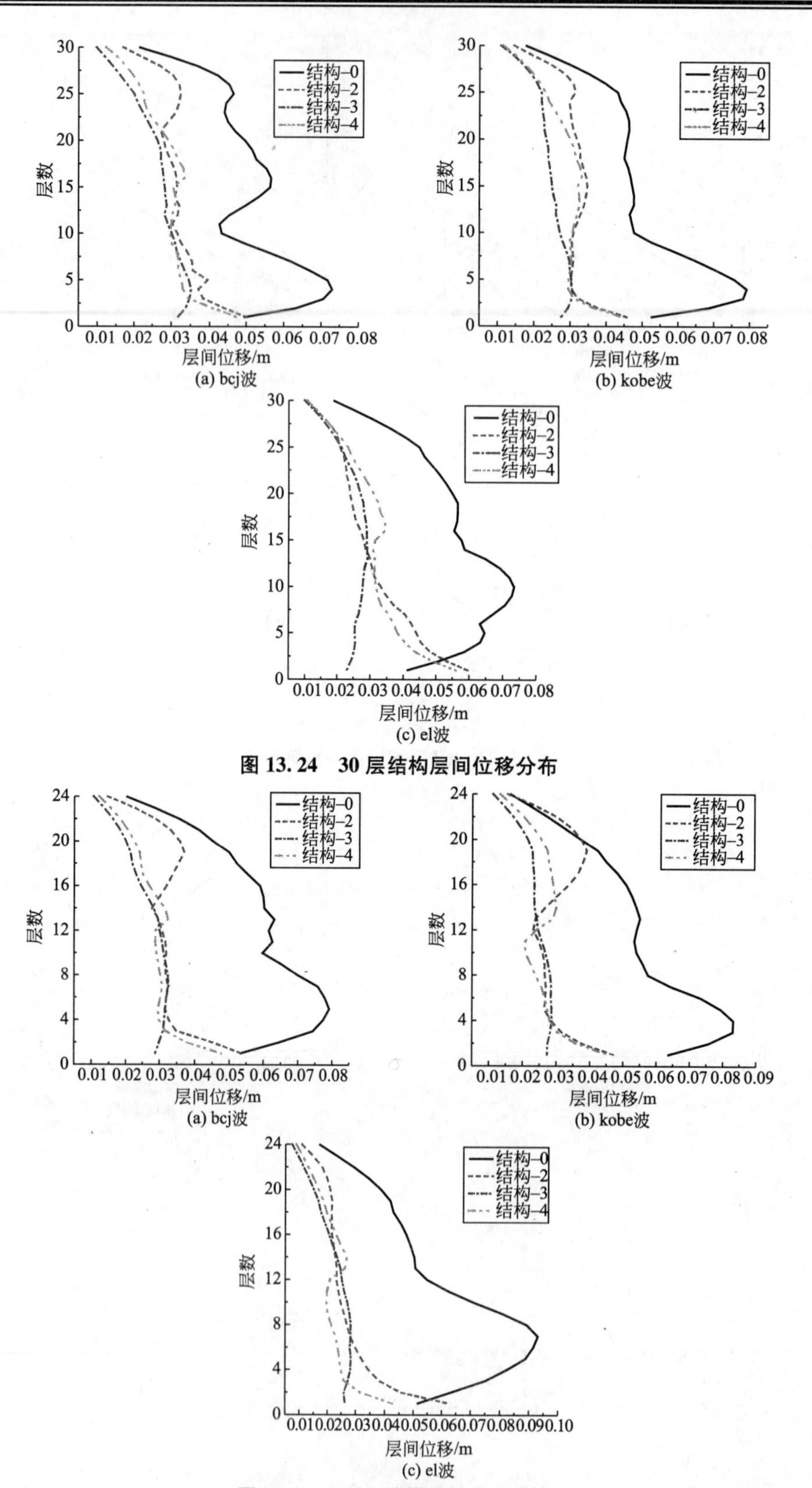

图 13.24 30 层结构层间位移分布

图 13.25 24 层结构层间位移分布

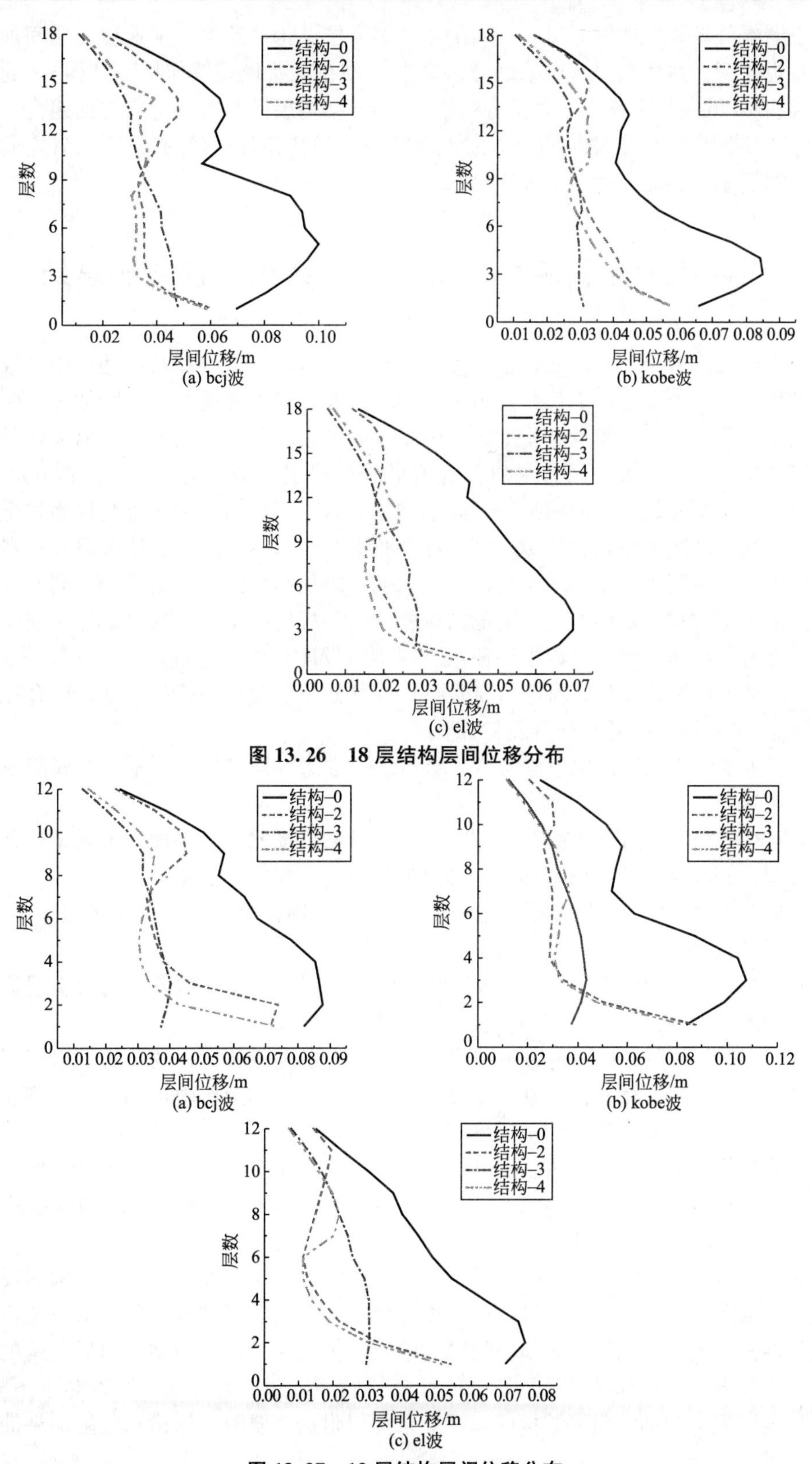

图 13.26　18 层结构层间位移分布

图 13.27　12 层结构层间位移分布

由于篇幅关系，在这里不再一一列出 4 种多高层结构的速度、加速度、层间加速度反应值分布规律图。总体来说，对于部分多高层结构在某些地震波作用下结构- 3 的层间位移要比结构- 2 的层间位移小，对于有的组合(不同结构层数与不同地震波的组合)，结构- 3 的层间位移要比结构- 2 的层间位移大，而结构- 4 的层间位移始终位于二者之间，甚至会比二者都要小，其减震效果比较稳定。

13.8　同时附加金属阻尼和粘滞阻尼结构设计方法总结及结论

根据上述减震效果相比可知，由于楼层和施加地震波不同，在某些楼层中，仅附加金属阻尼结构的反应值要比仅附加粘滞阻尼结构小，而在某些楼层中，仅附加金属阻尼结构的反应值要比仅附加粘滞阻尼结构大，不论是仅附加金属阻尼结构的反应值大还是仅附加粘滞阻尼结构的反应值大，同时附加金属阻尼和粘滞阻尼结构的反应值始终位于二者之间，所以对于不同结构，同时附加金属阻尼和粘滞阻尼结构的减震效果与仅附加金属阻尼结构、仅附加粘滞阻尼结构相比更可靠。在有些组合中，同时附加金属阻尼和粘滞阻尼结构的反应值要比仅附加金属阻尼结构、仅附加粘滞阻尼结构的反应值都小。同时附加金属阻尼和粘滞阻尼结构与仅附加粘滞阻尼结构相比有较好的经济性，与仅附加金属阻尼结构和相比有更好的减震效果，可以推广使用。现将该设计方法概述如下。

(1) 对原结构做时程分析确定结构的层间位移分布以及层间速度分布，综合比较确定结构附加金属阻尼和粘滞阻尼的楼层比例。

(2) 利用基于等效线性化理论的消能结构设计方法计算结构分别附加金属阻尼和粘滞阻尼的阻尼量。

(3) 同时附加金属阻尼和粘滞阻尼的结构的阻尼量按照组合叠加法来确定，并根据已确定的楼层比例在结构相应层附加相应的阻尼量。

(4) 利用时程分析法对同时附加金属阻尼和粘滞阻尼的减震效果进行验证。

其主要结论如下。

(1) 消能减震结构的地震反应值较原结构的反应值有一定的改善，附加阻尼器的消能减震结构的地震反应值较原结构的反应值变化要平缓。

(2) 结构下部楼层的层间位移较结构上部楼层的层间位移大，故结构下部楼层附加位移相关型阻尼器比较合适。若只在下部楼层附加阻尼器，则上部楼层的层间速度相对下部楼层而言较大，故上部楼层可附加速度相关型阻尼器。

(3) 随着结构总楼层的不同和使用地震波的不同，在有些组合中，同时附加金属阻尼和粘滞阻尼结构的反应值要比仅附加金属阻尼结构、仅附加粘滞阻尼结构的反应值都要小，明显地出现了“相乘效应”。

(4) 由于楼层和施加地震波的不同，在某些楼层中，仅附加金属阻尼结构的反应值要比仅附加粘滞阻尼结构小，而在某些楼层中，仅附加金属阻尼结构的反应值要比仅附加粘滞阻尼结构大，不论是仅附加金属阻尼结构的反应值大还是仅附加粘滞阻尼结构的反应值大，同时附加金属阻尼和粘滞阻尼结构的反应值始终位于二者之间，所以对于不同结构，同时附加金属阻尼和粘滞阻尼结构的减震效果与仅附加金属阻尼结构和仅附加粘滞阻尼结构相比更可靠。

(5) 总体来说，仅附加粘滞阻尼结构的加速度反应值比其他结构都小，同时附加金属阻尼和粘滞阻尼结构的地震反应值基本上位于仅附加金属阻尼结构和仅附加粘滞阻尼结构之间，并与仅附加粘滞阻尼结构的相差很小，这样可以在结构下部多采用软钢阻尼器而减少粘滞阻尼器的使用量，就能够提高经济指标，同时附加金属阻尼和粘滞阻尼结构与仅附加粘滞阻尼结构相比有较好的经济性，与仅附加金属阻尼结构相比有更好的减震效果。

本章小结

(1) 等效线性化是将具有非线性恢复力特性的体系转化为具有等效刚度和等效阻尼比的线性体系来分析的方法。

(2) 基于等效线性化理论的消能减震结构设计方法的主要要点是：①将主结构简化为杆系或剪切型模型；②计算结构基本周期和各层抗侧刚度；③基于等效线性化理论得到等效单质点体系；④利用输入地震波位移反应谱，得到最大层间位移角；⑤设定目标最大层间位移角，进而确定目标位移降低率；⑥基于减震性能曲线计算等效单质点体系，满足目标位移降低率的阻尼量及与主结构的刚度比；⑦向多质点体系的每一层分配阻尼。

(3) 当利用金属阻尼器时将反应降低率 R_d 和 R_{pa} 表示成 K_a/K_f 及 μ 两个基本参数的连续函数，定义为系统的减震性能曲线。将位移和剪力的降低率与仅有主结构的最大位移和最大剪力相乘就可以得到消能减震系统的最大位移和剪力。利用 μ 和 K_a/K_f 参数可以表示消能减震系统的动态特性。附加金属阻尼器的设计步骤如下。

① 建立主结构的振动模型，计算出结构每一层的弹性侧移刚度 K_{fi}。

② 计算结构的基本周期 T_f，设定主结构的初始阻尼比 ξ_0 和目标位移角 θ_{max}。

③ 由式(13.12)计算将主结构简化为等效单质点体系的等效高度 H_{eff}。

④ 绘制设计位移谱 s_d，计算最大位移 $s_d(T_f,\ \xi_0)$，求出结构的层间位移角 θ_f。

⑤ 计算等效单质点体系的目标位移降低率 R'_d。

⑥ 设定 μ 后，不断调整 K_a/K_f 值，计算 R_d 和 R_a。

⑦ 进行阻尼量分配。

(4) 当利用粘性阻尼器时将等效支承构件刚度比 K_b^*/K_f 以及阻尼器损失刚度比 K''_d/K_f 作为两个参数，表示粘滞系统减震性能曲线。附加粘性阻尼器的设计步骤如下。

从①到⑤步骤同上。

⑥ 设定 K_b^*/K_f 后，不断调整 K''_d/K_f 值，计算 R_d 和 R_a。

⑦ 计算阻尼器的阻尼系数 C_{di}、最大荷载 $F_{di,max}$、支撑刚度 K_{bi}。

⑧ 按照上述参数设计阻尼器。

(5) 仅附加粘滞阻尼结构的加速度反应值比其他结构都小，同时附加金属阻尼和粘滞阻尼结构的地震反应值基本上位于仅附加金属阻尼结构和仅附加粘滞阻尼结构之间，并与仅附加粘滞阻尼结构的相差很小，这样可以在结构下部多采用软钢阻尼器而减小粘滞阻尼器的使用量，就能够提高经济指标，同时附加金属阻尼和粘滞阻尼结构与仅附加粘滞阻尼结构相比有较好的经济性，与仅附加金属阻尼结构相比有更好的减震效果。

习　题

思考题

(1) 阻尼器有哪些类型？其性能特点是什么？
(2) 简述附加金属阻尼器的消能减震系统。
(3) 简述附加粘性阻尼器的消能减震系统。
(4) 什么是位移降低率？什么是加速度降低率？
(5) 什么是减震性能曲线？简述减震性能曲线绘制过程。
(6) 什么是等效线性化理论？
(7) 简述附加金属阻尼器的消能减震结构设计过程。
(8) 简述附加粘性阻尼器的消能减震结构设计过程。
(9) 简述同时附加金属和粘性阻尼器的消能减震结构设计过程。

第 14 章 结构静力弹塑性分析方法

教学目标

本章主要阐述结构静力弹塑性分析方法。通过本章的学习，应达到以下目标：

(1) 理解损伤极限和安全极限状态；

(2) 理解能力谱、需求谱、$h-S_d$曲线；

(3) 把握判定性能点步骤；

(4) 基本掌握结构静力弹塑性分析方法。

教学要求

知识要点	能力要求	相关知识
损伤极限状态 安全极限状态	能够确定两种状态	荷载与结构设计方法
能力谱 需求谱 $h-S_d$曲线	能够绘制三条曲线	比例荷载增加分析
性能点	能够判定性能点坐标	等效线性化理论
反推计算	以等效单质点体系地震反应值 反推计算多质点体系地震反应值	等效线性化理论

基本概念

损伤极限状态、安全极限状态、能力谱、需求谱、$h-S_d$曲线、性能点、反推计算。

引言

20 世纪 90 年代中期一些国家的学者相继提出弹塑性静力分析方法(Pushover 方法)进行结构抗震分析。Pushover 方法作为结构地震反应分析的简化方法，并非创新，但有较多优点。弹塑性静力分析法的实施步骤大致如下：1)建立结构的模型，采用空间协同平面结构模型，并求出结构在竖向荷载作用下的内力，以便和水平荷载作用下的内力进行组合，2)在结构上施加一定量的沿高度呈一定分布的楼层水平荷载，水平荷载施加于各楼层的质心处，逐渐单调增加侧向力。随着荷载逐步增大，某些杆端屈服，出现塑性铰，直至塑性铰足够多或层间位移角足够大，刚好使一个或者一批构件进入屈服状态为宜；3)对于上一步进入屈服的构件，改变其状态，形成一个“新”的结构，修改结构的刚度矩阵并求出“新”结构的自振周期。不断重复第二步直到结构的侧向位移达到预定的目标位移，或是结构变成机构。记录每一步的结构自振周期并累计每一步施加的荷载；4)将每一个不同的结构自振周期及其对应的水平力总量与结构自重(重力荷载代表值)的比值(地震影响系数)绘成曲线，也把相应场地的各条反应谱曲线绘在一起，以此来评估结构的抗震。

Pushover方法的一个基本假设是实际结构的反应可以用一个等效的单自由度体系来表示，也就是实际结构的反应由单一的振型控制，在振动历程中振型是保持不变的。显然，这些假设不能由结构动力学理论得到证明，只是在20世纪80年代90年代的一系列研究工作中说明，如果实际结构的反应中，第一振型占主要成分那么由这些假设得到的实际结构的最大地震反应具有合理的精度。一般情况下，大多数的房屋都具有这一特性，因此，利用这些假设所带来的计算上的便捷就具有明显的价值了。这样，Pushover方法的基本思路或者说其实质就是：将实际结构等效为单自由度体系，研究单自由度体系的地震弹塑性反应，反推实际结构的地震弹塑性反应的控制指标(例如顶点位移)，最终获得实际结构的地震弹塑性反应的全貌。

14.1　概　　述

1. 结构静力弹塑性分析方法的发展

在国外对结构进行静力弹塑性分析的研究和应用较早。20世纪80年代初期，有学者提出可以用等效单自由度体系代替复杂结构来计算结构在地震荷载作用下的反应；随后，有关静力弹塑性方法的研究和应用得到了大家的重视，并逐渐成为评估结构抗震能力的一种较为流行的方法。在国外的一些重要刊物和会议的论文集中，经常可以看到有关静力弹塑性分析方法(Pushover方法)的文章。许多学者也经常将静力弹塑性方法作为一种分析手段，应用于各种研究。据现有资料，对静力弹塑性分析方法研究较多的是欧美学者，1975年Freeman提出了对结构进行静力弹塑性分析的能力谱方法，后来经过不断的完善和改进，现在已经成为静力弹塑性分析的重要方法；1981年Mehdi Saiidi提出用等效的单自由度体系代替多自由度体系进行非线性地震反应分析，通过逐级增加水平荷载，从而得到结构水平方向的力-变形关系曲线，使分析过程大为简化，对后来静力弹塑性分析方法的发展起了很重要的作用，他的方法被后继学者认同，具有开拓性，文献也多次被静力弹塑性分析方法的研究者所引用；1988年在第九届世界地震工程会议上，Peter Fajfar提出了非线性地震反应分析的N2方法，并在之后进行完善，其方法就是静力弹塑性分析方法，基本思想是对结构用两个不同的计算模型进行非线性分析，故而得名N2方法，N是指非线性(Nonlinear)，2代表两个计算模型；1994年，R. S. Rawson等人所写的文章，极具影响力，曾被多次引用；1988年，Helmut Krawinkler著文对静力弹塑性分析方法作了更为全面的阐述，论述了Pushover方法的优点、适用范围，指出其局限性所在，并给Pushover方法的研究方向作出了准确的定位，具有较高的理论价值。

与国外相比，国内对静力弹塑性分析方法的研究虽起步较晚，但是近年来，广大学者和工程设计人员对该方法进行了较为深入的研究。目前已有许多介绍静力弹塑性分析原理和方法的文章，更有学者开始应用这种方法对震灾地区的结构进行分析，与实际破坏情况作对照，取得了一定的成果。

2. 结构静力弹塑性分析方法

静力非线性分析是指结构分析模型在一个沿结构高度为某种规定分布形式且逐渐增加的侧向位移作用下，直至结构模型控制点达到目标位移或结构倾覆为止的过程，控制点取简化结构顶层的形心位移，目标位移取简化结构在设计地震力作用下的最大变形。

该分析法主要包含两方面的内容：计算结构的能力曲线、计算结构的目标位移及结果评价。第一方面内容的中心问题是静力弹塑性分析中采用的结构模型和加载方式；第二方面内容的中心问题则是如何确定结构在预定水平地震作用下的反应。

静力弹塑性分析方法的大致步骤为：采用三维空间模型或空间协同平面结构模型，每个构件都根据其截面尺寸、配筋及材料确定其弹塑性力-变形关系；然后根据房屋的特点施加某种分析形式的楼层水平力，逐级增加水平荷载；随着水平荷载的增大，部分杆件进入塑性状态，出现塑性铰，直至塑性铰足够多或位移达到极值，计算结束。用不同的方法将位移极值与容许值比较，从而评估其抗震能力。

在进行结构静力弹塑性分析时，选取恰当的水平力分布形式十分重要。在地震荷载作用下，水平惯性力的分布随烈度的不同而不同，并且在同一次地震中也是随时间变化的，但是假定水平荷载分布形式不变就意味着假定在地震过程中水平惯性力的分布是恒定的，因而所选取的水平力分布形式最起码应能反映结构在地震作用下的最大反应。

3. 结构静力弹塑性分析的基本原理

静力弹塑性分析没有很严密的理论基础，它是基于以下两个基本假定：

(1) 结构的反应与一等效的单自由度体系相关，也就是说结构反应仅由其第一振型控制；

(2) 在整个地震反应过程中，结构的形状向量保持不变。

虽然上述假定在理论上不完全正确，但对于反应以第一振型为主的结构，用静力弹塑性分析可以对结构进行合理的性能评价。

SAP2000n 和 ETABS 程序提供的 Pushover 的分析方法，主要基于两本手册，一本是由美国应用技术委员会编制的《混凝土建筑抗震评估和修复》(ATC-40)，另一本是由美国联邦紧急管理厅出版的《房屋抗震加固指南》(FEMA273/274)。混凝土塑性铰本构关系和性能指标来自于(ATC-40)，钢结构塑性铰本构关系和性能指标来自于(FEMA273/274)，而 Pushover 方法的主干部分，即分析部分采用的是能力谱法，来自于(ATC-40)。

其主要步骤如下。

(1) 用单调增加水平荷载作用下的静力弹塑性分析，计算结构的基底剪力-顶点位移曲线［图 14.1(a)］。

(2) 建立能力谱曲线。

对不高的建筑结构，地震反应以第一振型为主，可用等效单自由度体系代替原结构。因此，可以将曲线转换为谱加速度-谱位移曲线，即能力谱曲线［图 14.1(b)］，并满足如下式子：

$$S_a=\frac{V_b}{M_1^*},\quad S_b=\frac{u_n}{\Gamma_1\varphi_{n,1}} \tag{14.1}$$

式中，Γ_1、M_1^* 分别为结构第一振型的振型参与系数和模态质量；V_b为基底剪力；u_n为结构顶点位移。

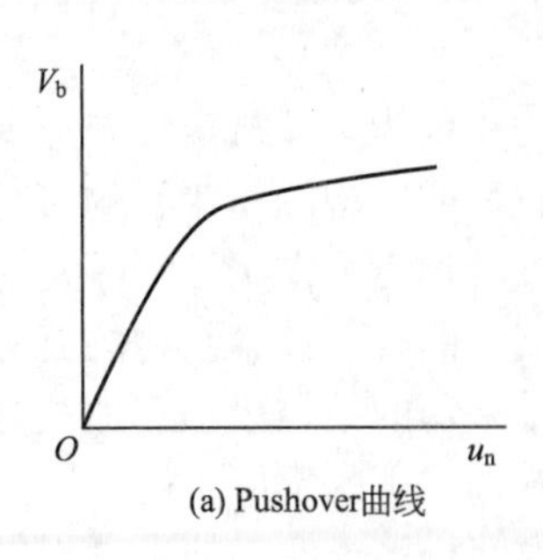

(a) Pushover曲线

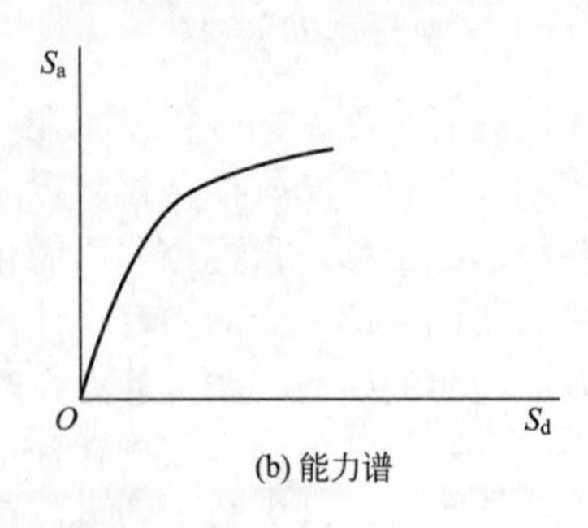

(b) 能力谱

图 14.1　Pushover 曲线和能力谱之间的转换

$$M_1^* = \frac{\left|\sum_{i=1}^{n}(w^i\varphi_{i1})/g\right|^2}{\sum_{i=1}^{n}(w_i\varphi_{i1}^2)/g} \tag{14.2}$$

式中，w_i/g 为第 i 层质点的质量；φ_{i1}为第一振型中质点 i 的振幅。

(3) 建立需求谱曲线。

需求谱曲线分为弹性和弹塑性两种需求谱。对弹性需求谱而言，可以通过将典型(阻尼比为5%)加速度 S_a 反应谱与位移 S_d 反应谱画在同一坐标系上［图 14.2(a)］，根据弹性单自由度体系在地震作用下的运动方程可知 S_a 和 S_d 之间存在下面的关系。

$$S_d = \frac{T^2}{4\pi^2}S_a \tag{14.3}$$

从而得到 S_a 和 S_d 之间的关系曲线，即 AD 格式的需求谱［图 14.2(b)］。

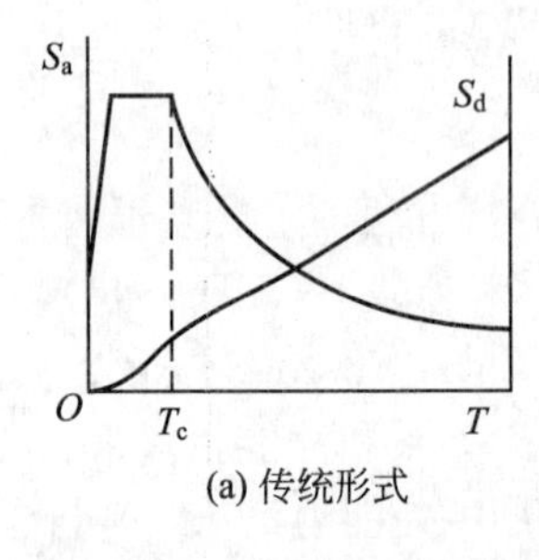

(a) 传统形式

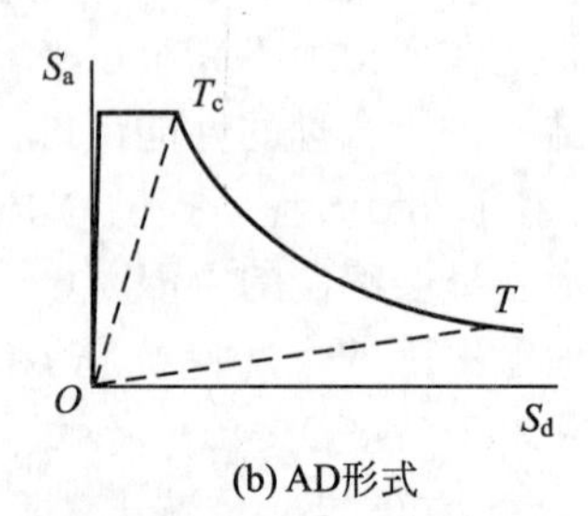

(b) AD形式

图 14.2　典型弹性加速度谱与位移谱

对弹塑性结构 AD 格式的需求谱的求法，一般是在典型弹性需求谱的基础上，通过考虑等效阻尼比 ζ_e或延性比 μ 两种方法得到折减的弹性需求谱或弹塑性需求谱。ATC－40 采用的是考虑等效阻尼比 ζ_e的方法。

在图 14.3 中，d_p为等效单自由度体系的最大位移，ATC－40 中等效阻尼比 ζ_e由最大位移反应的一个周期内的滞回耗能来确定，按下式计算：

$$\zeta_e = \frac{E_D}{4\pi E_s} \tag{14.4}$$

式中，E_D为滞回阻尼耗能，等于由滞回环包围的面积，即平行四边形面积；E_s为最大的应变能，等于阴影斜线部分的三角形面积，即 $a_p d_p/2$。为确定 ζ_e，需要首先假定 a_p、d_p，

有了 ζ_e后，通过对弹性需求谱的折减，即可得到弹塑性需求谱(图 14.3)。

(4) 性能点的确定。

将能力谱曲线和某一水准地震的需求谱画在同一坐标系中(图 14.4)，两曲线的交点称为性能点，性能点所对应的位移即为等效单自由度体系在该地震作用下的谱位移。将谱位移按式(14.1)转换为原结构的顶点位移，根据该位移在原结构 $V_b - u_n$ 曲线上的位置，即可确定结构在该地震作用下的塑性铰分布、杆端截面的曲率、总侧移及层间侧移等，综合检验结构的抗震能力。若两曲线没有交点，说明结构的抗震能力不足，需要重新设计。

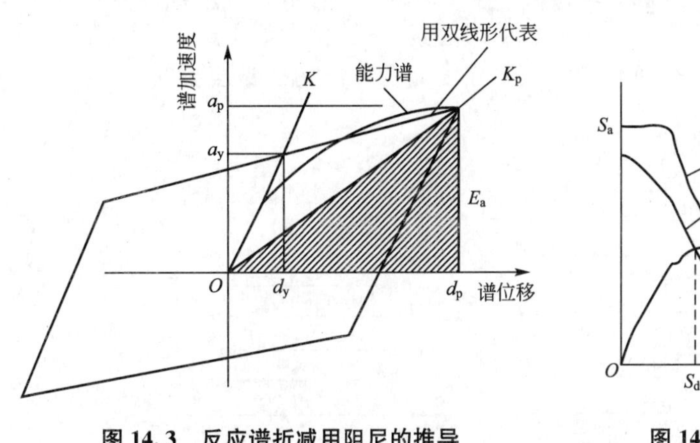

图 14.3　反应谱折减用阻尼的推导

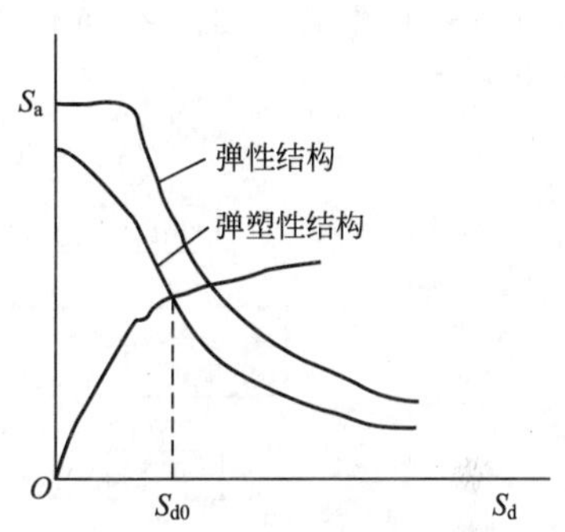

图 14.4　性能点的确定

14.2　计算实例

为了便于了解和借鉴国外的抗震设计方法，对本“计算实例”按照日本的抗震设计标准，进行分析与讨论。图 14.5 表示某一钢筋混凝土结构的柱梁布置图，结构为 6 层，首层层高为 4.5m，其他各层层高为 3.6m。混凝土等级为 C35，直径 $D\leqslant16$mm 的钢筋采用

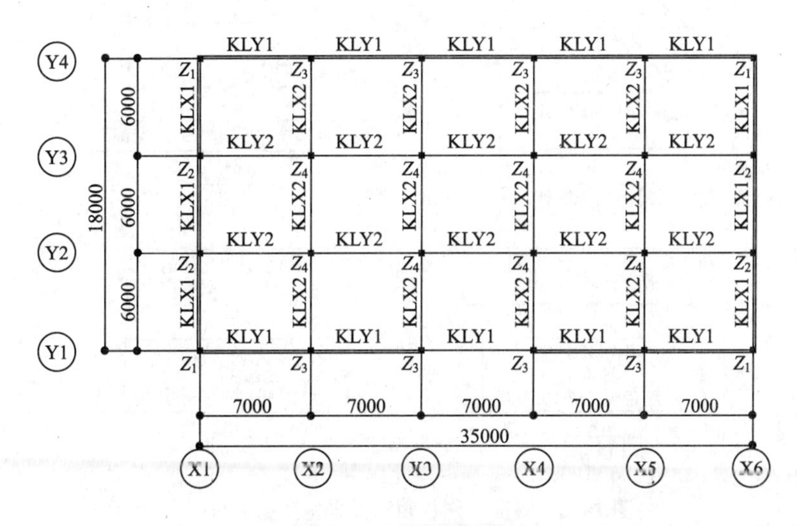

图 14.5　柱梁布置图

HPB235，19mm≤D≤29mm 的钢筋采用 HRB335。采用如下假设：①将每层质量集中到楼板或屋盖处；②楼板和屋盖在其自身平面内为绝对刚性；③不考虑地基和上部结构之间的相互作用，上部结构和地基是刚性连接。这里只讨论上部结构纵向的抗震性能。

1. 分析过程

图 14.6 表示基于能力谱法的结构设计流程图，其中损伤极限状态为结构从弹性变形状态过渡到弹塑性变形状态的临界状态，安全极限状态为结构快要倒塌或失去稳定的状态(图 14.7)。基于能力谱法设计抗震结构的基本思路如下：①利用非线性静力分析方法计算结构极限强度 Q；②利用等效线性化方法将多质点体系转化为单质点体系以后，计算地震作用下的结构必要强度 Q_n；③确认结构极限强度 Q 大于结构必要强度 Q_n。

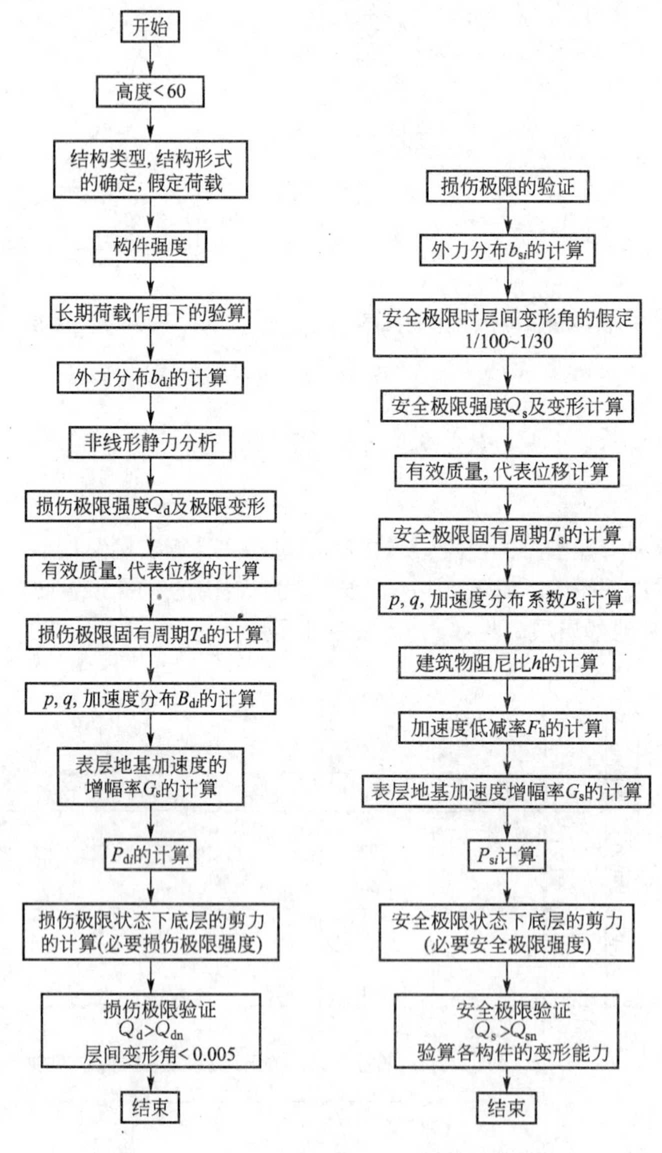

图 14.6　验证损伤极限和安全极限的流程图

2. 验证损伤极限强度

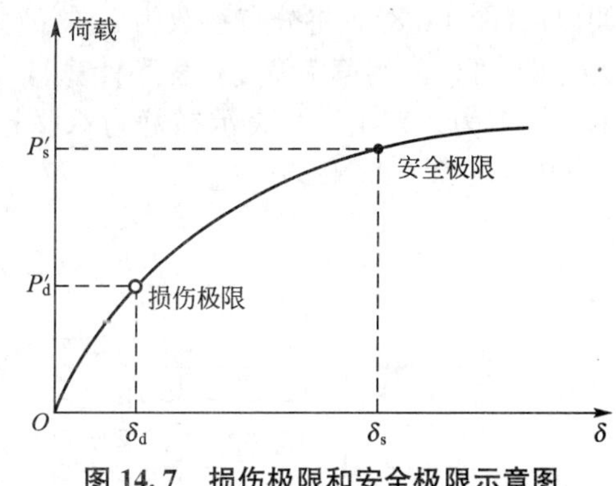

图 14.7　损伤极限和安全极限示意图

建筑物在使用年限中，在低于本地区抗震设防烈度的多遇地震的作用或其他外力作用下，建筑物的安全性、使用性、耐久性没有降低，不需要修补的临界变形状态，称为损伤极限状态，与此相关的结构底层剪力称为损伤极限强度，以 Q_d 表示，一般利用非线性静力分析方法来确定。与此对应，将来会发生的多遇地震作用所引起的结构底层剪力称为必要损伤极限强度，以 Q_{dn} 表示。在多遇地震作用下，确认建筑物的上部结构以及基础部分有没有受到损伤(塑性变形)的过程，叫做验证损伤极限。

1) 多遇地震损伤极限强度 Q_d

(1) 静力水平比例荷载分布系数 b_{di}。

在一般的情况下，以水平力的分布来表示外力分布。当利用非线性静力分析方法计算损伤极限强度 Q_d 时，有必要首先确定沿结构竖向方向分布的静力水平比例荷载的分布系数 b_{di}。如果假定楼层剪力系数满足 A_i 分布，则其分布系数 b_{di} 的计算公式为：

$$b_{di=N}=1+(\sqrt{\alpha_i}-\alpha_i^2)\cdot\frac{2h(0.02+0.01\lambda)}{1+3h(0.02+0.01\lambda)}\times\left(\sum_{i=1}^{N}m_i/m_N\right)\quad(最上层)\tag{14.5}$$

$$b_{di}=1+(\sqrt{\alpha_i}-\sqrt{\alpha_{i+1}}+\alpha_i^2+\alpha_{i+1}^2)\cdot\frac{2h(0.02+0.01\lambda)}{1+3h(0.02+0.01\lambda)}\times\left(\sum_{i=1}^{N}m_i/m_i\right)\quad(其他层)\tag{14.6}$$

式中，m_i 为第 i 层质量；N 为结构总楼层数；h 为结构总高度；α_i 为第 i 层以上的质量与全部质量的比例，$\alpha_i=\sum_{j=i}^{N}m_j/\sum_{j=1}^{N}m_j$；$\lambda$ 为钢结构部分高度与结构总高度 h 的比值，本例中 $\lambda=0$。表 14-1 表示相关参数和利用公式(14.5)和式(14.6)计算的静力水平比例荷载分布系数 b_{di}。

表 14-1　相关参数和静力水平比例荷载分布系数 b_{di}

层数 i	m_i/t	$\sum m_i$/t	α_i	b_{di}
6 层	892	892	0.20	1.76
5 层	699	1591	0.36	1.13
4 层	706	2297	0.54	0.98
3 层	714	3011	0.64	0.75
2 层	721	3732	0.86	0.65
1 层	734	4466	1.00	0.50

(2) 结点水平位移和底层剪力。

将 n(=4)榀刚架沿结构纵向排成一排，并用抗压刚度 EA 无限大的二力杆连接每一榀刚架以后(图 14.8)，将分布系数为 b_{di} 的静力水平比例荷载作为外力，对结构进行非线性静力分析(可以采用第 7 章 tsjf 程序计算)，就得到各层结点相对地基表面的水平位移和结构的底层剪力。表 14－2 表示在静力水平比例荷载作用下每一步加载过程中的水平位移(mm)和底层剪力(kN)。

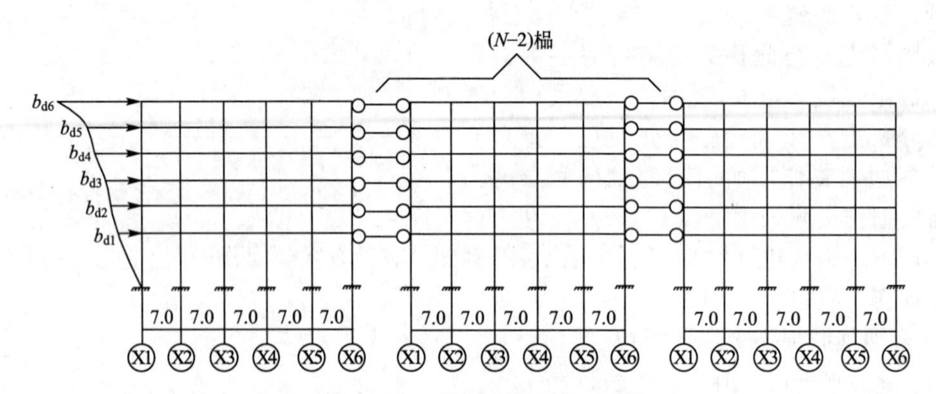

图 14.8　静力水平比例荷载作用示意图

表 14－2　水平位移和底层剪力

位移	Step1	Step 2	Step 3	Step 5	Step 6	Step 7
δ_{d6}	0.21	6.47	16.5	39.5	48.2	69.6
δ_{d5}	0.19	5.63	14.5	35.1	42.9	61.4
δ_{d4}	0.16	4.54	11.9	29.1	35.5	50.7
δ_{d3}	0.12	3.28	8.73	21.8	26.6	37.9
δ_{d2}	0.07	1.94	5.33	13.7	16.8	24.1
δ_{d1}	0.03	0.72	2.16	5.93	7.30	10.5
底层剪力	88	1544	3429	5834	6689	8696

(3) 损伤极限强度和损伤极限曲线。

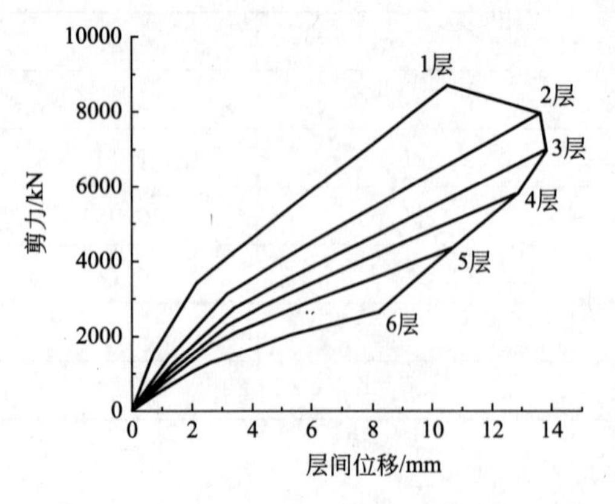

图 14.9　损伤极限曲线

当加载到第 7 步以后，3 层大梁的端部应力就达到容许应力，结构达到损伤极限状态。根据定义，结构在纵向的损伤极限强度为 $Q_d=8696\text{kN}$。

图 14.9 表示每一步加载过程中的水平层间位移-层间剪力关系曲线(又称为损伤极限曲线)。

2) 多遇地震必要损伤极限 Q_{dn}

(1) 有效质量 M_{ud}、代表位移 Δ_d 和周期 T_d。

在按照第一振型分布的静力水平比例荷载作用下，如下关系成立。

$$M_{ud}=\beta\{u\}^{T}[M]\beta\{u\}, \quad \beta=\frac{\{u\}^{T}[M]\{1\}}{\{u\}^{T}[M]\{u\}} \tag{14.7}$$

式中，$[M]$ 为质量矩阵；$\{u\}$ 表示特征向量；β 表示振型参与系数。利用特征向量 $\{u\}$ 和等效单质点体系位移 Δ_d，将多质点体系位移向量表示为：

$$\{\delta_{di}\}=\beta\{u\}\Delta_d$$

故

$$\{u\}=\{\delta_{di}\}/(\beta\Delta_d)$$

$$\{u\}^{T}=\{\delta_{di}\}^{T}/(\beta\Delta_d)$$

将特征向量 $\{u\}$ 代入式(14.7)中，得到：

$$M_{ud}=\frac{(\{\delta_{di}\}^{T}[M]\{1\})^2}{\{\delta_{di}\}^{T}[M]\{\delta_{di}\}}=\frac{(\sum(m_i\cdot\delta_{di}))^2}{\sum(m_i\cdot\delta_{di}^2)} \tag{14.8}$$

$$\Delta_d=\frac{\{\delta_{di}\}^{T}[M]\{\delta_{di}\}}{\{\delta_{di}\}^{T}[M]\{1\}}=\frac{\sum(m_i\cdot\delta_{di})^2}{\sum(m_i\cdot\delta_{di})} \tag{14.9}$$

这里 Δ_d 定义为代表位移，表示等效单质点体系的位移，其大小等于多质点体系第一振型参与函数 $\beta\cdot u=1$ 标高处的水平位移，在一般的建筑物中，相当于结构高度 2/3 处的水平位移；M_{ud} 定义为有效质量，表示等效单质点体系的质量(是以多质点体系所具有的动能和等效单质点体系所具有的动能相等作为条件确定的质量)。利用有效质量、代表位移和损伤极限强度，将损伤极限周期 T_d 定义如下。

$$T_d=2\pi\sqrt{M_{ud}\cdot\frac{\Delta_d}{Q_d}} \tag{14.10}$$

根据定义，并利用表 14-1 和表 14-2 数据，计算得

$$M_{ud}=\frac{192.8^2}{10.3}=3609\text{t},\ \Delta_d=\frac{10.3}{192.8}=0.0534\text{m}\ ,\ T_d=2\pi\sqrt{3609\times\frac{0.0534}{8696}}=0.94\text{s}$$

(2) 地基表层地震加速度增幅系数 G_s。

在地基中，从震源放射出来的地震的速度约为 400m/s，而在地基表面附近的地基表层中，速度减小到 100～300m/s，其变化很大。地震速度的变化，引起地震加速度的增幅，以增幅系数 G_s 表示其增幅程度。计算地震加速度增幅系数 G_s，有两种方法，即精确法(利用一元非线性波动理论来讨论)和近似法。本文只介绍近似法。

第一类地基：

$$G_s=\begin{cases}1.5 & T_d<0.576\\ 0.864/T & 0.576\leqslant T_d<0.64\\ 1.35 & 0.64\leqslant T_d\end{cases} \tag{14.11}$$

第二和第三类地基：

$$G_s=\begin{cases}1.5 & T_d<0.64\\ 1.5/(T/0.64) & 0.64\leqslant T_d<T_u\\ g_v & T_u\leqslant T_d\end{cases} \tag{14.12}$$

式中，$T_u=0.64\cdot g_v/1.5$，第二类地基 $g_v=2.025$，第三类地基 $g_v=2.7$。在本例中，建筑场地属于第二类地基，故 $g_v=2.025$，$T_u=0.864$s。因为 $T_d=0.94>0.864$，故地震加速度增幅系数 $G_s=2.025$。

(3) 低层建筑有效质量比修正系数 p 和高层建筑有效质量比修正系数 q。

利用能力谱法讨论低层建筑(有效质量比 $\gamma=M_{ud}/\sum m_i$ 偏大)时，地震力的影响就会变大，不利于优化抗震设计。因此，要利用低层建筑有效质量比修正系数 p 来调整其有效质量。表 14-3 为低层建筑有效质量比修正系数 p 的计算公式。

有效质量比 γ 表示设定的变形振型是否卓越的指标。如果高次振型卓越，则第一振型的有效质量和加速度相乘以后得到的地震力的影响会变小(往往在高层建筑中出现)，也不利于优化抗震设计。为了避免这种不利因素，有效质量比的最小值规定为 0.75。高层建筑有效质量比修正系数 q 是当有效质量比小于 0.75 时，将有效质量比设定为 0.75 的调整系数，式(14.13)表示高层建筑有效质量比修正系数 q 的计算公式。本例中损伤极限固有周期 $T_d=0.94>0.16$；楼层数 $N=6$，$p=1$；有效质量比为 $\gamma=M_{ud}/\sum m_i=0.81>0.75$，$q=1$。

表 14-3　低层建筑有效质量比修正系数 p

层数 i	$T_d<0.16$s	$T_d>0.16$s
1层	$1-(0.20/0.16)T_d$	0.80
2层	$1-(0.15/0.16)T_d$	0.85
3层	$1-(0.10/0.16)T_d$	0.90
4层	$1-(0.05/0.16)T_d$	1.00
5层以上	1.00	1.00

$$q=\begin{cases}0.75\cdot(\sum m_i/M_{ud}) & \gamma<0.75\\ 1.0 & \gamma\geqslant 0.75\end{cases} \tag{14.13}$$

(4) 加速度分布系数 B_{di}。

各层加速度分布系数 B_{di} 定义为：

$$B_{di}=p\cdot q\cdot(M_{ud}/\sum_{i=1}^{N}m_i)b_{di} \tag{14.14}$$

例如，第 6 层的加速度分布系数 B_{di} 为：

$$B_{d6}=1.0\times1.0\times0.81\times1.776=1.44$$

同理，按同样方法，可以求出其他各层的加速度分布系数(表 14-4)。

(5) 计算地震引起的每层水平惯性力 p_{di}。

利用公式(14.15)确定多遇地震引起的结构各层水平方向惯性力 p_{di}：

$$p_{di}=\begin{cases}(0.64+6T_d)m_iB_{di}ZG_s & T_d<0.16\\ 1.6m_iB_{di}ZG_s & 0.16\leqslant T_d<0.64\\ 1.024m_iB_{di}ZG_s/T_d & T_d\geqslant 0.64\end{cases} \tag{14.15}$$

式中，$Z(=0.7\sim1.0)$表示地域系数，本例中 Z 取为 1.0。

例如，因为 $T_d=0.94>0.64$，$B_{d6}=1.44$，故第 6 层水平方向惯性力为：

$$p_{d6}=1.024\times892\times1.437\times1.0\times2.025/0.94=2828\text{kN}$$

同理，可以求出其他各层水平方向惯性力 P_{di}，见表 14-4。

表 14－4　各层 B_{di} 和 p_{di} 分布

层数 i	m_i/t	b_{di}	B_{di}	p_{di}/kN
6 层	892	1.776	1.435	2828
5 层	699	1.153	0.932	1437
4 层	706	0.958	0.774	1206
3 层	714	0.795	0.642	1012
2 层	721	0.645	0.521	828
1 层	734	0.500	0.404	654

(6) 必要损伤极限 Q_{dn} 和强度、刚度校核。

基于静力平衡条件 $Q_1-\sum_{i=1}^{6}p_{di}=0$，得到结构底层剪力为 $Q_1=\sum_{i=1}^{6}p_{di}=7965\text{kN}$。根据必要损伤极限强度 Q_{dn} 的定义，得 $Q_{dn}=Q_1=7965\text{kN}$。$Q_d>Q_{dn}$，每一层的层间变形角均小于 0.005，故强度和刚度要求满足。若强度和刚度不满足要求，则需要重新设计截面尺寸。

3. 验证安全极限强度

在使用年限中，建筑物在高于本地区预估的抗震设防烈度的罕遇地震作用或外力作用下，受到严重破坏，但没有倒塌并造成人员伤亡时的变形临界状态，称为安全极限状态。在安全极限内，竖向荷载作用下构件的承载能力没有完全丧失，不致发生倒塌，此时结构底层剪力称为安全极限强度，用 Q_s 表示。相对而言，将来会发生的罕遇大地震作用所引起的结构底层剪力称为必要安全极限强度，以 Q_{sn} 表示。在罕遇大地震作用下，确保建筑物上部结构以及基础不破坏、不倒塌的解析过程，称为验证安全极限。

1) 罕遇地震安全极限强度 Q_s

将式(14.5)和式(14.6)中的脚标 d 改为 s 后，计算静力水平比例荷载分布系数 b_{si}，并利用非线性静力分析方法进行解析，可以得到每一步加载过程中水平层位移和底部剪力的关系见表 14－5。当加载到第 18 步以后，第 4 层的层间角位移达到 1/50，认为变形情况已经达到安全极限状态。根据定义，安全极限强度为 $Q_s=14707\text{kN}$。图 14.10 表示层间位移和层间剪力的关系曲线(又称为安全极限曲线)。

表 14－5　水平位移和底层剪力

位移	Step 8	Step 12	Step 14	Step 16	Step 18
δ_{d6}	82	156.1	195.7	225.0	398.1
δ_{d5}	72.3	135.9	168.7	192.8	335.9
δ_{d4}	59.7	110.6	136.2	155.0	267.4
δ_{d3}	44.6	81.4	99.6	113.2	195.4
δ_{d2}	28.3	51.0	62.3	70.8	123.7
δ_{d1}	12.4	22.2	27.2	31.1	55.5
底层剪力	9738	13353	14011	14221	14707

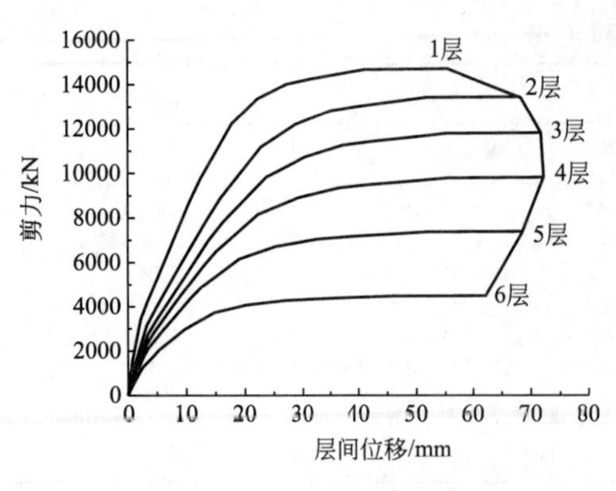

图 14.10　水平位移和剪力曲线

2）罕遇地震必要安全极限强度 Q_{sn}

(1) 有效质量 M_{us}，代表位移 Δ_s 和安全极限周期 T_s。

将脚标 u 改为 s 以后，利用式(14.7)、式(14.8)、式(14.9)，得到：

$$M_{us}=\frac{(\sum(m_i\cdot\delta_{si}))^2}{\sum(m_i\cdot\delta_{si}^2)}=\frac{1047^2}{310.9}=3526\text{t}$$

$$\Delta_s-\frac{\sum(m_i\cdot\delta_{di}^2)}{\sum(m_i\cdot\delta_{di})}=\frac{310.9}{1047}-0.297\text{m}$$

$$T_s=2\pi\sqrt{M_{us}\cdot\frac{\Delta_s}{Q_s}}=2\pi\sqrt{3526\times\frac{0.297}{14707}}=1.68\text{s}$$

(2) 阻尼比 h、结构延伸率 D_f 和加速度减小率 F_h。

在能力谱法中求解地震反应的理论依据是等效线性化方法。等效线性化方法是利用等效弹性体系的周期和阻尼来求解复杂的弹塑性反应的计算方法。等效弹性体系的阻尼比定义如下：

$$h=\gamma_1(1-1/\sqrt{D_f})+0.05 \tag{14.16}$$

其中，γ_1 表示恢复力特性的系数，一般取 0.2 或 0.25；D_f 表示结构延伸率，其定义如下。

$$D_f=\frac{\Delta_s Q_d}{\Delta_d Q_s} \tag{14.17}$$

不难看出，D_f 是以安全极限作为屈服强度、以初期刚度作为刚度的完全弹塑性恢复力特性来置换非线性恢复力特性以后的结构延伸率。

众所周知，阻尼比越大，结构对地震的反应越小，这里利用加速度减小率 F_h 表示阻尼影响。

$$F_h=1.5/(1+10h) \tag{14.18}$$

根据题意，得：

$$D_f=\frac{0.297\times8696}{0.0534\times14707}=3.29,\ h=0.2\times\left(1-\frac{1}{\sqrt{3.29}}\right)+0.05=0.140,$$

$$F_h=\frac{1.5}{1+10\times0.140}=0.63$$

(3) 地基表层中地震加速度增幅系数 G_s。

将 T_d 改为 T_s 以后，利用式(14.11)或式(14.12)可以确定地震加速度增幅系数 G_s。$T_s=1.68>0.864$，根据式(14.12)安全极限时表层地基中地震加速度增幅系数确定，$G_s=g_v=2.025$。

(4) 低层建筑有效质量比修正系数 p 和高层建筑有效质量比修正系数 q 以及加速度分布系数 B_{si}。

将表 14-3 中的 T_d 该为 T_s 以后，可以确定系数 p。因 $T_s=1.68>0.16$，楼层数 $N=6$，则 $p=1.0$。有效质量比 $\gamma=M_{us}/\sum_{i=1}^{N}m_i=0.790>0.75$，基于式(14.13)得 $q=1.0$。将脚标 d 改为 s 以后，利用式(14.14)，可计算加速度分布系数 B_{si}。例如，第 6 层的加速度分布系数为 $B_{s6}=1.0\times1.0\times0.790\times1.776=1.403$。同理，可求出其他各层的加速度分布系数(表 14-6)。

(5) 计算地震引起的每层水平惯性力 p_{si}。

利用式(14.19)可以确定罕遇地震引起的各层水平方向惯性力 p_{si}。例如，因 $T_s=1.68>0.64$，$B_{s6}=1.403$，故作用于第 6 层的水平惯性力 p_{s6} 为 $p_{s6}=5.12\times892\times1.403\times0.63\times1.0\times2.025/1.68=4862\text{kN}$

$$p_{si}=\begin{cases}(3.2+30T_d)m_iB_{si}F_hZG_s & T_s<0.16\\ 8.0m_iB_{si}F_hZG_s & 0.16\leqslant T_s<0.64\\ 5.12m_iB_{si}F_hZG_s/T_s & T_s\geqslant0.64\end{cases} \tag{14.19}$$

同理，可以求出其他各层的水平方向惯性力 p_{di}(表 14-6)。

表 14-6　各层 B_{si} 和 p_{si} 分布

层数	m_i/t	B_{si}	p_{si}/kN
6 层	892	1.403	4863
5 层	699	0.910	2474
4 层	706	0.757	2077
3 层	714	0.628	1742
2 层	721	0.509	1426
1 层	734	0.395	1126

(6) 计算必要安全极限强度 Q_{sn} 和强度校核。

基于静力平衡条件 $Q_1-\sum_{i=1}^{6}p_{si}=0$，得到结构底层剪力为 $Q_1=\sum_{i=1}^{6}p_{si}=13709\text{kN}$。根据必要安全极限强度 Q_{sn} 的定义，得 $Q_{sn}=Q_1=13709\text{kN}$。安全极限强度 $Q_s=14707\text{kN}$，大于必要安全极限强度 $Q_{sn}=13709\text{kN}$，故强度满足要求。

4. 罕遇地震时的性能点

按照如下方法计算罕遇地震时的性能点。

1) 绘制需求曲线

罕遇地震时，利用式(14.20)能够确定地基表面地震加速度谱 $S_a=f(T_s)$，还有利用 $S_d=s_a/\omega^2$ 关系，也可以确定位移谱 $S_d=\xi(T_s)$。通过变量变换，得到加速度反应谱和位移反应谱的关系，简称需求曲线。在结构变形过程中，经过损伤极限状态以后，结构阻尼比 h 随时发生变化。h 值的变化，必然引起 F_h 的变化，则会得到不同的 S_d- S_a 关系曲线。在图 14.11 中的曲线 3、4、5 分别表示阻尼比 h 为 0.05、0.092、0.291 时的 S_d- S_a 关系曲线。

$$S_a=\begin{cases}(3.2+30T_s)F_hZG_s & T_s<0.16\\ 8.0F_hZG_s & 0.16\leqslant T_s<0.64\\ 5.12F_hZG_s/T_s & 0.64\leqslant T_s\end{cases} \tag{14.20}$$

2) 绘制能力曲线

在利用非线性静力分析方法讨论结构荷载-位移的过程中，设荷载按比例增加时的结构底部剪力为 Q_{1i}，有效质量为 m_{ui}，则名义有效质量加速度为：

$$S'_{ai}=\frac{Q_{1i}}{m_{ui}}\quad (i\text{ 表示每一步的加载过程})\tag{14.21}$$

同理，利用 $S'_{di}=S'_{ai}/\omega^2$ 关系，可确定有效质量的位移 S'_{di}。将 S'_{ai}- S'_{di}关系曲线定义为能力曲线(曲线 1)。

3) 绘制 h-S_d曲线

利用式(14.18)可以绘制阻尼比和位移之间的关系曲线，并定义为 h-S_d 曲线(见图 14.11 曲线 2)。为了便于看清楚，本文将 h 轴(即图 14.11 负向纵轴)扩大了 100 倍。

4) 确定真实反应值

确定真实反应值的步骤如下。

(1) 在曲线 2 中，找出 h=0.05(0.092，0.291 等)的点，并画出通过此点的垂线。

(2) 找出上述垂线和结构特性曲线 1 的交点 A 点(B 点，C 点)。

(3) 画出通过坐标系原点和 A 点(B 点，C 点)的斜线，找出此斜线和曲线 3(4，5)的交点 D(E，F)。

(4) 利用光滑曲线连接 D、E、F 点，得到另一条曲线，定义为必要强度性能谱曲线。

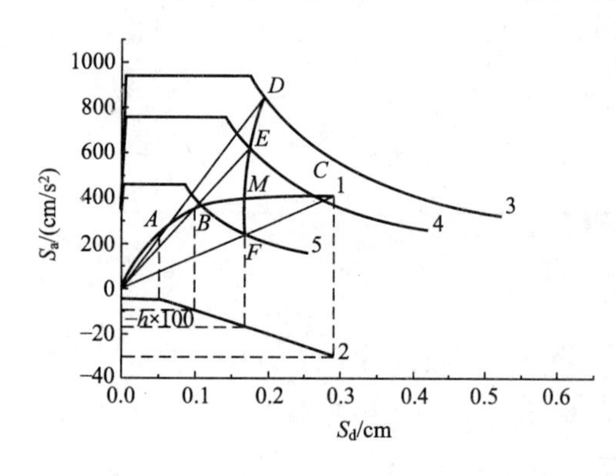

图 14.11　真实反应值

(5) 结构能力曲线和必要强度性能谱曲线相交于 M 点，将此点称之为性能点，它就表示真实反应值(即结构进入塑性状态以后等效单质点体系的最大位移和最大加速度)。由图 14.11 可知，M 点坐标为 M(0.1685，390.4)，结构的阻尼比为 h=0.170。

5. 各质点位移和层剪力

众所周知，通过上述分析得到的性能点就表示等效单质点体系的最大位移和最大加速度。利用如下公式可以计算多自由度体系的层位移、地震作用以及地震剪力。

$$\delta_i=\gamma\cdot u_i\cdot\Delta\tag{14.22}$$

$$\Delta=\frac{\sum m_i\cdot\delta_{di}{}^2}{\sum(m_i\cdot\delta_{di})}\tag{14.23}$$

$$p_i=m_i\cdot\delta_i\cdot S_a/\Delta\tag{14.24}$$

式中，γ 为振型参与系数；u_i为第 1 步荷载作用下第 i 质点的位移；δ_i为第 i 质点的位移；Δ 为结构的代表位移；p_i为作用在第 i 质点的地震作用。

本 章 小 结

(1) 能力谱法其主要步骤如下：①利用单调增加水平荷载作用下的静力弹塑性分析，计算结构的基底剪力-顶点位移(或层剪力-层间位移)曲线；②建立能力谱曲线；③建立需求谱曲线；④性能点的确定；⑤由性能点反推实际多层结构的地震反应。

(2) 建筑物在使用年限中，在低于本地区抗震设防烈度的多遇地震作用或其他外力作用下，建筑物的安全性、使用性、耐久性没有降低，不需要修补的临界变形状态，称为损伤极限状态，与此相关的结构底层剪力称为损伤极限强度，以 Q_d 表示，一般利用非线性静力分析方法来确定。与此对应，将来会发生的多遇地震作用所引起的结构底层剪力称为必要损伤极限强度，以 Q_{dn} 表示。要确认结构极限强度 Q_d 大于结构必要强度 Q_{dn}。

(3) 在使用年限中，建筑物在高于本地区预估的抗震设防烈度的罕遇地震作用或外力作用下，受到严重破坏，但没有倒塌并造成人员伤亡时的变形临界状态，称为安全极限状态。在安全极限内，竖向荷载作用下构件的承载能力没有完全丧失，不致发生倒塌，此时结构底层剪力称为安全极限强度，用 Q_s 表示。与此对应，将来会发生的罕遇大地震作用所引起的结构底层剪力称为必要安全极限强度，以 Q_{sn} 表示。要确认结构极限强度 Q_s 大于结构必要强度 Q_{sn}。

(4) 按照如下步骤确定罕遇地震时的性能点：①绘制需求谱曲线；②绘制能力谱曲线；③绘制 $h-S_d$ 曲线；④判定性能点。

(5) 性能点就表示等效单质点体系的最大位移和最大加速度。利用式(14.22)～式(14.24)可以反推计算多自由度体系的层位移、地震作用以及地震剪力。

习　　题

思考题

(1) 什么是能力谱？什么是需求谱？什么是 $h-S_d$ 曲线？每一条曲线如何绘制？

(2) 什么是损伤极限状态？如何确定损伤极限状态？如何计算损伤极限强度 Q_d 和必要损伤极限强度 Q_{dn}？

(3) 什么是安全极限状态？如何确定安全极限状态？如何计算安全极限强度 Q_s 和必要安全极限强度 Q_{sn}？

(4) 什么是性能点？如何判定性能点坐标？

(5) 由性能点如何计算多层结构地震反应？

第15章 基于最佳侧移刚度分布的结构抗震设计方法

教学目标

本章主要阐述基于最佳侧移刚度分布的结构抗震设计方法。通过本章的学习，应达到以下目标：

(1) 理解累积塑性变形倍率概念；

(2) 理解最佳侧移刚度、剪力系数、截面惯性矩分布等概念；

(3) 了解最佳侧移刚度比和柱最佳截面惯性矩比与层数比曲线形状；

(4) 理解基于最佳侧移刚度分布的结构抗震设计方法基本思路。

教学要求

知识要点	能力要求	相关知识
累积塑性变形倍率	掌握物理概念	基于能量平衡的抗震设计方法
最佳侧移刚度 最佳剪力系数 最佳截面惯性矩	理解物理意义	基于能量平衡的抗震设计方法
结构抗震设计方法	理解分析方法	时程分析法、能力谱法、能量法

基本概念

累积塑性变形倍率、最佳侧移刚度分布、最佳剪力系数、最佳截面惯性矩、能力谱法、能量法。

引言

按《建筑抗震设计规范》(GB 50011—2010)进行抗震设计的建筑，其基本的抗震设防目标是：当遭受低于本地区抗震设防烈度的多遇地震影响时，主体结构不受损坏或不需修理可继续使用；当遭受相当于本地区抗震设防烈度的设防地震影响时，可能发生损坏，但经一般性修理仍可继续使用；当遭受高于本地区抗震设防烈度的罕遇地震影响时，不致倒塌或发生危及生命的严重破坏。

在具体做法上，我国建筑抗震设计规范采用了简化的两阶段设计方法。

第一阶段设计：在方案布置符合抗震设计原则的前提下，按与基本烈度对应的众值烈度(相当于小震)的地震动参数，用弹性反应谱法求得结构在弹性状态下的地震作用标准值和相应的地震作用效应，然后与其他荷载效应按一定的组合系数进行组合，并对结构构件截面进行承载力验算，对于较高的建筑物还要进行变形验算，以控制其侧向变形不要过大。这样，既满足了第一水准下必要的可靠度，又可满足第二水准的设防要求(破坏可修)，然后再通过概念设计和构造措施来满足第三水准的设防要求。对于大多数结构，一般可只进行第一阶段的设计，但对于少部分结构，如有特殊要求的建筑和地震时易倒塌的结构，除了应进行第一阶段的设计外，还要进行第二阶段的设计。

第二阶段设计：按与基本烈度相对应的罕遇烈度(相当于大震)验算结构的弹塑性层间变形是否满足规范要求(不发生倒塌)，如果有变形过大的薄弱层(或部位)，则应修改设计或采取相应的构造措施，以使其能够满足第三水准的设防要求(大震不倒)。

第一阶段的设计保证了第一水准的强度要求和变形要求。第二阶段的设计则旨在保证结构满足第三水准的抗震设防要求，如何保证第二水准的抗震设防要求尚在研究之中。目前一般认为，良好的抗震构造措施有助于第二水准要求的实现。

这种设计方法具有简单并便于操作的优点，但是根本不能考虑和把握罕遇地震动作用下损伤集中分布，很难讲所进行的设计是真正意义上的抗震设计。保证各层累积塑性变形倍率 η_i 相等的结构侧移刚度和截面惯性矩的分布如何？目前讨论相关课题的国内外研究报道还比较少见。

15.1　概　　述

在罕遇地震动作用下，最理想的结构是各层同时进入塑性状态，并且各层损伤集中程度相等的结构。如果能够使各层同时出现塑性铰，且各层损伤集中程度相等，则可以避免结构因为某一层或某几层损伤集中，导致其余层无法正常使用造成的资源浪费。在地震动作用下，如果能够使结构各层侧移刚度满足一定的规律，使结构各层的累积塑性变形倍率 η_i 相等，就可以避免结构的损伤集中，提高结构的抗震性能。

在实际抗震设计工程中，采取根据“设计经验”初步设定截面尺寸，验算层间角位移，如不满足规范要求，则重新设定截面尺寸，再验算层间角位移的方法来进行设计。这种设计方法具有简单并便于操作的优点，但是根本不能考虑和把握罕遇地震动作用下损伤集中分布，很难讲所进行的设计是真正意义上的抗震设计。保证各层累积塑性变形倍率 η_i 相等的结构侧移刚度和截面惯性矩的分布如何？目前讨论相关课题的国内外研究报道还比较少见。

本章将结构各层累积塑性变形倍率 η_i 相等时的结构侧移刚度分布和柱截面惯性矩分布各定义为最佳侧移刚度分布和最佳截面惯性矩分布，建立 3 种钢框架算例模型，利用地震反应弹塑性时程分析方法，经过多次试算，揭示最佳侧移刚度分布和最佳截面惯性矩分布规律，并提出基于最佳侧移刚度分布的多高层钢框架结构抗震设计方法。最后利用推覆(Pushover)分析方法和基于能量平衡的设计方法对 12 层结构进行地震反应弹塑性分析，验证本章提出的设计方法的有效性。

15.2　算 例 模 型

选择 3 跨 6 层、9 层、12 层钢框架结构为算例模型进行讨论。边跨为 8.4m，中间跨为 7.2m，各层层高均为 4.0m，其中 9 层钢框架结构的平面图和立面图如图 15.1 所示。算例模型初始梁柱截面尺寸见表 15－1。钢材牌号为 Q345，弹性模量为 200GPa，假设每层的质量为 1000kg/m²，讨论横向一榀平面框架。

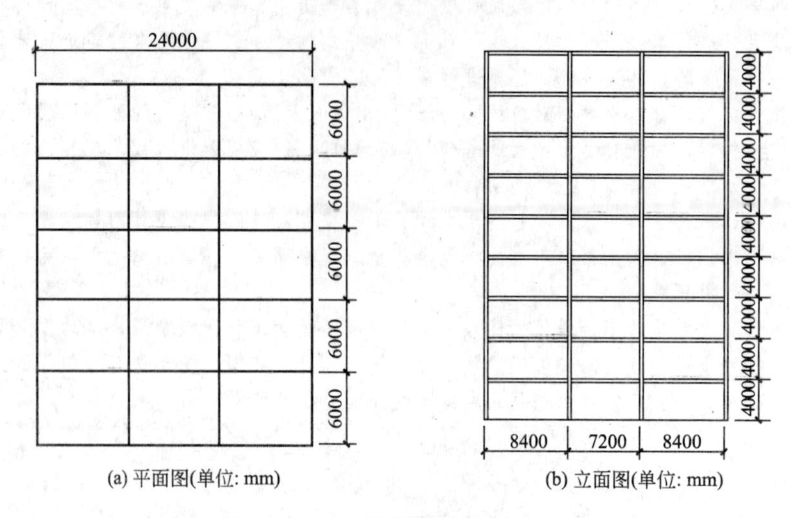

图 15.1　9 层结构平面图和立面图

表 15－1　算例模型截面几何特性　　单位：mm

构件	6 层模型	9 层模型	12 层模型
梁	H－600×300×30×50	H－600×350×30×50	H－650×350×30×50
柱	□－500×40	□－550×40	□－600×40

采用有限元软件 SAP2000 对算例模型进行静力弹塑性分析，得到结构的层间剪力和层间位移关系(图 15.2)。基于如图 15.2 所示的剪力和位移关系，采用标准双折线型滞回曲线模拟算例模型的恢复力特性。表 15－2 表示 9 层结构各层恢复力特性参数，其中 δ_1 为屈服位移；sk_1 为弹性刚度；sk_2 为屈服后刚度。结构各层质量都为 144000kg。采用多质点系剪切型振动模型(图 15.3)，其中 m_i、k_i 分别为第 i 层的质量和等效侧移刚度。

表 15－2　9 层结构各层恢复力特性参数

层数	δ_1/m	sk_1/(kN/m)	sk_2/(kN/m)
1	0.032	173107.4	7297.235
2	0.048	113541.7	6669.115
3	0.050	103826.1	5534.241
4	0.050	101715.9	5397.095
5	0.051	99390.1	5214.09
6	0.052	98864.5	5254.028
7	0.052	98841.8	5603.441
8	0.052	100146.2	5991.904
9	0.048	106770.6	6966.222

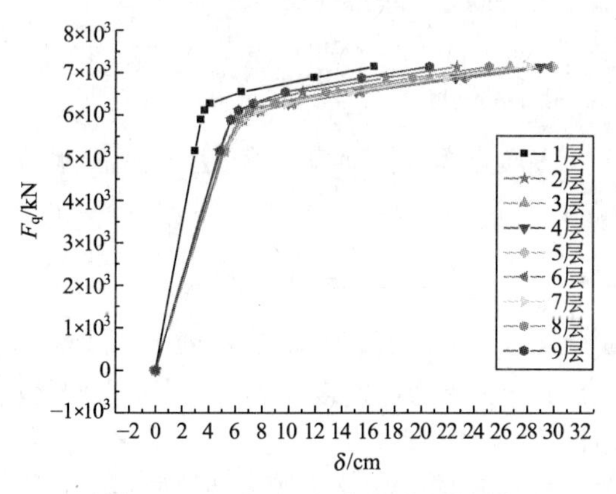

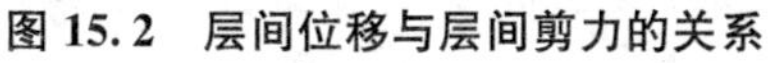
图 15.2　层间位移与层间剪力的关系

图 15.3　多质点剪切振动模型

15.3　分析用输入地震波的选取

利用 $S_a=\omega S_v$ 关系，由我国《建筑抗震设计规范》(GB 50011—2010)中的地震影响系数曲线，得出设计用速度谱后，将这一设计用速度谱作为目标谱，采用 EL CENTRO 1940 NS、HACHINOHE 1968 EW 和 JMA KOBE 1995 NS 地震动的位相特性，制成对应抗震设防烈度为 8 度，设计地震分组为第一组，场地类别为Ⅱ类区域的人工波- ART EL CENTRO、ART HACHINOHE 和 ART KOBE 波，并使所作人工波速度谱与目标谱相拟合。图 15.4 表示抗震设计用速度谱曲线和满足上述条件的 ART EL CENTRO、ART HACHINOHE、ART KOBE 波的速度谱曲线，从图中可以看出，拟合度较好。本章就使用 ART EL CENTRO、ART HACHINOHE 和 ART KOBE 地震波进行讨论。

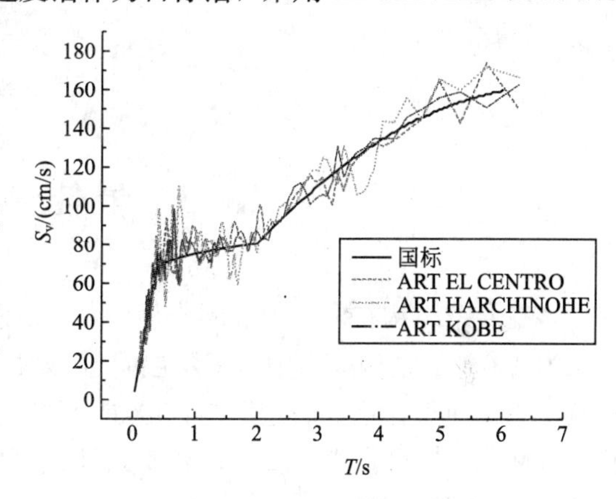

图 15.4　速度谱拟合度

15.4　最佳侧移刚度、剪力系数和截面惯性矩

1. 最佳侧移刚度

为了便于讨论，将第 i 层的恢复力特性假设为完全弹塑性型恢复力特性(图 15.5)。累积塑性变形量 $\delta_{pi}=\sum|\Delta\delta_{pi}|$ 和屈服位移 δ_{yi} 之比定义为累积塑性变形倍率 η_i

$$\eta_i=\delta_{pi}/\delta_{yi} \tag{15.1}$$

结构各层侧移刚度与底层侧移刚度的比值称为侧移刚度比。满足最佳侧移刚度分布的结构第 i 层侧移刚度设为 $\bar{k}_i$，则最佳侧移刚度比定义为

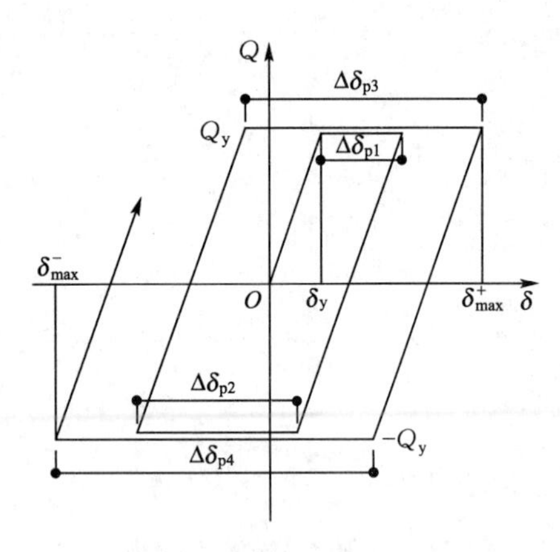

图 15.5 完全弹塑性型恢复力特性

$$\lambda_i=\bar{k}_i/\bar{k}_1 \tag{15.2}$$

2. 最佳剪力系数

多质点体系振动模型第 i 层层间屈服剪力系数 α_{yi}定义为

$$\alpha_{yi}=Q_{yi}/\sum_{j=i}^{N}m_j g \tag{15.3}$$

式中，Q_{yi}为第 i 层的层间屈服剪力；m_j为第 j 层的质量；g 为重力加速度。满足最佳剪力系数分布的结构第 i 层屈服剪力系数设为${}_{b}\alpha_i$，它与底层的屈服剪力系数${}_{b}\alpha_1$之比定义为第 i 层的最佳层间屈服剪力系数比 β_i，即

$$\beta_i={}_{b}\alpha_i/{}_{b}\alpha_1 \tag{15.4}$$

3. 最佳截面惯性矩

假设各层梁的截面惯性矩相同，并考虑强柱弱梁结构，将梁的惯性矩取为底层柱截面惯性矩的 0.3～0.4 倍。将结构满足最佳侧移刚度分布规律时，结构第 i 层柱截面的惯性矩定义为第 i 层的最佳截面惯性矩 I_{ci}，将其与底层柱截面惯性矩 I_{c1} 的比值 ξ_i定义为最佳截面惯性矩比，即

$$\xi_i=I_{ci}/I_{c1} \tag{15.5}$$

15.5 最佳侧移刚度计算

多高层钢结构在多遇地震动作用下的弹性层间位移角限值为 $\theta=1/300$。基于此规定，层高为 4.0m 的结构模型中，每层层间位移限值为 $\delta=0.013$m。参照此值和表 15 - 2 中 δ_1 的值，为了便于讨论，假定结构各层屈服位移为 $\delta_{yi}=0.03$m。使用已选地震波，对算例模型进行地震反应弹塑性时程分析，不断调整算例模型各层的侧移刚度，使各层的累积塑性变形倍率 η_i接近相等。

图 15.6 表示 6 层、9 层、12 层结构各层的累积塑性变形倍率 η_i接近相等时，结构各层最佳侧移刚度比与层数的关系。从图中可以看出：①三种结构在不同地震波作用下最佳侧移刚度比曲线具有比较一致的变化趋势，随着层数的增加，结构各层的最佳侧移刚度比逐渐减小；②底层的最佳侧移刚度比为 1 时，结构顶层的最佳侧移刚度比在 0.2～0.4 之间变化；③随着结构总层数的增加，结构顶层的最佳侧移刚度比越来越小。

利用最小二乘法得出如下反映最佳侧移刚度比 λ_{i-N}和层数比关系的拟合曲线

$$\lambda_{i-N}=1.01+0.19\mu_i-3.84\mu_i^2+8.28\mu_i^3-7.85\mu_i^4+2.53\mu_i^5 \tag{15.6}$$

式中，μ_i表示结构的层数比，$\mu_i=i/N$；i 表示层号；N 表示结构总层数。

图 15.7 表示 6 层、9 层、12 层实际结构最佳侧移刚度比与层数比关系曲线和式(15.6)能表示的拟合曲线，从图中可以看出，式(15.6)能较准确地反映结构最佳侧移刚度比和层数比之间的关系。

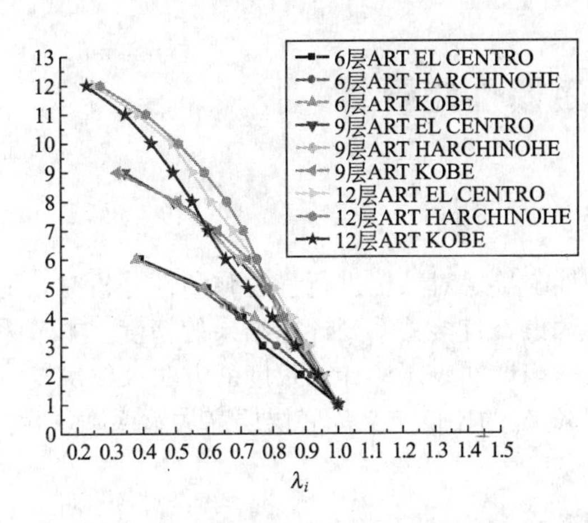

图 15.6　三种结构最佳侧移刚度比与层数的关系

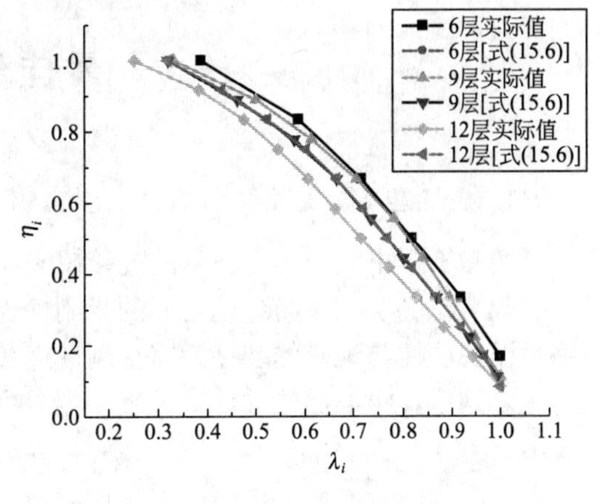

图 15.7　最佳侧移刚度比与层数比的关系

15.6　最佳层间屈服剪力系数

秋山宏提出如下最佳层间屈服剪力系数分布公式。

当 $x<0.2$ 时，

$$\bar{\alpha}_i(x_i)=1.0+1.5927x_i-11.8519x_i^2+42.5833x_i^3-59.4827x_i^4+30.1586x_i^5 \tag{15.7a}$$

当 $x<0.2$ 时，

$$\bar{\alpha}_i(x_i)=1+0.5x_i \tag{15.7b}$$

当质量为沿着高度方向均匀分布时，$x_i=(i-1)/N$；不均匀分布时，$x_i=1-\sum_{j=i}^{N}m_j/M$。

图 15.8 表示利用式(15.7a)和式(15.7b)计算得到的 12 层算例模型的层间屈服剪力系数和本节计算而得到的 12 层算例模型各层的累积塑性变形倍率 η_i 接近相等时的层间屈服剪力系数分布曲线。从图中可以看出，由两种方法得到的曲线基本一致，这就保证了本研究方法的合理性和分析结果的可靠性。

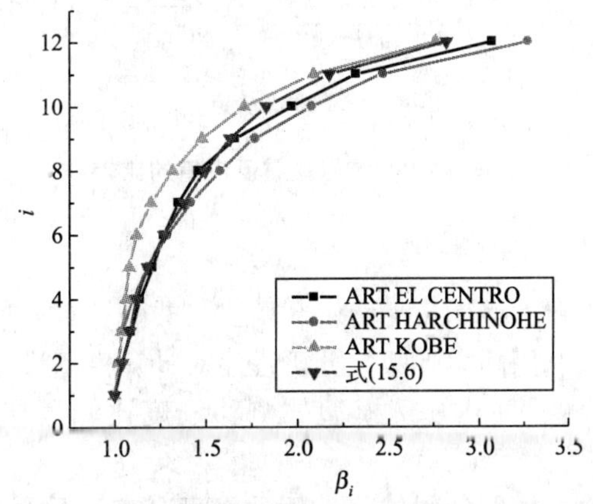

图 15.8　12 层结构层间屈服剪力系数比与层数的关系

15.7　最佳截面惯性矩计算

1. 底层层高放大系数的确定

实际工程中，结构与地基的连接属于半刚性连接。对结构进行静力弹塑性分析时，能否准确考虑底层柱端与地基之间的半刚性连接约束，直接关系到计算结果的精度。本节采用假设底层柱与地基的连接为完全刚性连接、适当增加底层柱计算长度的方法来解决这一难题。这里，将底层柱的计算长度 h_1 与实际长度 h_0 的比值定义为底层层高放大系数，用 κ 表示。

$$\kappa=h_1/h_0 \tag{15.8}$$

为了确定底层层高放大系数 κ，讨论如下三种情况：①地基与结构完全刚性连接，底层层高不变(即 $\kappa=1.0$)；②地基与结构完全刚性连接，底层层高放大 1.5 倍(即 $\kappa=1.5$)；③考虑地基和结构相互作用对地震反应的影响。讨论第 3 种情况时，利用“地基与结构相互作用动态分析程序”进行计算。

限于篇幅，在确定底层层高放大系数时只列出 6 层算例模型的讨论结果。图 15.9 表示地震动作用下，6 层结构的地震反应值。从图中可以看出，地基与结构完全刚接连接、底层层高不变时，结构各层的最大位移、速度和加速度与考虑地基和结构半刚性连接时结构各层的反应值相差较大；将底层层高放大 1.5 倍时结构的最大位移、速度和加速度与考虑地基和结构半刚性连接时结构各层的反应值十分接近。基于上述讨论结果，本章在底层柱端和地基为完全刚性连接的假设下，将底层柱的计算长度放大 1.5 倍以后对结构进行静力弹塑性分析。

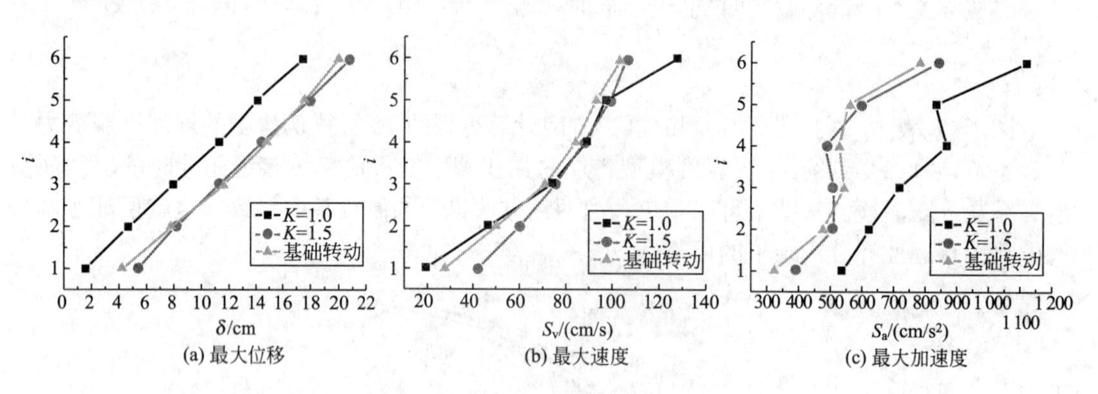

图 15.9　结构地震反应值的比较

2. 柱最佳截面惯性矩

基于构造要求确定横梁的截面尺寸后，利用式(15.6)计算 6 层、9 层、12 层的最佳侧移刚度比，以此为目标，利用静力弹塑性分析程序对计算模型进行多次试算($\kappa=1.5$)，不断调整模型的柱截面尺寸，直到算例模型的侧移刚度比和最佳侧移刚度比接近，停止计算。

图 15.10 表示 3 种算例模型各层的等效侧移刚度分布满足最佳侧移刚度分布规律时，

结构各层柱截面惯性矩的分布曲线，从图中可以看出：①柱截面最佳截面惯性矩变化趋势一致，均呈“S”形分布；②底层柱的最佳截面惯性矩最大，最佳截面惯性矩在总层数的1/2处发生突变，柱的截面惯性矩迅速减小；③随着算例模型总楼层数的增加，各层的最佳截面惯性矩在逐渐增加。

利用最小二乘法得出如下柱最佳截面惯性矩比 ξ_i 和层数比 μ_i 之间的拟合曲线。

$$\xi_i = 1.165 - 2.571\mu_i + 12.005\mu_i^2 - 20.708\mu_i^3 + 10.316\mu_i^4 \tag{15.9}$$

图 15.11 表示利用式(15.9)计算的最佳截面惯性矩和算例模型柱最佳截面惯性矩的比较。从图中可以看出，式(15.9)能够较准确地反映各楼层柱最佳截面惯性矩。表 15-3 表示 6 层、9 层算例模型各层柱最佳截面尺寸。

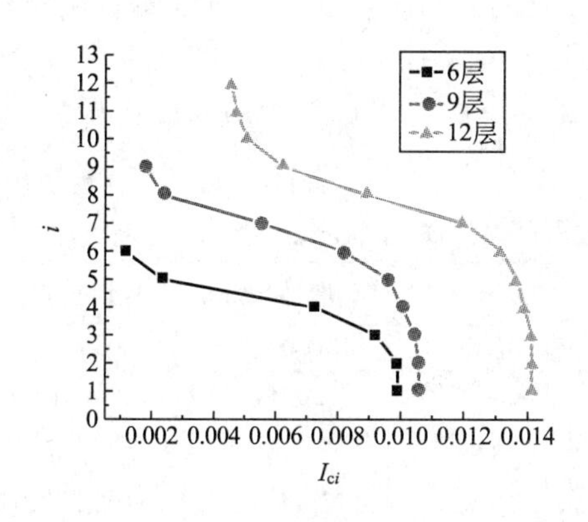

图 15.10　3 种结构柱截面最佳惯性矩分布图

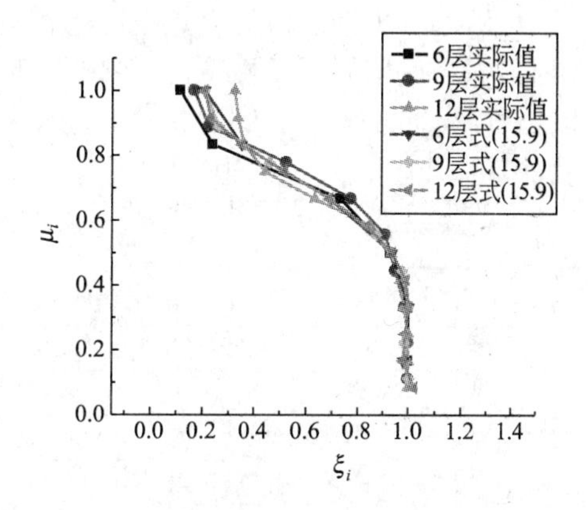

图 15.11　柱截面最佳惯性矩比与层数比的关系

表 15-3　算例模型截面几何特性

模型	楼层号	梁/mm	柱/mm	梁惯性矩/m^4	柱惯性矩/m^4
6 层模型	1	H-550×400×15×25	□-620×29	0.001535	0.004000
	2	H-550×400×15×25	□-620×29	0.001535	0.004000
	3	H-550×400×15×25	□-610×29	0.001535	0.003801
	4	H-550×400×15×25	□-600×22	0.001535	0.002836
	5	H-550×400×15×25	□-500×20	0.001535	0.001477
	6	H-600×400×15×28	□-450×16	0.002264	0.000863
9 层模型	1	H-600×450×15×28	□-700×30	0.002264	0.006027
	2	H-600×450×15×28	□-700×30	0.002264	0.006027
	3	H-600×450×15×28	□-700×30	0.002264	0.006027
	4	H-600×450×15×28	□-700×30	0.002264	0.006027
	5	H-600×450×15×28	□-700×26	0.002264	0.005315
	6	H-600×450×15×28	□-650×26	0.002264	0.004219
	7	H-600×450×15×28	□-570×26	0.002264	0.002797
	8	H-600×450×15×28	□-500×22	0.002264	0.001605
	9	H-600×450×15×28	□-500×19	0.002264	0.001412

15.8　式(15.6)和式(15.9)的验证

选用两种3跨7层钢框架算例模型，其中结构一的柱截面惯性矩按式(15.9)分布；结构二的柱截面惯性矩均与底层相同(表15－4)。

图15.12表示结构一、结构二和由式(15.6)计算的侧移刚度比。从图中可以看出，结构一的侧移刚度比与最佳侧移刚度比十分接近，结构二相差很大。结构一的柱惯性矩基本满足式(15.9)的分布；而结构二柱惯性矩不满足式(15.9)的分布，这里省略以图形表示。

利用已选3个地震波对上述两种结构进行弹塑性时程分析。图15.13表示各层累积塑性变形倍率与底层累积塑性变形倍率的比值，从图中可以看出，结构一的比值十分接近，累积塑性能分布均匀，有利于抗震；而结构二的比值发散，出现很明显的累积塑性能(损伤)集中现象，其抗震性能很差。

表15－4　7层模型截面几何特性

结构	楼层号	梁/mm	柱/mm	梁惯性矩/m^4	柱惯性矩/m^4
结构一	1	H－480×400×15×25	□－620×30	0.001136	0.004400
	2	H－480×400×15×25	□－620×29	0.001136	0.004400
	3	H－480×400×15×25	□－610×29	0.001136	0.003801
	4	H－480×400×15×25	□－600×22	0.001136	0.002836
	5	H－480×400×15×25	□－500×20	0.001136	0.001477
	6	H－480×400×15×25	□－450×16	0.001136	0.000863
	7	H－480×400×15×25	□－450×15	0.001136	0.000780
结构二	1～7	H－480×400×15×25	□－620×30	0.001136	0.004400

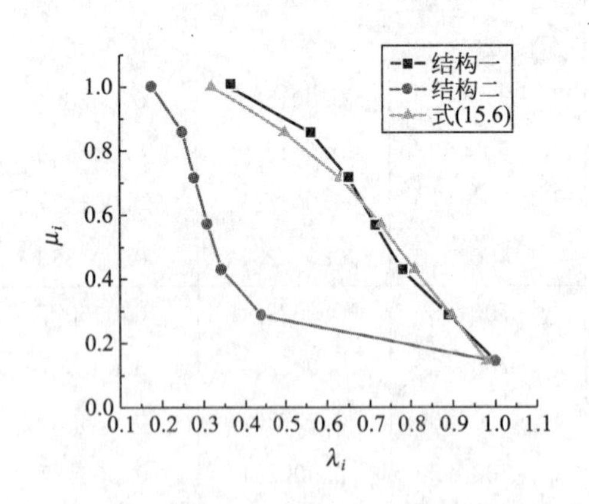

图15.12　最佳侧移刚度比与层数比的关系

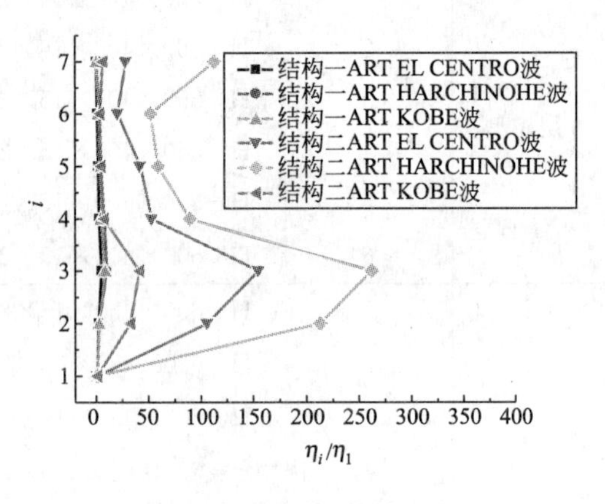

图15.13　两种结构的η_i/η_1

图15.14所示为结构一、结构二各层塑性变形能分布图。从图中可以看出，在地震波作用下，结构一的各层塑性变形能的变化范围为1.0×10^4J～6.5×10^5J，变化幅度相对较小，塑性变形能分布相对均匀；结构二的各层塑性变形能的变化范围为5.0×10^3J～1.7×10^7J，变化幅度很大，出现有些层(如2层、3层)损伤集中现象。

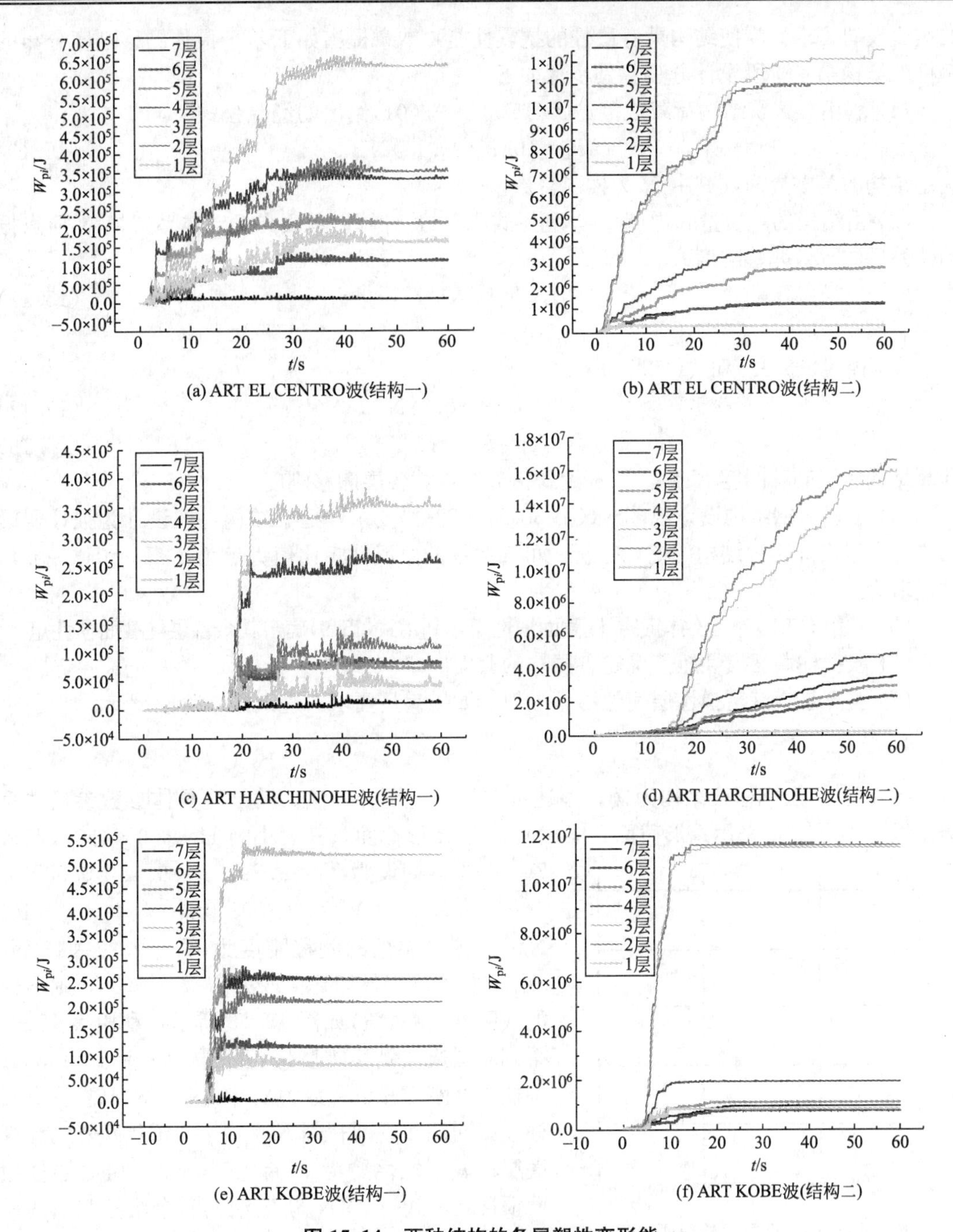

图 15.14　两种结构的各层塑性变形能

15.9　设 计 算 例

1. 设计方法

《建筑抗震设计规范》(GB 50011—2010)提出了二阶段设计方法以实现 3 个烈度水准

的抗震设防要求。为使结构具有最佳的抗震性能，本章提出如下基于最佳侧移刚度分布的钢框架结构第一阶段设计方法。其步骤如下。

（1）利用《建筑结构荷载规范》(GB 50009—2001)给出的经验公式

$$T_1=(0.10\sim0.15)N \tag{15.10}$$

确定结构的基本周期，其中 N 为楼层总数。

（2）由结构的总质量和周期 T_1，利用式(15.11)计算以单质点振动体系置换 N 质点振动体系后的等效侧移刚度 K_{eq}

$$K_{eq}=4\pi^2 M/T_1 \tag{15.11}$$

式中，$M=\sum m_i$。

（3）由式(15.12)和式(15.13)

$$\kappa_1=0.48+0.52N \tag{15.12}$$

$$K_1=\kappa_1\cdot K_{eq} \tag{15.13}$$

计算结构底层侧移刚度 K_1后，再利用式(15.6)计算各层侧移刚度。

（4）根据《钢结构设计规范》(GB 50017—2003)要求，框架结构一般设计为强柱弱梁结构。通过实际工程结构的统计分析，可知梁柱截面惯性矩比值大致为 $I_b/I_c=0.3\sim0.4$。这里取为0.36。

（5）利用 D 值法确定结构底层柱截面惯性矩，利用式(15.9)确定其余各层柱截面惯性矩。

（6）根据柱截面惯性矩值确定各层柱的截面。

（7）验算是否满足弹性层间位移角限值。如果满足要求，进入第二阶段设计。

2. 举例

举3跨12层钢框架结构为例，阐述本文提出的设计方法。其结构具体参数参见“算例模型”。柱子截面采用箱形截面，梁截面采用H形截面，其大小为H-600×450×20×28。基本周期设为 $T_1=1.2\text{s}$，$\kappa_1=0.48+0.52N=6.72$，总质量为 $M=1008000.0\text{kg}$，$k_{eg}=3.3\times10^7$ N/m，则底层柱的侧移刚度为 $K_1=2.22\times10^8$ N/m。梁柱截面惯性矩比值取为 $I_b/I_c=0.36$，则梁柱的线刚度(相对值)如图15.15所示。利用表15-5得到底层边柱侧移刚度修正系数为 $\alpha_1=\alpha_4=0.31$；中柱侧移刚度修正系数为 $\alpha_2=\alpha_3=0.38$。假设底层柱取相同截面，则利用 $K_1=\sum\alpha_1 12EI/h^3$ 公式计算底层柱截面惯性矩为 $I_{c1}=0.0068\text{m}^4$。由底层柱截面惯性矩和式(15.9)，确定结构其余层柱截面的惯性矩值，表15-6为设计模型截面几何特性。

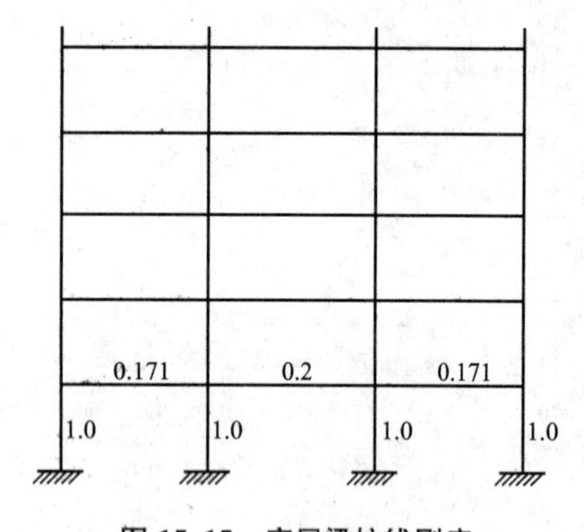

图15.15 底层梁柱线刚度

表15-5 K 和柱侧移刚度修正系数 α 计算公式

柱	简图	K	α
一般柱	i_2；i_c；i_4 ／ i_1 i_2；i_c；i_3 i_4；h	$K=\dfrac{i_1+i_2+i_3+i_4}{2i_c}$	$\alpha=\dfrac{K}{2+K}$

（续）

柱	简图	K	α
底层柱	i_2 / i_c；i_1 i_2 / i_c；h	$K=\frac{i_1+i_2}{i_c}$	$\alpha=\frac{0.5+K}{2+K}$

表 15－6　设计模型截面几何特性

层号	柱截面 /mm	惯性矩 /(×10⁻⁴m⁴)	实际刚度 /(×10⁸N/m)	刚度比值	式(15.6)
1	□-700×36	69.5	1.35	1.00	1.00
2	□-700×36	68.6	1.23	0.91	0.96
3	□-700×35	68.3	1.18	0.87	0.91
4	□-700×34	68.2	1.13	0.84	0.86
5	□-700×34	67.4	1.13	0.84	0.81
6	□-700×32	63.7	1.07	0.79	0.76
7	□-680×32	56.7	1.03	0.76	0.72
8	□-650×30	46.8	0.96	0.71	0.67
9	□-620×25	35.2	0.80	0.59	0.60
10	□-580×21	23.8	0.68	0.50	0.52
11	□-500×21	15.6	0.41	0.30	0.43
12	□-500×19	14.1	0.31	0.23	0.32

利用 3 个地震波对设计模型进行弹塑性时程分析。图 15.16 表示设计模型在多遇和罕遇地震动作用下弹性、弹塑性层间位移角和角位移限值$[\theta]_e=1/300$、$[\theta]_p=1/50$。从图中可以看出：①设计模型的弹性、弹塑性层间位移角均满足规范要求；②各层层间角位移相差不大，就意味着可以遏制损伤集中现象，就说明设计方法是可行的。

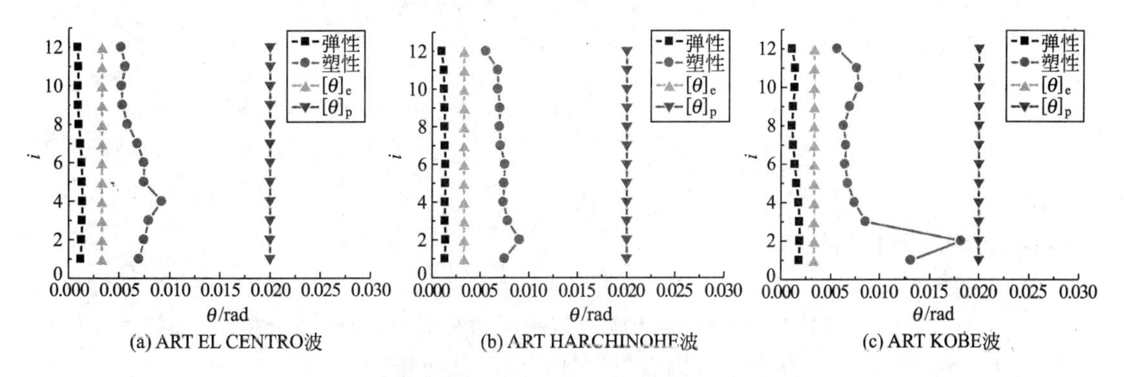

图 15.16　设计模型层间位移角

3. 静力弹塑性分析法和能量法的验证

为了验证本章所提出的抗震设计方法的有效性和适用性，利用静力弹塑性分析法和能量法计算地震反应，结果进行比较。

1）基于静力弹塑性分析法的验证

逐步施加静力水平比例荷载，得出各层水平位移和底层剪力关系。当加载到第 7 步时，第 4 层的层间位移角达到限值 1/50。此时，各层剪力和位移关系如图 15.17 所示。通过运算，得到如图 15.18 所示承载力谱与需求谱合并图。性能点 M 坐标为(0.267，9.56)，即 $S_{amax}=9.56\text{m/s}^2$，$S_{dmax}=0.267\text{m}$。

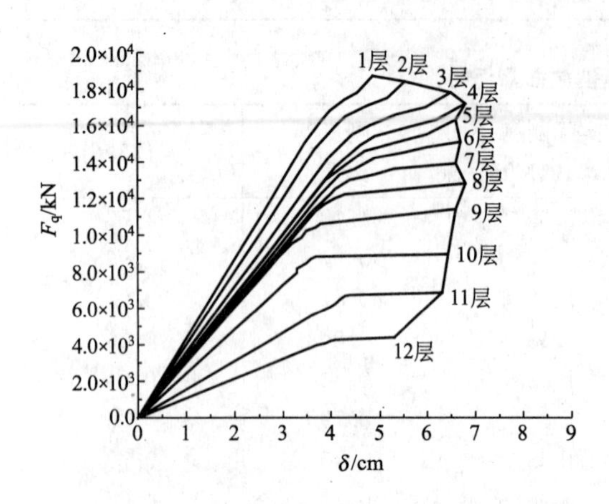

图 15.17　推覆分析法剪力-层间位移

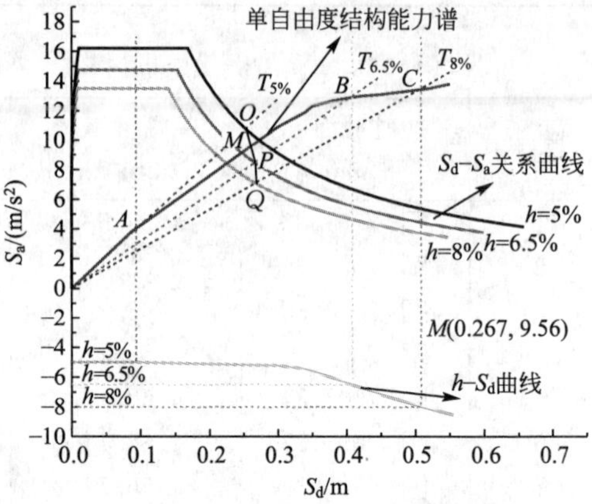

图 15.18　承载力谱与需求谱合并图

结构各层位移 D_i、地震作用 p_i 和剪力 V_i 为

$$D_i=\delta_{si}\cdot D_t \tag{15.14}$$

$$P_i=m_i\cdot G\cdot \delta_{si}\cdot S_a \tag{15.15}$$

$$V_i=\sum_{j=i}^{n}P_j \tag{15.16}$$

式中，D_t 为结构顶点位移

$$D_t=G\cdot S_{dmax} \tag{15.17}$$

式中，G 为转换系数

$$G=\frac{\sum_{i=1}^{n}m_i\cdot\delta_{si}}{\sum_{i=1}^{n}m_i\cdot\delta_{si}^2} \tag{15.18}$$

式中，δ_{si} 为第 i 层层间位移。

基于性能点坐标 M(0.267，9.56)和式(15.14)～式(15.18)，计算各层的绝对位移和剪力。图 15.19(a)、(b)表示对 12 层计算模型利用时程分析法(推覆分析法)和静力弹塑性分析法计算得出的结果。从图中可以看出，计算结果比较接近。

2）基于能量平衡分析方法的验证

多质点系层振动模型的微分方程为

$$[M]\{\ddot{x}\}+[C]\{\dot{x}\}+\{F(x)\}=-[M]\{1\}\ddot{z}_0 \tag{15.19}$$

式(15.19)两边左乘 $\{\mathrm{d}x\}^{\mathrm{T}}=\{\mathrm{d}x/\mathrm{d}t\}^{\mathrm{T}}\mathrm{d}t=\{\dot{x}\}^{\mathrm{T}}\mathrm{d}t$ 以后，在地震的整个持续时间 t_0 内对时间进行积分而得到如下能量平衡方程式

$$\frac{1}{2}\{\dot{x}\}^{\mathrm{T}}[M]\{\dot{x}\}+\int_{0}^{t_0}\{\dot{x}\}^{\mathrm{T}}[C]\{\dot{x}\}\mathrm{d}t+\int_{0}^{t_0}\{\dot{x}\}^{\mathrm{T}}\{F(x)\}\mathrm{d}t=-\int_{0}^{t_0}\{\dot{x}\}^{\mathrm{T}}[M]\{1\}\ddot{z}_0\mathrm{d}t \tag{15.20}$$

通过积分，得

$$W_{\mathrm{e}}+W_{\mathrm{p}}+W_{\mathrm{h}}=E \tag{15.21}$$

式中，W_{e}表示结构的弹性振动能量；W_{p}表示结构的累积塑性变形能量；W_{h}表示结构的粘性阻尼消耗的能量；E 表示地震动输入于结构的能量。经过一系列运算，得到如下结构处于弹性状态和弹塑性状态时的最大层间位移表达式

$$\bar{\delta}_{\mathrm{t-max}i}=\frac{T\cdot V_{\mathrm{D}}}{2\pi}\cdot\frac{\bar{\alpha}_i}{\sqrt{\sum\limits_{i=1}^{N}\bar{\alpha}_i^{-2}\cdot c_i}}\cdot\left(\sum_{j=i}^{N}\frac{m_j}{M}\right)\frac{1}{\kappa_i} \tag{15.22}$$

$$\bar{\delta}_{\mathrm{ts-max}i}=\frac{\delta_0}{\left(\sum\limits_{j=i}^{N}m_j/M\right)}\left\{\frac{1}{16\cdot\gamma_i}\left(\frac{\alpha_{\mathrm{y1}}}{\alpha_{\mathrm{y}i}}\right)\left[\left(\frac{\alpha_0}{\alpha_{\mathrm{y1}}}\right)-p_{\mathrm{k}}^2\cdot\left(\frac{\alpha_{\mathrm{y1}}}{\alpha_0}\right)\right]+c_i\left(\frac{\alpha_{\mathrm{y}i}}{\alpha_{\mathrm{y1}}}\right)\left(\frac{\alpha_{\mathrm{y1}}}{\alpha_0}\right)\right\} \tag{15.23}$$

式中，T 为结构基本周期；V_{D}为输入地震动能量速度换算值；$\alpha_{\mathrm{y}i}$表示屈服剪力系数，其他个系数定义为

$$c_i=\left(\sum_{j=i}^{n}\frac{m_j}{M}\right)^2\frac{1}{\kappa_i},\ \kappa_i=k_i/k_{\mathrm{eq}},\ k_{\mathrm{eq}}=4\pi^2M/T^2,\ \delta_0=TV_{\mathrm{D}}/2\pi,\ \alpha_0=2\pi V_{\mathrm{D}}/T_{\mathrm{g}},$$

$$\gamma_i=W_{\mathrm{p}}/W_{\mathrm{p}i},\ p_i=(\alpha_{\mathrm{y}i}/\alpha_{\mathrm{y1}})/\bar{\alpha}_i。$$

图 15.19(c)为利用能量法计算得出的理想结构［各层侧移刚度分布满足式(15.6)且各层屈服位移相等的结构］和上述设计模型的弹性和弹塑性层间位移反应值。从图中可以看出：①当各层屈服位移相等时，理想结构的各层层间位移相等；②上述 12 层设计模型的侧移刚度分布与式(15.6)表示的分布有一定的出入(见表 15－6 刚度比值)，故理想结构和实际结构的反应值不能完全一致。如果通过比较仔细的工作，将截面尺寸调到侧移刚度十分接近理想值，则可以得到和理想结构比较一致的结果；③由图 15.19(a)和(c)表示的平均层间位移基本一致。

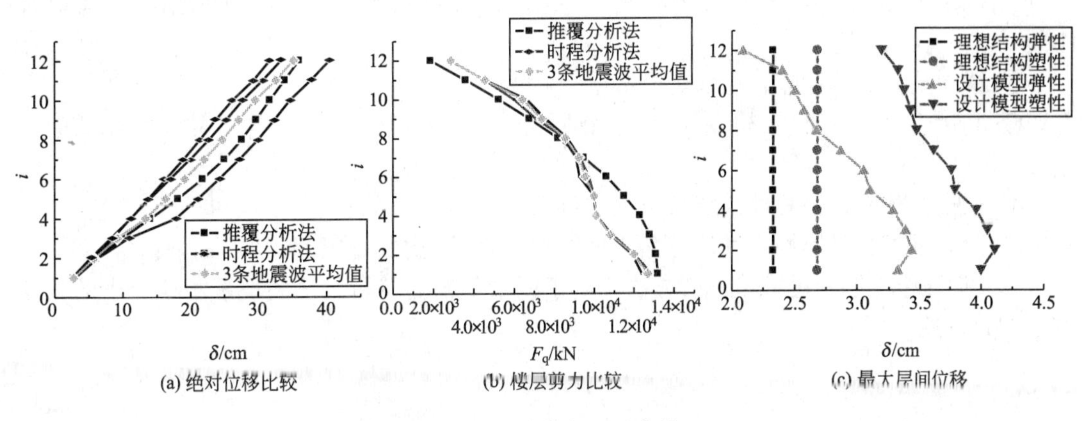

图 15.19　结构各层反应值

15.10　结　　语

本章将结构各层累积塑性变形倍率 η_i 相等时的结构侧移刚度和柱截面惯性矩分布定义为最佳侧移刚度和截面惯性矩分布，利用地震反应弹塑性时程分析方法，揭示最佳侧移刚度和截面惯性矩分布规律，并提出基于最佳侧移刚度分布的多高层钢框架结构第一阶段抗震设计方法。最后利用推覆分析方法和基于能量平衡的分析方法验证其设计方法的有效性，得到如下结论。

(1) 3 跨多高层钢框架结构等效侧移刚度比满足式(15.6)或截面惯性矩比满足式(15.9)时，地震作用下的累积塑性变形能按各层均匀分布，即可以避免地震时损伤过度集中某些楼层的现象。

(2) 利用地震反应弹塑性时程分析方法和推覆分析方法以及基于能量平衡的分析方法，对 12 层设计模型进行讨论，所得到的结果基本一致，并且其结果不违背常理，故可以认为本章所提出的钢结构第一阶段抗震设计方法具有较高的合理性和适用性。

本章小结

(1) 在实际抗震设计工程中，采取根据"设计经验"初步设定截面尺寸，验算层间角位移，如不满足规范要求，则重新设定截面尺寸，再验算层间角位移的方法来进行设计。这种设计方法根本不能考虑和把握罕遇地震动作用下损伤的集中分布，很难讲所进行的设计是真正意义上的抗震设计。

(2) 最佳刚度和层数比曲线为 $\lambda_{i-N}=1.01+0.19\mu_i-3.84\mu_i^2+8.28\mu_i^3-7.85\mu_i^4+2.53\mu_i^5$。

(3) 最佳惯性矩和层数比曲线为 $\xi_i=1.165-2.571\mu_i+12.005\mu_i^2-20.708\mu_i^3+10.316\mu_i^4$。

(4) 本章基于最佳侧移刚度分布规律提出第一阶段设计方法，其步骤如下。

① 利用经验公式 $T_1=(0.10\sim0.5)N$ 确定结构的基本周期，其中 N 为楼层总数。

② 计算以单质点振动体系置换 N 质点振动体系后的等效侧移刚度 $K_{eq}=4\pi^2M/T_1$。

③ 利用式 $\kappa_1=0.48+0.52N$ 和 $K_1=\kappa_1\cdot K_{eq}$，再利用式(15.6)计算结构各层侧移刚度。

④ 梁、柱截面惯性矩比值取为 0.36。

⑤ 利用 D 值法确定结构底层柱截面惯性矩，利用式(15.9)确定其余各层柱截面惯性矩。

⑥ 根据柱截面惯性矩值确定各层柱的截面。

⑦ 验算是否满足弹性层间位移角限值。如果满足要求，进入第二阶段设计。

(5) 举算例模型利用推覆分析方法和基于能量平衡的分析方法验证了本章提出的设计方法的合理性。

习　　题

思考题

(1) 什么是累积塑性变形倍率?
(2) 什么是最佳侧移刚度分布?
(3) 什么是最佳剪力系数分布?
(4) 什么是最佳截面惯性矩分布?
(5) 什么是最佳侧移刚度比和层数比曲线?
(6) 什么是最佳层间屈服剪力系数曲线?
(7) 什么是柱最佳截面惯性矩比和层数比曲线?
(8) 简述基于最佳侧移刚度分布的结构抗震设计方法。

参考文献

[1] 王社良. 抗震结构设计 [M]. 武汉：武汉理工大学出版社，2009.

[2] 周云. 金属耗能减震结构设计 [M]. 武汉：武汉理工大学出版社，2006.

[3] [日] 秋山宏. 基于能量平衡的建筑结构抗震设计 [M]. 叶列平，裴星洙，译. 北京：清华大学出版社，2010.

[4] 李爱群. 工程结构抗震分析 [M]. 北京：高等教育出版社，2010.

[5] 赵冠远，阎贵平. 一种基于能力谱法的位移抗震设计方法 [J]. 中国铁道科学，2002，23(3)：64-67.

[6] 弓俊青，等. 结构抗震设计中的能力谱法评述 [J]. 包头钢铁学院学报，2001，23(1)：92-96.

[7] 缪志伟，叶列平. 钢筋混凝土框架-联肢剪力墙结构的地震能量分布研究 [J]. 工程力学，2010，27(2)：130-141.

[8] Akbas B，Shen J，Hao H. Energy approach in performance-based seismic design of steel moment resisting frames for basic safety objective [J]. Structural Design of Tall Buildings，2001，10(3)：193-217.

[9] Shen J，Akbas B. Seismic energy demand in steel moment frames [J]. Journal of Earthquake Engineering，1999，3(4)：519-559.

[10] 肖明葵，刘波，白绍良. 抗震结构总输入能量及其影响因素分析 [J]. 重庆建筑大学学报，1996，18(2)：21-33.

[11] 史庆轩，熊仲明，李菊芳. 框架结构滞回耗能在结构层间分配的计算分析 [J]. 西安建筑科技大学学报：自然科学版，2005，37(2)：174-188.

[12] 程光煜. 基于能量抗震设计理论及其在钢支撑框架结构中的应用 [D]. 北京：清华大学，2007.

[13] 刘哲锋，沈蒲生. 高层混合结构滞回耗能分布规律的研究 [J]. 工程抗震与加固改造，2007，29(5)：7-11.

[14] 李爱群. 工程结构减震控制 [M]. 北京：机械工业出版社，2007.

[15] 大崎順彦. 新地震動のスペクトル解析入門 [M]. 東京：鹿島出版会，2002.

[16] [日] 北村春幸. 基于性能设计的建筑振动解析 [M]. 裴星洙，廖红建，张立，译. 西安：西安交通大学出版社，2004.

[17] 中华人民共和国国家标准. 建筑抗震设计规范(GB 50011—2010) [S]. 北京：中国建筑工业出版社，2010.

[18] 大崎順彦. 建築振動理論 [M]. 東京：彰国社，1999.

[19] 渡辺力，名取亮，小国力. Fortran77による数値計算ソフトウェア. 東京：丸善株式会社，平成5年.

[20] 裴星洙，张立，任正权. 高层建筑结构地震响应的时程分析法 [M]. 北京：中国水利水电出版社，知识产权出版社，2006.

[21] 张敏. 建筑结构抗震分析与减震控制 [M]. 成都：西南交通大学出版社，2007.

[22] 裴星洙，张立. 高层建筑结构的设计与计算 [M]. 北京：中国水利水电出版社，知识产权出版社，2007.

[23] 青山博之，上村智彦. マトリックス法による構造解析 [M]. 东京：培風館，2003.

[24] 周晓松. 平面框架简化为双翼鱼刺模型的方法研究 [D]. 西安：西安交通大学，2004.

[25] 裴星洙，周晓松. 平面钢框架结构简化为双鱼刺型振动模型的研究 [J]. 江苏科技大学学报：自然科学版，2008，22(5).

[26] 包世华. 新编高层建筑结构 [M]. 北京：中国水利水电出版社，2001.

[27] 龙驭球，包世华. 结构力学Ⅰ-基本教程 [M]. 北京：高等教育出版社，2006.

[28] 裴星洙，黎雪环. 结构振动模型和刚度矩阵对地震响应影响研究 [J]. 江苏科技大学学报：自然科学版，2008，22.

[29] Priestly MJ. Displacement - based design [J]. Structure Systems Research，1994：26 - 32.

[30] Whittaker H. Displacement estimates for performance based seismic design [J]. Journal of Structural Engineering，1998，124(8)：905 - 912.

[31] 徐培福，戴国莹. 超限高层建筑结构基于性能抗震设计的研究 [J]. 土木工程学报，2005(1)：1 - 6.

[32] Krawin klerH，Zourei M. Cumulative damage in steel structures subjected to earthquake ground motions [J]. Computers&Struetures，1983，16：1 - 4.

[33] 王光远，等. 工程结构与系统抗震优化设计的实用方法 [M]. 北京：中国建筑工业出版社，1999.

[34] 李国强. 多层及高层钢框架结构在双向水平地震作用下的弹塑性平扭耦合动力反应分析 [D]. 上海：同济大学，1988：27 - 129.

[35] 汪梦甫，等. 混凝土高层建筑结构地震破坏准则研究现状分析 [J]. 工程抗震，2002，3：66 - 75.

[36] 社会法人日本免震構造協会. 免震構造入門 [M]. 東京：Ohmsha，1995.

[37] 清水建設免制震研究会. 耐震・免震・制震のわかる本 [M]. 東京：彰国社，2000.

[38] 党育，杜永峰，李慧. 基础隔震结构设计及施工指南 [M]. 北京：中国水利水电出版社，知识产权出版社，2007.

[39] 经杰，叶列平，钱稼茹. 基于能量概念的剪切型多自由度体系弹塑性地震位移反应分析 [J]. 工程力学，2003，20(3)：31 - 37.

[40] Zhou Fu lin，Yan Ping，Xian Qiaolin，Huang Xiangyun，Yang Zhen. Research and application of seismic isolation system for building structures [J]. Journal of Architecture and Civil Engineering，2006，23(2)：1 - 8.

[41] Vasant A. Matsagar，R. S. Jangid. Influence of isolator characteristics on the response of base - isolated structures [J]. Engineering Structures，2004，26：1735 - 1749.

[42] 村上勝英，北村春幸，松島豊. 2質点系中間層免震構造モデルの地震応答予測 [J]. 日本建築学会構造系論文集，第549号，2001：51 - 58.

[43] 赵光伟，裴星洙，周晓松. 基于能量平衡的建筑结构地震响应预测法基础研究 [J]. 工业建筑增刊，2006，36：182 - 187.

[44] 吴森纪. 有机硅油及应用 [M]. 北京：科学技术文献出版社，1990.

[45] 辛松民，王一路. 有机硅合成工艺及产品应用 [M]. 北京：化学工业出版社，2001.

[46] Reinhom A M，Li C，Constantinou M C. Experimental and analytical investigation of seismic retrofit of structures with supplemental damping partl - fluid viscous damping devices [R]. NCEER - 95 - 0001，State University of New York at Buffalo，New York，1995.

[47] Taylor D P，Constantinou M C. Test methodology and procedures for fluid viscous dampers used in structures to dissipate seismic energy [R]. Taylor Devices，Inc. Technical Report，1994.

[48] Toong T，Dargush G F. Passive energy dissipation systems in structural engineering [J]. State University of New York at Buffalo，1997，19(5)：71 - 76.

[49] Constantinou M C，Symans M D. Experimental and analytical investigation of seismic response of structures with supplemental fluid viscous dampers [R]. NCEER - 92 - 0032，State University of New York at Buffalo，New York，1992.

[50] 汪大洋，周云，王烨华. 粘滞阻尼器减震结构的研究与应用进展 [J]. 工程抗震与加固改造，2006，28(4)：22-29.
[51] 丁建华. 结构的粘滞流体阻尼减震系统及其理论与试验研究 [D]. 哈尔滨：哈尔滨工业大学，2001.
[52] 黄振兴，黄尹男，洪雅惠. 含非线性粘性阻尼器结构之减震试验与分析 [R]. 国家地震工程研究中心报告，NCREE-02-020，1991.
[53] 闷锋. 粘滞阻尼墙耗能减振结构的试验研究和理论分析 [D]. 上海：同济大学，2004.
[54] 刘伟庆，葛卫，陆伟东. 消能支撑-方钢管混凝土框架结构抗震性能的试验研究 [J]. 地震工程与工程振动，2004，24(4)：106-109.
[55] Tsopelas P，Constantinou M C. NCEER-Taisei Corporation research program on sliding seismic isolation systems for bridges：experimental and analysis study of a system consisting of sliding bearings and fluid restoring force/damping devices [R]. Technical Report NCEER-94-0014，National Center for Earthquake Research，Buffalo，New York，1994.
[56] 欧进萍，丁建华. 油缸间隙式阻尼器理论与试验研究 [J]. 地震工程与工程振动，1999，19(4)：82-88.
[57] Yasuo TSUYUKI，Yoshihiro G0FUKU，Fumiya IIYAMA，Yuji KOTAKE. JSSI manual for building passive control technology part-3 performance and quality of oil damper [C]. 13 World Conference on Earthquake Engineering，Paper NO. 2468.
[58] Yoshiko TANAKA，Sumio KAW AGUCHI，Mafaru SUKAGAWA etc. JSSI manual for building passive control technology part-4 performance and quality of viscous dampers [C]. World Conference on Earthquake Engineering，Paper NO. 1387.
[59] 丁建华，欧进萍. 油缸孔隙式粘滞阻尼器理论与性能试验 [J]. 世界地震工程，2001，17(1)：30-35.
[60] 林佳，魏陆顺，刘文光，等. 油阻尼器的力学性能试验研究 [J]. 国外建材科技，2004，25(5)：92-94.
[61] 翁大根，卢著辉，徐斌，等. 粘滞阻尼器力学性能试验研究 [J]. 世界地震工程，2002，18(4)：30-34.
[62] 叶正强. 工程结构减震粘滞流体阻尼器的动态力学性能试验研究 [D]. 南京：东南大学，2000.
[63] 张同忠. 粘滞阻尼器和铅阻尼器的理论和试验研究 [D]. 北京：北京工业大学，2004.
[64] 禹奇才，刘爱荣，姚远. 新型SMA-粘滞阻尼器的实验研究 [J]. 中山大学学报：自然科学版，2008，47(6)：120-123.
[65] Skinner R I，Kelly J M，Heine A J. Hysteretic dampers for earthquake resistant structure [J]. Earthquake Engineering and Structural Dynamics，1975，3：287-296.
[66] 高健章，叶瑞莞. 含金属耗能片斜撑之研究 [J]. 中国土木水利工程学刊，1995，7(1)：55-62.
[67] Tyler R G. Further notes on steel energy absorbing element for braced frameworks [J]. Bulletin of the New Zealand National Society for Earthquake Engineering，1985，18(3)：270-279.
[68] 周云，刘季. 圆环耗能器的试验研究 [J]. 世界地震工程，1996，12(4)：1-8.
[69] 周云，刘季. 双环软钢耗能器的试验研究 [J]. 地震工程与工程振动，1998，18(2)：117-123.
[70] 周云，孙峰，等. 加劲圆环耗能器性能的试验研究 [J]. 地震工程与工程振动，1999，19(3)：115-120.
[71] Whittaker A S，Bertero V V，Thompson C L，Alonso L J. Seismic testing of steel plate energy dissipation devices [J]. Earthquake Spectra，1991，7(4)：563-604.
[72] 周云. 新型阻尼器的试验研究与耗能减震结构的设计方法 [D]. 哈尔滨：哈尔滨工业大

学，2000.

[73] 蔡克铨，赖俊维，等. 双管式挫屈束制(屈曲约束)支撑之耐震行为与应用 [J]. 建筑钢结构进展，2005，7 (3)：1-8.

[74] Kiyoshi TANAKA，Yasuhito SASAKI. Hysteretic performance of shear panel dampers of ultra low-yield-strength steel for seismic response control of building [C]. New Zealand：12WCEE，2000.

[75] 蔡克铨，赖俊维. 挫屈束制支撑之原理及应用 [C]. 首届全国防灾减灾工程学术研讨会论文集，广州，2004：25-32.

[76] 蔡克铨，黄立宗. 含三角形加劲阻尼装置框架的设计方法与应用 [J]. 结构工程师增刊，2000：19-30.

[77] 张敬礼，Simon Rees. 台北京华城购物中心之设计 [J]. 建筑结构研究进展，2000，2(1)：46-55.

[78] 陈福松，王庆明，蒋志强. 特殊耐震耗能系统在建筑结构之应用 [J]. 结构工程师增刊，2000：43-59.

[79] Kelly J M，Skinner R I，Heine AJ. Mechanisms of energy absorption in special devices for use in earthquake resistant structures [J]. Bulletin of New Zealand National Society for Eart hquake Engineering. 1972，5(3)：63-88.

[80] Tyler R G. Tapered steel energy dissipators for earthquake resistant structures [J]. Bulletin of New Zealand National Society for Earthquake Engineering，1978，11(4)：282-294.

[81] Tsai K C，Chen H W，Hong C P，Su Y F. Design of steel triangular plate energy absorbers for seismic resistant construction [J]. Earthquake Spectra，1993，19(3)：505-528.

[82] 胡克旭，吕西林，陈清祥，等. 开孔式软钢阻尼器在某公司机房大楼抗震加固中的应用 [C]. 第二届全国抗震加固改造技术学术交流会论文集(上)，上海，2005.

[83] 郭迅. 一种新型软钢阻尼器力学性能和减震效果的研究 [J]. 地震工程与工程振动，2003，23(6)：179-186.

[84] 李正英，李正良，范文亮. 耗能减震结构的振型分解法 [J]. 重庆大学学报：自然科学版，2005，2 8(11)：129-133.

[85] 张思海. 被动耗能减震结构基于性能的抗震设计方法 [D]. 西安：西安建筑科技大学，2005.

[86] 魏艳红，李玉顺. 耗能减震钢框架结构抗震设计方法研究 [J]. 低温建筑技术，2007(4)：71-73.

[87] 乐登，周云，邓雪松. 耗能减震结构中耗能器总耗能层间分配比例研究 [J]. 工程抗震与加固改造，2009，31(3)：26-33.

[88] 周云. 粘滞阻尼减震结构设计 [M]. 武汉：武汉理工大学出版社，2006.

[89] 伍文杰. 基于能量准则 MDOF 粘滞型耗能减震结构设计理论的研究 [D]. 北京：清华大学，2002.

[90] 沈蒲生，朱建华. 基于 Pushover 方法的框筒结构在水平地震作用下的层间耗能研究 [J]. 工程抗震与加固改造，2006，28(3)：1-6.

[91] 汤昱川，张玉良，张铜生. 粘滞阻尼器减震结构的非线性动力分析 [J]. 工程力学，2004，21(1)：61-71.

[92] 陆兢，张铜生，崔鸿超. 大连远洋大厦弹塑性时程分析 [J]. 建筑结构，1998，28(10)：14-19.

[93] 陆兢. 高层建筑杆系-层模型结构在多维地震波作用下的动力分析 [D]. 北京：清华大学，1997.

[94] 薛彦涛，韩雪. 设置非线性粘滞阻尼器结构地震响应的时程分析 [J]. 工程抗震与加固改造，

2005，27(2)：40－45.

[95] 李玉顺，沈世钊. 安装软钢阻尼器的钢框架结构抗震性能研究 [J]. 哈尔滨工业大学学报，2004，36(12)：1623－1626.

[96] 裴星洙，赵光伟. 减震结构中耗能支撑参数与分布的多目标优化 [J]. 江苏科技大学学报：自然科学版，2008，22(2)：21－24.

[97] 裴星洙，方鹏凯. 设置软钢阻尼器的钢框架耗能减震性能研究 [J]. 江苏科技大学学报：自然科学版，2009，23(1)：13－17.

[98] 裴星洙，贺方倩. 高层消能减震钢框架结构最佳阻尼量分析 [J]. 土木工程学报，2010，43：282－288.

[99] 日本隔振构造协会. 被动减震结构设计施工手册 [M]. 北京：中国建筑工业出版社，2008.

[100] 熊向阳，戚震华. 用静力弹塑性(push－over)方法评估建筑结构的抗震能力 [J]. 工程力学，2001.

[101] 北京金土木软件技术有限公司，中国建筑标准设计研究院. SAP2000 中文版使用指南 [M]. 北京：人民交通出版社，2006.

[102] 汪大绥，贺军利，张凤新. 静力弹塑性分析(Pushover Analysis)的基本原理和计算实例 [J]. 世界地震工程，2004，20(1)：45－53.

[103] 林建翔. 某高层建筑结构静力弹塑性(Pushover)分析 [J]. 广东土木与建筑，2009，5.

[104] 瞿岳前，梁兴文，田野. 基于能量分析的地震损伤性能评估 [J]. 世界地震工程，2006，22(1)：109－114.

[105] 叶燎原，潘文. 结构静力弹塑性分析(push－over)的原理和计算实例 [J]. 建筑结构学报，2000，21(1)：37－43.

[106] 谢小松，周瑞忠. 半刚性连接钢框架结构抗震的时程计算及实例分析 [J]. 福州大学学报：自然科学版，2004，32(2)：184－185.

[107] 裴星洙，黎雪环. 考虑地基与建筑结构相互作用的动态分析 [J]. 江苏科技大学学报：自然科学版，2008，22(1)：22－25.

[108] 裴星洙，郭道远. 日本建筑结构极限强度设计方法基础研究 [C]. 第四届全国防震减灾工程学术研讨会会议论文集. 北京：中国建筑工业出版社，2008：427－437.